中国石油安全监督丛书

# 炼油化工专业安全监督指南

中国石油天然气集团有限公司质量安全环保部 编

石油工业出版社

## 内容提要

本书介绍了炼油化工专业安全监督的管理，针对炼油化工中常见的作业许可、动火作业、进入受限空间作业、高处作业、临时用电、吊装作业、挖掘（动土）作业、管线／设备打开作业、脚手架作业、清洗作业、断路（占道）作业以及生产过程安全监督，进行了风险分析，明确了监督的内容、依据和要点，提供了常见违章和案例分析，同时介绍了安全监督管理基础知识以及安全技术与方法。

本书可作为炼油化工专业安全监督培训教材，同时也可作为炼油化工企业 HSE 管理人员及员工的参考用书。

## 图书在版编目（CIP）数据

炼油化工专业安全监督指南／中国石油天然气集团有限公司质量安全环保部编 .—北京：石油工业出版社，2018.11

ISBN 978-7-5183-2886-4

Ⅰ．①炼… Ⅱ．①中… Ⅲ．①石油炼制—化工安全—安全生产—指南 Ⅳ．① TE62-62

中国版本图书馆 CIP 数据核字（2018）第 215548 号

---

出版发行：石油工业出版社

（北京安定门外安华里 2 区 1 号　100011）

网　址：www.petropub.com

编辑部：(010)64523553　　图书营销中心：(010)64523633

经　销：全国新华书店

印　刷：北京晨旭印刷厂

2018 年 11 月第 1 版　2018 年 11 月第 1 次印刷

787×1092 毫米　开本：1/16　印张：30.25

字数：650 千字

定价：98.00 元

（如出现印装质量问题，我社图书营销中心负责调换）

版权所有，翻印必究

# 《炼油化工专业安全监督指南》
# 编委会

主　　任：张凤山
副 主 任：吴苏江　邹　敏
成　　员：黄　飞　赵金法　周爱国　张　军　付建昌
　　　　　赵邦六　吕文军　张　宏　张　帆　吴世勤
　　　　　王行义　李国顺　李崇杰　佟德安　王其华
　　　　　解文健　郭喜林　邱少林　刘景凯　王　铁
　　　　　郭立杰　杨光胜　张广智　饶一山　郭良平

# 《炼油化工专业安全监督指南》
# 编写组

主　　编：吴苏江　邹　敏
副 主 编：郭喜林　齐俊良　张　啸
编写人员：张凤英　常宇清　李献勇　杨　芳　靳　鹏
　　　　　张　超　王　钰　魏宝莹　李安庆　张文学
　　　　　黄海泉　樊亚军　龙　彬　李发年　蔡有军
　　　　　姚　跃　马会涛　余飞海　于昕宇　于海兵
　　　　　王洪刚　王睿博　王焕通　王　威　吕　鹏
　　　　　孙　鹏　孙秀峰　齐　健　朱文杰　刘　清
　　　　　刘　刚　刘铭杨　杨有伟　邱志文　张振杰
　　　　　张新华　赵思斌　徐　鹏　曹　杨　彭四海
　　　　　董贺明　管鹏智

# 前言

安全"责任重于泰山"。无论你在什么岗位，无论职位高低，都肩负着对国家、对社会、对企业、对朋友、对亲人的安全责任。每一个人都应充分认识到安全的极端重要性，不辜负社会之托、企业之托、亲人之托，都应将安全责任感融于自己的一切行为之中。

细节决定成败，正是那些被忽视的细节、不起眼的隐患苗头，往往酿成重大的安全事故。"千里之行，始于足下"，人人都要从自己最熟悉的、天天发生的操作细节入手，从看似简单、平凡的事情做起，扎实做好每一件事情，小心谨慎地排除每一个隐患，做到"不伤害自己、不伤害别人、不被别人伤害""勿以恶小而为之，勿以善小而不为"，从点滴做起，规范自己的一切行为。

安全监督是安全管理各项制度、规定、要求和各类风险控制措施在基层落实的一个重要控制关口，是安全监督人员依据安全生产法律法规、规章制度和标准规范，对生产作业过程是否满足安全生产要求而进行的监督与控制活动，是从安全管理中分离出来但与安全管理又相互融合的一种安全管理方式，是中国石油对安全生产实施监督、管理两条线，探索异体监督机制的一项创新。

炼化板块作为中国石油天然气集团有限公司（以下简称集团公司）诸多业务的重要组成部分，炼油与化工装置因其生产运行中使用的原辅料、生产的产品以及生产工艺本身所具有的固有危险，使得炼油与化工生产过程具有易燃、易爆、有毒、有害、高温、高压、腐蚀性强等危险性，同时生产工艺流程具有连续性，设备型式和机构复杂且长周期运行，生产现场动火作业、进入受限空间作业、高处作业等危险作业范围不仅包括日常检维修和技术改造升级，还涉及炼化企业发展升级中的项目建设，涵盖范围广，作业类型多，环境复杂，风险点多，容易造成生产安全事故，因此炼油与化工装置安全监督显得尤为重要。

本书从提高炼化企业作业现场安全监督人员的能力和监督技巧出发，结合各炼化公司专业领域安全监督工作的实际，从安全监督内容、主要监督依据、监督控制要点、典型三违行为、典型案例分析等方面，重点针对检维修中常见的作业许可、动火、进入受限空间等十类危险作业，以及高压水清洗、生产过程安全监督等监督要点进行描述，明确了工作程序和要求，突出了HSE体系、双重预防机制建设、安全监督人员履职、承包商安全管理、职业健康要求等需要重点监督的内容，特别是作业许可方面，提供了每项监督所依据的标准规范，给出了具体的监督工作要求，同时将事故事件、危险化学品、消防安全、机械电气、防火防爆、防雷防静电等部分监督内容列入本书编写范围。本书内容丰富而翔实，具有很强的实用性和操作性，除了可作为炼化检维修安全监督人员的工具书外，还可以用于安全管理和监督人员培训或学习参考。

按照集团公司对安全生产的要求，在集团公司质量安全环保部的精心组织指导下，本书由张凤英、常宇清、李献勇、杨芳、靳鹏、张超、王钰、魏宝莹、李安庆、张文学、黄海泉、樊亚军、龙彬、李发年、蔡有军、姚跃、马会涛、余飞海、于昕宇、于海兵、王洪刚、王睿博、王焕通、王威、吕鹏、孙鹏、孙秀峰、齐健、朱文杰、刘清、刘刚、刘铭杨、杨有伟、邱志文、张振杰、张新华、赵思斌、徐鹏、曹杨、彭四海、董贺明、管鹏智等执笔。中国石油安全环保技术研究院有限公司、抚顺石化公司安全监督中心、锦西石化公司安全环保处等单位给予大力支持，在此一并表示感谢！

因编写时间仓促，加之编写人员能力水平、业务素质和视角有限，书中难免有不当之处，敬请读者指正并提出宝贵意见，以求持续改进、日趋完善。

# 目 录

## 第一章 炼油化工专业安全监督管理 ... 1
第一节 安全监督机构及人员管理 ... 1
第二节 安全监督人员日常工作 ... 6

## 第二章 炼油化工专业安全监督要点 ... 10
第一节 作业许可安全监督 ... 10
第二节 动火作业安全监督 ... 19
第三节 进入受限空间作业安全监督 ... 39
第四节 高处作业安全监督 ... 67
第五节 临时用电安全监督 ... 81
第六节 吊装作业安全监督 ... 89
第七节 挖掘（动土）作业安全监督 ... 108
第八节 管线/设备打开作业安全监督 ... 117
第九节 脚手架作业安全监督 ... 126
第十节 清洗作业安全监督 ... 141
第十一节 断路（占道）作业安全监督 ... 175
第十二节 生产过程安全监督 ... 180

## 第三章 炼油化工专业安全监督管理基础知识 ... 207
第一节 HSE 体系管理 ... 207
第二节 双重预防机制建设 ... 217
第三节 一岗双责 ... 244

第四节  安全生产教育培训·················································249
  第五节  承包商管理···························································263
  第六节  特种设备管理·······················································268
  第七节  作业许可·······························································278
  第八节  变更管理·······························································279
  第九节  职业健康管理·······················································283
  第十节  事故事件报告与分析··············································306
  第十一节  危险化学品管理·················································321
  第十二节  消防安技装备····················································360
  第十三节  储运罐区及重大危险源管理··································377

第四章  炼油化工专业安全技术与方法··········································389
  第一节  机械安全·······························································389
  第二节  电气安全·······························································395
  第三节  防火防爆·······························································405
  第四节  防雷防静电····························································432
  第五节  常用工具方法·························································435

附录·······················································································448
  附录一  安全监督日志······················································448
  附录二  变更管理·····························································449
  附录三  基层站队 HSE 标准化建设标准内容要求明细·············460
  附录四  常用化学危险品贮存禁忌物配存····························463
  附录五  参考法律法规、标准、制度··································465

# 第一章 炼油化工专业安全监督管理

## 第一节 安全监督机构及人员管理

### 一、安全监督机构设置

根据集团公司《安全监督管理办法》(中油安〔2010〕287号)的有关规定,集团公司及所属企业应当按照有关规定设置安全总监(含安全副总监),统一负责集团公司、所属企业安全监督工作的组织领导与协调。集团公司安全环保部作为集团公司安全监督工作的综合管理部门,负责制订和修订集团公司安全监督管理规章制度,并监督落实;检查、指导、考核企业安全监督工作;协调解决安全监督工作中出现的重大问题;负责安全监督人员专业培训和考核的具体组织,协助人事部门负责集团公司安全监督人员资格认可管理工作。集团公司人事部负责指导所属企业安全监督机构的设立和安全监督人员的调配,归口管理安全监督人员的专业培训和安全监督人员资格认可工作。集团公司机关其他部门按照职责分工负责安全监督管理相关工作。各专业分公司负责对本专业安全监督工作进行检查、指导,并提供专业技术支持。

另外,根据该管理办法,集团公司所属油气田、炼化生产、工程技术服务、工程建设等企业应当设立安全监督机构,其他企业根据安全监督工作需要可以设立安全监督机构,并为其履行职责提供必要的办公条件和经费;所属企业下属主要生产单位和安全风险较大的单位,可以根据需要设立安全监督机构。作为通用安全监督管理机构组织模式,当前炼化企业实行"两级建站三级监督"的监督管理模式,即建立公司级安全监督站、厂(车间)安全监督站,实行公司级安全监督、厂(车间)级安全监督和基层站(队)安全监督三级监督管理。

安全监督机构对本单位行政正职、安全总监负责,接受同级安全管理部门的业务指导。安全监督机构是本单位安全监督工作的执行机构,主要职责包括:制订并执行年度安全监督工作计划;指派或者聘用安全监督人员开展安全监督工作;负责安全监督人员考核、奖惩和日常管理;定期向本单位安全总监报告监督工作,及时向有关部门通报发现的生产安全事故隐患和重大问题,并提出处理建议。

## 二、安全监督人员的基本条件

（1）具有大专及以上学历，从事专业技术工作5年及以上。

安全监督人员要求具有大专及以上学历，这是对安全监督的文化素质要求，是安全监督保证履行职责能力和学习能力的需要，只有具备了一定的基本文化素质，才能保证应有的不断提高安全监督管理能力的需要。由于安全监督人员的主要工作在生产作业一线，监督安全规章制度的执行，发现和督促解决现场的违章行为、事故隐患，履行这些职责需要一定的工作经历和经验，安全监督人员具有从事专业技术工作5年及以上的经历的规定，为完成安全监督工作提供了保障。

（2）接受过安全监督专业培训，掌握安全生产相关法律法规、规章制度和标准规范，并取得安全监督资格证书。

安全监督履职前应确保接受过安全监督专业培训，经集团公司每三年组织一次的专业培训，掌握履行安全监督职责所需要的安全生产相关法律法规、规章制度和标准规范，并经考核合格和取得安全监督资格证书，才能具备担任安全监督的资格。

（3）热爱安全监督工作，责任心强，有一定的组织协调能力和文字、语言表达能力。

热爱安全监督工作，且有完成安全监督任务的坚强责任心，是安全监督人员干好安全监督工作的前提。具有完成监督检查工作的组织协调能力、分析现状和问题的总结能力及交流沟通的语言表达能力，是完成安全监督工作的保障。

## 三、安全监督机构的运行管理

（一）安全监督的聘任程序

安全监督机构提出聘任监督人员的需求；人事部门会同安全监督机构审查、考核拟聘监督人员；人事部门批准，下达聘任文件或者与受聘监督人员签订聘任合同。

（二）安全监督的选派

安全监督机构应根据被监督项目的性质、规模及上级相关要求，委派具备相应资质的安全监督实施监督工作。安全监督进驻现场前监督站应组织安全讲话，对重点工作进行提示和要求。

（三）安全监督的资格培训与资质认可

安全监督资格培训由集团公司授权的培训机构组织培训，经考试、考核合格后发给培训合格证书。安全监督人员资格培训时间不少于120学时，其中现场培训不少于40学时。

取得安全监督资格的人员应当每年由企业组织再培训,培训时间不少于40学时。

集团公司对安全监督实行资格认可制度,安全监督人员由所属企业组织审查和申报,经集团公司组织专业培训和考核,合格后颁发安全监督资格证书,取得上岗资格。安全监督资格每三年进行一次考核,考核合格的继续有效,考核不合格的取消其资格。

### (四)安全监督工作的检查与考核

监督机构定期对安全监督的日常工作进行检查、考核,每年对安全监督进行一次综合业绩考评,根据监督的工作业绩、现场表现与专业水平等考核结果,评定监督资质并兑现奖惩。对监督业绩突出、避免安全生产事故的人员,应给予表彰或奖励。

### (五)会议及培训

安全监督机构应定期组织召开监督例会,通报安全监督现场工作情况,传达上级文件,对监督工作提出要求。新聘任的安全监督或较长时间未从事监督工作的安全监督重新上岗前,安全监督机构必须对其进行岗前培训。

安全监督机构应定期对安全监督集中业务培训,主要培训内容包括安全监督技能及监督技巧、炼化设备检维修管理规定、上级有关要求、作业许可及常用急救知识等。安全监督机构应对培训考核结果进行评价。

### (六)安全监督沟通协调与异议处理

安全监督机构和现场监督人员应建立与被监督单位的工作沟通和协调渠道,通过会议、座谈和情况通报等方式,监督与被监督双方互通工作信息,协调双方的各项工作。需要其他部门和单位支持、配合的,应当通知相关部门和单位,相关部门和单位应当予以支持和配合。

被监督单位对监督结果产生异议时,可以向安全监督机构提出复议,当复议未达成一致时,应当向上一级安全监督机构申请复议,或向双方的上一级主管部门申请复议。

## 四、安全监督人员的职责和权利

### (一)安全监督人员按照安全监督机构的指令实施安全监督

主要职责包括:

(1)对被监督单位遵守安全生产法律法规、规章制度和标准规范情况进行检查。

(2)督促被监督单位纠正违章行为、消除事故隐患。

(3)及时将现场检查情况通知被监督单位,并向所在安全监督机构报告。

（4）安全监督机构赋予的其他职责。

## （二）安全监督人员实施安全监督的权限

具体权限包括：

（1）在监督过程中，有权进入现场检查、调阅有关资料和询问有关人员。

（2）对监督过程中发现的违章行为有权批评教育、责令改正，并提出处罚建议。

（3）对发现的事故隐患，有权责令整改，在整改前无法保证安全的，有权责令暂时停止作业或者停工。

（4）发现危及员工生命安全的紧急情况时，有权责令停止作业或者停工、责令作业人员立即撤出危险区域。

（5）对被监督单位安全生产工作业绩的考评有建议权。

另外，依据《安全生产监管监察职责和行政执法责任追究的暂行规定》（国家安监总局令〔2009〕第24号令）有关规定，被监督单位及其员工拒不执行安全监督指令，导致发生生产安全事故的，安全监督机构和安全监督人员不承担责任。

## （三）安全监督人员实施安全监督的义务

履行以下主要义务：

（1）接受安全生产教育和培训，提高自身业务素质。

（2）遵守本单位及被监督单位的有关规章制度，保守商业秘密。

（3）坚持原则、廉洁自律，认真履行安全监督职责，正确行使安全监督权限。

（4）发生突发事件时，主动参与应急抢险和现场救援。

# 五、安全监督人员的主要工作内容

《中国石油天然气集团公司安全监督管理办法》（中油安〔2010〕28号）第十七条规定：炼化装置检修作业的施工现场，以及生产经营关键环节应进行监督。

## （一）炼化装置检维修施工作业监督管理

（1）审查工程项目施工、工程监理、工程监督等相关单位资质、人员资格、安全合同、安全生产规章制度建立和安全组织机构设立、安全监管人员配备等情况。

（2）检查工程项目安全技术措施和HSE"两书一表"、人员安全培训、施工设备和安全设施、技术交底、开工证明和基本安全生产条件、作业环境等。

（3）检查现场施工作业过程中安全技术措施落实、规章制度与操作规程执行、作业许可办理、计划与人员变更等情况。

（4）检查施工作业过程事故隐患整改、违章行为查处、安全费用使用、生产安全事故（事件）报告及处理情况。

（5）检查施工作业现场使用的设备设施、工（器）具及作业环境风险辨识的全面性、风险控制措施制订的有效性、风险削减措施现场落实的完整性及作业许可管理执行的规范性。

（6）监督现场施工作业过程中，作业人员劳动防护用品使用适用性、完整性等。

（7）其他需要监督的内容。

### （二）安全监督工作的主要内容

对于生产经营关键环节，生产经营单位安全监督的主要内容包括：

（1）安全生产管理机构及人员管理，主要包括安全组织机构建设、安全规章制度建立与执行、安全生产责任制落实、员工安全培训及风险管理等情况。

（2）安全生产条件，主要包括安全生产相关设备设施完整性、特种设备使用及检测管理情况、特种作业人员持证上岗情况、属于重点监管危险化学品的"三剂"（催化剂、溶剂、添加剂）使用管理情况。

（3）安全生产活动，主要包括现场生产组织、工艺设备变更管理、危害因素辨识与风险防控情况。

（4）安全应急准备，主要包括应急组织建立、应急预案制修订、应急物资储备、应急培训和应急演练开展等情况。

（5）危险化学品及重大危险源管理，包括但不限于危险化学品登记、储存、使用及生产安全管理受控情况；危险化学品风险矩阵、危险化学品管理台账的建立；剧毒化学品使用及"五双"（双人保管、双把锁、双本账、双人发货、双人领用）管理情况；重大危险源的辨识、评估与监控管理；涉及"两重点一重大"（重点监管的危险化工工艺、重点监管的危险化学品和重大危险源）合规性管理。

（6）安全生产事故隐患排查与治理，包括但不限于安全生产事故隐患辨识标准的建立、整改方案措施的"五定"（定措施、定人员、定资金、定责任、定时间）、隐患整改前的风险控制措施及方案。

（7）安全生产事故事件管理，包括事故事件统计分析与上报、防范措施制订与落实等内容。

（8）其他应监督管理的内容。

## 第二节　安全监督人员日常工作

### 一、监督工作流程和方法

安全监督人员根据炼化检维修施工作业及生产情况，制订监督方案，并按照方案实施。现场安全监督的大部分日常工作就是对作业现场及生产场所的人、物、管理及环境等情况实施监督和日常安全检查，并以监督日志的形式记录下来，据此对发现的隐患做出 HSE 提示，并督促制订安全防范措施，确保企业安全生产。

#### （一）工作流程及内容

1. 进行检查

（1）按巡回检查路线开展监督工作。

（2）主要检查内容包括设备设施、装置、防护用品、人员、作业过程及程序。

（3）需要多次重复、巡回检查，确保覆盖全部现场和涉及的所有方面。

（4）现场需要安排时间进行观察。

（5）及时发现潜在的隐患。

（6）要包含整个工作组和整个检维修活动。

2. 分析信息

对发现的问题和信息进行分析，包括潜在的隐患信息及处置优先顺序。

3. 归纳结论

根据分析，了解需要做什么，对准备提出的问题和建议做出选择并确定。

4. 做出提示

对作业方详述发现的问题，并描述潜在的问题和信息；告知现场监督的基本结论，提出整改建议；如果有可能，确定需要的资源。

5. 跟踪记录

（1）记录发现的情况。

（2）记录采取的措施。

（3）记录听到的建议。

(4)记录下一步采取的行动。

(5)跟踪事故隐患整改,记录整改情况,并持续观察。

(二)主要工作方法

(1)安全检查。

(2)安全观察和沟通。

(3)HSE会议。

(4)安全交接:安全监督在进行交接的时候,应详细描述项目名称及工程概况;现场工作简况,即发现的事故隐患及"三违"情况(违章指挥、违规作业和违反劳动纪律);还未整改的事故隐患及"三违"情况;下一步工作需注意和加强的方面。

(5)安全要求:对进入作业现场的作业单位进行安全提示。根据作业工况确定安全提示内容,并进行跟踪检查,发现问题督促改正。

## 二、监督检查形式

炼化装置检维修作业安全监督工作可根据实际情况,采用以下形式:

(1)巡回检查。

(2)专项检查。

(3)旁站监督。

(4)其他综合形式。

安全监督更多的是要对现场进行巡回检查、对关键要害部位进行抽查、对重点施工环节进行旁站监督,发现问题立即整改,及时纠正人的不安全行为,消除物的不安全状态。

## 三、监督确认

(一)关键作业前监督确认

(1)确认特种作业人员和岗位人员持证上岗。

(2)确认所有作业人员正确穿戴劳动和安全防护用品。

(3)确认作业现场安全防护用具、消防器材按要求配置使用。

(4)确认作业现场各种警告提醒标示牌完好,应急通道和逃生路线明确、畅通。

(5)确认进入作业区域的相关方具备安全条件,并持有作业许可证。

## (二)关键作业中的监督确认

### 1. 观察

（1）人的反应。

（2）人的位置是否合理。

（3）个人防护装备是否正确使用。

（4）工具和设备是否良好。

（5）程序和秩序是否合理。

（6）作业环境是否整洁。

（7）人机工程是否符合要求。

### 2. 确认

（1）确认作业现场人员无不安全行为。

（2）确认作业现场不存在物的不安全状态。

（3）确认作业现场不存在管理缺陷状况等。

（4）鼓励安全作业方式和安全行为。

## (三)关键作业后的监督确认

（1）对事故隐患整改进行跟踪验证，确认限期内整改，若限期内未整改完成，应查明原因。

（2）对重大事故隐患和问题的整改情况，跟踪验证并及时将整改进度反馈至安全监督机构；整改完成后形成报告反馈给安全监督机构。

（3）对于作业现场不能立即整改的事故隐患，在限期整改完成后，再由现场安全监督予以验证确认，由验证确认人员在事故隐患整改通知单中明确填写整改情况、整改时间、整改负责人和验证情况等内容。

（4）对管理方面的缺陷，确认被监督单位已经制订对应措施并进行完善。

# 四、监督日志

安全监督应在监督日志中详细记录当日工作情况，做到工作可追溯。安全监督日志记录内容及格式参考"安全监督日志示意表"（详见附录一）。

# 五、培训

培训是为了提高员工岗位风险辨识与控制能力，满足岗位安全生产需要，所进行的以公司管理规范、程序和操作规程为主要内容,以在岗辅导、演练为主要形式的持续学习与经验分享的行为或过程。

  安全教育和培训是做好安全工作的根本,任何好的工作程序、防护设施和操作规程,都只有在工作人员理解的基础上才得以高效实施,因此,安全监督有责任和义务对现场安全教育工作进行督促。

  安全监督机构应定期对安全监督集中业务培训,主要培训内容包括安全监督技能及监督技巧、炼化设备检维修管理规定、上级有关要求、作业许可及常用急救知识等。

# 第二章　炼油化工专业安全监督要点

## 第一节　作业许可安全监督

鉴于炼化企业生产装置生产运行中涉及物料的危险性、工艺流程的复杂性、运行设备的多样性和大型化,以及现场环境风险不确定性,在炼化装置生产运行过程中,存在多种可能导致事故发生的固有危害因素,特别是在炼化生产装置检维修作业及项目建设过程中,因其作业环境、使用的设备机具、人员素质、工作方案等方面存在的主要风险,依据《化学品生产单位特殊作业安全规范》(GB 30871—2014)、《中国石油天然气集团公司作业许可管理规定》(安全〔2009〕552号)及《中国石油天然气股份有限公司作业许可管理规定》(油炼化〔2011〕11号)(2018修订)相关规定,对炼化企业生产装置相关作业实行作业许可管理,以确保装置生产运行管理和检维修及项目建设管理安全受控,避免各环节事故事件的发生。

### 一、风险分析

(1)作业人员不熟悉作业环境或不具备相关安全技能。

关键措施:作业人员必须经安全教育,熟悉现场环境和施工安全要求,掌握本岗位相关作业安全技能,特种作业人员需持证作业。

(2)作业人员未佩戴安全防护用品或使用方法不当或用品不符合相应安全标准,未使用符合要求的工具。

关键措施:强化作业现场人员劳动防护用品配备与使用,严格现场作业工器具管理,特种设备需定期检验、校正。

(3)未派监护人或未能履行监护职责。

关键措施:强化监护人培训与考核管理,危险作业监护人需持证上岗。

(4)涉及动火、高处、受限空间、检修设备、抽堵盲板等危险作业,未落实相应安全措施。

关键措施:规范危险作业票证管理,强化安全措施落实与现场监督检查。

(5)作业条件或环境发生变化。

关键措施:加强作业现场监督监护,严格执行终止作业制度。

（6）工作方案不适用，应急准备不充分。

关键措施：严肃工作方案编制、审核与现场培训，按规定设置应急救援设备设施及器材。

## 二、监督内容

（1）作业许可合规性。

（2）工艺处置有效性。

（3）现场作业环境可控性。

（4）应急救援准备充分性。

## 三、监督依据

（1）《化学品生产单位特殊作业安全规范》（GB 30871—2014）。

（2）《中国石油天然气集团公司作业许可管理规定》（安全〔2009〕552号）。

（3）《中国石油天然气股份有限公司作业许可管理规定》（油炼化〔2011〕11号）（2018修订）。

## 四、监督要点

（1）作业许可证合规性。

监督依据：《中国石油天然气股份有限公司作业许可管理规定》（油炼化〔2011〕11号）（2018修订）。

---

《中国石油天然气股份有限公司作业许可管理规定》（油炼化〔2011〕11号）（2018修订）：

第七条 作业许可范围

（一）在所辖区域内或已交付的在建装置区域内，进行下列工作均应实行作业许可管理，办理"作业许可证"：

1. 非计划性维修工作（未列入日常维护计划或无规程指导的维修工作）；

2. 承包商作业；

3. 偏离安全标准、规则、程序要求的工作；

4. 交叉作业；

5. 在承包商区域进行的工作；

6. 缺乏安全程序的工作；

7. 对不能确定是否需要办理许可证的其他工作。

(二)如果工作中包含下列工作,还应按专项作业管理规定要求同时办理专项作业许可证:

1. 进入受限空间;

2. 挖掘作业;

3. 高处作业;

4. 吊装作业;

5. 管线/设备打开;

6. 临时用电;

7. 动火作业;

8. 放射性作业;

9. 其他有明确要求的作业。

第八条 炼化企业应按照本规定的要求,结合企业作业活动特点、风险性质,确定需要实行作业许可管理的范围、作业类型,确保对所有高风险的、非常规的作业实行作业许可管理。

第十条 作业许可证申请

(一)作业前申请人应提出申请,填写作业许可证并准备好相关资料,包括但不限于:

1. 作业许可证;

2. 作业内容说明;

3. 相关附图,如作业环境示意图、工艺流程示意图、平面布置示意图等;

4. 风险评估结果;

5. 安全措施或安全工作方案。

(二)……作业申请人负责填写作业许可证并向批准人提出申请。

(三)……不同的作业单位应分别办理作业许可。

第十四条 许可证审批

(一)根据作业初始风险的大小,由有权提供、调配、协调风险控制资源的直线管理人员或其授权人审批作业许可证。批准人通常应是企业主管领导、车间主要负责人或其授权人。

(二)书面审核和现场核查通过之后,批准人或其授权人、申请方和受影响的相关各方均应在作业许可证上签字。

(三)许可证的有效期限一般不超过一个班次。如果在书面审查和现场核查过程中,经确认需要更多的时间进行作业,应根据作业性质、作业风险、作业时间,经相关各方协商一致确定作业许可证有效期限和延期次数。

（四）如书面审查或现场核查未通过，对查出的问题应记录在案，申请人应重新提交一份带有对该问题解决方案的作业许可申请。

（五）作业人员、监护人员等现场关键人员变更时，应经过申请人和批准人的审批。

第十五条　许可证取消

（一）当发生下列任何一种情况时，属地单位和作业单位都有责任立即终止作业，取消（相关）作业许可证，并告知批准人许可证被取消的原因，若要继续作业应重新办理许可证。

1. 作业环境和条件发生变化；

2. 作业内容发生改变；

3. 实际作业与作业计划的要求发生重大偏离；

4. 发现有可能发生立即危及生命的违章行为；

5. 现场作业人员发现重大安全隐患；

6. 事故状态下。

（二）当正在进行的工作出现紧急情况或已发出紧急撤离信号时，所有的许可证立即失效。重新作业，应办理新的作业许可证。

（三）风险评估和安全措施只适用于特定区域的系统、设备和一段指定的时间段，如果工作时间超出许可证有效时限或工作地点改变，风险评估失去其效力，应停止作业，重新办理作业许可证。

（四）许可证一旦被取消即作废，如再开始工作，需要重新申请作业许可证。取消作业应由提出人和批准人在许可证第一联上签字。

第十六条　许可证延期和关闭

（一）如果在许可证有效期内没有完成工作，申请人可申请延期。申请人、批准人及相关方应重新核查工作区域，确认所有安全措施仍然有效，作业条件未发生变化。若有新的安全要求（如夜间工作的照明）也应在申请上注明。在新的安全要求都落实以后，申请人和批准人方可在作业许可证上签字延期。许可证未经批准人和申请人签字，不得延期。

（二）在规定的延期次数内没有完成作业，需重新申请办理作业许可证。

（三）作业项目完成后应确认其涵盖的相关专项作业许可证均已关闭，方可关闭作业许可证。

（四）作业完成后，申请人与批准人在现场验收合格，双方签字后方可关闭作业许可证。

（2）作业许可相关人员资质能力。

监督依据：《化学品生产单位特殊作业安全规范》（GB 30871—2014）、《中国石油天然气集团公司作业许可管理规定》（安全〔2009〕552号）、《中国石油天然气股份有限公司作业许可管理规定》（油炼化〔2011〕11号）（2018修订）。

---

《化学品生产单位特殊作业安全规范》（GB 30871—2014）：

4.2 作业前，应对参加作业的人员进行安全教育。

---

《中国石油天然气集团公司作业许可管理规定》（安全〔2009〕552号）：

第二十三条 作业或监护等现场关键人员发生变更，须经批准人、申请人和相关各方的审批方可作业。

---

《中国石油天然气股份有限公司作业许可管理规定》（油炼化〔2011〕11号）（2018修订）：

第十三条 现场核查

（二）现场作业人员资质及能力情况。

（四）个人防护用品的配备情况。

（六）作业人员的培训情况。

---

（3）工艺处置有效性和现场作业环境。

监督依据：《化学品生产单位特殊作业安全规范》（GB 30871—2014）、《中国石油天然气集团公司作业许可管理规定》（安全〔2009〕552号）、《中国石油天然气股份有限公司作业许可管理规定》（油炼化〔2011〕11号）（2018修订）。

---

《化学品生产单位特殊作业安全规范》（GB 30871—2014）：

4.3 作业前，生产单位应进行如下工作：

a）对设备进行隔绝、清洗、置换，并确认满足动火、进入受限空间等作业安全要求；

b）对放射源采取相应的安全处置措施；

c）对作业现场的地下隐蔽工程进行交底；

d）腐蚀性介质的作业场所配备人员应急用冲洗水源；

e）夜间作业的场所应设满足要求的照明装置；

f）会同作业单位组织作业人员到作业现场，了解和熟悉现场环境，进一步核实安全措施的可靠性，熟悉应急救援器材的位置及分布。

4.4 作业前作业单位对作业现场及作业涉及的设备、设施、工器具等进行检查,并使之符合如下要求:

a)作业现场消防通道、行车通道应保持畅通;影响作业安全的杂物应清理干净;

b)作业现场的梯子、栏杆、平台、箅子板、盖板等应确保安全;

c)作业现场可能危及安全的坑、井、沟、孔洞等应采取有效防护措施,并设警示标志,夜间应设警示红灯;需要检修的设备上的电器电源应可靠断电,并在电源开关处加锁并加挂安全警示牌;

d)作业使用的个体防护器具、消防器材、通信设备、照明设备等应完好;

e)作业使用的脚手架、起重机械、电气焊用具、手持电动工具等各种工器具应符合作业安全要求;超过安全电压的手持式、移动式电动工器具应逐个配置漏电保护器和电源开关。

《中国石油天然气股份有限公司作业许可管理规定》(油炼化〔2011〕11号)(2018修订):

第十一条 安全措施

(一)属地单位和作业单位应严格落实风险削减措施。需要系统隔离时,应进行系统隔离、吹扫、置换,交叉作业时需考虑区域隔离。

(二)许可证审批前,凡是可能存在缺氧、富氧、有毒有害气体、易燃易爆气体、粉尘的作业环境,应进行气体、粉尘浓度检测,确认检测结果是否合格,制订相应安全措施。同时在作业许可证中注明工作期间检测的时间和频次。

(三)许可证得到批准后,在作业实施过程中,属地单位和作业单位应按照风险评估的要求落实安全措施,如按照检测要求进行气体、粉尘浓度检测,填写检测记录,注明检测的时间和检测结果。

(四)凡是涉及有毒有害、易燃易爆作业场所的作业,作业单位均应按照相应要求配备个人防护装备,并监督相关人员佩戴齐全,执行相关个人防护装备管理的要求。

(4)应急救援准备充分性。

监督依据:《化学品生产单位特殊作业安全规范》(GB 30871—2014)、《中国石油天然气股份有限公司作业许可管理规定》(油炼化〔2011〕11号)(2018修订)。

《中国石油天然气股份有限公司作业许可管理规定》（油炼化〔2011〕11号）（2018修订）：

第十三条　现场核查

书面审查通过后，所有参加书面审查的人员均应到许可证上所涉及的工作区域实地检查，确认各项安全措施的落实情况。确认内容包括但不限于：

（五）安全消防设施的配备，应急措施的落实情况。

（六）作业人员的培训情况。

（七）与相关单位（包括相关方）的沟通情况。

（九）确认安全设施的完好性。

---

《化学品生产单位特殊作业安全规范》（GB 30871—2014）：

4.2　作业前，应对参加作业的人员进行安全教育，主要内容如下：

c）作业过程中所使用的个体防护器具的使用方法及使用注意事项；

d）事故的预防、避险、逃生、自救、互救等知识；

e）相关事故案例和经验、教训。

4.3　作业前，生产单位应进行如下工作：

d）腐蚀性介质的作业场所配备人员应急用冲洗水源；

f）会同作业单位组织作业人员到作业现场，了解和熟悉现场环境，进一步核实安全措施的可靠性，熟悉应急救援器材的位置及分布。

4.4　作业前，作业单位对作业现场及作业涉及的设备、设施、工器具等进行检查，并使之符合如下要求：

a）作业现场消防通道、行车通道应保持畅通；影响作业安全的杂物应清理干净；

d）作业使用的个体防护器具、消防器材、通信设备、照明设备等应完好。

4.7　当生产装置或作业现场出现异常情况可能危及作业人员安全时，生产单位应立即通知作业人员停止作业，迅速撤离。

当作业现场出现异常，可能危及作业人员安全时，作业人员应停止作业，迅速撤离，作业单位应立即通知生产单位。

## 五、常见违章

（1）未按照作业许可证制订的安全工作方案组织施工。

（2）作业人员未按要求穿戴劳动防护用品，未使用防爆工具。

（3）未开具作业许可证就擅自进行作业。

（4）现场监护人员擅自离岗。
（5）特种作业人员未持有效操作证上岗操作。
（6）作业人员未经过三级安全教育。
（7）现场安全消防设置损坏或配备不足。
（8）擅自变更作业方案或作业内容。
（9）作业许可证超期使用。
（10）作业许可证未涵盖所涉及的专项作业许可内容。

## 六、案例分析

### 案例一：某石化公司"2008.11.4"高处坠落事故

**1. 事故经过**

2008年11月4日13时16分，某石化公司气体车间在进行气柜岗位压缩机出口高压瓦斯线和冷凝液回注线的氮气扫线阀加装盲板作业过程中发生高处坠落事故。事故造成1人受伤。

2008年11月4日上午，某石化公司气体车间按照操作规程要求，决定对气柜岗位压缩机出口高压瓦斯线和冷凝液回注线的氮气扫线阀加装盲板。车间设备技术员白某将加装盲板工作现场布置给当班班组运行三班。接受任务后，副班长李某将工作需要的盲板、垫片出库，并对氮气线进行泄压。泄掉残压后，在车间负责工艺的王某监护下，对压缩机房内的冷凝液回注线的氮气扫线阀加装盲板（距地面1.5m），加完盲板已接近11时30分，决定中午休息，下午继续作业。

13时，李某和气柜岗位操作员沈某一起继续进行加装盲板作业，作业位置在5#压缩机出口高压瓦斯管带上（距地面2.35m）。此时，车间管理人员刚上班，还没有到达作业现场。13时16分，沈某和李某分别登上管带进行作业，在解开三个螺栓后，发现还有微量残压泄出，两人商量后决定暂时停止作业。在下管带过程中，李某从管带上跌落至地面。

沈某和压缩机操作工范某立即报告车间领导，同时拨打急救电话120。13时26分，救护车到达事故现场，将伤员送往医院进行救治。经医院系统检查，李某右手腕部骨折，头部外伤。

**2. 原因分析**

作业人员未按HSE体系文件中《高处作业安全管理规定》的要求，在未办理《高处作业票》、未采取相应的安全防范措施的前提下，从事高处作业，导致高处坠落事故的发生。

**3. 案例启示**

（1）车间未严格执行《高处作业票》制度，施工作业未办理《高处作业票》。加装盲板作业前,车间管理人员根据施工现场的特点进行了危害因素识别,在防范措施落实上,仅限于口头提醒"注意安全",无具体措施落实,作业现场没有指派作业监护人。

(2)作业人员安全意识淡薄,作业时未按规定佩戴安全帽、系安全带。

### 案例二:某石化公司"2009.3.14"物体打击事故

1. 事故经过

2009年3月14日0时20分,某石化公司化工二厂硫铵车间发生一起物体打击事故。事故造成1人死亡。

2009年3月13日18时,某石化公司化工二厂硫铵车间夜班(三班)接班后发现冷凝器(E-902)下料管线堵塞,班长李某向车间副主任辛某汇报,辛某同意班组组织处理,同时要求通知值班人员(车间书记郑某)到现场。20时10分,冷凝器下料线直管段处理通,但三楼横管段堵塞严重,处理困难。由于工作量较大,辛某安排车间技术员李某带领休班的一班人员进厂协助处理。21时50分,晁某等3人进入作业现场,将三楼堵塞的管线从中间锯断,并站在1.8m高的作业平台上,用铁钎轮流处理断口南侧管线,李某和马某现场监护。22时30分左右,当班人员向断口北侧堵塞管线通入1.0MPa蒸汽软化管线内聚合物。14日0时20分左右,晁某在平台上处理南侧管线时,北侧堵塞的管线突然通开,自弯头处瞬间折弯90°,击中晁某肋部,将其打落到地面。当班人员迅速救援,将晁某抬到二楼休息室,此时晁某意识清醒,只说难受。稍后救护车赶到,送医院进行救治。经抢救无效,晁某于1时20分死亡。

2. 原因分析

晁某在疏通南侧堵塞的管线时,北侧用蒸汽软化的管线突然畅通泄压,造成南侧管线自弯头处瞬间折弯90°,击中其肋部。这是事故发生的直接原因。

3. 案例启示

(1)锯断管线属工况变更,没有进行风险识别和评价,没有制订风险削减措施。

(2)作业人员对聚合物飞出伤人、蒸汽喷出烫伤等潜在风险识别不到位,致使在带压管线端头处违章作业。应加强落实"作业和操作要受控"的要求,对照自身的作业和操作,特别是班组自行组织进行的生产作业,认真查找是否存在《作业指导书》和《操作卡》没有覆盖到的操作或作业,及时补充和完善,确保每一位员工都清楚"作业和操作要受控"的要求,将"作业和操作要受控"的要求落实到每一次生产操作和现场作业中。

(3)在未开具工作票的情况下盲目作业。严格执行作业票证的审批和确认制度,加强作业过程的风险识别,并保证与作业相关的所有专业都参加作业过程的风险识别。处理各类问题做到方案可靠,作业前要对作业环境和条件进行细致检查、确认,认真向作业人员进行作业风险交底,使指挥者、作业者、监护人员都知道作业风险和预防措施,在确保安全的条件下方可作业。

(4)作业方案不完备,现场多组人员轮流作业时界面交接不清,工序衔接不合理,缺少统一的协调,在北侧管线进行蒸汽软化疏通时,作业人员同时在管线端口危险区域内作业,因违章作业导致事故发生。

## 第二节 动火作业安全监督

### 一、风险分析

动火作业是炼化企业生产装置检修和项目建设中常见作业类型,也是炼化企业安全生产事故多发点,其重要风险体现在但不限于以下几个方面:

(1)动火作业设备、管道易燃性介质处置不彻底。

关键措施:动火作业设备、管道工艺系统退料、吹扫、置换等处置符合动火作业安全条件,可燃气体检测分析合格。

(2)动火作业区域环境易燃易爆介质未彻底清除。

关键措施:清除动火作业区域内易燃易爆性介质。

(3)动火作业区域地漏、污水井、下水道等部位存在挥发性可燃气体。

关键措施:动火作业区域地漏、污水井、下水道等部位封严盖实。

(4)动火作业区域存在液化烃、液化石油气等易燃易爆性介质泄漏。

关键措施:对动火作业区域环境进行可燃性气体检测符合作业条件。

(5)动火作业产生火花。

关键措施:动火作业区域采取火花飞溅及消除限制措施。

(6)动火作业使用的工器具、用电设备及供电线路等产生火花。

关键措施:危险区域使用防爆工具,用电设备符合动火作业区域防火防爆要求,供电线路绝缘良好,漏保有效。

(7)气焊作业使用的气瓶及供气管路不完好,乙炔气瓶泄漏。

关键措施:气瓶安全附件齐全有效,按标准检测合格,供气管路可靠连接,管路材质、完好状态等符合相关标准。

(8)违规储存、搬运、使用气瓶。

关键措施:氧气、乙炔气瓶分开储存,正确搬运气瓶,按规范使用气瓶。

（9）电焊设备线路接引不规范。

关键措施：由具有相应资质的人员负责线路接引。

（10）作业人员个体劳动防护不到位。

关键措施：强化作人员安全教育培训和劳动防护用品佩戴监督检查与考核。

（11）检测分析结果不准确。

关键措施：检测分析人员资质符合相关要求，选用正确的检（监）测方式，检（监）测仪器仪表在有效期内，严格分析检（监）测频次及标准，科学选取监测部位。

（12）应急准备不足。

关键措施：强化动火作业相关人员应急知识、能力培训，按规定设置应急救援设备设施及器材。

（13）人员管理失控。

关键措施：强化特种作业人员资质管理和现场监护监督管理。

（14）作业程序、方法不当。

关键措施：编制 HSE 作业指导书，严格作业程序、方法管理。

（15）动火作业相关人员不熟悉作业环境，不掌握作业风险及风险控制措施。

关键措施：强化动火作业相关人员现场安全教育，进行风险告知，强化现场动火作业风险削减措施落实，严格关键人员变更管理。

（16）复杂动火作业风险辨识分析不足。

关键措施：复杂动火作业编制安全工作方案，并履行审核、审批手续。

## 二、监督内容

（1）作业许可合规性。

（2）工艺处置有效性。

（3）设备设施工器具适用性。

（4）人员资质能力符合性。

（5）现场作业环境可控性。

（6）应急救援准备充分性。

（7）复杂动火作业方案可行性。

## 三、监督依据

（1）《中华人民共和国安全生产法》（2014 年 8 月 31 日第二次修正）。

（2）《化学品生产单位特殊作业安全规范》（GB 30871—2014）。

（3）《化学品生产单位动火作业安全规范》（AQ 3022—2008）。

（4）《石油化工建设工程施工安全技术规范》（GB 50484—2008）。

（5）《中国石油天然气集团公司动火作业安全管理办法》（油安〔2014〕86号）。

（6）《中国石油天然气股份有限公司动火作业安全管理办法》（油安〔2014〕66号）。

（7）《动火作业安全管理规定》（油炼化〔2011〕11号）（2018修订）。

（8）《建筑施工作业劳动防护用品配备及使用标准》（JGJ 184—2009）。

（9）《中国石油天然气集团公司承包商安全监督管理办法》（中油安〔2013〕483号）。

（10）《特种作业人员安全技术培训考核管理规定》（2011年修订）。

## 四、监督要点

（1）检查实施动火作业的必要性。

监督依据：《中国石油天然气集团公司动火作业安全管理办法》（油安〔2014〕86号）、《中国石油天然气股份有限公司动火作业安全管理办法》（油安〔2014〕66号）、《动火作业安全管理规定》（油炼化〔2011〕11号）（2018修订）、《化学品生产单位动火作业安全规范》（AQ 3022—2008）。

---

《中国石油天然气集团公司动火作业安全管理办法》（油安〔2014〕86号）：

第三条　本办法所称的动火作业是指在具有火灾爆炸危险性的生产或施工作业区域内能直接或间接产生明火的各种临时作业活动。

第二十一条　动火作业实行动火作业许可管理，应当办理动火作业许可证，未办理动火作业许可证严禁动火。

第二十四条　处于运行状态的生产作业区域和罐区内，凡是可不动火的一律不动火，凡是能拆移下来的动火部件必须拆移到安全场所动火。

第二十五条　必须在带有易燃易爆、有毒有害介质的容器、设备和管线上动火时，应当制订有效的安全工作方案及应急预案，采取可行的风险控制措施，达到安全动火条件后方可动火。

第二十六条　遇有六级风以上（含六级风）应当停止一切室外动火作业。

第二十七条　在夜晚、节假日期间，以及异常天气等特殊情况下原则上不允许动火；必须进行的动火作业，要升级审批，作业申请人和作业批准人应当全过程坚守作业现场，落实各项安全措施，保证动火作业安全。

第五十四条　高处动火作业使用……遇有五级以上（含五级）风停止进行室外高处动火作业。

《动火作业安全管理规定》(油炼化〔2011〕11号)(2018修订):

第十六条 临时动火

临时动火主要包括:

(一)电焊、气焊、钎焊、塑料焊等焊接切割。

(二)电热处理、电钻、砂轮、风镐及破碎、锤击、爆破、黑色金属撞击等产生火花的作业。

(三)喷灯、火炉、电炉、熬沥青、炒沙子等明火作业。

(四)进入易燃易爆场所的机动车辆、燃油机械等设备。

(五)临时用电。

第十八条 动火作业管理要求

(一)基本要求

4.动火作业应做到"四不动火";

5.处于运行状态的生产作业区域内,凡能拆移的动火部件,应拆移到安全地点动火;

6.严禁在装置停车倒空置换期间及投料开车过程中进行动火作业;

7.节假日(包括双休日)期间,正在运行的装置、罐区及公用工程原则上不允许动火作业,如生产需要必须动火时,须将动火作业等级相应提高一级。

第四十七条 五级风以上(含五级风)天气,原则上禁止露天动火作业。因生产需要确需动火作业时,动火作业应升级管理。

---

《化学品生产单位动火作业安全规范》(AQ 3022—2008):

5.2.1 在生产不稳定的情况下不得进行带压不置换动火作业。

(2)检查动火作业许可分级适用性。

监督依据:《动火作业安全管理规定》(油炼化〔2011〕11号)(2018修订)。

---

《动火作业安全管理规定》(油炼化〔2011〕11号)(2018修订):

第十七条 根据动火部位危险程度,临时动火分为三级。

(一)特殊动火

在带有可燃、有毒介质的容器、设备、管线、工业下水井、污水池等部位不允许动火,确属生产需要必须进行的动火作业,按特殊动火处理。特殊动火必经地区公司主管领导和有关部门、属地及动火作业单位共同进行风险评价,制订可靠的动火安全工作方案、安全措施和应急预案并有效落实后方可动火。

(二)一级动火

一级动火:在易燃易爆场所进行的除特殊动火作业以外的动火作业。

1. 处于生产状态的工艺生产装置区(爆炸危险场所以内区域);

2. 各类油罐区、可燃气体及助燃气体罐区防火堤内(无防火堤的距罐壁15米以内的区域);

3. 有毒介质区、液化石油气站;

4. 可燃液体、可燃气体、助燃气体及有毒介质的泵房与机房;

5. 可燃液体、气体及有毒介质的装卸区和洗槽站;

6. 工业污水场、易燃易爆的循环水场、凉水塔等地点,包括距上述地点及工业下水井、污水池15米以内的区域;

7. 危险化学品库、油库、加油站等;

8. 厂区管廊上的动火作业;

9. 运行生产装置内按照爆炸性气体(粉尘)环境划分属于1.2(21)区的区域;

10. 装置停车大检修,工艺处理合格后装置内的第一次动火;

11. 档案室、图书馆、资料室、网络机房等场所。

(三)二级动火

在下列地点动火为二级动火:

1. 装置停车大检修,工艺处理合格后经厂级单位组织检查确认,并安全实施了第一次动火作业的装置内动火;

2. 运到安全地点并经吹扫处理合格的容器、管线动火;

3. 在生产厂区内,不属于一级动火和特殊动火的其他临时动火。

(3)动火作业许可证审核、签发合规性。

监督依据:《中国石油天然气集团公司动火作业安全管理办法》(油安〔2014〕86号)、《中国石油天然气股份有限公司动火作业安全管理办法》(油安〔2014〕66号)、《动火作业安全管理规定》(油炼化〔2011〕11号)(2018修订)、《化学品生产单位特殊作业安全规范》(GB 30871—2014)、《化学品生产单位动火作业安全规范》(AQ 3022—2008)。

《中国石油天然气股份有限公司动火作业安全管理办法》(油安〔2014〕66号):

第九条 作业申请由作业单位的现场作业负责人提出,作业单位参加作业区域所在单位组织的风险分析,根据提出的风险管控要求制订并落实安全措施。

第十条  作业审批由作业批准人组织作业申请人等有关人员进行书面审查和现场核查,确认合格后,批准动火作业。

第十二条  作业关闭是在动火作业结束后,由作业人员清理并恢复作业现场,作业申请人和作业批准人在现场验收合格后,签字关闭动火作业许可证。

第十三条  作业区域所在单位是指具备动火作业许可审批权限,组织动火作业的属地主管单位,安全职责主要包括:

(一)组织开展动火作业风险分析。

(三)审批作业单位动火作业安全措施或相关方案,监督作业单位落实安全措施。

第二十三条  动火作业许可证是现场动火的依据,只限在指定的地点和时间范围内使用,且不得涂改、代签。一份动火作业许可证只限在同类介质、同一设备(管线)、指定的区域内使用,严禁与动火作业许可证内容不符的动火。

第二十八条  所属企业可根据动火作业地点远近和作业频繁程度等实行动火授权审批;作业批准人进行书面授权后,与被授权人共同承担动火作业现场安全的主要责任。

第三十条  动火作业许可证应当包括作业单位、作业区域所在单位、作业地点、动火等级、作业内容、作业时间、作业人员、作业监护人、属地监督、危害识别、气体检测、安全措施,以及批准、延期、取消、关闭等基本信息。

动火作业许可证应当编号,并分别放置于作业现场、作业区域所在单位及其他相关方;关闭后的动火作业许可证应当收回,并保存一年。

第三十六条  根据作业风险,动火作业许可应当由具备相应能力,并能提供、调配、协调风险控制资源的作业区域所在单位负责人审批。

第三十九条  书面审查和现场核查通过之后,作业批准人、作业申请人和相关方均应当在动火作业许可证上签字。

书面审查和现场核查可同时在作业现场进行。

第四十条  对于书面审查或现场核查未通过的,应当对查出的问题记录在案;整改完成后,作业申请人重新申请。

第四十一条  当作业人员、作业监护人等人员发生变更时,应当经过作业批准人的审批。

第四十九条  动火作业许可证的期限一般不超过一个班次,延期后总的作业期限原则上不超过24小时。必要时,可适当延长动火作业许可期限。办理延期时,作业申请人、作业批准人应当重新核查工作区域,确认所有安全措施仍然有效,作业条件和风险未发生变化。

第五十一条 动火作业结束后,作业人员应当清理作业现场,解除相关隔离设施,现场确认无隐患后,作业申请人和作业批准人在动火作业许可证上签字,关闭作业许可。

---

《动火作业安全管理规定》(油炼化〔2011〕11号)(2018修订):

第十条 动火作业申请人(作业现场负责人)

(一)负责提出动火作业申请,办理动火作业许可证。

(三)落实动火作业风险削减措施,组织实施动火作业,并对作业风险削减措施的有效性和可靠性负责。

第十一条 动火作业批准人

(一)负责组织向动火作业单位、本单位和涉及的相关单位人员进行安全交底,核查风险削减措施落实情况。

(二)负责审批动火作业许可证。

第十八条 动火作业管理要求

(一)基本要求

1. 除生产用火和固定动火外,动火作业应执行作业许可相关管理规定的要求,办理"动火作业许可证";

2. 动火作业许可证是现场动火的依据,只限在指定的地点和时间范围内使用,不得涂改、代签。一张动火作业许可证只允许一处动火。一处动火是指在设备容器内、正在运行的甲类装置内、罐区防火堤内不超过7.5米范围,其余地方原则上不超过15米范围的动火。

第二十条 动火作业涉及其他单位时,由属地单位与相关单位联系,共同采取安全措施并在动火作业许可证相关方栏内签署意见。

第二十一条 属地单位项目负责人组织工艺、设备、安全负责人、当班负责人及动火作业单位相关人员,对动火作业分别进行风险识别,制订工艺及作业风险削减措施并落实,具体执行《工作前安全分析管理规定》。属地单位工艺负责人(或项目负责人)及作业单位现场负责人分别填写动火作业许可证中工艺及作业风险削减措施栏。

第二十三条 工艺风险削减措施中的排空、吹扫、置换、分析,拆加盲板、设置隔离屏障,消防器材的准备,含油污水井、地漏的封堵等措施,均由属地单位提出并落实。

第二十四条 动火作业前应进行气体检测,有气体检测分析单的由属地单位安全监督人员判定检测结果是否符合要求,合格后将分析数据填写到作业许可证上并签字,项目负责人核查确认签字,分析单附在作业许可证存根联后;现场使用便携式检测仪检测的数据,由现场检测人员填在作业许可证上并签字。

第二十五条 所有作业人、监护人及相关人员共同对风险控制措施的落实情况现场核查,确认合格,在相应栏目内签字,批准人最后签署动火作业许可证。

第二十六条 二级动火作业许可证,经属地单位工艺、设备、安全技术人员会签后,由属地单位生产主任批准;一级动火作业许可证,经属地单位工艺、设备、安全专业负责人会签,属地单位负责人批准(有分厂的由厂主管领导批准,属地单位负责人会签);特殊动火作业许可证,经属地单位负责人及各级工艺、设备、安全主管部门负责人、分厂主管领导会签后,由地区公司主管领导批准。动火作业时预约批准人需到现场确认签字。

第二十七条 特殊动火作业和一级动火作业许可证有限期不超过一个班次(8小时),二级动火作业许可证的有效期不超过72小时。办理延期时,作业申请人、作业批准人应重新核查工作区域,确认所有安全措施易燃有效,作业条件和风险未发生变化。延期的要求可参照《作业许可管理规定》执行。

(4)检查作业人员、监督及监护等有关人员资质、培训情况。

监督依据:《中华人民共和国安全生产法》(2014年8月31日第二次修正)、《特种作业人员安全技术培训考核管理规定》(2011年修订)、《中国石油天然气集团公司动火作业安全管理办法》(油安〔2014〕86号)、《中国石油天然气股份有限公司动火作业安全管理办法》(油安〔2014〕66号)、《动火作业安全管理规定》(油炼化〔2011〕11号)(2018修订)、《中国石油天然气集团公司承包商安全监督管理办法》(中油安〔2013〕483号)、《化学品生产单位特殊作业安全规范》(GB 30871—2014)。

《中华人民共和国安全生产法》(2014年8月31日第二次修正):

第二十七条 生产经营单位的特种作业人员必须按照国家有关规定经专门的安全作业培训,取得相应资格,方可上岗作业。

特种作业人员的范围由国务院安全生产监督管理部门会同国务院有关部门确定。

《特种作业人员安全技术培训考核管理规定》(2011年修订):

第五条 特种作业人员必须经专门的安全技术培训并考核合格,取得《中华人民共和国特种作业操作证》(以下简称特种作业操作证)后,方可上岗作业。

《中国石油天然气股份有限公司动火作业安全管理办法》(油安〔2014〕66号):

第十六条 作业单位是指具体承担动火作业任务的单位,安全职责主要包括:

(三)开展作业前安全培训,安排符合规定要求的作业人员从事作业,组织作业人员开展工作前安全分析。

第二十二条 作业申请人、作业批准人、作业监护人、属地监督、作业人员必须经过相应培训,具备相应能力。

---

《动火作业安全管理规定》(油炼化〔2011〕11号)(2018修订):

第十八条 动火作业管理要求

(二)监护管理要求

1.企业应成立兼职监护人队伍;

2.监护人必须接受专门培训(培训内容至少包括:作业存在的风险,风险控制措施,消防、气防器材的使用,事故情况下的应急处置、急救与逃生,工业气瓶、焊接机具的使用常识和相关作业的管理规定等),考试合格后由地区公司或厂级主管部门发放监护证书。

---

《中国石油天然气集团公司承包商安全监督管理办法》(中油安〔2013〕483号):

第二十六条 建设单位应当对承包商项目的主要负责人、分管安全生产负责人、安全管理机构负责人进行专项安全培训,考核合格后,方可参与项目施工作业。

第二十七条 建设单位应当对承包商参加项目的所有员工进行入厂(场)施工作业前的安全教育,考核合格后,发给入厂(场)许可证,并为承包商提供相应的安全标准和要求。

第三十条 建设单位安全监督人员主要监督下列事项:

(一)审查施工、工程监理、工程监督等有关单位资质、人员资格、安全生产(HSE)合同、安全生产规章制度建立和安全组织机构设立、安全监管人员配备等情况;

第三十二条 建设单位项目管理部门应当核查承包商现场作业人员,是否与投标文件中承诺的管理人员、技术人员、特种作业人员和关键岗位人员一致,是否按规定持证上岗。

第三十五条 建设单位项目管理部门应当要求承包商员工进厂(场)必须携带入厂(场)许可证。从事特种作业的承包商员工必须取得有效的特种作业资格证,方可进行作业。

在日常安全检查、审核中,发现承包商员工不能满足安全作业要求时,应当收回入厂(场)许可证,并禁止其进入施工作业现场。

> 《化学品生产单位特殊作业安全规范》（GB 30871—2014）：
>
> 4.5 特种作业和特种设备作业人员应持证上岗。患有职业禁忌证者不应参与相应作业。

（5）检查动火作业部位系统隔离、蒸煮、吹扫及置换等工艺处理及动火作业区域环境警戒隔离、封堵等风险削减措施已落实。

监督依据：《中国石油天然气集团公司动火作业安全管理办法》（油安〔2014〕86号）、《中国石油天然气股份有限公司动火作业安全管理办法》（油安〔2014〕66号）、《动火作业安全管理规定》（油炼化〔2011〕11号）（2018修订）、《化学品生产单位特殊作业安全规范》（GB 30871—2014）、《化学品生产单位动火作业安全规范》（AQ 3022—2008）。

> 《中国石油天然气集团公司动火作业安全管理办法》（油安〔2014〕86号）：
>
> 第三十二条 与动火点相连的管线应当切断物料来源，采取有效的隔离、封堵或拆除处理，并彻底吹扫、清洗或置换；距动火点15米区域内的漏斗、排水口、各类井口、排气管、地沟等应当封严盖实。
>
> 第三十三条 动火作业区域应当设置灭火器材和警戒，严禁与动火作业无关人员或车辆进入作业区域。必要时，作业现场应当配备消防车及医疗救护设备和设施。
>
> 第四十三条 动火作业前应当清除距动火点周围5米之内的可燃物质或用阻燃物品隔离，半径15米内不准有其他可燃物泄漏和暴露，距动火点30米内不准有液态烃或低闪点油品泄漏。
>
> 第四十四条 动火作业人员应当在动火点的上风向作业。必要时，采取隔离措施控制火花飞溅。
>
> 第五十三条 进入受限空间的动火作业应当将内部物料除净，易燃易爆、有毒有害物料必须进行吹扫和置换，打开通风口或人孔，并采取空气对流或采用机械强制通风换气；作业前应当检测氧含量、易燃易爆气体和有毒有害气体浓度，合格后方可进行动火作业。

> 《动火作业安全管理规定》（油炼化〔2011〕11号）（2018修订）：
>
> 第三十条 动火施工区域应设置警戒，严禁与动火作业无关人员或车辆进入动火区域。动火现场应放置灭火器，并对现场的移动及固定式消防设施全面检查，必要时动火现场应配备消防车及医疗救护设备和器材。
>
> 第三十一条 在存有可燃或有毒有害物料的设备、容器、管道上动火，须首先进行退料及切断各种物料的来源，彻底吹扫、清洗置换，将与之相连的各部位加好盲板并挂

牌(无法加盲板的部位应采取其他可靠隔断措施或拆除),防止物料的窜入或火源窜到其他部位。盲板应符合压力等级要求,严禁用铁皮及石棉板代替。

第三十三条 距动火点30米内不准有液态烃或低闪点油品泄漏;半径15米内不准有其他可燃物泄漏和暴露;距动火点15米内所有的漏斗、排水口、各类井口、排气管、管道、地沟等应封严盖实。

---

《化学品生产单位特殊作业安全规范》(GB 30871—2014):

5.2.1 动火作业应有专人监火,作业前应清除动火现场及周围的易燃物品,或采取其他有效安全防火措施,并配备消防器材,满足作业现场应急需求。

5.2.2 动火点周围或其下方的地面如有可燃物、空洞、窨井、地沟、水封等,应检查分析并采取清理或封盖等措施。

5.2.3 凡在盛有或盛装过危险化学品的设备、管道等生产、储存设施及处于GB 50016、GB 50160、GB 50074规定的甲、乙类区域的生产设备上动火作业,应将其与生产系统彻底隔离,并进行清洗、置换,取样分析合格后方可作业;因条件限制无法进行清洗、置换而确需动火作业时按"特殊动火作业要求"规定执行。

5.2.5 在有可燃物构件和使用可燃物做防腐内衬的设备内部进行动火作业时,应采取防火隔绝措施。

---

《化学品生产单位动火作业安全规范》(AQ 3022—2008):

5.1.3 凡在盛有或盛过危险化学品的容器、设备、管道等生产、储存装置及处于GB 50016规定的甲、乙类区域的生产设备上动火作业,应将其与生产系统彻底隔离,并进行清洗、置换,取样分析合格后方可动火作业;因条件限制无法进行清洗、置换而确需动火作业时按"特殊动火作业的安全防火要求"规定执行。

5.1.4 凡处于GB 50016规定的甲、乙类区域的动火作业,地面如有可燃物、空洞、窨井、地沟、水封等,应检查分析,距用火点15m以内的,应采取清理或封盖等措施;对于用火点周围有可能泄漏易燃、可燃物料的设备,应采取有效的空间隔离措施。

5.1.8 在铁路沿线(25m以内)进行动火作业时,遇装有危险化学品的火车通过或停留时,应立即停止作业。

5.1.9 凡在有可燃物构件的凉水塔、脱气塔、水洗塔等内部进行动火作业时,应采取防火隔绝措施。

> 5.1.10 动火期间距动火点30m内不得排放各类可燃气体;距动火点15m内不得排放各类可燃液体;不得在动火点10m范围内及用火点下方同时进行可燃溶剂清洗或喷漆等作业。

（6）检查动火作业区域及动火点气体检测分析情况,判定气体分析检测结果符合规定的动火作业安全条件。

监督依据:《动火作业安全管理规定》(油炼化〔2011〕11号)(2018修订)。

> 《动火作业安全管理规定》(油炼化〔2011〕11号)(2018修订):
> 第三十四条 需要动火的塔、罐、容器、槽车等设备和管线经清洗、置换和通风后,应检测可燃气体、有毒有害气体、氧气浓度,达到许可作业浓度才能进行动火作业。
> 第三十五条 动火作业前,应对作业区域或动火点可燃气体浓度进行检测。使用便携式可燃气体报警仪或其他类似手段进行分析时,被测的可燃气体或可燃液体蒸汽浓度应小于其与空气混合爆炸下限的10%(LEL),且应使用两台设备进行对比检测。使用色谱分析等分析手段时,被测的可燃气体或可燃液体蒸汽的爆炸下限大于或等于4%时,其被测浓度应小于0.5%(体积分数);当被测的可燃气体或可燃液体蒸汽的爆炸下限小于4%时,其被测浓度应小于0.2%(体积分数)。
> 第三十六条 动火分析应由有资格的分析人员进行。气体检测的位置和所采的样品应具有代表性,取样点应由属地单位工艺负责人提出,并安排人员带领分析人员到现场进行取样。特殊动火的分析样品(采样分析)应保留到动火作业结束。
> 第三十七条 用于检测气体的检测仪应在校验有效期内,并确定其处于正常工作状态。
> 第三十八条 分析合格超过30分钟后动火,需重新采样分析。动火作业中断超过30分钟及以上,继续动火前,动火作业人、监护人应重新确认安全条件。
> 第三十九条 作业中断时间超过60分钟,应重新分析,每日动火前均应进行动火分析,特殊动火作业期间应随时进行检测。一级和二级动火每2小时分析1次。

（7）检查动火作业设备设施及工器具符合作业要求。

监督依据:《动火作业安全管理规定》(油炼化〔2011〕11号)(2018修订)、《化学品生产单位特殊作业安全规范》(GB 30871—2014)。

> 《动火作业安全管理规定》(油炼化〔2011〕11号)(2018修订):
> 第四十二条 用气焊(割)动火作业时,乙炔瓶必须直立放置,并有防倾倒措施,氧

气瓶与乙炔气瓶的间隔不小于5米,二者与明火距离均不得小于10米。氧气瓶和乙炔瓶应远离热源及电气设备,不准在烈日下曝晒。使用电焊时,电焊工具应完好,电焊机外壳须接地。

第四十六条 高处动火(含在多层构筑物的二层及以上动火)必须采取防止火花溅落的措施。氧气瓶、乙炔瓶与动火点垂直投影点距离不得小于10米。

---

《化学品生产单位特殊作业安全规范》(GB 30871—2014):

4.4 作业前,作业单位对作业现场及作业涉及的设备、设施、工器具等进行检查,并使之符合如下要求:

a)作业现场消防通道、行车通道应保持畅通;影响作业安全的杂物应清理干净;

b)作业现场的梯子、栏杆、平台、箅子板、盖板等应确保安全;

c)作业现场可能危及安全的坑、井、沟、孔洞等应采取有效防护措施,并设警示标志,夜间应设警示红灯;需要检修的设备上的电器电源应可靠断电,并在电源开关处加锁并加挂安全警示牌;

d)作业使用的个体防护器具、消防器材、通信设备、照明设备等应完好;

e)作业使用的脚手架、起重机械、电气焊用具、手持电动工具等各种工器具应符合作业安全要求;超过安全电压的手持式、移动式电动工器具应逐个配置漏电保护器和电源开关。

5.2.9 使用气焊、气割动火作业时,乙炔瓶应直立放置,氧气瓶与之间距不应小于5m,二者与作业地点间距不应小于10m,并应设置防晒设施。

---

(8)检查动火作业人员劳动防护用品选择与佩戴使用情况。

监督依据:《化学品生产单位特殊作业安全规范》(GB 30871—2014)、《建筑施工作业劳动防护用品配备及使用标准》(JGJ 184—2009)、《中国石油天然气集团公司承包商安全监督管理办法》(中油安〔2013〕483号)。

---

《化学品生产单位特殊作业安全规范》(GB 30871—2014):

4.5 进入作业现场的人员应正确佩戴符合GB 2811要求的安全帽,作业时,作业人员应遵守本工种安全技术操作规程,并按规定着装及佩戴相应的个体防护用品,多工种、多层次交叉作业应统一协调。

特种作业和特种设备作业人员应持证上岗。患有职业禁忌证者不应参与相应作业。

注:职业禁忌证依据GBZ/T 157—2009。

作业监护人员应坚守岗位,如确需离开,应有专人替代监护。

《建筑施工作业劳动防护用品配备及使用标准》（JGJ 184—2009）：

1.0.4 进入施工现场的施工人员和其他人员，应依据本标准正确佩戴相应的劳动防护用品，以确保施工过程中的安全和健康。

1.0.5 本标准固定了建筑施工作业劳动防护用品配备、使用及管理的基本技术要求。当本标准与国家法律、行政法规的规定相抵触时，应按国家法律、行政法规的规定执行。

1.0.6 建筑施工作业劳动防护用品配备、使用及管理，除应符合本标准以外，尚应符合国家现行有关标准的规定。

2.0.2 从事施工作业人员必须配备符合国家现行有关标准的劳动防护用品，并应按规定正确使用。

2.0.3 劳动防护用品的配备，应按照"谁用工，谁负责"的原则，由用人单位为作业人员按作业工种配备。

2.0.4 进入施工现场人员必须佩戴安全帽。作业人员必须戴安全帽、穿工作鞋和工作服；阴干作业要求正确使用劳动防护用品。在2米以上的无可靠的安全防护设施的高处、悬崖和陡坡作业时，必须系挂安全带。

2.0.5 从事机械作业的女工及长发者应配备工作帽等个人防护用品。

2.0.7 从事施工现场临时用电工程作业的施工人员应配备防止触电的劳动防护用品。

2.0.8 从事焊接作业的施工人员应配备防止触电、灼伤、强光伤害的劳动防护用品。

3.0.2 电工的劳动防护用品配备应符合下列规定：

① 维修电工应配备绝缘鞋、绝缘手套和灵便紧口的工作服。

② 安装电工应配备手套和防护眼镜。

③ 高压电气作业时，应配备相应等级的绝缘鞋、绝缘手套和有色防护眼镜。

3.0.3 电焊工、气割工的劳动防护用品配备应符合下列规定：

① 电焊工、气割工应配备阻燃防护服、绝缘鞋、鞋盖、电焊手套和焊接防护面罩。在高处作业时，应配备安全帽与面罩连接式焊接防护面罩和阻燃安全带。

② 从事清除焊渣作业时，应配备防护眼镜。

③ 从事磨削钨极作业时，应配备手套、防尘口罩和防护眼镜。

④ 从事酸碱等腐蚀性作业时，应配备防腐蚀性工作服、耐酸碱胶鞋，戴耐酸碱手套、防护口罩和防护眼镜。

⑤ 在密闭环境或通风不良的情况下，应配备送风式防护面罩。

《中国石油天然气集团公司承包商安全监督管理办法》（中油安〔2013〕483号）：

第三十八条　承包商员工存在下列情形之一的，由建设单位项目管理部门按照有关规定清出施工现场，并收回入厂（场）许可证：

（一）未按规定佩戴劳动防护用品和用具的。

（9）检查动火过程的现场监护监督执行情况。

监督依据：《中国石油天然气集团公司动火作业安全管理办法》（油安〔2014〕86号）、《中国石油天然气股份有限公司动火作业安全管理办法》（油安〔2014〕66号）、《动火作业安全管理规定》（油炼化〔2011〕11号）（2018修订）、《化学品生产单位特殊作业安全规范》（GB 30871—2014）、《化学品生产单位动火作业安全规范》（AQ 3022—2008）。

《中国石油天然气股份有限公司动火作业安全管理办法》（油安〔2014〕66号）：

第四十六条　动火作业过程中，作业监护人应当对动火作业实施全过程现场监护，一处动火点至少有一人进行监护，严禁无监护人动火。

第四十八条　如果动火作业中断超过30分钟，继续动火作业前，作业人员、作业监护人应当重新确认安全条件。

《动火作业安全管理规定》（油炼化〔2011〕11号）（2018修订）：

第四条　名词解释

"四不动火"：指动火作业许可证未经签发不动火；制订的安全措施没有落实不动火；动火部位、时间、内容与动火作业许可证不符不动火；监护人不在场不动火。

第十二条　动火监护人

（一）确认动火作业相关许可手续齐全。

（二）确认动火作业现场风险削减措施全部落实。

（三）核实特种作业人员资格。

（四）纠正和制止作业过程中的违章行为。

（五）当现场出现异常情况立即终止作业，及时进行报警、灭火、人员疏散、救援等初期处置。

（六）监护人应佩戴明显标志，动火作业期间不得擅离现场，不得从事与监护无关的事。特殊情况需要离开时，应要求动火作业人员停止作业，同时收回动火作业许可证。

第十八条 动火作业管理要求

(二)监护管理要求

1. 企业应成立兼职监护人队伍;

2. 监护人必须接受专门培训(培训内容至少包括:作业存在的风险,风险控制措施,消防、气防器材的使用,事故情况下的应急处置、急救与逃生,工业气瓶、焊接机具的使用常识和相关作业的管理规定等),考试合格后由地区公司或厂级主管部门发放监护证书。监护人培训必须纳入 HSE 培训计划中。

第二十五条 所有作业人、监护人及相关人员共同对风险控制措施的落实情况现场核查,确认合格,在相应栏目内签字,批准人最后签署动火作业许可证。

第二十八条 发生下列任何一种情况时,任何人可以提出立即终止作业的要求,监护人确认后收回动火作业许可证,并告知批准人许可证终止的原因,需要继续作业应重新办理动火作业许可证。

(一)作业环境和条件发生变化。

(二)作业内容发生改变。

(三)动火作业与作业计划的要求不符。

(四)发现有可能造成人身伤害的情况。

(五)现场作业人员发现重大安全隐患。

(六)事故状态下。

第二十九条 动火作业结束后,动火作业单位应清理作业现场,属地单位动火监护人确认无余火和隐患后签字,收回许可证交批准人,申请人与批准人签字关闭动火作业许可证。动火作业许可证(第三联)保存一年(包括已取消作废的动火作业许可证)。

第四十三条 每处动火点属地单位和动火作业单位至少各派一人进行监护,以属地单位人员监护为主。

第四十四条 动火监护人变更须经动火作业批准人同意。变更后的监护人在许可证签字并进行现场交接。

《化学品生产单位特殊作业安全规范》(GB 30871—2014):

4.5 作业监护人员应坚守岗位,如确需离开,应有专人替代监护。

《化学品生产单位动火作业安全规范》(AQ 3022—2008):

5.1.2 动火作业应有专人监火,动火作业前应清除动火现场及周围的易燃物品,或采取其他有效的安全防火措施,配备足够适用的消防器材。

5.1.13 动火作业完毕,动火人和监火人以及参与动火作业的人员应清理现场,监火人确认无残留火种后方可离开。

(10)检查作业过程中安全受控情况。

监督依据:《动火作业安全管理规定》(油炼化〔2011〕11号)(2018修订)。

《动火作业安全管理规定》(油炼化〔2011〕11号)(2018修订):

第八条 属地单位

(二)审查作业单位动火作业安全工作方案,监督作业单位落实风险削减措施,监督现场动火,发现违章有权停止动火作业。

第九条 动火作业单位

(三)负责编制动火作业安全工作方案,严格按照动火作业许可证和动火作业安全工作方案作业,随时检查作业现场安全状况,发现违章或不具备安全作业条件时,应立即终止动火作业。

第十条 动火作业申请人(作业现场负责人)

(三)落实动火作业风险削减措施,组织实施动火作业,并对作业风险削减措施的有效性和可靠性负责。

(四)及时纠正违章作业行为。

第十一条 动火作业批准人

(三)负责组织异常情况下的应急处置。

第十三条 动火作业人

(一)对动火作业安全负直接责任,执行动火安全工作方案和动火许可证的要求,做到"四不动火"。

(二)在动火过程中,出现异常情况或监护人提出停止动火时应立即停止动火。

(三)对于强行违章动火的指令有权拒绝。

(四)动火作业结束,负责清理现场,不得遗留火种。

第十八条 动火作业管理要求

(一)基本要求

1. 除生产用火和固定动火外,动火作业应执行作业许可相关管理规定的要求,办理"动火作业许可证";

2.动火作业许可证是现场动火的依据,只限在指定的地点和时间范围内使用,不得涂改、代签。一张动火作业许可证只允许一处动火。一处动火是指在设备容器内、正在运行的甲类装置内、罐区防火堤内不超过7.5米范围,其余地方原则上不超过15米范围的动火;

3.动火作业前,作业单位和属地单位应针对动火作业内容、作业环境、作业人员资质等方面进行风险评估,根据风险评估的结果制订相应削减措施,必要时编制安全工作方案;

4.动火作业应做到"四不动火";

5.处于运行状态的生产作业区域内,凡能拆移的动火部件,应拆移到安全地点动火。

第二十七条 动火作业许可证有效期限不超过一个班次,延期后总期限不超过24小时。装置停工大检修时二级动火作业许可证的总期限不超过72小时。延期的要求可参照《作业许可管理规定》执行。

第二十八条 发生下列任何一种情况时,任何人可以提出立即终止作业的要求,监护人确认后收回动火作业许可证,并告知批准人许可证终止的原因,需要继续作业应重新办理动火作业许可证。

(一)作业环境和条件发生变化。

(二)作业内容发生改变。

(三)动火作业与作业计划的要求不符。

(四)发现有可能造成人身伤害的情况。

(五)现场作业人员发现重大安全隐患。

(六)事故状态下。

第四十条 二级动火间断作业超过一天时,每天在开工前,应由动火作业人、监护人、属地单位安全监督共同检查动火现场,确认风险削减措施落实,分析合格后方可动火。

第四十一条 动火作业人员在动火点的上风作业,应位于避开物料可能喷射和封堵物射出的方位。

第四十四条 动火监护人变更须经动火作业批准人同意。变更后的监护人在许可证签字并进行现场交接。

第四十五条 高处动火作业还应遵循《高处作业安全管理规定》的相关要求,高处作业使用的安全带、救生索等防护装备应采用阻燃的材料,必要时应使用自动锁定连接。

第四十八条 进入受限空间的动火还应遵循《进入受限空间作业安全管理规定》的相关要求。

第四十九条 挖掘作业中的动火作业还应遵循《挖掘作业安全管理规定》的相关要求。

第五十条 带压不置换动火作业中,由管道内泄漏出的可燃气体遇明火后形成的火焰,如无特殊危险,不宜将其扑灭。

## 五、常见违章

（1）作业许可证未签发进行动火作业。
（2）动火部位、时间、内容与动火作业许可证不符不动火。
（3）动火作业期间监护人不在现场,监护人履职不到位。
（4）动火作业人员劳动防护用品选用及佩戴不符合作业要求。
（5）作业许可证超期使用。
（6）动火作业使用的电焊机、角磨等用电设备工具未接地。
（7）动火作业未按照规定频次进行气体检测分析。
（8）电焊作业使用非标准的电焊钳。
（9）高处动火作业未采取防止火花溅落措施。
（10）危险爆炸场所动火作业未进行可燃性气体分析。
（11）动火作业区域地漏、下水井未封堵,作业区域存在可燃性介质。
（12）含有可燃介质管道、设备能量隔离失效。
（13）特殊动火作业未编制专项安全工作方案。
（14）特种作业人员未持有效操作证从事动火作业。
（15）动火作业相关人员未经过安全教育培训。
（16）动火作业现场未设置消防设施器材。
（17）动火作业相关人员未进行现场风险削减措施落实与核查。
（18）签发的动火作业相关许可证与动火作业等级不符,作业许可证随意涂改。
（19）动火作业区域交叉作业缺少风险管控措施。
（20）动火作业使用的临时用电线路接引不符合临时用电管理办法。

## 六、案例分析

案例：2013年某石化公司"6·2"闪爆事故

1. 事故经过

某石化公司 $10\times10^4$ t/年苯乙烯装置技术改造，于5月改造结束，为恢复生产，对配套的三苯罐区进行检修。某石化公司委托中国石油第七建设公司对三苯罐区锈蚀比较严重的939号储罐仪表平台进行更换。中国石油第七建设公司将检修工作交由大连林沉建筑工程有限公司负责。

6月2日，某石化公司一联合车间三苯罐区939号罐进行更换平台板踏步作业。办理作业许可证、动火作业许可证（6月1日作业票涂改的）、高处作业许可证后，中国石油第七建设公司大连项目部工程七队（大连林沉建筑工程有限公司）的4人于10时30分开始现场作业，11时30分停止作业。午休后，4人在14时20分进入现场作业。14时28分，储存有约20吨甲苯等介质的939号罐突然发生爆炸。随后，临近的936罐（烃化液罐）、935罐（焦油罐）、937罐（脱氢液罐）相继爆炸着火。事故共造成4人死亡，4个罐体损毁。

2. 原因分析

1）事故直接原因

939号罐顶上的2名施工人员在进行气焊切割动火作业时，掉落的焊渣引起泡沫发生器处的爆炸性混合气体闪爆，闪爆能通过泡沫发生器与939号罐体之间的联通管线，进入939号罐内，引发939号罐内已达到爆炸极限的可燃气体爆炸。

2）事故间接原因

（1）动火作业管理严重不到位。不按规定作业级别、程序开展作业；动火票出具不规范；签票人未到现场确认；现场作业超出火票规定内容，现场监护人员未制止；现场3名焊工只有1人有资质。

（2）风险管理缺失。动火前风险分析不到位，消减措施未严格落实。

（3）承包商管理存在漏洞。以包代管，管理缺失；承包商员工作业资质未达要求就允许承担危险作业；承包商超范围动火，未予以制止。

（4）安全管理人员安全意识淡薄。

（5）没有深刻吸取"7·16""8·29"事故教训。罐区特殊作业管理制度存在漏洞，对罐区特殊作业缺乏有效管理，重大危险源管理不到位，对节假日安全管理重视不够（安排危险极高特殊作业）。

（6）安全生产责任制不健全，职责不清晰。未建立完善的与岗位匹配的安全生产责任制。

(7)罐区设计标准低。7个储罐共用一个防火堤。

3.案例启示

(1)高度重视安全工作,认真识别企业存在的重大风险,落实有效的防范措施。要坚持工期服从质量、技术保证安全、管理必须科学,实现安全环保形势的根本好转。

(2)加快对储罐密封泄漏隐患的治理工作,严肃承包商"五关"管理,严格检维修作业"两个界面"的交接确认。

(3)进一步强化作业风险管理,层辨识生产作业过程中的风险,针对存在的风险,全面梳理和完善操作规程,修订基层应急处置方案,特别是作业前要开展工作前安全分析和工艺安全分析,对识别出的风险和制订消减方案,加强过程监管。要加强风险动态管理,尤其是作业人员、作业环境、作业程序、工作流程和工艺指标等情况变更带来的风险,要严格执行行之有效的风险管控方法,确保"规定动作到位"。

(4)狠抓生产和施工作业的升级管理,凡是装置开停工、重大项目投产试运,以及动火、受限空间作业、节假日或夜间进行的特殊危险作业必须实施严格的升级审批管理,严密监控。凡是升级管理的生产和施工作业,领导干部必须要到现场进行指挥和协调,管理部门要到现场检查指导,基层管理人员要到现场带班作业,安全监督要巡回检查,对于职责履行不到位的要严格考核,酿成事故的要严肃问责。

(5)充分吸取储罐在施工、运行和检维修方面的事故教训,举一反三,组织有关人员认真查找工艺指标、操作规程等方面存在的问题,教育干部员工认真遵守规章制度、标准规范,确保生产运行安全。

## 第三节 进入受限空间作业安全监督

### 一、风险分析

受限空间是炼化企业检修和项目建设中较多的作业类型,其安全风险相对较大,主要体现在:

(1)隔绝不可靠风险。

关键措施:与受限空间作业设备连接的物料、蒸汽、氮气等管线采取能量隔离措施,用盲板隔开,并对隔离措施进行验证。

(2)处置不合格风险。

关键措施:严格受限空间退料、吹扫、蒸煮、中和、置换等工艺处置,作业前进行气体检测分析。

(3)未定时监测风险。

关键措施:严格执行受限空间内作业检测分析规定,监测受限空间内部环境及外部区域环境变化,发生重大变化时应立即停止作业。

(4)通风不良风险。

关键措施:采取有效通风、置换措施,加强受限空间环境监测分析,保证受限空间通风良好,作业环境条件符合安全要求。

(5)通道不畅通风险。

关键措施:清除进出受限空间的障碍物,使进入和撤离不受限制。

(6)工器具、机械和电安全风险。

关键措施:作业前对工器具、机械和临时用电安全进行现场检查与验证,控制或消除可能产生的有毒有害气体或机械、电气等危害。

(7)防护不到位风险。

关键措施:正确选用和佩戴呼吸防护装备,在有缺氧、有毒环境中,佩戴隔离式防毒面具;在酸碱等腐蚀环境中穿戴好防腐护具扒渣服、耐酸靴、耐酸手套、护目镜。

(8)应急措施不足够。

关键措施:作业前进行应急救援知识培训及现场模拟演练,配备必要的急救用品。

(9)人员管理不受控。

关键措施:建立施工人员台账,及时掌握进入受限空间内作业人数和人员的状态。

(10)监督监护不尽责。

关键措施:强化危险作业监护人培训,持证上岗,确保监护人能力水平、业务素质符合监护工作要求;严肃监护人考核管理,严禁监护人擅离职守。

(11)设备内遗留异物。

关键措施:建立受限空间使用工器具登记台账,对使用的工器具进行清点,确保受限空间内未遗留工具及其他物品。

(12)复杂受限风险分析不足。

关键措施:涉及受限内其他类型作业如动火、高处、临时用电等危险作业组合时,严格执行相关专项作业许可规定,编制安全工作方案,严格履行编制、审核、审批程序,确保风险识别全面,安全措施落实有效。

(13)受限空间作业许可审批存在漏项造成无效。

关键措施:严格执行作业许可审批流程,正确规范填写作业许可。

## 二、监督内容

（1）作业许可合规性。

（2）工艺处置有效性。

（3）设备设施工器具适用性。

（4）人员资质能力符合性。

（5）现场作业环境可控性。

（6）应急救援准备充分性。

## 三、监督依据

（1）《化学品生产单位特殊作业安全规范》（GB 30871—2014）。

（2）《石油化工建设工程施工安全技术规范》（GB 50484—2008）。

（3）《化学品生产单位受限空间作业安全规范》（AQ 3028—2008）。

（4）《中国石油天然气集团公司进入受限空间作业安全管理办法》（安全〔2014〕86号）。

（5）《中国石油天然气股份有限公司进入受限空间作业安全管理办法》（油安〔2014〕66号）。

（6）《中国石油天然气集团公司临时用电作业安全管理办法》（安全〔2015〕37号）。

（7）《中国石油天然气股份有限公司临时用电作业安全管理办法》（油安〔2015〕48号）。

（8）《进入受限空间作业安全管理规定》（油炼化〔2011〕11号）（2018修订）。

（9）《临时用电作业安全管理规定》（油炼化〔2011〕11号）（2018修订）。

（10）《建筑施工作业劳动防护用品配备及使用标准》（JGJ 184—2009）。

## 四、监督要点

（1）受限空间的辨识。

监督依据：《中国石油天然气集团公司进入受限空间作业安全管理办法》（安全〔2014〕86号）、《中国石油天然气股份有限公司进入受限空间作业安全管理办法》（油安〔2014〕66号）、《进入受限空间作业安全管理规定》（油炼化〔2011〕11号）（2018修订）、《化学品生产单位受限空间作业安全规范》（AQ 3028—2008）。

《中国石油天然气股份有限公司进入受限空间作业安全管理办法》(油安〔2014〕66号)：

第三条　本办法所称的进入受限空间作业是指在生产或施工作业区域内进入炉、塔、釜、罐、仓、槽车、烟道、隧道、下水道、沟、坑、井、池、涵洞等封闭或半封闭，且有中毒、窒息、火灾、爆炸、坍塌、触电等危害的空间或场所的作业。

---

《进入受限空间作业安全管理规定》(油炼化〔2011〕11号)(2018修订)：

第十八条　应对每个装置或作业区域进行辨识，确定受限空间的数量、位置，建立受限空间清单并根据作业环境、工艺设备变更等情况不断更新。

第四条　名词解释

(一)受限空间

除符合以下所有物理条件外，还至少存在以下危险特征之一的空间称为受限空间：

1. 物理条件

(1)有足够的空间，让员工可以进入并进行指定的工作；

(2)进入和撤离受到限制，不能自如进出；

(3)并非设计用来给员工长时间在内工作的空间。

2. 危险特征

(1)存在或可能产生有毒有害气体；

(2)存在或可能产生掩埋作业人员的物料；

(3)内部结构可能将作业人员困在其中(如内有固定设备或四壁向内倾斜收拢)。

注：受限空间可为生产区域内的炉、塔、釜、罐、仓、槽车、管道、烟道、隧道、下水道、沟、坑、井、池、涵洞等封闭、半封闭的空间或场所。

(二)特殊受限空间

下列情况均属于特殊受限空间：

1. 受限空间内无法通过工艺吹扫、蒸煮、置换处理达到合格；

2. 与受限空间相连的管线、阀门无法断开或加盲板；

3. 受限空间作业过程中无法保证作业空间内部的氧气浓度合格；

4. 受限空间内的有毒有害物质高于GBZ 2—2007《工作场所有害因素职业接触限值》中的最高容许浓度。

第二十二条　有些区域或地点不符合受限空间的定义，但是可能会遇到类似于进入受限空间时发生的潜在危害，应按进入受限空间作业管理。

(一)未明确定义为"受限"的空间，如把头伸入30厘米直径的管道、洞口、氮气吹扫过的罐内。

（二）围堤

符合下列条件之一的围堤，可视为受限空间：

1. 高于1.2m的垂直墙壁围堤，且围堤内外没有到顶部的台阶；
2. 在围堤区域内，作业者身体暴露于物理或化学危害之中；
3. 可能存在比空气重的有毒有害气体。

（三）动土或开渠

符合下列条件之一的动土或开渠，可视为受限空间：

1. 动土或开渠深度大于1.2m，或作业时人员的头部在地面以下的；
2. 在动土或开渠区域内，身体处于物理或化学危害之中；
3. 在动土或开渠区域内，可能存在比空气重的有毒有害气体；
4. 在动土或开渠区域内，没有撤离通道的。

（四）惰性气体吹扫空间

用惰性气体吹扫空间，可能在空间开口处附近产生气体危害，此处可视为受限空间。在进入准备和进入期间，应进行气体检测，确定开口周围危害区域的大小，设置路障和警示标志，防止误入。

---

《化学品生产单位受限空间作业安全规范》（AQ 3028—2008）：

3.1 受限空间 confined spaces

化学品生产单位的各类塔、釜、槽、罐、炉膛、锅筒、管道、容器以及地下室、窨井、坑（池）、下水道或者其他封闭、半封闭场所。

3.2 受限空间作业 operation at confined spaces

进入或探入化学品生产单位的受限空间进行的作业。

---

（2）实施受限空间作业的必要性。

监督依据：《中国石油天然气集团公司进入受限空间作业安全管理办法》（安全〔2014〕86号）、《中国石油天然气股份有限公司进入受限空间作业安全管理办法》（油安〔2014〕66号）、《进入受限空间作业安全管理规定》（油炼化〔2011〕11号）（2018修订）。

---

《中国石油天然气股份有限公司进入受限空间作业安全管理办法》（油安〔2014〕66号）：

第四条 进入受限空间作业安全管理应严格遵循"管工作管安全"的原则，有效落实直线责任和属地管理，强化作业风险管控，落实安全措施，确保安全作业，防止事故发生。

第十九条　进入受限空间作业实行作业许可管理,应当办理进入受限空间作业许可证,未办理作业许可证严禁作业。

第二十一条　进入受限空间作业许可证是现场作业的依据,只限在指定的作业区域和时间范围内使用,且不得涂改、代签。

《进入受限空间作业安全管理规定》(油炼化〔2011〕11号)(2018修订):

第十一条　只有在没有其他切实可行的方法能完成工作任务时,才考虑进入受限空间作业。

第十二条　进入受限空间实行作业许可,应办理"进入受限空间作业许可证"。

第三十五条　发生下列任何一种情况时,任何人可以提出立即终止作业的要求,监护人确认作业人员撤出后收回进入受限空间作业许可证,并告知批准人许可证终止的原因,需要继续作业应重新办理进入受限空间作业许可证。

(一)作业环境和条件发生变化。

(二)作业内容发生改变。

(三)进入受限空间作业与作业计划的要求不符。

(四)发现有可能造成人身伤害的情况。

(五)现场作业人员发现重大安全隐患。

(六)事故状态下。

(3)受限空间警示标识的设置。

监督依据:《中国石油天然气集团公司进入受限空间作业安全管理办法》(安全〔2014〕86号)、《中国石油天然气股份有限公司进入受限空间作业安全管理办法》(油安〔2014〕66号)、《进入受限空间作业安全管理规定》(油炼化〔2011〕11号)(2018修订)、《化学品生产单位特殊作业安全规范》(GB 30871—2014)。

《中国石油天然气股份有限公司进入受限空间作业安全管理办法》(油安〔2014〕66号):

第二十八条　受限空间出入口应保持畅通,并设置明显的安全警示标志,空气呼吸器、防毒面具、急救箱等相应的应急物资和救援设备应配备到位。

《进入受限空间作业安全管理规定》(油炼化〔2011〕11号)(2018修订):

第二十条　对于用钥匙、工具打开的或有实物障碍的受限空间,打开时应在进入

> 点附近设置警示标识。无需工具、钥匙就可进入或无实物障碍阻挡进入的受限空间,应设置固定的警示标识。所有警示标识应包括提醒有危险存在和须经授权才允许进入的词语。

> 《化学品生产单位特殊作业安全规范》(GB 30871—2014):
> 6.8 应满足的其他要求如下:
> a)受限空间外应设置安全警示标志,备有空气呼吸器(氧气呼吸器)、消防器材和清水等相应的应急用品;

(4)受限空间施工前安全隔离。

监督依据:《中国石油天然气集团公司进入受限空间作业安全管理办法》(安全〔2014〕86号)、《中国石油天然气股份有限公司进入受限空间作业安全管理办法》(油安〔2014〕66号)、《进入受限空间作业安全管理规定》(油炼化〔2011〕11号)(2018修订)、《石油化工建设工程施工安全技术规范》(GB 50484—2008)、《化学品生产单位特殊作业安全规范》(GB 30871—2014)、《化学品生产单位受限空间作业安全规范》(AQ 3028—2008)。

> 《中国石油天然气股份有限公司进入受限空间作业安全管理办法》(油安〔2014〕66号):
> 第二十九条 根据需要,进入受限空间作业前应当做好以下准备工作:
> (二)编制隔离核查清单,隔离相关能源和物料的外部来源,上锁挂牌并测试,按清单内容逐项核查隔离措施。

> 《进入受限空间作业安全管理规定》(油炼化〔2011〕11号)(2018修订):
> 第二十三条 隔离
> 进入受限空间前应事先编制能量隔离清单,隔离相关能源和物料的外部来源,与其相连的附属管道应断开或盲板隔离;相关设备应进行机械隔离和电气隔离,所有隔离点均应挂牌,同时按清单内容逐项核查隔离措施,能量隔离清单应作为许可证的附件,具体执行《能量隔离管理规定》。
> 设备/管线打开应符合《设备/管线打开管理规定》的要求。
> 在有放射源的受限空间内作业,作业前应对放射源进行屏蔽处理。

《化学品生产单位受限空间作业安全规范》（AQ 3028—2008）：

4.2 安全隔绝

4.2.1 受限空间与其他系统连通的可能危及安全作业的管道应采取有效隔离措施。

4.2.2 管道安全隔绝可采用插入盲板或拆除一段管道进行隔绝，不能用水封或关闭阀门等代替盲板或拆除管道。

4.2.3 与受限空间相连通的可能危及安全作业的孔、洞应进行严密地封堵。

4.2.4 受限空间带有搅拌器等用电设备时，应在停机后切断电源，上锁并加挂警示牌。

---

《石油化工建设工程施工安全技术规范》（GB 50484—2008）：

3.4.2 进入设备作业应消除压力，开启人孔。必要时在设备与连接管道之间进行隔离，并分析合格后方可进入。

---

《化学品生产单位特殊作业安全规范》（GB 30871—2014）：

6.1 作业前，应对受限空间进行安全隔绝，要求如下：与受限空间连通的可能危及安全作业的管道应采用插入盲板或拆除一段管道进行隔绝；与受限空间连通的可能危及安全作业的孔、洞应进行严密地封堵；受限空间内用电设备应停止运行并有效切断电源，在电源开关处上锁并加挂警示牌。

---

（5）受限空间清理和清洗。

监督依据：《中国石油天然气集团公司进入受限空间作业安全管理办法》（安全〔2014〕86号）、《中国石油天然气股份有限公司进入受限空间作业安全管理办法》（油安〔2014〕66号）、《进入受限空间作业安全管理规定》（油炼化〔2011〕11号）（2018修订）。

---

《中国石油天然气股份有限公司进入受限空间作业安全管理办法》（油安〔2014〕66号）：

第二十九条 根据需要，进入受限空间作业前应当做好以下准备工作：（一）可采取清空、清扫（如冲洗、蒸煮、洗涤和漂洗）、中和危害物、置换等方式对受限空间进行清理、清洗。

《进入受限空间作业安全管理规定》(油炼化〔2011〕11号)(2018修订):

第二十四条　清理、清洗

受限空间进入前,应进行清理、清洗。清理、清洗受限空间的方式包括但不限于:

(一)清空。

(二)清扫(如冲洗、蒸煮、洗涤和漂洗)。

(三)中和危害物。

(四)置换。

(6)受限空间检测要求、标准、方式和频率。

监督依据:《中国石油天然气集团公司进入受限空间作业安全管理办法》(安全〔2014〕86号)、《中国石油天然气股份有限公司进入受限空间作业安全管理办法》(油安〔2014〕66号)、《进入受限空间作业安全管理规定》(油炼化〔2011〕11号)(2018修订)。

《中国石油天然气股份有限公司进入受限空间作业安全管理办法》(油安〔2014〕66号):

第三十一条　气体检测设备必须经有检测资质单位检测合格,每次使用前应检查,确认其处于正常状态。气体取样和检测应由培训合格的人员进行,取样应有代表性,取样点应包括受限空间的顶部、中部和底部。检测次序应是氧含量、易燃易爆气体浓度、有毒有害气体浓度。

第四十五条　进入受限空间作业期间,应当根据作业许可证或安全工作方案中规定的频次进行气体监测,并记录监测时间和结果,结果不合格时应立即停止作业。气体监测应当优先选择连续监测方式,若采用间断性监测,间隔不应超过2小时。

《进入受限空间作业安全管理规定》(油炼化〔2011〕11号)(2018修订):

第二十五条　取样和检测

(一)凡是有可能存在缺氧、富氧、有毒有害气体、易燃易爆气体、粉尘等,事前应进行气体检测,注明检测时间和结果。作业前30分钟内,应对受限空间进行气体采样分析,分析合格后方可进入,如现场条件不允许,时间可适当放宽,但不应超过60分钟。作业中应定时监测,至少每2小时监测一次,如监测分析结果有明显变化,应立即停止作业,撤离人员,对现场进行处理,分析合格后方可恢复作业。对可能释放有害物质的受限空间,应连续监测,情况异常时,应立即停止作业,撤离人员,对现场进行处理,分析合格后方可恢复作业。涂刷具有挥发性溶剂的涂料时,应做连续分析,并采取强制通风措施。如作业中断时间超过30分钟时,再进入之前应重新进行气体检测。

（二）取样和检测应由培训合格的人员进行；必须使用国家现行有效的分析方法及检测仪器；检测仪器应在校验有效期内，每次使用前后应检查。

（三）由工艺技术人员安排当班人员带领采样分析人员到现场按确定的采样点进行取样。取样应有代表性，应特别注意作业人员可能工作的区域。取样点应包括空间顶端、中部和底部。取样时应停止任何气体吹扫。测试次序应是氧含量、易燃易爆气体、有毒有害气体。

（四）取样长杆插入深度原则上应符合在一般容器取样插入深度为 1 米以上；在较大容器中取样插入深度 3 米以上；在各种气柜、储油罐、球罐中取样插入深度 4 米以上。

（五）色谱分析必须用球胆取样，并多次置换干净后送化验室做分析。样品必须保留到作业结束为止，以便复查。

（六）做安全分析或塔内罐内取样时，第一个样必须用铜制的长杆取，取样时人必须站在取样点的侧面和上风口，头不能伸进人孔内，要与人孔处保持一定安全距离。

（七）当取样人员在受限空间外无法完成足够取样，需进入空间内进行初始取样时，应制订特别的控制措施经属地负责人审核批准后，携带便携式的多气体报警器，存在硫化氢的受限空间，必须携带便携式的硫化氢报警器。

（八）通过人孔进入的受限空间首次气体分析和按要求的频率分析时应使用色谱法分析，进入后的连续气体检测可使用便携式气体检测报警仪。气体环境可能发生变化时，应重新进行气体采样分析。

第二十六条　检测标准：

（一）受限空间内外的氧浓度应一致。若不一致，在进入受限空间之前，应确定偏差的原因，氧浓度应保持在 19.5%～23.5%；

（二）不论是否有焊接、敲击等，受限空间内易燃易爆气体或液体挥发物的浓度都应满足以下条件：

1. 当爆炸下限≥4% 时，浓度<0.5%（体积）；

2. 当爆炸下限<4% 时，浓度<0.2%（体积）；

3. 同时还应考虑作业的设备是否带有易燃易爆气体（如氢气）或挥发性气体。

（三）受限空间内有毒、有害物质浓度应符合 GBZ 2.1 的规定，如不符合，不得进入或应立即停止作业。

（7）受限空间工艺环境条件。

监督依据：《中国石油天然气集团公司进入受限空间作业安全管理办法》（安全〔2014〕86 号）、《中国石油天然气股份有限公司进入受限空间作业安全管理办法》（油安〔2014〕66号）、《进入受限空间作业安全管理规定》（油炼化〔2011〕11号）（2018修订）。

> 《中国石油天然气股份有限公司进入受限空间作业安全管理办法》（油安〔2014〕66号）：
> 第四十条　受限空间内的温度应当控制在不对作业人员产生危害的安全范围内。
> 第四十一条　受限空间内应当保持通风，保证空气流通和人员呼吸需要，可采取自然通风或强制通风，严禁向受限空间内通纯氧。
> 第四十二条　受限空间内应当有足够的照明，使用符合安全电压和防爆要求的照明灯具；手持电动工具等应当有漏电保护装置；所有电气线路绝缘良好。
> 第四十三条　受限空间作业应当采取防坠落或滑跌的安全措施；必要时，应当提供符合安全要求的工作面。
> 第四十四条　对受限空间内阻碍人员移动、对作业人员可能造成危害或影响救援的设备应当采取固定措施，必要时移出受限空间。

> 《进入受限空间作业安全管理规定》（油炼化〔2011〕11号）（2018修订）：
> 第三十九条　温度
> 受限空间内的温度应控制在不对人员产生危害的安全范围内。

（8）受限空间通风措施。

监督依据：《中国石油天然气集团公司进入受限空间作业安全管理办法》（安全〔2014〕86号）、《中国石油天然气股份有限公司进入受限空间作业安全管理办法》（油安〔2014〕66号）、《进入受限空间作业安全管理规定》（油炼化〔2011〕11号）（2018修订）、《石油化工建设工程施工安全技术规范》（GB 50484—2008）、《化学品生产单位特殊作业安全规范》（GB 30871—2014）、《化学品生产单位受限空间作业安全规范》（AQ 3028—2008）。

> 《中国石油天然气股份有限公司进入受限空间作业安全管理办法》（油安〔2014〕66号）：
> 第四十一条　受限空间内应当保持通风，保证空气流通和人员呼吸需要，可采取自然通风或强制通风，严禁向受限空间内通纯氧。

《进入受限空间作业安全管理规定》(油炼化〔2011〕11号)(2018修订):

第四十条 通风

(一)为保证受限空间内空气流通和人员呼吸需要,可自然通风,并尽可能抽取远离工作区域的新鲜空气。必要时应采取强制通风,严禁向受限空间通纯氧。进入期间的通风不能代替进入之前的吹扫工作。

(二)在特殊情况下,作业人员应佩戴正压式空气呼吸器或长管呼吸器。佩戴长管呼吸器时,应仔细检查气密性并防止通气长管被挤压,吸气口应置于新鲜空气的上风口并有专人监护。

《石油化工建设工程施工安全技术规范》(GB 50484—2008):

3.4.3 在容易积聚可燃、有毒、窒息气体的设备、地沟、井、槽等受限空间作业前,应先进行通风,分析合格后方可进入,在作业过程中应保持通风,必要时采取强制通风措施。

《化学品生产单位特殊作业安全规范》(GB 30871—2014):

6.3 应保持受限空间空气流通良好,可采取如下措施:打开人孔、手孔、料孔、风门、烟门等与大气相通的设施进行自然通风;必要时,应采用风机强制通风或管道送风,管道送风前应对管道内介质和风源进行分析确认。

《化学品生产单位受限空间作业安全规范》(AQ 3028—2008):

4.4 通风应采取措施,保持受限空间空气良好流通。

4.4.1 打开人孔、手孔、料孔、风门、烟门等与大气相通的设施进行自然通风。

4.4.2 必要时,可采取强制通风。

4.4.3 采用管道送风时,送风前应对管道内介质和风源进行分析确认。

4.4.4 禁止向受限空间充氧气或富氧空气。

(9)受限空间个人安全防护。

监督依据:《中国石油天然气集团公司进入受限空间作业安全管理办法》(安全〔2014〕86号)、《中国石油天然气股份有限公司进入受限空间作业安全管理办法》(油安〔2014〕66号)、《进入受限空间作业安全管理规定》(油炼化〔2011〕11号)(2018修订)、《石油化工建设工程施工安全技术规范》(GB 50484—2008)、《化学品生产单位特殊作业安全规范》(GB 30871—2014)、《化学品生产单位受限空间作业安全规范》(AQ 3028—2008)。

> 《中国石油天然气股份有限公司进入受限空间作业安全管理办法》(油安〔2014〕66号):
> 第二十三条 作业人员在进入受限空间作业期间应采取适宜的安全防护措施,必要时应佩戴有效的个人防护装备。
> 第四十三条 受限空间作业应当采取防坠落或滑跌的安全措施;必要时,应当提供符合安全要求的工作面。

> 《进入受限空间作业安全管理规定》(油炼化〔2011〕11号)(2018修订):
> 第四十三条 防坠落、防滑跌
> 受限空间内可能会出现坠落或滑跌,应特别注意受限空间中的工作面(包括残留物、工作物料或设备)和到达工作面的路径,并制订预防坠落或滑跌的安全措施。
> 第四十四条 个人防护装备
> 根据作业中存在的风险种类和风险程度,依据相关防护标准,配备个人防护装备并确保正确穿戴,佩戴通信设备等防护措施。酸碱等腐蚀性介质的受限空间,应穿戴防酸碱防护服、防护鞋、防护手套等防腐蚀护品。有噪声产生的受限空间,应佩戴耳塞或耳罩等防噪声护具。有粉尘产生的受限空间,应佩戴防尘口罩、眼罩等防尘护具。高温的受限空间,进入时应穿戴高温防护用品,采取通风、隔热等防护措施。低温的受限空间,进入时应穿戴低温防护用品,必要时采取供暖等措施。
> 第五十一条 当设备和容器内有夹套、填料、衬里、密封圈等,虽然化验分析合格,但有可能继续释放有毒、有害和可燃气体的,作业时要佩戴氧气检测报警仪、可燃气体报警仪、有毒气体检测报警仪。

> 《化学品生产单位特殊作业安全规范》(GB 30871—2014):
> 6.5 进入下列受限空间作业应采取如下防护措施:
> a) 缺氧或有毒的受限空间经清洗或置换仍达不到要求的,应佩戴隔离式呼吸器,必要时应拴带救生绳;
> b) 易燃易爆的受限空间经清洗或置换仍达不到相关要求的,应穿防静电工作服及防静电工作鞋,使用防爆型低压灯具及防爆工具;

> c）酸碱等腐蚀性介质的受限空间，应穿戴防酸碱防护服、防护鞋、防护手套等防腐蚀护品；
> 
> d）有噪声产生的受限空间，应佩戴耳塞或耳罩等防噪声护具；
> 
> e）有粉尘产生的受限空间，应佩戴防尘口罩、眼罩等防尘护具；
> 
> f）高温的受限空间，进入时应穿戴高温防护用品，必要时采取通风、隔热、佩戴通信设备等防护措施；
> 
> g）低温的受限空间，进入时应穿戴低温防护用品，必要时采取供暖、佩戴通信设备等措施。

> 《化学品生产单位受限空间作业安全规范》（AQ 3028—2008）：
> 
> 4.6　个体防护措施：受限空间经清洗或置换不能达到4.3的要求时，应采取相应的防护措施方可作业。
> 
> 4.6.1　在缺氧或有毒的受限空间作业时，应佩戴隔离式防护面具，必要时作业人员应拴带救生绳。
> 
> 4.6.2　在易燃易爆的受限空间作业时，应穿防静电工作服、工作鞋，使用防爆型低压灯具及不发生火花的工具。
> 
> 4.6.3　在有酸碱等腐蚀性介质的受限空间作业时，应穿戴好防酸碱工作服、工作鞋、手套等护品。
> 
> 4.6.4　在产生噪声的受限空间作业时，应佩戴耳塞或耳罩等防噪声护具。

（10）受限空间工具材料要求。

监督依据：《中国石油天然气集团公司进入受限空间作业安全管理办法》（安全〔2014〕86号）、《中国石油天然气股份有限公司进入受限空间作业安全管理办法》（油安〔2014〕66号）、《进入受限空间作业安全管理规定》（油炼化〔2011〕11号）（2018修订）、《石油化工建设工程施工安全技术规范》（GB 50484—2008）、《化学品生产单位特殊作业安全规范》（GB 30871—2014）、《化学品生产单位受限空间作业安全规范》（AQ 3028—2008）。

> 《中国石油天然气股份有限公司进入受限空间作业安全管理办法》（油安〔2014〕66号）：
> 
> 第四十六条　携带进入受限空间作业的工具、材料要登记，作业结束后应当清点，以防遗留在受限空间内。

《进入受限空间作业安全管理规定》(油炼化〔2011〕11号)(2018修订):

第四十六条　人员、工具和材料清点

进入受限空间作业的人员及其携入的工具、材料要登记,作业结束后作业单位监护人对照清单清点人员、工具和材料,确认无遗留后,做好记录;属地单位监护人核查签字。

第四十八条　受限空间的出入口内外不得有障碍物。

第四十九条　受限空间作业一般不得使用卷扬机、吊车等设备运送作业人员,特殊情况需经安全部门批准。

《石油化工建设工程施工安全技术规范》(GB 50484—2008):

3.4.5　进入受限空间作业时,电焊机、变压器、气瓶应防止在受限空间外,电缆、气带应保持完好。

3.4.6　在容器内焊割作业时,应有良好的通风和排除烟尘的措施,采用安全照明设备,容器外应设安全监护人;工作间歇时,电焊钳和电弧气刨把应放在或悬挂在干燥绝缘处。

(11)受限空间电气安全要求。

监督依据:《中国石油天然气集团公司进入受限空间作业安全管理办法》(安全〔2014〕86号)、《中国石油天然气股份有限公司进入受限空间作业安全管理办法》(油安〔2014〕66号)、《中国石油天然气集团公司临时用电作业安全管理办法》(安全〔2015〕37号)、《中国石油天然气股份有限公司临时用电作业安全管理办法》(油安〔2015〕48号)、《进入受限空间作业安全管理规定》(油炼化〔2011〕11号)(2018修订)、《临时用电作业安全管理规定》(油炼化〔2011〕11号)(2018修订)、《化学品生产单位特殊作业安全规范》(GB 30871—2014)、《化学品生产单位受限空间作业安全规范》(AQ 3028—2008)。

《中国石油天然气股份有限公司进入受限空间作业安全管理办法》(油安〔2014〕66号):

第四十二条　受限空间内应当有足够的照明,使用符合安全电压和防爆要求的照明灯具;手持电动工具等应当有漏电保护装置;所有电气线路绝缘良好。

《中国石油天然气股份有限公司临时用电作业安全管理办法》(油安〔2015〕48号):

第四十三条　临时照明应满足以下安全要求。

(四)行灯电源电压不超过36V,灯泡外部有金属保护罩。

（五）在潮湿和易触及带电体场所的照明电源电压不得大于24V,在特别潮湿场所、导电良好的地面、锅炉或金属容器内的照明电源电压不得大于12V。

《进入受限空间作业安全管理规定》（油炼化〔2011〕11号）（2018修订）：

第四十二条 照明及电气

（一）进入受限空间作业,应有足够的照明。照明灯具应符合防爆要求。使用手持电动工具应有漏电保护装置。

（二）进入受限空间作业照明应使用安全电压不大于24V的安全行灯。金属设备内和特别潮湿作业场所作业,其安全灯电压应为12V且绝缘性能良好。

（三）当受限空间原来盛装爆炸性液体、气体等介质时,应使用防爆电筒或电压不大于12V的防爆安全行灯,行灯变压器不应放在容器内或容器上。作业人员应穿戴防静电服装,使用防爆工具、机具。

《临时用电作业安全管理规定》（油炼化〔2011〕11号）（2018修订）：

第三十三条 使用手持电动工具应满足如下安全要求：

（四）在狭窄场所,如锅炉、金属管道、受限空间内,应使用Ⅲ类工具。

（五）Ⅲ类工具的安全隔离变压器,Ⅱ类工具的漏电保护器及Ⅱ、Ⅲ类工具的控制箱和电源联结器等应放在容器外或作业点处,同时应有人监护。

《化学品生产单位特殊作业安全规范》（GB 30871—2014）：

6.1 作业前,应对受限空间进行安全隔绝,具体要求如下：

c）受限空间内的用电设备应停止运行并有效切断电源,在电源开关处上锁并加挂警示牌。

6.6 照明及用电安全要求如下：

a）受限空间照明电压应小于或等于36V,在潮湿容器、狭小容器内作业电压应小于或等于12V；

b）在潮湿容器中,作业人员应站在绝缘板上,同时保证金属容器接地可靠。

《化学品生产单位受限空间作业安全规范》（AQ 3028—2008）：

4.7 照明及用电安全

4.7.1 受限空间照明电压应小于等于36V,在潮湿容器、狭小容器内作业电压应小于或等于12V。

4.7.2 使用超过安全电压的手持电动工具作业或进行电焊作业时,应配备漏电保护器。在潮湿容器中,作业人员应站在绝缘板上,同时保证金属容器接地可靠。

4.7.3 临时用电应办理用电手续,按GB/T 13869规定架设和拆除。

(12)受限空间内外作业设备安全要求。

监督依据:《中国石油天然气集团公司进入受限空间作业安全管理办法》(安全〔2014〕86号)、《中国石油天然气股份有限公司进入受限空间作业安全管理办法》(油安〔2014〕66号)、《进入受限空间作业安全管理规定》(油炼化〔2011〕11号)(2018修订)、《化学品生产单位特殊作业安全规范》(GB 30871—2014)、《化学品生产单位受限空间作业安全规范》(AQ 3028—2008)、《石油化工建设工程施工安全技术规范》(GB 50484—2008)。

《中国石油天然气股份有限公司进入受限空间作业安全管理办法》(油安〔2014〕66号):

第四十四条 对受限空间内阻碍人员移动、对作业人员可能造成危害或影响救援的设备应当采取固定措施,必要时移出受限空间。

《进入受限空间作业安全管理规定》(油炼化〔2011〕11号)(2018修订):

第四十一条 受限空间内设备

对受限空间内阻碍人员移动、对作业人员造成危害,影响救援的设备(如搅拌器),应采取固定措施,必要时应移出受限空间。

第四十五条 静电防护

为防止静电危害,应对受限空间内或其周围的设备接地,并进行检测。

第四十八条 受限空间的出入口内外不得有障碍物。

第四十九条 受限空间作业一般不得使用卷扬机、吊车等设备运送作业人员,特殊情况需经安全部门批准。

《化学品生产单位特殊作业安全规范》(GB 30871—2014):

6.8 应满足的其他要求如下:

a)受限空间外应设置安全警示标志,备有空气呼吸器(氧气呼吸器)、消防器材和清水等相应的应急用品;

> b）受限空间出入口应保持畅通；
> c）作业前后应清点作业人员和作业工器具；
> d）作业人员不应携带与作业无关的物品进入受限空间；作业中不应抛掷材料、工器具等物品；在有毒、缺氧环境下不应摘下防护面具；不应向受限空间充氧气或富氧空气；离开受限空间时应将气割(焊)工器具带出。

> 《化学品生产单位受限空间作业安全规范》(AQ 3028—2008)：
> 4.9.8 在受限空间进行高处作业应按 AQ 3026—2008 化学品生产单位高处作业安全规范的规定进行，应搭设安全梯或安全平台。
> 4.9.10 作业前后应清点作业人员和作业工器具。作业人员离开受限空间作业点时，应将作业工器具带出。

> 《石油化工建设工程施工安全技术规范》(GB 50484—2008)：
> 3.4.4 进入带有转动部件的设备作业，必须切断电源并有专人监护。

（13）应急准备和应急救援(预案、通道、物资、救援)。

监督依据：《中国石油天然气集团公司进入受限空间作业安全管理办法》(安全〔2014〕86号)、《中国石油天然气股份有限公司进入受限空间作业安全管理办法》(油安〔2014〕66号)、《进入受限空间作业安全管理规定》(油炼化〔2011〕11号)(2018修订)、《化学品生产单位特殊作业安全规范》(GB 30871—2014)、《化学品生产单位受限空间作业安全规范》(AQ 3028—2008)、《石油化工建设工程施工安全技术规范》(GB 50484—2008)。

> 《中国石油天然气股份有限公司进入受限空间作业安全管理办法》(油安〔2014〕66号)：
> 第二十四条 发生紧急情况时，严禁盲目施救。救援人员应经过培训，具备与作业风险相适应的救援能力，确保在正确穿戴个人防护装备和使用救援装备的前提下实施救援。
> 第二十八条 受限空间出入口应保持畅通，并设置明显的安全警示标志，空气呼吸器、防毒面具、急救箱等相应的应急物资和救援设备应配备到位。
> 第四十七条 如发生紧急情况，需进入受限空间进行救援时，应当明确监护人员与救援人员的联络方法。救援人员应当佩戴相应的防护装备。必要时，携带气体防护装备。

《进入受限空间作业安全管理规定》(油炼化〔2011〕11号)(2018年修订):

第五十二条 每次进入受限空间作业前,应制订书面应急预案,并开展应急演练,所有相关人员都应熟悉应急预案。外部救援人员若参与企业救援活动,应具有相应的资质。企业可考虑举行外部救援人员的演习。

第五十三条 在进入受限空间进行救援之前,应明确作业监护人员与救援人员的联络方法。获得授权的救援人员均应佩戴安全带、救生索、有毒气体防护装备等以便救援,除非该装备可能会阻碍救援或产生更大的危害。

第五十四条 出现有人中毒、窒息的紧急情况,抢救人员进入受限空间救援时,应至少有一人在外部做联络工作。

---

《化学品生产单位特殊作业安全规范》(GB 30871—2014):

6.8 a)受限空间外应设置安全警示标志,备有空气呼吸器(氧气呼吸器)、消防器材和清水等相应的应急用品。

---

《化学品生产单位受限空间作业安全规范》(AQ 3028—2008):

5.1 作业负责人的职责

5.1.3 在受限空间及其附近发生异常情况时,应停止作业。

5.1.4 检查、确认应急准备情况,核实内外联络及呼叫方法。

5.1.5 对未经允许试图进入或已经进入受限空间者进行劝阻或责令退出。

5.2 监护人员的职责

5.2.2 了解可能面临的危害,对作业人员出现的异常行为能够及时警觉并做出判断。与作业人员保持联系和交流,观察作业人员的状况。

5.2.3 当发现异常时,立即向作业人员发出撤离警报,并帮助作业人员从受限空间逃生,同时立即呼叫紧急救援。

5.3 作业人员的职责

5.3.3 遵守受限空间作业安全操作规程,正确使用受限空间作业安全设施与个体防护用品。

5.3.4 应与监护人员进行必要的、有效的安全、报警、撤离等双向信息交流。

5.3.5 服从作业监护人的指挥,如发现作业监护人员不履行职责时,应停止作业并撤出受限空间。

5.3.6 在作业中如出现异常情况或感到不适或呼吸困难时,应立即向作业监护人发出信号,迅速撤离现场。

（14）受限空间复杂作业安全。

监督依据：《进入受限空间作业安全管理规定》（油炼化〔2011〕11号）（2018修订）、《化学品生产单位特殊作业安全规范》（GB 30871—2014）、《化学品生产单位受限空间作业安全规范》（AQ 3028—2008）、《石油化工建设工程施工安全技术规范》（GB 50484—2008）。

《进入受限空间作业安全管理规定》（油炼化〔2011〕11号）（2018修订）：

第四十七条 涉及动火、临时用电、起重吊装、高处作业等同时应执行相关管理规定。

《化学品生产单位特殊作业安全规范》（GB 30871—2014）：

6.5 进入下列受限空间作业应采取如下防护措施：

a）缺氧或有毒的受限空间经清洗或置换达不到6.2要求的，应佩戴隔绝式呼吸器，必要时应拴带救生绳；

b）易燃易爆的受限空间经清洗或置换达不到6.2要求的，应穿防静电工作服及防静电工作鞋，使用防爆型低压灯具及防爆工具；

c）酸碱等腐蚀性介质的受限空间，应穿戴防酸碱防护服、防护鞋、防护手套等防腐蚀护品；

d）有噪声产生的受限空间，应佩戴耳塞或耳罩等防噪声护具；

e）有粉尘产生的受限空间，应佩戴防尘口罩、眼罩等防尘护具；

f）高温的受限空间，进入时应穿戴高温防护用品，必要时采取通风、隔热、佩戴通信设备等防护措施；

g）低温的受限空间，进入时应穿戴低温防护用品，必要时采取供暖、佩戴通信设备等措施。

《化学品生产单位受限空间作业安全规范》（AQ 3028—2008）：

4.9.3 多工种、多层交叉作业应采取互相之间避免伤害的措施。

4.9.7 难度大、劳动强度大、时间长的受限空间作业应采取轮换作业。

4.9.8 在受限空间进行高处作业应按AQ 3026—2008化学品生产单位高处作业安全规范的规定进行，应搭设安全梯或安全平台。

4.9.9 在受限空间进行动火作业应按AQ 3022—2008化学品生产单位动火作业安全规范的规定进行。

> 《石油化工建设工程施工安全技术规范》（GB 50484—2008）：
>
> 3.4.6 在容器内焊割作业时，应有良好的通风和排除烟尘的措施，采用安全照明设备，容器外应设安全监护人；工作间歇时，电焊钳和电弧气刨把应放在或悬挂在干燥绝缘处。

（15）受限空间作业许可证合规性。

监督依据：《中国石油天然气集团公司进入受限空间作业安全管理办法》（安全〔2014〕86号）、《中国石油天然气股份有限公司进入受限空间作业安全管理办法》（油安〔2014〕66号）、《进入受限空间作业安全管理规定》（油炼化〔2011〕11号）（2018修订）、《化学品生产单位特殊作业安全规范》（GB 30871—2014）、《化学品生产单位受限空间作业安全规范》（AQ 3028—2008）、《石油化工建设工程施工安全技术规范》（GB 50484—2008）。

> 《中国石油天然气股份有限公司进入受限空间作业安全管理办法》（油安〔2014〕66号）：
>
> 第二十七条 作业区域所在单位应组织针对进入受限空间作业内容、作业环境等进行风险分析，作业单位应参加风险分析并根据结果制订相应控制措施，必要时编制安全工作方案和应急预案。
>
> 第三十二条 根据作业风险，进入受限空间作业许可应当由具备相应能力，并能提供、调配、协调风险控制资源的作业区域所在单位负责人审批。
>
> 第五十条 进入受限空间作业许可证的期限一般不超过一个班次，延期后总的作业期限原则上不能超过24小时。办理延期时，作业申请人、批准人应当重新核查工作区域，确认所有安全措施仍然有效，且作业条件和风险未发生变化。
>
> 第五十一条 当发生下列任何一种情况时，现场所有人员都有责任立即终止作业，取消进入受限空间作业许可证。需要重新恢复作业时，应当重新申请办理进入受限空间作业许可证。
>
> （一）作业环境和条件发生变化而影响到作业安全时；
>
> （二）作业内容发生改变；
>
> （三）实际作业与作业计划的要求不符；
>
> （四）安全控制措施无法实施；
>
> （五）发现有可能发生立即危及生命的违章行为；

（六）现场发现重大安全隐患；

（七）发现有可能造成人身伤害的情况或事故状态下。

第五十二条　进入受限空间作业结束后，作业人员应当清理作业现场，解除相关隔离设施，现场确认无隐患后，作业申请人和作业批准人在作业许可证上签字，关闭作业许可。

---

《进入受限空间作业安全管理规定》（油炼化〔2011〕11号）（2018修订）：

第二十八条　进入受限空间作业涉及其他单位时，由属地单位与相关单位联系，共同采取安全措施并在进入受限空间作业许可证相关方栏内签署意见。

第二十九条　属地单位负责人组织工艺、设备、安全负责人、当班负责人及进入受限空间作业单位相关人员，对进入受限空间作业分别进行风险识别，制订工艺及作业风险削减措施并落实，具体执行《工作前安全分析管理规定》。属地单位工艺负责人（或项目负责人）及作业单位现场负责人分别填写进入受限空间作业许可证中工艺及作业风险削减措施栏。

第三十一条　属地单位安全监督人员判定气体检测结果是否符合要求，合格后将分析数据填写到作业许可证上并签字，项目负责人核查确认签字，分析单附在作业许可证存根联后。

第三十二条　所有作业人、监护人及相关人员共同对风险控制措施的落实情况现场核查，确认合格，在相应栏目内签字，批准人最后签署进入受限空间作业许可证。

第三十三条　进入一般受限空间作业许可证，经属地单位工艺、设备、安全技术人员会签后，由属地单位负责人批准；进入特殊受限空间作业许可证，经属地单位负责人及各级工艺、设备、安全主管部门负责人、分厂主管领导会签后，由地区公司主管领导批准。

---

（16）受限空间人员履职。

监督依据：《中国石油天然气集团公司进入受限空间作业安全管理办法》（安全〔2014〕86号）、《中国石油天然气股份有限公司进入受限空间作业安全管理办法》（油安〔2014〕66号）、《进入受限空间作业安全管理规定》（油炼化〔2011〕11号）（2018修订）、《化学品生产单位特殊作业安全规范》（GB 30871—2014）、《化学品生产单位受限空间作业安全规范》（AQ 3028—2008）、《石油化工建设工程施工安全技术规范》（GB 50484—2008）。

①监督监护人员：

《中国石油天然气股份有限公司进入受限空间作业安全管理办法》(油安〔2014〕66号)：

第十七条 作业监护人是指由作业单位指定实施安全监护的人员,安全职责主要包括：

(一)对进入受限空间作业实施全过程现场监护。

(二)熟悉进入受限空间作业区域、部位状况、工作任务和存在风险。

(三)检查确认作业现场安全措施的落实情况,以及作业人员资质和现场设备的符合性。

(四)保证进入受限空间作业过程满足安全要求,有权纠正或制止违章行为。

(五)负责进、出受限空间人员登记,掌握作业人员情况并保持有效沟通。

(六)发现人员、工艺、设备或环境安全条件变化等异常情况,以及现场不具备安全作业条件时,及时要求停止作业并立即向现场负责人报告。

(七)熟悉紧急情况下的应急处置程序和救援措施,熟练使用相关消防设备、救护工具等应急器材,可进行紧急情况下的初期处置。

第三十九条 进入受限空间作业应指定专人监护,不得在无监护人的情况下作业；作业人员和监护人员应当相互明确联络方式并始终保持有效沟通；进入特别狭小空间时,作业人员应当系安全可靠的保护绳,并利用保护绳与监护人员进行沟通。

《进入受限空间作业安全管理规定》(油炼化〔2011〕11号)(2018修订)：

第十条 监护人

(一)清楚可能存在的危害和对作业人员的影响。

(二)负责监视作业条件变化情况及受限空间内外活动过程。

(三)掌握作业人员情况并与其保持沟通,负责作业人员进出时的清点并登记名字；检查作业人员着装、工具袋、通信设施、氧气检测报警仪、可燃气体报警仪、有毒气体检测报警仪、个人气体防护器材、安全绳等的佩戴使用情况。

(四)清楚应急联络电话、出口、报警器和外部应急装备的位置并能及时应用。

(五)在入口处监护,防止未经授权人员进入受限空间。

(六)紧急情况下不得盲目进入施救,应立即启动应急预案,发出救援信息；在保障自身安全的情况下,配合施救人员在受限空间外实施救援,并做好监护。

第十七条 监护管理要求

(一)企业应成立兼职监护人队伍。

（二）监护人必须按培训指南接受专门培训，考试合格后由地区公司或厂级主管部门发放监护证书。监护人培训必须纳入 HSE 培训计划中。

（三）属地监护人以本岗位持证员工为主，应了解岗位的生产过程和周围环境情况，熟悉工艺操作和设备状况；应有较强的责任心，出现问题能正确及时处理；有应对突发事故的处理能力，应熟练掌握现场配备应急器材的使用方法。

（四）监护时必须佩戴明显标志，作业过程中不准离开现场，应在人员出入口 5 米范围内并直视人员出入口、安全绳；保证与受限空间内作业人员的随时联络；临时停止作业时，作业人全部撤出受限空间后，监护人收回作业许可证。

《化学品生产单位特殊作业安全规范》（GB 30871—2014）：

6.7 作业监护要求如下：

a）在受限空间外应设有专人监护，作业期间监护人员不应离开；

b）在风险较大的受限空间作业时，应增设监护人员，并随时与受限空间内。

《化学品生产单位受限空间作业安全规范》（AQ 3028—2008）：

5.2 监护人员的职责

5.2.1 对受限空间作业人员的安全负有监督和保护的职责。

5.2.2 了解可能面临的危害，对作业人员出现的异常行为能够及时警觉并做出判断。与作业人员保持联系和交流，观察作业人员的状况。

5.2.3 当发现异常时，立即向作业人员发出撤离警报，并帮助作业人员从受限空间逃生，同时立即呼叫紧急救援。

5.2.4 掌握应急救援的基本知识。

② 作业人员：

《中国石油天然气股份有限公司进入受限空间作业安全管理办法》（油安〔2014〕66号）：

第十八条 作业人员是指进入受限空间作业的具体实施者，对进入受限空间作业安全负直接责任，安全职责主要包括：

(一)在进入受限空间作业前确认作业区域、内容和时间。

(二)进入受限空间作业前，参加工作前安全分析，清楚作业安全风险和安全措施。

(三)进入受限空间作业过程中，执行进入受限空间作业许可证及操作规程的相关要求。

（四）服从作业监护人和属地监督的监管；作业监护人不在现场时，不得作业。

（五）发现异常情况有权停止作业，并立即报告；有权拒绝违章指挥和强令冒险作业。

（六）进入受限空间作业结束后，负责清理作业现场，确保现场无安全隐患。

《进入受限空间作业安全管理规定》（油炼化〔2011〕11号）（2018修订）：

第九条 作业单位

（三）受限空间作业人

1. 必须持有经批准有效的进入受限空间作业许可证作业；

2. 必须严格执行预先制订的安全措施，对不符合安全要求的，有权拒绝作业。要时刻掌握工作区域的情况，作业环境发生改变，应该立即停止工作，并报告不安全的状况；

3. 作业时与监护人要有约定的方式并始终保持有效的沟通联络，监护人不在现场不准作业并撤出受限空间；

4. 受限空间作业的任务、地点（位号）、时间与进入受限空间作业许可证不符不作业；

5. 不正确佩戴使用工具袋、通信设施、氧气检测报警仪、可燃气体报警仪、有毒气体检测报警仪不作业；

6. 遇有违反本规定强令作业或削减风险措施没落实，作业人员有权拒绝作业；

7. 根据受限空间环境情况（狭小、垂直的空间等）应佩戴安全绳以备联络救援；

8. 在作业结束之后，要清理现场并确保现场处于安全状态。

《化学品生产单位受限空间作业安全规范》（AQ 3028—2008）：

5.3 作业人员的职责

5.3.1 负责在保障安全的前提下进入受限空间实施作业任务。作业前应了解作业的内容、地点、时间、要求，熟知作业中的危害因素和应采取的安全措施。

5.3.2 确认安全防护措施落实情况。

5.3.3 遵守受限空间作业安全操作规程，正确使用受限空间作业安全设施与个体防护用品。

5.3.4 应与监护人员进行必要的、有效的安全、报警、撤离等双向信息交流。

5.3.5 服从作业监护人的指挥，如发现作业监护人员不履行职责时，应停止作业并撤出受限空间。

5.3.6 在作业中如出现异常情况或感到不适或呼吸困难时，应立即向作业监护人发出信号，迅速撤离现场。

③作业负责人：

《中国石油天然气股份有限公司进入受限空间作业安全管理办法》（油安〔2014〕66号）：

第十六条 作业申请人是指作业单位现场作业负责人，对进入受限空间作业实施环节负管理责任，安全职责主要包括：

(一)提出申请并办理进入受限空间作业许可证。

(二)参加进入受限空间作业风险分析，并落实安全措施。

(三)对作业人员进行作业前安全培训和安全交底，保证作业人员和设备设施满足规定要求。

(四)指定具体作业监护人，明确监护工作要求。

(五)参与书面审查和现场核查进入受限空间作业条件和安全措施或相关方案的落实情况。

(六)参与现场验收和关闭进入受限空间作业许可证。

(七)当人员、工艺、设备发生变更时，及时报告作业区域所在单位。

《进入受限空间作业安全管理规定》（油炼化〔2011〕11号）（2018修订）：

第九条 作业单位

(一)作业项目负责人

1.负责开展作业过程风险识别，制订、落实施工风险削减措施；

2.负责作业人员安全培训，安排具有相应资质的特种作业人员从事作业；

3.负责编制受限空间作业安全工作方案，严格按照受限空间作业许可证和安全工作方案施工；

4.检查作业现场安全状况，发现违章或不具备安全作业条件时，应立即终止作业；

5.对受限空间作业过程安全负责。

(二)作业申请人

1.负责提出作业申请，办理作业许可证；

2.负责对作业人员进行作业前安全交底；

3.落实作业风险削减措施，组织实施作业，并对作业风险削减措施的有效性和可靠性负责；

4.及时纠正违章作业行为。

《化学品生产单位受限空间作业安全规范》（AQ 3028—2008）：

5.1.1 对受限空间作业安全负全面责任。

5.1.2 在受限空间作业环境、作业方案和防护设施及用品达到安全要求后,可安排人员进入受限空间作业。

5.1.3 在受限空间及其附近发生异常情况时,应停止作业。

5.1.4 检查、确认应急准备情况,核实内外联络及呼叫方法。

5.1.5 对未经允许试图进入或已经进入受限空间者进行劝阻或责令退出。

## 五、常见违章

（1）执行作业许可制度不严格或办理程序不符合。

（2）受限空间认识模糊,对"未明确定义为'受限'的空间、围堤、挖掘、惰性气体吹扫空间"不执行作业许可管理。

（3）能量隔离措施失效。

（4）受限空间工艺处理不彻底。

（5）作业过程未按照规定进行气体监测。

（6）工作内容或工作环境发生改变且没有重新进行危险分析作业。

（7）作业期间监护人不在现场或履职不到位。

（8）个人防护不符合现场作业要求。

（9）应急准备或救援能力不足。

（10）受限空间内未按规定使用防火防爆工具、照明等。

## 六、案例分析

### 案例一:"7·7"清釜作业闪爆事故

2006年7月7日17时20分左右,某石化公司烯烃厂聚乙烯装置在清理11301B聚合釜时发生闪爆事故,造成3人死亡。

1. 事故经过

2006年6月26日,某石化公司烯烃厂机动科根据生产计划安排,向机动设备处申请清理聚乙烯车间11301A/B聚合釜内壁挂垢（11301A/B聚合釜在运行中釜内壁挂垢）。

承担施工的建筑工程公司六工区施工队长孙某感到此工程用人多且风险较大私自转包给本公司二工区。

7月3日，烯烃厂向建筑工程公司提供了《11301A/B 聚合釜清理工艺风险评价报告》。建筑工程公司根据此报告做出了《11301A/B 聚合釜清理施工风险评价报告书》，并交于烯烃厂。

7月7日8时30分，二工区施工人员罗某带领17名作业人员开始清理聚合釜，作业人员分成两个小组，每组8名作业人员，1.5小时换班一次。16时左右，第二组的8名作业人员进入11301B 聚合釜实施清垢作业。17时20分左右，11301B 聚合釜内突然发生闪爆，现场人员和消防支队立即进行救援。

此时，釜内作业的3名工人自行爬出脱险，另外5人陆续被救出，8名作业人员被陆续送往医院进行抢救。2人因伤势过重于当晚死亡，1人于7月8日10时50分死亡，其他5人有不同程度的灼伤。

2. 原因分析

1) 事故直接原因

11301A/B 聚合釜清理下来的挂垢物含有少量己烷等蒸气，虽然在7月7日15时30分分析合格，但是夹带在结垢物中的可燃物在随后的作业中又挥发出来，在聚合釜底部积聚未能及时排除釜外，当遇到金属摩擦或撞击产生的火星时引起局部闪爆。

2) 事故间接原因

建筑工程公司在承揽工程上管理混乱，私自转包导致安全管理出现漏洞；施工作业人员首次从事此项清釜作业，素质低，反应能力差，缺乏经验；清理作业速度太快导致己烷聚集。

3. 案例启示

（1）属地单位对清理11301A/B 聚合釜内的挂垢物在短时间内己烷等蒸气能达到爆炸极限这一危害认识不足，在向施工单位提供的《11301A/B 聚合釜清理工艺风险评价报告》中仅列出火灾危险，未提出爆炸风险；施工单位聚合釜清理施工风险评价报告中未针对火灾、爆炸等危险采取有效的防范措施。

（2）由于原专利方提供方案不全，烯烃厂在原国外专利商未提供清釜作业操作规程和长期清釜作业未发生问题的情况下存在严重的麻痹思想。事故后对清釜方案进行了修订，由直接清釜改为先用消防水冲洗后再带水清釜。

（3）加强承包商安全管理。签订《工程服务合同》时，对施工过程中的安全管理、雇佣人员的能力等方面必须进行 HSE 承诺，作为签订《工程服务合同》和《工程服务安全合同》的一个必备审查条件，约束承包商队伍，进一步强化自我安全管理。

**案例二：某石化公司"6·29"清罐作业闪爆事故**

2010年6月29日16时40分，某石化公司炼油厂原油输转车间在清罐过程中发生一起闪爆事故，造成承包商5人死亡、5人烧伤。

1. 事故经过

该石化公司炼油厂原油输转车间按照计划安排,对6座原油罐进行刷罐作业,以便完成原油罐开孔及与管线相接。经公司批准,并履行相关程序后,某化工厂承担刷罐作业任务。C1-4罐(20000m³)于6月18日完成了清理,21日开孔结束,23日正常收油使用。C1-7罐6月25日9时进行倒油、蒸罐工艺处理,28日14时结束。

29日9时,分析确认合格后(分析数据:氧含量20%、硫化氢含量0%、可燃气0.18%),车间开具进入有限空间作业票;10时,某化工厂施工人员作业开始,人员无异常反应;16时40分,罐内发生闪爆(当时罐内有10人作业),3人当场死亡,2人因抢救无效分别于7月3日22时和7月4日1时死亡,另外5人被烧伤。

2. 原因分析

1)事故直接原因

C1-7原油罐底部沉积物,在作业中挥发出烃类可燃物,局部形成爆炸性混合物,遇到作业中产生的电火花或金属撞击等火源,引起油气闪爆,导致人员伤亡。

2)事故间接原因

C1-7原油罐底部沉积物含有少量烃类可燃物,虽然在6月29日9时分析合格,但是夹带在沉积物中的少量烃类可燃物在随后的作业中又挥发出来,在原油罐底部积聚,未能及时排出原油罐;承包商违章使用了非防爆灯具和铁制清理工具,极易在作业中产生火花。

3. 案例启示

(1)作业安全风险识别不足。对罐底沉积物含有少量烃类可燃物易在作业中挥发出来局部形成爆炸性混合物的风险认识不到位,风险消减措施未真正落实。

(2)作业许可中明确要求使用防爆灯具和防爆工具,但承包商违章使用了非防爆灯具和铁制工具,属地现场施工主管、监管人员未到现场检查确认,即签字同意作业。

(3)炼化企业应加强边远、辅助装置现场施工作业安全监管,杜绝盲区死角。

# 第四节 高处作业安全监督

## 一、风险分析

高处作业是炼化企业检修和项目建设中较多的作业类型,其安全风险相对较大,主要体现在:

(1)人员安全防护不到位风险。

关键措施:完善并正确选用高处作业防坠落防护措施,作业前对防坠落安全措施进行检查验证。

（2）人员资质、能力不足风险。

关键措施：作业人员必须经安全教育，熟悉现场环境和施工安全要求；搭设脚手架等高处作业人员取得相应资格证书；严禁存在职业禁忌症等其他不适于高处作业的人员从事高处作业。

（3）作业平台倒塌风险。

关键措施：脚手架搭设人员必须经过专门的安全教育培训，并持证上岗；吊笼、梯子、防护网、护栏、脚手架等搭设符合有关标准，作业前严格检查确认。

（4）作业环境风险。

关键措施：严格作业区域环境检查确认，落实隔离防护措施，严格控制作业区域人员。

（5）无通信、联络工具或联络不畅。

关键措施：特级高处作业配备通信、联络工具，指定专人负责联系。

（6）临边、孔洞、交叉作业，石棉瓦、彩钢板等轻型材料上高处作业风险。

关键措施：防护设施符合相关安全要求。

（7）登高过程中人员坠落或工具、材料、零件高处坠落伤人风险。

关键措施：高处作业使用的工具、材料、零件装入工具袋，上下时手中不得持物。不得在空中抛接工具、材料及其他物品。将易滑动、易滚动的工具、材料堆放在脚手架上时，应采取措施防止坠落。

（8）特殊高处作业风险分析不足。

关键措施：涉及高处动火作业、进入受限空间内的高处作业、高处临时用电等危险作业组合，落实相应安全措施。

（9）高处作业许可审批存在漏项造成无效。

关键措施：严格落实作业许可审批。

## 二、监督内容

（1）作业许可合规性。

（2）人员资质能力符合性。

（3）工器具、材料适用性。

（4）现场作业环境可控性。

（5）涉及特级、特殊高处作业相应安全措施落实。

## 三、监督依据

（1）《化学品生产单位特殊作业安全规范》（GB 30871—2014）。

（2）《石油化工建设工程施工安全技术规范》（GB 50484—2008）。

（3）《化学品生产单位高处作业安全规范》（AQ 3025—2008）。

（4）《建筑施工高处作业安全技术规范》（JGJ 80—2016）。

（5）《中国石油天然气集团公司高处作业安全管理办法》（安全〔2015〕37号）。

（6）《中国石油天然气股份有限公司高处作业安全管理办法》（油安〔2015〕48号）。

（7）《高处作业安全管理规定》（油炼化〔2011〕11号）（2018修订）。

## 四、监督要点

（1）实施高处作业的必要性。

监督依据：《中国石油天然气集团公司高处作业安全管理办法》（安全〔2015〕37号）、《中国石油天然气股份有限公司高处作业安全管理办法》（油安〔2015〕48号）、《高处作业安全管理规定》（油炼化〔2011〕11号）（2018修订）。

---

《中国石油天然气股份有限公司高处作业安全管理办法》（油安〔2015〕48号）：

第三条　高处作业是指距坠落高度基准面2m及以上有可能坠落的高处进行的作业。

第二十五条　严禁在六级以上大风和雷电、暴雨、大雾、异常高温或低温等环境条件下进行高处作业；在30℃～40℃高温环境下的高处作业应进行轮换作业。

---

《高处作业安全管理规定》（油炼化〔2011〕11号）（2018修订）：

第十四条　在作业项目的设计和计划阶段，应评估工作场所和作业过程高处坠落的可能性，制订设计方案，选择安全可靠的工程技术措施和作业方式，避免高处作业。

第十五条　在设计阶段应考虑减少或消除攀爬临时梯子的风险，确定提供永久性楼梯和护栏。在安装永久性护栏系统时，应尽可能在地面进行。

第十六条　在与承包商签订合同时，凡涉及高处作业，尤其是屋顶作业、大型设备的施工、架设钢结构等作业，应要求制订防坠落保护计划。

第十七条　项目设计人员应能够识别坠落危害，熟悉坠落预防技术、坠落保护设备的结构和操作规程。安全专业人员应在项目规划的早期阶段，推荐合适的坠落保护措施与设备。

第十八条　如果不能完全消除坠落危害，应通过改善工作场所的作业环境来预防坠落，如安装楼梯、护栏、屏障、行程限制系统、逃生装置等。

> 第十九条 应尽量避免临边作业,尽可能在地面预制好装设缆绳、护栏等设施的固定点,避免在高处进行作业。如必须进行临边作业时,应采取可靠的防护措施。
>
> 第四十二条 严禁在六级及以上大风和雷电、暴雨、大雾等气象条件下以及40℃及以上高温、-20℃及以下寒冷环境下从事高处作业,在30℃~40℃的高温环境下的高处作业应实施轮换作业。

(2)作业人员资质能力行为。

监督依据:《中国石油天然气集团公司高处作业安全管理办法》(安全〔2015〕37号)、《中国石油天然气股份有限公司高处作业安全管理办法》(油安〔2015〕48号)、《高处作业安全管理规定》(油炼化〔2011〕11号)(2018修订)。

> 《中国石油天然气股份有限公司高处作业安全管理办法》(油安〔2015〕48号):
>
> 第二十四条 作业申请人、作业批准人、作业监护人、属地监督必须经过相应培训,具备相应能力。高处作业人员及搭设脚手架等高处作业安全设施的人员,应经过专业培训及专业考试合格,持证上岗,并应定期进行身体检查。对患有心脏病、高血压等职业禁忌症,以及年老体弱、疲劳过度、视力不佳等其他不适于高处作业的人员,不得安排从事高处作业。
>
> 第四十五条 高处作业禁止投掷工具、材料和杂物等,工具应采取防坠落措施,作业人员上下时手中不得持物。所用材料应堆放平稳,不妨碍通行和装卸。
>
> 第四十七条 禁止在不牢固的结构物上进行作业,作业人员禁止在平台、孔洞边缘、通道或安全网内等高处作业处休息。

> 《高处作业安全管理规定》(油炼化〔2011〕11号)(2018修订):
>
> 第二十六条 高处作业人员应接受培训。患有高血压、心脏病、贫血、癫痫、严重关节炎、肢体残疾或服用嗜睡、兴奋等药物的人员及其他禁忌高处作业的人员不得从事高处作业。
>
> 第二十七条 作业基准面30米及以上作业人员,作业前必须体检,合格后方可从事作业。

(3)作业人员安全防护装备。

监督依据:《中国石油天然气集团公司高处作业安全管理办法》(安全〔2015〕37号)、《中国石油天然气股份有限公司高处作业安全管理办法》(油安〔2015〕48号)、《高处作业安全管理规定》(油炼化〔2011〕11号)(2018修订)、《建筑施工高处作业安全技术规范》(JGJ 80—2016)、《化学品生产单位特殊作业安全规范》(GB 30871—2014)。

> 《建筑施工高处作业安全技术规范》(JGJ 80—2016):
> 3.0.5 高处作业人员应根据作业的实际情况配备相应的高处作业安全防护用品,并应按规定正确佩戴和使用相应的安全防护用品、用具。

> 《化学品生产单位特殊作业安全规范》(GB 30871—2014):
> 8.2.5 在临近排放有毒、有害气体、粉尘的防空管线或烟囱等场所进行作业时,作业人员配备必要的且符合相关国家标准的防护器具(如空气呼吸器、过滤式防毒面具或口罩等)。

> 《中国石油天然气股份有限公司高处作业安全管理办法》(油安〔2015〕48号):
> 第四十三条 作业人员应按规定系用与作业内容相适应的安全带。安全带应高挂低用,不得系挂在移动、不牢固的物件上或有尖锐棱角的部位,系挂后应检查安全带扣环是否扣牢。

> 《高处作业安全管理规定》(油炼化〔2011〕11号)(2018修订):
> 第三十一条 在屋顶、脚手架、受限空间、攀登梯子及升降平台等处作业,宜使用自动收缩式救生索,自动收缩式救生索应直接连接到安全带的背部D形环上,一次只能一人使用,严禁与缓冲安全绳一起使用或与其连接。
> 第三十二条
> 1)吊绳应在专业人员的指导下安装和使用。作业人员应佩戴符合GB 6095要求的安全带。
> 带电高处作业应使用绝缘工具或穿均压服。
> Ⅳ级高处作业(30m以上)宜配备通信联络工具。
> 5)在临近排放有毒、有害气体、粉尘的放空管线或烟囱等场所进行作业时,应预先与作业所在地有关人员取得联系、确定联络方式,并为作业人员配备必要的且符合相关国家标准的防护器材(如空气呼吸器、过滤式防毒面具或口罩等)。
> 第三十三条 安全带应系在施工作业处的上方牢固构件上,不得系挂在有尖锐棱角的部位。安全带系挂点下方应有足够的净空,安全带应高挂低用,严禁用绳子捆在腰部代替安全带。
> 第三十四条 高处作业人员应穿轻便衣着,禁止穿硬底、铁掌和易滑的鞋。

（4）设备设施施工器具。

监督依据：《中国石油天然气集团公司高处作业安全管理办法》（安全〔2015〕37号）、《中国石油天然气股份有限公司高处作业安全管理办法》（油安〔2015〕48号）、《高处作业安全管理规定》（油炼化〔2011〕11号）（2018修订）、《石油化工建设工程施工安全技术规范》（GB 50484—2008）、《建筑施工高处作业安全技术规范》（JGJ 80—2016）、《化学品生产单位特殊作业安全规范》（GB 30871—2014）。

---

《中国石油天然气股份有限公司高处作业安全管理办法》（油安〔2015〕48号）：

第三十条 高处作业中使用的安全标志、工具、仪表、电气设施和各种设备，应在作业前加以检查，确认完好后方可投入使用。

第三十一条 高处作业应根据实际需要搭设或配备符合安全要求的吊架、梯子、脚手架和防护棚等。作业前应仔细检查作业平台，确保坚固、牢靠。

第三十二条 供高处作业人员上下用的通道板、电梯、吊笼、梯子等要符合有关规定要求，并随时清扫干净。

第三十三条 雨天和雪天进行高处作业时，应采取可靠的防滑、防寒和防冻措施，水、冰、霜、雪均应及时清除。暴风雪及台风暴雨后，应对高处作业安全设施逐一加以检查，发现有松动、变形、损坏或脱落等现象，应立即修理完善。对进行高处作业的高耸建筑物，应事先设置避雷设施。

---

《高处作业安全管理规定》（油炼化〔2011〕11号）（2018修订）：

第四十条 30米及以上的高处作业与地面联系应设有相应的通信装置，并由专人负责通信联系。

第四十三条 外用电梯、罐笼应有可靠的安全保护装置。非载人电梯、罐笼严禁乘人。

---

《石油化工建设工程施工安全技术规范》（GB 50484—2008）：

3.5.3 高处作业时，下部应有安全空间和净距，当净距不足时，安全带可短系使用，但不得打结使用。对垂直移动的高处作业，宜使用防坠器；水平移动的高处作业，应设置生命绳。施工现场应使用悬挂作业安全带，安全带的质量标准和检验周期，应符合国家标准要求。

《建筑施工高处作业安全技术规范》(JGJ 80—2016)：

3.0.6 对施工作业现场可能坠落的物料,应及时拆除或采取固定措施。高处作业所用的物料应堆放平稳,不得妨碍通行和装卸。工具应随手放入工具袋；作业中的走道、通道板和登高用具,应随时清理干净；拆卸下的物料及余料和废料应及时清理运走,不得随意放置或向下丢弃。传递物料时不得抛掷。

《化学品生产单位特殊作业安全规范》(GB 30871—2014)：

8.2.7 作业使用的工具、材料、零件等应装入工具袋,上下时手中不应持物,不应投掷工具、材料及其他物品。易滑动、易滚动的工具、材料堆放在脚手架上时,应采取防坠落措施。

（5）现场作业环境。

监督依据：《中国石油天然气集团公司高处作业安全管理办法》(安全〔2015〕37号)、《中国石油天然气股份有限公司高处作业安全管理办法》(油安〔2015〕48号)、《高处作业安全管理规定》(油炼化〔2011〕11号)(2018修订)、《建筑施工高处作业安全技术规范》(JGJ 80—2016)。

《中国石油天然气股份有限公司高处作业安全管理办法》(油安〔2015〕48号)：

第二十五条 严禁在六级以上大风和雷电、暴雨、大雾、异常高温或低温等环境条件下进行高处作业；在30℃～40℃高温环境下的高处作业应进行轮换作业。

第四十四条 作业点下方应设安全警戒区,应有明显警戒标志,并设专人监护。

第四十九条 高处作业应与架空电线保持安全距离。夜间高处作业应有充足的照明。

第五十三条 高处作业结束后,作业人员应清理作业现场,将作业使用的工具、拆卸下的物件、余料和废料清理运走。

《高处作业安全管理规定》(油炼化〔2011〕11号)(2018修订)：

第三十六条 高处作业严禁上下投掷工具、材料和杂物等,所用材料要堆放平稳,作业点下方应设安全警戒区,有明显警戒标志,并设专人监护。各种工具应有防掉绳,并放入工具袋(套)内。

第三十七条 不得上下垂直进行高处作业,如需分层进行作业,中间应有可靠隔离设施。

第三十八条 在雪天进行高处作业时,必须将走道和作业处的冰、雪打扫干净,并应采取有效的防滑措施。

第三十九条 洞口必须设置牢固的盖板、防护栏杆、安全网或其他防坠落的防护设施,夜间应设红灯示警。

《建筑施工高处作业安全技术规范》(JGJ 80—2016):

3.0.4 应根据要求将各类安全警示标志悬挂于施工现场各相应部位,夜间应设红灯警示。

(6)高处作业防坠落措施。

监督依据:《中国石油天然气集团公司高处作业安全管理办法》(安全〔2015〕37号)、《中国石油天然气股份有限公司高处作业安全管理办法》(油安〔2015〕48号)、《高处作业安全管理规定》(油炼化〔2011〕11号)(2018修订)、《建筑施工高处作业安全技术规范》(JGJ 80—2016)、《化学品生产单位特殊作业安全规范》(GB 30871—2014)。

《中国石油天然气股份有限公司高处作业安全管理办法》(油安〔2015〕48号):

第二十三条 坠落防护应通过采取消除坠落危害、坠落预防和坠落控制等措施来实现,否则不得进行高处作业。坠落防护措施的优先选择顺序如下:

(一)尽量选择在地面作业,避免高处作业。
(二)设置固定的楼梯、护栏、屏障和限制系统。
(三)使用工作平台,如脚手架或带升降的工作平台等。
(四)使用区域限制安全带,以避免作业人员的身体靠近高处作业的边缘。
(五)使用坠落保护装备,如配备缓冲装置的全身式安全带和安全绳等。

《高处作业安全管理规定》(油炼化〔2011〕11号)(2018修订):

第二十八条 临边作业必须采取临边防护措施,设置防护栏杆,必要时架设安全平网;垂直运输接料平台,除两侧设防护栏杆外,平台口还应设置安全门或活动防护栏杆。

《建筑施工高处作业安全技术规范》(JGJ 80—2016):

4.1.1 坠落高度基准面2m及以上进行临边作业时,应在临空一侧设置防护栏杆,并采用密目式安全立网或工具式栏板封闭。

4.2.1 当竖向洞口短边边长小于500mm时,应采取封堵措施;当垂直洞口短边边长大于或等于500mm时,应在临空一侧设置高度不小于1.2m的防护栏杆,并采用密目式安全立网或工具式栏板封闭,设置挡脚板。

当非竖向洞口短边边长为25mm～500mm时,应采用承载力满足使用要求的盖板覆盖,盖板四周搁置应均衡,且应防止盖板移位。

当非竖向洞口短边边长为500mm～1500mm时,应采用盖板覆盖或防护栏杆等措施,并应固定牢固。

当非竖向洞口短边边长大于或等于1500mm时,应在洞口作业侧设置高度不小于1.2m的防护栏杆,洞口应采用安全平网封闭。

5.1.1 登高作业应借助施工通道、梯子及其他攀登设施和用具。

5.1.3 同一梯子上不得两人同时作业。在通道处使用梯子作业时,应有专人监护或设置围栏。脚手架操作层上严禁架设梯子作业。

5.1.4 便携式梯子宜采用金属材料或木材制作,并应符合现行国家标准。

5.1.5 使用单梯时梯面应与水平面成75°夹角,踏步不得缺失,梯格间距宜为300mm,不得垫高使用。

5.2.1 悬空作业应设有牢固的立足点,并应配置登高和防坠落的设施。

5.2.3 严禁在未固定、无防护的构件及安装中的管道上作业或通行。

《化学品生产单位特殊作业安全规范》(GB 30871—2014):

8.2.4 在彩钢板屋顶、石棉瓦等轻型材料上作业,应铺设牢固的脚手板并加以固定,脚手板上要有防滑措施。

(7)特殊和特级高处作业。

监督依据:《中国石油天然气集团公司高处作业安全管理办法》(安全〔2015〕37号)、《中国石油天然气股份有限公司高处作业安全管理办法》(油安〔2015〕48号)。

《中国石油天然气股份有限公司高处作业安全管理办法》(油安〔2015〕48号):

第二十九条 作业区域所属单位应针对高处作业内容、作业环境等组织风险分析,并对作业单位进行安全交底;作业单位应参加风险分析并根据其结果制订相应控制措施或方案。特级高处作业以及以下特殊高处作业时,应编制安全工作方案。

(一)在室外完全采用人工照明进行的夜间高处作业。

(二)在无立足点或无牢靠立足点的条件下进行的悬空高处作业。

（三）在接近或接触带电体条件下进行的带电高处作业。

（四）在易燃、易爆、易中毒、易灼烧的区域或转动设备附近进行高处作业。

（五）在无平台、无护栏的塔、炉、罐等化工容器、设备及架空管道上进行的高处作业。

（六）在塔、炉、罐等化工容器设备内进行高处作业。

（七）在排放有毒、有害气体、粉尘的排放口附近进行的高处作业。

（八）其他特殊高处作业。

第五十四条 高处动火作业、进入受限空间内的高处作业、高处临时用电等除执行本办法的相关规定外，还应满足动火作业、进入受限空间作业、临时用电作业安全管理等相关要求。

第五十五条 紧急情况下的应急抢险所涉及的高处作业，遵循应急管理程序，确保风险控制措施落实到位。

（8）高处作业许可证合规性。

监督依据：《中国石油天然气集团公司高处作业安全管理办法》（安全〔2015〕37号）、《中国石油天然气股份有限公司高处作业安全管理办法》（油安〔2015〕48号）、《高处作业安全管理规定》（油炼化〔2011〕11号）（2018修订）。

《中国石油天然气股份有限公司高处作业安全管理办法》（油安〔2015〕48号）：

第二十条 根据作业高度，高处作业分为一级、二级、三级和特级等四级。

（一）作业高度在2m～5m（含2m），称为一级高处作业。

（二）作业高度在5m～15m（含5m），称为二级高处作业。

（三）作业高度在15m～30m（含15m），称为三级高处作业。

（四）作业高度在30m及其以上时，称为特级高处作业。

第八条 高处作业实行许可管理，高处作业许可流程主要包括作业申请、作业审批、作业实施和作业关闭等四个环节。

第十条 作业审批由作业批准人组织作业申请人等有关人员进行书面审查和现场核查，确认合格后，批准高处作业许可。

第二十一条 高处作业应办理高处作业许可证，无有效的高处作业许可证严禁作业。

对于频繁的高处作业活动，在有操作规程或方案，且风险得到全面识别和有效控制的前提下，可不办理高处作业许可证。

第五十一条  高处作业许可证的有效期限一般不超过一个班次。必要时,可适当延长高处作业许可期限。办理延期时,作业申请人、作业批准人应重新核查工作区域,确认作业条件和风险未发生变化,所有安全措施仍然有效。

第五十二条  当发生下列任何一种情况时,现场所有人员都有责任立即终止作业或报告作业区域所属单位停止作业,取消高处作业许可证,按照控制措施或方案进行应急处置。需要重新恢复作业时,应重新办理许可证:

——作业环境和条件发生变化而影响到作业安全时;

——作业内容发生改变;

——实际高处作业与作业计划的要求不符;

——安全控制措施无法实施;

——发现有可能发生立即危及生命的违章行为;

——现场发现重大安全隐患;

——发现有可能造成人身伤害的情况或事故状态下。

---

《高处作业安全管理规定》(油炼化〔2011〕11号)(2018修订):

第二十九条  高处作业分为一般高处作业和特殊高处作业两类。

(一)特殊高处作业,符合以下情况为特殊高处作业:

1. 在作业基准面30米及以上进行的高处作业;

2. 雨、雪等恶劣天气进行的高处作业;

3. 夜间进行的高处作业;

4. 接近或接触带电体进行的高处作业;

5. 在受限空间内进行的高处作业;

6. 突发灾害时进行的高处作业;

7. 在排放有毒、有害气体和粉尘超出允许浓度场所进行的高处作业;

8. 异常温度设备设施附近的高处作业。

即在高处作业分级(表2)中被列为A类Ⅳ级和B类的作业。

(二)一般高处作业,除特殊高处作业以外的高处作业。

注:作业分级:

1. 作业高度 $h$ 分为四个区段:$2m \leqslant h \leqslant 5m$;$5m < h \leqslant 15m$;$15m < h \leqslant 30m$;$h > 30m$。

2. 直接引起坠落的客观危险因素分为11种:

a)阵风风力五级(风速8.0m/s)以上;

b）GB/T 4200 规定的Ⅱ级或Ⅱ级以上的高温作业；

c）平均气温等于或低于5℃的作业环境；

d）接触冷水温度等于或低于12℃的作业；

e）作业场地有冰、雪、霜、水、油等易滑物；

f）作业场所光线不足或能见度差；

g）作业活动范围与危险电压带电体距离小于表1的规定：

表1 作业活动范围与危险电压带电体的距离

| 危险电压带电体的电压等级 /kV | ≤10 | 35 | 63~110 | 220 | 330 | 500 |
|---|---|---|---|---|---|---|
| 距离 /m | 1.7 | 2.0 | 2.5 | 4.0 | 5.0 | 6.0 |

h）摆动，立足处不是平面或只有很小的平面，即任一边小于500mm的矩形平面、直径小于500mm的圆形平面或具有类似尺寸的其他形状的平面，致使作业者无法维持正常姿势；

i）GB 3869 规定的Ⅲ级或Ⅲ级以上的体力劳动强度；

j）存在有毒气体或空气中含氧量低于19.5%的作业环境；

k）可能会引起各种灾害事故的作业环境和抢救突然发生的各种灾害事故。

3.不存在2列出的任一种客观危险因素的高处作业按表2规定的A类法分级，存在2列出的一种或一种以上客观危险因素的高处作业按表2规定的B类法分级。

表2 高处作业分级

| 分类法 | 高处作业高度 /m ||||
|---|---|---|---|---|
| | 2≤h≤5 | 5<h≤15 | 15<h≤30 | h>30 |
| A | Ⅰ | Ⅱ | Ⅲ | Ⅳ |
| B | Ⅱ | Ⅲ | Ⅳ | Ⅳ |

第四十七条 高处作业许可证办理

（一）作业单位现场负责人办理高处作业许可证。

（二）属地单位项目负责人收到作业许可申请后，应组织申请人和作业涉及相关单位人员，实地检查各项风险削减措施的落实情况，确认合格后，相关人员在相应栏内签字。

（三）一般高处作业由属地单位负责人批准，特殊高处作业经属地单位负责人会签后，由分厂主管领导批准。

（四）作业人员、监护人员变更时，应经批准人和申请人审批。

（五）作业完成后经作业现场负责人和监护人验收合格后，由申请人与批准人签字，关闭作业许可证。

第四十八条　许可证的有效期限不超过一个班次，延期后总的作业期限不得超过72小时，分发、延期及关闭的要求可参照《作业许可管理规定》执行。

第五十条　进入受限空间进行高处作业，在办理进入受限空间作业许可证后，办理高处作业许可证。

（9）人员履职。

监督依据：《高处作业安全管理规定》（油炼化〔2011〕11号）（2018修订）。

《高处作业安全管理规定》（油炼化〔2011〕11号）（2018年修订）：

第十条　作业申请人（作业现场负责人）

（一）负责提出作业申请，办理作业许可证。

（二）制订、落实作业风险削减措施，组织实施高处作业，对作业风险削减措施的有效性和可靠性负责。

（三）组织作业前安全交底和安全培训。

（四）及时纠正作业现场违章行为。

第十一条　作业批准人

（一）审查风险削减措施的有效性和可靠性。

（二）确认风险削减措施落实情况。

（三）对监护人和作业人员进行必要的安全教育和作业环境交底。

（四）批准、关闭或取消作业。

第十二条　作业人员

（一）持有效的高处作业许可证进行高处作业，有法律要求的必须取得资格证书。

（二）了解作业的内容、地点、时间、要求，熟知作业过程中的危害及控制措施，并严格按照许可证规定的内容进行作业。

（三）监护人不在场不作业，风险削减措施未落实不作业。

（四）作业过程中如发现情况异常或感到身体不适，应告知作业负责人，并迅速撤离现场。

（五）有权拒绝强令冒险作业。

第十三条　监护人

（一）确认高处作业相关许可手续齐全。

（二）确认作业现场风险削减措施全部落实。

（三）确认特种作业人员资格符合要求。

（四）核实作业人员与许可证上人员相符。

（五）纠正和制止作业过程中的违章行为。

（六）当现场出现异常情况立即终止作业，启动应急预案。

（七）监护人应佩戴明显标志，作业期间不得擅离现场。

## 五、常见违章

（1）未按照高处作业许可证制订的安全措施进行施工。

（2）作业人员未按要求穿戴防坠落装备。

（3）未按要求设置坠落预防措施。

（4）现场监护人员擅自离岗。

（5）天气等自然条件和环境因素不符合要求时擅自作业。

（6）登高作业使用工具、材料等未采取防掉落措施或高处作业人员随意乱抛乱扔工具等。

（7）作业基准面30m及以上作业人员，作业前未进行专项体检。

（8）高处作业人员骑坐或依靠在设备、管线等。

（9）涉及特级和特殊高处作业时，风险识别不到位。

（10）高处作业平台不合格或不规范。

## 六、案例分析

**案例：深圳南山"2·20"某电厂高处坠落事故**

1. 事故经过

2002年2月20日，深圳市某电厂5.6号机组续建工程发生一起高处坠落事故，造成3人死亡。深圳市某电厂5.6号机组续建工程由中建某局第二建筑公司承建，该工程主体为钢结构。6号机组东西（A～B轴）钢屋架跨度为27m，南北（51～59轴）长63m，共7个节间，钢屋架间距为9m，屋架上弦高度为33.2m。屋架上部为型钢檩条，间距为2.8m，檩条上部铺设钢板瓦。截至2002年2月20日，已完成51～52轴1个节间的铺板。2002年2月20日，继续铺设钢板瓦作业，开始从52～53轴之间靠近A轴位置铺完第1块板，但没进行固定又进行第2块板铺设，为图省事，将第2块及第3块板咬合在一起同时铺设。因两块板不仅面积大且重量增加,操作不便,5 名人员在钢檩条上用力推移,由于上面操作人未挂牢安全带,下面也未设置安全网,推移中 3 名作业人员从屋面(+33m)坠落至汽轮机平台上(+12.6m),造成 3 人死亡。

2. 原因分析

(1)在铺完第 1 块板后,没有用螺丝固定便继续铺第 2 块板,且作业时又一次铺设 2 块,给继续作业带来危险。

(2)作业人员并没按要求将安全带系牢在安全绳上。

3. 案例启示

(1)安全管理不到位,承包施工单位编制的施工组织设计未经审批程序,以致安全防护措施过于简单。钢结构吊装是一项比较危险的高处作业工程,必须全面考虑防护措施。

(2)安全教育不到位,作业人员安全意识淡薄,忽视或在挂安全带后操作不便等情况下而未挂安全带时,缺乏其他保护措施;且特种作业人员未取得特种作业操作资格证。

(3)对现场缺乏检查,无人制止工人的违章操作。

(4)安全防护措施不到位,按照规定高处的钢屋架上作业,应在节间处设置安全平网,而此作业场所却未设置。

## 第五节 临时用电安全监督

### 一、风险分析

临时用电是生产或施工作业区域范围内开展基建、检维修、技措及日常维护工作的主要作业类型,包括手持电动工具使用、照明系统、焊接等 380V 及以下用电方式,安全风险主要体现在:

(1)作业人员无相关资质。

关键措施:对作业现场特种作业人员及时进行资质检查核实。

(2)配电方式错误。

关键措施:作业现场临时用电电源箱需要按三级配电、两级漏保配置。TN 系统,临时用电需要按 TN-S 接线方式配置。电缆绝缘满足要求,绝缘在 500V 以上。

(3)接线方式错误。

关键措施:现场临时用电使用必须配置漏电保护器,并且额定动作电流不得大于 30mA、动作时间不得大于 0.1s,符合一机一闸一漏保。电源及电源线的相线按黄绿红、零线按绿色,保护线按黄绿相间的相色规范使用。必须设置保护接零或者是保护接地。

（4）临时配电箱存在缺陷。

关键措施：电源箱的箱体满足高度要求、有电压标识和危险标识；按下出线方式配置；跨接线应为多股软铜线；有零线和接地线端子排。

（5）隔离绝缘不合格。

关键措施：手持电动工具电源线不能有破损，不能有接头，绝缘良好，并且符合作业环境的要求。

（6）日常管理不到位。

关键措施：要求在电源箱上设置设备巡检检查表、作业电工人员信息及联系方式，及时上锁。

（7）临时用电人员个人劳动防护用品配备及使用不当。

关键措施：强化临时用电人员劳动防护用品配备，教育、检查临时用电人员正确使用劳动防护用品。

## 二、监督内容

（1）临时用电作业许可办理程序的符合性及接、拆除线路要求。

（2）临时用电架空及地面走线的安全性。

（3）临时用电线路及使用设备的安全。

（4）标识、标签与警戒线的设置。

（5）从事临时用电作业的人员资质、培训及个人防护用品佩戴。

## 三、监督依据

（1）《临时用电管理规定》（油炼化〔2011〕11号）（2018修订）。

（2）《施工现场临时用电安全技术规范》（JGJ 46—2005）。

（3）《中国石油天然气集团公司临时用电作业安全管理办法》（安全〔2015〕37号）。

（4）《中国石油天然气股份有限公司临时用电作业安全管理办法》（油安〔2015〕48号）。

（5）《石油化工建设工程施工安全技术规范》（GB 50484—2008）。

（6）《石油化工过程临时用电配电箱安全技术规范》（SH/T 3556—2015）。

（7）《建设工程施工现场供用电安全规范》（GB 50194—2014）。

（8）《建筑施工作业劳动防护用品配备及使用标准》（JGJ 184—2009）。

## 四、监督要点

（1）监督作业活动按照临时用电管理要求办理作业许可证,监控接引、拆除临时用电时的规范操作。

监督依据:《中国石油天然气集团公司临时用电作业安全管理办法》(安全〔2015〕37号)、《中国石油天然气股份有限公司临时用电作业安全管理办法》(油安〔2015〕48号)、《临时用电管理规定》(油炼化〔2011〕11号)(2018修订)。

> 《临时用电管理规定》(油炼化〔2011〕11号)(2018修订):
> 
> 第三条 本规定规范了临时性使用380V及以下低压电力系统临时用电作业的安全管理要求。超过6个月的临时用电,不能按照本规定进行管理,应按照相关工程设计规范配置线路。
> 
> 第八条 临时用电应执行相关的电气安全管理、设计、安装、验收等标准规范,实行作业许可,办理"临时用电许可证"。在运行的生产装置、罐区和具有火灾爆炸危险场所内一般不允许接临时电源。确属需要时,在办理临时用电许可证的同时,按规定办理动火作业许可证。
> 
> 第九条 安装、维修、拆除临时用电线路的作业人员必须持有有效电工作业证,按规定佩戴个人防护装备并有人监护。严禁擅自拆接临时电源。
> 
> 第十条 在接引、拆除临时用电线路时,其上级开关应断电上锁并做好安全措施。
> 
> 第十一条 临时用电设备及临时建筑内的电源插座的电源开关应安装漏电保护器,在每次使用之前应利用试验按钮进行测试。
> 
> 第十四条 临时用电线路应按供电电压等级和容量正确使用,所用的电气元件应符合国家规范标准要求,临时用电设施施工安装应执行电气施工安装规范,并接地良好。临时用电线路和电气设备的设计与选型应满足所在爆炸危险区域的分类要求。

> 《中国石油天然气股份有限公司临时用电作业安全管理办法》(油安〔2015〕48号):
> 
> 第十五条 临时用电作业实行作业许可管理,办理临时用电作业许可证,无有效的作业许可证严禁作业。临时用电设备安装、使用和拆除过程中应执行相关的电气安全管理、设计、安装、验收等规程、标准和规范。
> 
> 第十六条 临时用电作业许可证是现场作业的依据,只限在指定的地点和规定的时间内使用,且不得涂改、代签。
> 
> 第四十五条 临时用电作业许可流程主要包括作业申请、作业审批、作业实施和作业关闭等四个环节。

（2）临时用电架空及地面走线安全性：临时用电架空及地面走线应加以保护，埋地深度和架空高度应满足要求。

监督依据：《临时用电管理规定》（油炼化〔2011〕11号）（2018修订）。

---

《临时用电管理规定》（油炼化〔2011〕11号）（2018修订）：

第二十七条 电缆线路的要求：

（一）采用架空方式安装时应满足以下要求：

1. 架空线路应架设在专用电杆或支架上，严禁架设在树木、脚手架及临时设施上；

2. 在架空线路上不得进行接头连接；如果必须接头，则需进行结构支撑，确保接头不承受拉、张力；

3. 临时架空线最大弧垂与地面距离，在施工现场不低于2.5m，穿越机动车道不低于5m；

4. 在起重机等大型设备进出的区域内不允许使用架空线路。

（二）电缆线路不得沿地面直接敷设，不得浸泡在水中。

（三）采用埋地敷设，应避免机械损伤和介质腐蚀，应满足以下要求：

1. 埋地电缆路径应设方位标志和安全标识；

2. 电缆类型应根据敷设方式、环境条件选择；

3. 电缆直接埋地敷设的深度不应小于0.7m；

4. 埋地电缆的接头应设在地面上的接线盒内，接线盒应能防水、防尘、防机械损伤，并应远离易燃、易爆、易腐蚀场所；

5. 避免敷设在可能施工的区域内。

第二十八条 临时用电线路经过有高温、振动、腐蚀、积水、防爆区域及机械损伤等区域时，不得有接头，并应采取相应的保护措施。

---

（3）临时用电线路及使用设备的安全。

监督依据：《中国石油天然气集团公司临时用电作业安全管理办法》（安全〔2015〕37号）、《中国石油天然气股份有限公司临时用电作业安全管理办法》（油安〔2015〕48号）、《临时用电管理规定》（油炼化〔2011〕11号）（2018修订）、《施工现场临时用电安全技术规范》（JGJ 46—2005）。

---

《施工现场临时用电安全技术规范》（JGJ 46—2005）：

8.1.1 配电系统应设置配电柜或总配电箱、分配电箱、开关箱，实行三级配电。配电系统宜使三相负荷平衡。220V或380V单相用电设备宜接入220/380V三相四线系统。

当单相照明线路电流大于30A时,宜采用220/380V三相四线制供电。

8.1.3 每台用电设备必须有各自专用的开关箱,严禁用同一个开关箱直接控制2台及2台以上用电设备(含插座)。

8.1.4 动力配电箱与照明配电箱宜分别设置。当合并设置为同一配电箱时,动力和照明应分路配电;动力开关箱与照明开关箱必须分设。

8.1.8 配电箱、开关箱应装设端正、牢固。固定式配电箱、开关箱的中心点与地面的垂直距离应为1.4~1.6m。移动式配电箱、开关箱应装设在坚固、稳定的支架上。其中心点与地面的垂直距离宜为0.8~1.6m。

8.1.11 配电箱的电器安装板上必须分设N线端子板和PE线端子板。N线端子板必须与金属电器安装板绝缘;PE线端子板必须与金属电器安装板做电气连接。进出线中的N线必须通过N线端子板连接;PE线必须通过PE线端子板连接。

8.2.9 漏电保护器的选择应符合现行国家标准《剩余电流动作保护器的一般要求》GB 6829和《剩余电流动作保护装置和运行》GB 13955—2005的规定。

8.2.10 开关箱中漏电保护器的额定漏电动作电流不应大于30mA,额定漏电动作时间不应大于0.1s。使用于潮湿或有腐蚀介质场所的漏电保护器应采用防溅型产品,其额定漏电动作电流不应大于15mA,额定漏电动作时间不应大于0.1s。

8.2.11 总配电箱中漏电保护器的额定漏电动作电流应大于30mA,额定漏电动作时间应大于0.1s,但其额定漏电动作电流与额定漏电动作时间的乘积不应大于30mA·s。

8.2.12 总配电箱和开关箱中漏电保护器的极数和线数必须与其负荷侧负荷的相数和线数一致。

9.6.1 空气湿度小于75%的一般场所可选用Ⅰ类或Ⅱ类手持式电动工具,其金属外壳与PE线的连接点不得少于2处;除塑料外壳Ⅱ类工具外,相关开关箱中漏电保护器的额定漏电动作电流不应大于15mA,额定漏电动作时间不应大于0.1s,其负荷线插头应具备专用的保护触头。所用插座和插头在结构上应保持一致,避免导电触头和保护触头混用。

9.6.2 在潮湿场所或金属构架上操作时,必须选用Ⅱ类或由安全隔离变压器供电的Ⅲ类手持式电动工具。金属外壳Ⅱ类手持式电动工具使用时,必须符合本规范第9.6.1条要求;其开关箱和控制箱应设置在作业场所外面。在潮湿场所或金属构架上严禁使用Ⅰ类手持式电动工具。

9.6.3 狭窄场所必须选用由安全隔离变压器供电的Ⅲ类手持式电动工具,其开关箱和安全隔离变压器均应设置在狭窄场所外面,并连接PE线。漏电保护器的选择应符合本规范第 8.2.10 条使用于潮湿或有腐蚀介质场所漏电保护器的要求。操作过程中,应有人在外面监护。

9.6.4 手持式电动工具的负荷线应采用耐气候型的橡皮护套铜芯软电缆,并不得有接头。

9.6.5 手持式电动工具的外壳、手柄、插头、开关、负荷线等必须完好无损,使用前必须做绝缘检查和空载检查,在绝缘合格、空载运转正常后方可使用;绝缘电阻不应小于表 9.6.5 规定的数值。

**表 9.6.5 手持式电动工具绝缘电阻限值**

| 测量部位 | 绝缘电阻（MΩ） | | |
|---|---|---|---|
| | Ⅰ类 | Ⅱ类 | Ⅲ类 |
| 带电零件与外壳之间 | 2 | 7 | 10 |

注:绝缘电阻用 500V 兆欧表测量。

10.2.1 一般场所宜选用额定电压为 220V 的照明器。

10.2.2 下列特殊场所应使用安全特低电压照明器:

1. 隧道、人防工程、高温、有导电灰尘、比较潮湿或灯具离地面高度低于 2.5m 等场所的照明,电源电压不应大于 36V;

2. 潮湿和易触及带电体场所的照明,电源电压不得大于 24V;

3. 特别潮湿场所、导电良好的地面、锅炉或金属容器内的照明,电源电压不得大于 12V。

10.2.3 使用行灯应符合下列要求:

1. 电源电压不大于 36V;

2. 灯体与手柄应坚固、绝缘良好并耐热耐潮湿;

3. 灯头与灯体结合牢固,灯头无开关;

4. 灯泡外部有金属保护网;

5. 金属网、反光罩、悬吊挂钩固定在灯具的绝缘部位上。

《中国石油天然气股份有限公司临时用电作业安全管理办法》(油安〔2015〕48 号):

第三十九条 移动工具、手持电动工具等用电设备应有各自的电源开关,必须实行"一机一闸一保护"制,严禁两台或两台以上用电设备(含插座)使用同一开关直接控制。

《临时用电管理规定》(油炼化〔2011〕11 号)(2018 修订):

第十八条 所有的临时用电线路必须采用额定电压等级不低于 500V 的绝缘导线。

施工电缆应包含全部工作芯线。单相用电设备应采用三芯电缆,三相动力设备应采用四芯电缆,三相四线制配电的电缆线路和动力、照明合一的配电箱(盘)应采用五芯电缆。

第二十九条 移动工具、手持工具等用电设备应有各自的电源开关,必须实行"一机一闸一保护",严禁两台或两台以上用电设备(含插座)使用同一开关直接控制。

第三十五条 所有临时用电开关应贴有标签,注明供电回路和临时用电设备。

(4)标识、标签与警戒线的设置。

监督依据:《中国石油天然气集团公司临时用电作业安全管理办法》(安全〔2015〕37号)、《中国石油天然气股份有限公司临时用电作业安全管理办法》(油安〔2015〕48号)、《临时用电管理规定》(油炼化〔2011〕11号)(2018修订)。

《临时用电管理规定》(油炼化〔2011〕11号)(2018修订):
第三十六条 所有开关箱、配电箱(配电盘)应有安全标识,在安装区域内,应在其前方1m远处的地面上用黄色油漆或黄色安全警戒带做警示。

《中国石油天然气股份有限公司临时用电作业安全管理办法》(油安〔2015〕48号):
第三十一条 所有配电箱(盘)、开关箱应有电压标识和安全标识,在其安装区域内应在其前方1米处用黄色油漆或警戒带做警示。室外的临时用电配电箱(盘)还应设有安全锁具,有防雨、防潮措施。在距配电箱(盘)、开关及电焊机等电气设备15米范围内,不应存放易燃、易爆、腐蚀性等危险物品。

(5)从事临时用电作业的人员资质、培训及个人防护用品佩戴。

监督依据:《中国石油天然气集团公司临时用电作业安全管理办法》(安全〔2015〕37号)、《中国石油天然气股份有限公司临时用电作业安全管理办法》(油安〔2015〕48号)、《临时用电管理规定》(油炼化〔2011〕11号)(2018修订)、《建筑施工作业劳动防护用品配备及使用标准》(JGJ 184—2009)。

《中国石油天然气股份有限公司临时用电作业安全管理办法》(油安〔2015〕48号):
第十七条 用电申请人、用电批准人、作业人员必须经过相应培训,具备相应能力。电气专业人员,应经过专业技术培训,并持证上岗。
第十八条 安装、维修、拆除临时用电线路应由电气专业人员进行,按规定正确佩戴个人防护用品,并正确使用工器具。

《临时用电管理规定》(油炼化〔2011〕11号)(2018修订):

第四十四条 作业人员:

(一)持有效的作业许可证进行临时用电作业。

(二)了解作业的内容、地点、时间、要求,熟知作业过程中的危害及控制措施,并严格按照许可证规定的内容进行作业。

(三)在安全措施未落实时,有权拒绝作业。

(四)作业过程中如发现情况异常或紧急情况,应立即停止作业,并告知作业负责人。

(五)掌握正确使用个人防护装备的方法。

《建筑施工作业劳动防护用品配备及使用标准》(JGJ 184—2009):

2.0.7 从事施工现场临时用电工程作业的施工人员应配备防止触电的劳动防护用品。

2.0.8 从事焊接作业的施工人员应配备防止触电、灼伤、强光伤害的劳动防护用品。

3.0.2 电工的劳动防护用品配备应符合下列规定:

1 维修电工的应配备绝缘鞋、绝缘手套和灵便紧口的工作服。

2 安全电工应配备手套和防护眼镜。

3 高压电气作业时,应配备相应等级的绝缘鞋、绝缘手套和有色防护眼镜。

3.0.3 电焊工、气割工的劳动防护用品配备应符合下列规定:

1 电焊工、气割工应配备阻燃防护服、绝缘鞋、鞋盖、电焊手套和焊接防护面罩。

## 五、常见违章

(1)非电气专业人员从事临时用电接引电线作业。

(2)临时用电线路敷设不符合规定。

(3)临时用电设备不符合安全要求。

(4)超负荷用电。

(5)临时配电箱内接线不规范或颜色不正确。

(6)临时配电箱内的电气元器件失灵。

(7)用电设备接地不规范。

## 六、案例分析

**案例:"7·21"触电亡人事故案例**

1. 事故经过

2002年7月21日,在上海某建设实业发展中心承包的某学林苑4#房工地上,水电班班长朱某、副班长蔡某,安排普工朱某、郭某二人为一组,到4#房东单元4~5层开凿电线管墙槽工作。下午1时上班后,朱、郭二人分别随身携带手提切割机、榔头、凿头、开关箱等作业工具继续作业。朱某去了4层,郭某去了5层。当郭某在东单元西套卫生间墙槽时,由于操作不慎,切割机切破电线,使郭某触电。下午14时20分左右,木工陈某路过东单元西套卫生间,发现郭某躺倒在地坪上,不省人事。事故发生后,项目部立即叫来工人宣某、曲某将郭某送往医院,经抢救无效死亡。

2. 原因分析

1)事故直接原因

郭某在工作时,使用手提切割机操作不当,以致割破电线造成触电,是造成本次事故的直接原因。

2)事故间接原因

(1)项目部对职工安全教育不够严格,缺乏强有力的监督。
(2)工地安全对施工班组安全操作交底不细,现场安全生产检查监督不力。
(3)员工缺乏相互保护和自我保护意识。

3)事故主要原因

施工现场用电设备、设施缺乏定期维护、保养,开关箱漏电保护器失灵,是造成本次事故的主要原因。

3. 案例启示

(1)认真吸取教训,举一反三,提高员工安全防范意识,杜绝重大伤亡事故的发生。
(2)立即组织对施工现场开展全面安全检查,不留死角。
(3)进一步落实各级人员的安全生产责任制,加强危险作业和过程的监控,进一步规范、完善施工现场安全设施。

## 第六节 吊装作业安全监督

### 一、风险分析

在炼化企业检修和工程项目施工中经常会利用各种吊装机具将设备、工件、器具、材料

等吊起,使其发生位置变化,在重物起落或转移过程中存在诸多风险,主要体现在:

(1)作业人员不清楚现场情况的风险。

关键措施:作业前对作业人员进行安全教育。

(2)起重机人员资质能力不足风险。

关键措施:检查起重机司机、指挥人员、司索人员是否持国家质监部门核发的特种设备操作证上岗(汽车吊可持企业内部核发上岗证书)。

(3)起重机具和吊装设备本身的风险。

关键措施:按照国家标准规定对吊装机具进行安全检查。

(4)起重机超载荷风险。

关键措施:吊车不可装超负荷物品,吊车只能吊负荷低于其自重百分之七十的物品,并在配重加好的情况下进行。

(5)吊装区域环境风险。

关键措施:对吊装区域环境进行风险评估,选择合理位置站位,与架空线路、管廊保持安全间距,采取防倾覆措施。

(6)吊物捆扎不牢固的风险。

关键措施:捆绑不牢固不起吊,吊散件时要绑牢固定。

(7)作业条件不良。

关键措施:夜间作业现场要有足够的照明,遇暴雨、大雾及6级以上大风等恶劣气象条件,须停止作业。

(8)吊臂下有人和无关设备。

关键措施:在吊装现场设置安全警戒标志,无关人员不许进入作业现场,无关设备需提前进行清理,避免影响吊装工作正常进行。

(9)指挥信号不明确的风险。

关键措施:分工明确,专人指挥,指挥口令动作标准规范,采取可靠的联系沟通渠道。

(10)防护不到位风险。

关键措施:进入装置现场必须按规定佩戴劳动防护用品。

(11)管理程序。

关键措施:按程序进行核准审批操作规程、施工方案和作业许可。

## 二、监督内容

(1)检查起重吊装作业专项施工方案按规定进行审核、审批。

(2)检查起重吊装所用设备(机具)符合作业性质要求,并经检测检验合格。

（3）检查起重吊装设备（机具）各机构、零部件齐全，安全装置灵敏可靠，钢丝绳、地锚、索具等相互匹配，机械性能完好。

（4）检查吊装作业许可审批办理。

（5）检查起重吊装作业人员持证上岗，劳动防护用品穿戴整齐。

（6）检查起重吊装作业现场警戒隔离设置、人员安全站位，专人实施监护。

（7）检查起重吊装作业严格执行安全操作规程及相关安全标准。

## 三、监督依据

（1）《中华人民共和国安全生产法》（2014年8月31日第二次修正）。

（2）《建设工程安全生产管理条例》（中华人民共和国国务院令〔2003〕第393号）。

（3）《建筑起重机械安全监督管理规定》（中华人民共和国建设部〔2008〕第166号令）。

（4）《危险性较大的分部分项工程安全管理办法》（建质〔2009〕87号）。

（5）《起重机械安全规程》（GB 6067.1—2010）。

（6）《建筑施工企业安全生产管理规范》（GB 50656—2011）。

（7）《建筑施工起重吊装安全技术规范》（JGJ 276—2012）。

（8）《施工现场临时用电安全技术规范》（JGJ 46—2005）。

（9）《石油化工建设工程施工安全技术规范》（GB 50484—2008）。

（10）《吊装作业安全管理规定》（油炼化〔2011〕11号）（2018修订）。

（11）《工作前安全分析管理规定》（油炼化〔2011〕11号）（2018修订）。

（12）《石油工业动火作业安全规程》（SY/T 5858—2004）。

（13）《大型设备吊装安全规程》（SY 6279—2008）。

## 四、监督要点

（1）监督检查起重吊装作业前专项施工方案的审核、审批。

监督依据：《起重机械安全规程》（GB 6067.1—2010）、《危险性较大的分部分项工程安全管理办法》（建质〔2009〕87号）、《建筑施工起重吊装安全技术规范》（JGJ 276—2012）、《石油化工建设工程施工安全技术规范》（GB 50484—2008）。

《起重机械安全规程》（GB 6067.1—2010）：

11.2 起重作业计划所有起重作业计划应保证安全操作并充分考虑到各种危险因素。计划应由有经验的主管人员制订。如果是重复或例行操作，这个计划仅需首次制订就可以，然后进行周期性的复查以保证没有改变的因素。

计划应包括如下：

a）载荷的特征和起吊方法；

b）起重机应保证载荷与起重机结构之间保持符合有关规定的作业空间；

c）确定起重机起吊的载荷质量时，应包括起吊装置的质量；

d）起重机和载荷在整个作业中的位置；

e）起重机作业地点应考虑可能的危险因素、实际的作业空间环境和地面或基础的适用性；

f）起重机所需要的安装和拆卸；

g）当作业地点存在或出现不适宜作业的环境情况时，应停止作业。

---

《危险性较大的分部分项工程安全管理办法》（建质〔2009〕87号）：

第五条 施工单位应当在危险性较大的分部分项工程施工前编制专项方案；对于超过一定规模的危险性较大的分部分项工程，施工单位应当组织专家对专项方案进行论证。

附件一 危险性较大的分部分项工程范围

起重吊装及安装拆卸工程

（一）采用非常规起重设备、方法，且单件起吊重量在10kN及以上的起重吊装工程。

（二）采用起重机械进行安装的工程。

（三）起重机械设备自身的安装、拆卸。

附件二 超过一定规模的危险性较大的分部分项工程范围

起重吊装及安装拆卸工程

（一）采用非常规起重设备、方法，且单件起吊重量在100kN及以上的起重吊装工程。

（二）起重量300kN及以上的起重设备安装工程；高度200m及以上内爬起重设备的拆除工程。

---

《建筑施工起重吊装安全技术规范》（JGJ 276—2012）：

3.0.1 必须编制吊装作业施工组织设计，并应充分考虑施工现场的环境、道路、架空电线等情况。作业前应进行技术交底；作业中，未经技术负责人批准，不得随意更改。

---

《石油化工建设工程施工安全技术规范》（GB 50484—2008）：

5.2.12 吊车严禁超载、斜拉或起吊不明重量的工件。

---

（2）督促检查施工单位按照制订的起重吊装专项方案开展工作前安全分析，并对所有作业人员进行安全技术、措施交底，并确定作业岗位人员分工，明确职责及相互协作配合要求。

监督依据：《建筑施工起重吊装安全技术规范》（JGJ 276—2012）、《危险性较大的分部分项工程安全管理办法》（建质〔2009〕87号）、《工作前安全分析管理规定》（油炼化〔2011〕11号）（2018修订）。

> 《建筑施工起重吊装安全技术规范》（JGJ 276—2012）：
> 3.0.1 必须编制吊装作业施工组织设计，并应充分考虑施工现场的环境、道路、架空电线等情况。作业前应进行技术交底；作业中，未经技术负责人批准，不得随意更改。
> 3.0.2 参加起重吊装的人员应经过严格培训，取得培训合格证后，方可上岗。

> 《危险性较大的分部分项工程安全管理办法》（建质〔2009〕87号）：
> 第十五条 专项方案实施前，编制人员或项目技术负责人应当向现场管理人员和作业人员进行安全技术交底。

> 《工作前安全分析管理规定》（油炼化〔2011〕11号）（2018修订）：
> 第二十条 分析小组针对每步工序，识别每项任务或步骤所伴随的危害因素。识别危害因素时应充分考虑人员、设备、材料、方法、环境五个方面和正常、异常、紧急三种状态。
> 第二十一条 按照发生概率和严重性对存在潜在危害的关键活动或重要步骤进行风险评价。根据判别标准确定初始风险等级和风险是否可接受。风险评价应选择适宜的方法进行。
> 第二十二条 分析小组应针对识别出的危害因素，考虑现有的预防/控制措施是否足以控制风险。若不足以控制风险，则提出改进措施并由专人落实。在选择风险控制措施时，应考虑控制措施的优先顺序。
> 第二十七条 作业前应召开工具箱会议，进行有效的沟通，确保：
> （一）让参与此项工作的每个人理解完成该工作任务所涉及的活动细节及相应的风险、控制措施和每个人的职责。
> （二）参与此项工作的人员进一步识别可能遗漏的危害因素。
> （三）作业人员意见不一致，异议解决后，达成一致，方可作业。
> （四）在实际工作中条件或者人员发生变化，或原先假设的条件不成立，则应对作业风险进行重新分析评价。

（3）检查起重机械经有相应资质的检验检测机构监督检验合格，相关单位联合验收合格，办理的使用登记备案标志置于或者附着于该设备的显著位置。

监督依据：《建设工程安全生产管理条例》（中华人民共和国国务院令〔2003〕第393

号)、《建筑起重机械安全监督管理规定》(中华人民共和国建设部〔2008〕第166号令)。

> 《建设工程安全生产管理条例》(中华人民共和国国务院令〔2003〕第393号):
> 第十八条　施工起重机械和整体提升脚手架、模板等自升式架设设施的使用达到国家规定的检验检测期限的,必须经具有专业资质的检验检测机构检测。经检测不合格的,不得继续使用。
> 《特种设备安全监察条例》规定的施工起重机械,在验收前应当经有相应资质的检验检测机构监督检验合格。

> 《建筑起重机械安全监督管理规定》(中华人民共和国建设部〔2008〕第166号令):
> 第十七条　使用单位应当自建筑起重机械安装验收合格之日起30日内,将建筑起重机械安装验收资料、建筑起重机械安全管理制度、特种作业人员名单等,向工程所在地县级以上地方人民政府建设主管部门办理建筑起重机械使用登记。登记标志置于或者附着于该设备的显著位置。

（4）检查起重吊装设备、吊具、吊钩、安全防护设施的完好性。

监督依据:《吊装作业安全管理规定》(油炼化〔2011〕11号)(2018修订)、《起重机械安全规程》(GB 6067.1—2010)、《建设工程安全生产管理条例》(中华人民共和国国务院令〔2003〕第393号)、《建筑起重机械安全监督管理规定》(中华人民共和国建设部〔2008〕第116号令)、《建筑施工起重吊装安全技术规范》(JGJ 276—2012)。

> 《吊装作业安全管理规定》(油炼化〔2011〕11号)(2018修订):
> 第十八条　属地单位应对吊装作业指挥、司索和起重机司机等人员进行资格确认,对吊装安全措施落实情况进行确认。
> 第十九条　作业单位的有关人员应对吊装机具进行安全检查确认,确保处于完好状态。检查内容包括但不限于:
> (一)检查吊钩、钢丝绳、环形链、滑轮组、卷筒、减速器等易损零部件的安全技术状况。
> (二)检查电气装置、液压装置、离合器、制动器、限位器、防碰撞装置、警报器等操纵装置和安全装置是否符合使用安全技术条件,并进行无负荷运载试验。
> 第二十条　在作业单位检查后,项目主管部门和作业单位组织联合检查。检查内容包括:
> (一)吊装作业技术方案。
> (二)施工机、索具的实际配备是否与方案相符。
> (三)设备基础地脚螺栓是否符合质量要求。

（四）基础周围回填土夯实情况，施工现场是否平整。

（五）机具、隐蔽工程（如地锚、桅杆地基、电缆沟、地下管线等）吊装保证措施的落实情况和自检记录。

（六）待安装的设备或构件是否符合设计要求。

（七）人员分工与职责。

（八）施工用电正常供给情况。

（九）天气情况。

（十）施工机具完好情况。

（十一）吊装作业人员的资质和熟练程度。

（十二）其他方面的准备工作。

第二十一条　使用汽车吊装机械作业前，作业单位要再次确认已安装的防火帽合格。

---

《起重机械安全规程》（GB 6067.1—2010）：

4.1　起重机械各机构的构成与布置，均应满足使用需要，保证安全可靠。

4.2.1.5　钢丝绳端部的固定和连接应符合如下要求：

a）用绳夹连接时，应满足相关规范的要求，同时应保证连接强度不小于钢丝绳最小破断拉力的85%；

b）用编结连接时，编结长度不应小于钢丝绳直径的15倍，并且不小于300mm。连接强度不应小于钢丝绳最小破断拉力的75%；

4.2.4.1　钢丝绳在卷筒上应能按顺序整齐排列。只缠绕一层钢丝绳的卷筒，应做出绳槽。用于多层缠绕的卷筒，应采用适用的排绳装置或便于钢丝绳自动转层缠绕的凸缘导板结构等措施。

4.2.4.2　多层缠绕的卷筒，应有防止钢丝绳从卷筒端部滑落的凸缘。当钢丝绳全部缠绕在卷筒后，凸缘应超出最外面一层钢丝绳，超出的高度不应小于钢丝绳直径的1.5倍（对塔式起重机是钢丝绳直径的2倍）。

4.2.4.3　卷筒上钢丝绳尾端的固定装置，应安全可靠并有防松或自紧的性能。如果钢丝绳尾端用压板固定，固定强度不应低于钢丝绳最小破断拉力的80%，且至少应有两个相互分开的压板夹紧，并用螺栓将压板可靠固定。

4.2.5.1　滑轮应有防止钢丝绳脱出绳槽的装置或结构。在滑轮罩的侧板和圆弧顶板等处与滑轮本体的间隙不应超过钢丝绳公称直径的0.5倍。

4.2.6.1 动力驱动的起重机,其起升、变幅、运行、回转机构都应装可靠的制动装置(液压缸驱动的除外);当机构要求具有载荷支持作用时,应装设机械常闭式制动器。在运行、回转机构的传动装置中有自锁环节的特殊场合,如能确保不发生超过许用应力的运动或自锁失效,也可以不用制动器。

8.8.7 对于安装在野外且相对周围地面处在较高位置的起重机,应考虑避除雷击对其高位部件和人员造成损坏和伤害,特别是如下情况:
—— 易遭雷击的结构件(例如:臂架的支承缆索);
—— 连接大部件之间的滚动轴承和车轮(例如:支承回转大轴承,运行车轮轴承);
—— 为保证人身安全起重机运行轨道应可靠接地。

8.8.8 对于保护接零系统,起重机械的重复接地或防雷接地的接地电阻不大于 $10\Omega$。对于保护接地系统的接地电阻不大于 $4\Omega$。

9.2.2 运行行程限位器
起重机和起重小车(悬挂型电动葫芦运行小车除外),应在每个运行方向装设运行行程限位器,在达到设计规定的极限位置时自动切断前进方向的动力源。

9.2.3.1 对动力驱动的动臂变幅的起重机(液压变幅除外),应在臂架俯仰行程的极限位置处设臂架低位置和高位置的幅度限位器。

9.2.3.2 对采用移动小车变幅的塔式起重机,应装设幅度限位装置以防止可移动的起重小车快速达到其最大幅度或最小幅度处。

9.2.6 回转限位
需要限制回转范围时,回转机构应装设回转角度限位器。

9.2.9 防碰撞装置
当两台或两台以上的起重机械或起重小车运行在同一轨道上时,应装设防碰撞装置。

9.2.10 缓冲器及端部止挡
在轨道上运行的起重机的运行机构、起重小车的运行机构及起重机的变幅机构等均应装设缓冲器或缓冲装置。

9.3.1 起重量限制器
对于动力驱动的1t及以上无倾覆危险的起重机械应装设起重量限制器。对于有倾覆危险的且在一定的幅度变化范围内额定起重量不变化的起重机械也应装设起重量限制器。

9.3.2 起重力矩限制器

额定起重量随工作幅度变化的起重机,应装设起重力矩限制器。

9.3.7 防倾翻安全钩

起重吊钩装在主梁一侧的单主梁起重机、有抗震要求的起重机及其他有类似防止起重小车发生倾翻要求的起重机,应装设防倾翻安全钩。

9.6.7 防护罩

在正常工作或维修时,为防止异物进入或防止其运行对人员可能造成危险的零部件,应设有保护装置。起重机上外露的、有可能伤人的运动零部件,如开式齿轮、联轴器、传动轴、链轮、链条、传动带、皮带轮等,均应装设防护罩/栏。

在露天工作的起重机上的电气设备应采取防雨措施。

---

《建设工程安全生产管理条例》(中华人民共和国国务院令〔2003〕第393号):

第三十四条 施工单位采购、租赁的安全防护用具、机械设备、施工机具及配件,应当具有生产(制造)许可证、产品合格证,并在进入施工现场前进行查验。

施工现场的安全防护用具、机械设备、施工机具及配件必须由专人管理,定期进行检查、维修和保养,建立相应的资料档案,并按照国家有关规定及时报废。

---

《建筑起重机械安全监督管理规定》(中华人民共和国建设部〔2008〕第166号令):

第十九条 使用单位应当对在用的建筑起重机械及其安全保护装置、吊具、索具等进行经常性和定期的检查、维护和保养,并做好记录。

---

《建筑施工起重吊装安全技术规范》(JGJ 276—2012):

作业前,应检查起重吊装所使用的起重机滑轮、吊索、卡环和地锚等,应确保其完好,符合安全要求。

3.0.9 起吊前,应对起重机钢丝绳及连接部位和索具设备进行检查。

---

(5)检查起重吊装作业司机、司索、指挥等人员持证,以及劳保穿戴。

监督依据:《中华人民共和国安全生产法》(2014年8月31日第二次修正)、《建筑施工企业安全生产管理规范》(GB 50656—2011)、《建设工程安全生产管理条例》(中华人民共和国国务院令〔2003〕第393号)、《建筑起重机械安全监督管理规定》(中华人民共和国建设部〔2008〕第166号令)、《建筑施工起重吊装安全技术规范》(JGJ 276—2012)。

《中华人民共和国安全生产法》（2014年8月31日第二次修正）：

第二十七条　生产经营单位的特种作业人员必须按照国家有关规定，经专门的安全作业培训，取得相应资格，方可上岗作业。

第四十二条　生产经营单位必须为从业人员提供符合国家标准或者行业标准的劳动防护用品，并监督、教育从业人员按照使用规则佩戴、使用。

---

《建筑施工企业安全生产管理规范》（GB 50656—2011）：

7.0.7　企业的下列人员上岗前还应满足下列要求：

1　企业主要负责人、项目负责人和专职安全生产管理人员必须经安全生产知识和管理能力考核合格，依法取得安全生产考核合格证书；

2　企业的技术和相关管理人员必须具备与岗位相适应的安全管理知识和能力，依法取得必要的岗位资格证书；

3　特种作业人员必须经安全技术理论和操作技能考核合格，依法取得建筑施工特种作业人员操作资格证书。

---

《建设工程安全生产管理条例》（中华人民共和国国务院令〔2003〕第393号）：

第二十五条　垂直运输机械作业人员、安装拆卸工、爆破作业人员、起重信号工、登高架设作业人员等特种作业人员，必须按照国家有关规定经过专门的安全作业培训，并取得特种作业操作资格证书后，方可上岗作业。

---

《建筑起重机械安全监督管理规定》（中华人民共和国建设部〔2008〕第166号令）：

第二十五条　建筑起重机械安装拆卸工、起重信号工、起重司机、司索工等特种作业人员应当经建设主管部门考核合格，并取得特种作业操作资格证书后，方可上岗作业。特种作业人员的特种作业操作资格证书由国务院建设主管部门规定统一的样式。

---

《建筑施工起重吊装安全技术规范》（JGJ 276—2012）：

3.0.4　起重作业人员必须穿防滑鞋、戴安全帽，高处作业应佩挂安全带，并应系挂可靠和严格遵守高挂低用。

4.1.2　起重机司机应持证上岗，严禁非驾驶人员驾驶、操作起重机。

---

（6）作业过程中涉及焊接、切割作业时，检查作业许可证及人员资质。

监督依据：《石油工业动火作业安全规程》（SY 5858—2004）。

---

《石油工业动火作业安全规程》（SY 5858—2004）：

3.1　工业动火——在油气、易燃易爆危险区域内和油气容器、管线、设备或盛装过易燃易爆物品的容器上，使用焊、割等工具，能直接和间接产生明火的施工作业。

7.1.1　参加动火作业的焊工、电工、起重工等特种作业人员应持证上岗。

（7）检查起重吊装作业许可办理以及安全措施落实。

监督依据：《起重机械安全规程》（GB 6067.1—2010）、《建筑施工起重吊装安全技术规范》（JGJ 276—2012）、《吊装作业安全管理规定》（油炼化〔2011〕11号）（2018修订）。

---

《起重机械安全规程》（GB 6067.1—2010）：

10.1.4　应在起重机的合适位置或工作区域设有明显可见的文字安全警示标志，如"起升物品下方严禁站人""臂架下方严禁停留""作业半径内注意安全""未经许可不得入内"等。在起重机的危险部位，应有安全标志和危险图形符号。安全标志的颜色，应符合GB 2893的规定。

---

《建筑施工起重吊装安全技术规范》（JGJ 276—2012）：

3.0.5　吊装作业区四周应设置明显标志，严禁非操作人员入内。夜间施工必须有足够的照明。

---

《吊装作业安全管理规定》（油炼化〔2011〕11号）（2018修订）：

第二十三条　在采用两台或多台起重机吊运同一重物时，尽量选用相同机种、相同起重能力的起重机并合理布置，同时明确吊装总指挥和中间指挥，统一指挥信号。

第二十四条　吊装作业过程中应分工明确、坚守岗位，按《起重吊运指挥信号》（GB 5082）规定的联络信号，统一指挥。指挥人员应有明显的标志，佩戴鲜明的标志或特殊颜色安全帽。

第二十五条　正式起吊前要进行试吊，试吊中要检查全部机具、地锚受力情况，发现问题要将吊件放下，故障排除后，重新试吊，确认一切正常，方可正式吊装，严禁歪拉斜吊。

第二十六条　严禁利用管道、管件、电杆、机电设备等作为吊装锚点。未经核算及属地单位准许，不得将建筑物、构筑物作为锚点。

第二十七条　吊装过程中，出现故障，应立即向指挥人员汇报，没有指挥令，任何人不得擅自离开岗位。

第二十八条　起吊重物就位前，不许解开吊装锁具。

第二十九条　作业人员的要求

（一）吊装指挥人员

1. 必须按规定的指挥信号进行指挥；

2. 及时纠正对吊索或吊具的错误选择；

3. 指挥吊运、下放吊钩或吊物时,应确保作业人员、设备的安全;

4. 对可能出现的危险,应及时采取必要的防范措施。

(二)起重机司机(起重机操作人员)

1. 必须按指挥人员所发出的指挥信号进行操作。对紧急停车信号,不论任何人发出,均应立即执行;

2. 当起重臂、吊钩或吊物下有人,吊物上有人或浮置物时不得进行吊装操作;

3. 严禁使用吊装机具起吊超载、重量不清的物品、埋置物件;

4. 在制动器、安全装置失灵、吊钩螺母防松装置损坏、钢丝绳损伤达到报废标准等情况下禁止吊装作业;

5. 吊物捆绑、吊挂不牢或不平衡、吊物棱角与钢丝绳之间未加衬垫时不得进行吊装操作;

6. 无法看清场地、吊物情况和指挥信号时不得进行吊装操作;

7. 吊装机具及其臂架、吊具、辅具、钢丝绳、缆风绳和吊物不应靠近输电线路。必须在输电线路旁作业时,必须按《石油化工建设工程施工安全技术规范》(GB 50484)规定保持足够的安全距离;

8. 在停工或休息时,不得将吊物、吊篮、吊具和吊索悬在空中;

9. 在吊装机具工作时,不得对吊装机具进行检查和检修,不得在有载荷的情况下调整起升机构的制动器;

10. 下放吊物时,严禁自由下落(溜)。不得利用极限位置限制器停车;

11. 用两台或多台起重机械吊运同一重物时,钢丝绳应保持垂直。

(三)司索人员

1. 听从指挥人员的指挥,并及时报告险情;

2. 根据重物的具体情况选择合适的吊具与吊索。不准用吊钩直接缠绕重物,不得将不同种类或不同规格的吊索、吊具混在一起使用。吊具承载不得超过额定起重量,吊索不得超过安全负荷;起升吊物,应检查其连接点是否牢固、可靠;

3. 吊物捆绑必须牢靠,吊点和吊物的重心应在同一垂直线。捆绑余下的绳头,应紧绕在吊钩或吊物之上。多人绑挂时,应由一人负责指挥;

4. 吊挂重物时,起吊绳、链所经过的棱角处应加衬垫。吊运零散的物件时,必须使用专门的吊篮、吊斗等器具;

5. 不得绑挂、起吊不明重量、与其他重物相连、埋在地下或与地面和其他物体粘结在一起的重物;

6. 因特殊情况进入吊物下方时，必须事先与指挥人员和起重机司机（起重操作人员）联系，并设置支撑装置。不得停留在起重机运行轨道上。

第三十四条　起重作业完毕，作业人员应做好以下工作：

（一）将吊钩和起重臂收放到规定的位置，所有控制手柄均应放到零位。电气控制的吊装机具，应断开电源。

（二）对在轨道上作业的起重机，应将起重机停放在指定位置，并有效锚固。

（三）吊索、吊具应收回，规范放置，并对其检查、保养和维护。

（四）对接替工作人员，应告知设备、设施存在的异常情况及尚未消除的故障。

（五）对吊装机具进行维护保养时，应切断主电源并挂上标志牌或加锁。

第三十五条　以下作业应办理"吊装作业许可证"。

（一）吊装质量大于10吨。

（二）使用汽车式起重机、履带式起重机、轮胎式起重机。

（三）有吊装作业技术方案的。

第三十六条　吊装作业许可证的申请应由作业单位作业负责人办理并准备好以下相关资料：

（一）吊装作业技术方案。

（二）风险评估结果（工作前安全分析）。

（三）其他相关资料。

第三十七条　申请人填写吊装作业许可证中相关内容。属地单位组织作业单位项目负责人及相关人员进行书面和现场审查。审查通过后，属地单位监护人、申请人和受影响的相关方在吊装作业许可证上签字，属地单位负责人批准。

第三十八条　吊装作业许可证的有效期限不超过一个班次，如果在书面审查和现场核查过程中，经确认需要更多的时间进行作业，应根据作业性质、作业风险、作业时间，经相关各方协商一致确定作业许可证有效期限和延期次数，超过延期次数，应重新办理作业许可证。

第三十九条　吊装作业许可证的关闭、取消和分发管理参照《作业许可管理规定》执行。

（8）检查起重吊装作业过程是否符合要求。

监督依据：《吊装作业安全管理规定》（油炼化〔2011〕11号）（2018修订）、《建筑施工起重吊装安全技术规范》（JGJ 276—2012）、《起重机械安全规程》（GB 6067.1—2010）、《施工现场临时用电安全技术规范》（JGJ 46—2005）、《大型设备吊装安全规程》（SY 6279—2008）。

《建筑施工起重吊装安全技术规范》(JGJ 276—2012):

3.0.5 吊装作业区四周应设置明显标志,严禁非操作人员入内。夜间施工必须有足够的照明。

3.0.21 严禁在吊起的构件上行走或站立,不得用起重机载运人员,不得在构件上堆放或悬挂零星物件。

3.0.23 严禁在已吊起的构件下面或起重臂下旋转范围内作业或行走。

《吊装作业安全管理规定》(油炼化〔2011〕11号)(2018修订):

第二十二条 作业单位应对吊装区域内的安全状况进行检查,检查内容包括但不限于:

(一)吊装区域应设置安全警示带及明显的警示标志,并设专人监护,非作业人员禁止入内,安全警戒标志应符合GB 2894的规定。

(二)检查确认吊装机具作业时或在作业区静置时各部位活动空间范围内没有在用的电线、电缆和其他障碍物。不应靠近输电线路进行吊装作业。确需在输电线路附近作业时,起重机械的安全距离应大于起重机械的倒塌半径并符合DL 409的要求;不能满足时,应停电后再进行作业。吊装场所如有含危险物料的设备、管道等时,应制订详细吊装方案,并对设备、管道采取有效防护措施,必要时停车,放空物料,置换后进行吊装作业。

(三)检查地面坚实平坦状况及附着物情况、吊装机具与地面的固定情况或垫木的设置情况。

《起重机械安全规程》(GB 6067.1—2010):

17.2.1 载荷在吊运前应通过各种方式确认起吊载荷的质量。同时,为了保证起吊的稳定性,应通过各种方式确认起吊载荷质心,确立质心后,应调整起升装置,选择合适的起升系挂位置,保证载荷起升时均匀平衡,没有倾覆的趋势。

17.3.1 在多台起重机械的联合起升操作中,由于起重机械之间的相互运动可能产生作用于起重机械、物品和吊索具上的附加载荷,而这些附加载荷的监控是困难的。因此,只有在物品的尺寸、性能、质量或物品所需要的运动由单台起重机械无法操作时才使用多台起重机械操作。

《建筑施工起重吊装安全技术规范》（JGJ 276—2012）：

3.0.13 吊装大、重、新结构构件和采用新的吊装工艺时，应先进行试吊，确认无问题后，方可正式起吊。

3.0.14 大雨天、雾天、大雪天及六级以上大风天等恶劣天气应停止吊装作业。雨雪过后作业前，应先试吊，确认制动器灵敏可靠后方可进行作业。

3.0.15 吊起的构件应确保在起重机吊杆顶的正下方，严禁采用斜拉、斜吊，严禁起吊埋于地下或粘结在地面上的构件。

3.0.16 起重机靠近架空输电线路作业或在架空输电线路下行走时，必须与架空输电线始终保持不小于国家现行标准《施工现场临时用电安全技术规范》（JGJ 46）规定的安全距离。当需要在小于规定的安全距离范围内进行作业时，必须采取严格的安全保护措施，并应经供电部门审查批准。

3.0.17 采用双机抬吊时，宜选用同类型或性能相近的起重机，负载分配应合理，单机载荷不得超过额定起重量的80%。两机应协调起吊和就位，起吊的速度应平稳缓慢。

3.0.18 严禁超载吊装和起吊重量不明的重大构件和设备。

3.0.25 高处作业所使用的工具和零配件等，必须放在工具袋（盒）内，严防掉落，并严禁上下抛掷。

3.0.26 吊装中的焊接作业应选择合理的焊接工艺，避免发生过大的变形，冬季焊接应有焊前预热（包括焊条预热）措施，焊接时应有防风防水措施，焊后应有保温措施。

3.0.29 高处安装中的电、气焊作业，应严格采取安全防火措施，在作业处下面周围10m范围内不得有人。

3.0.30 对起吊物进行移动、吊升、停止、安装时的全过程应用旗语或通用手势信号进行指挥，信号不明不得起动，上下相互协调联系应采用对讲机。

4.1.5 自行式起重机的使用应符合下列规定：

a）起重机工作时的停放位置应与沟渠、基坑保持安全距离。且作业时不得停放在斜坡上进行。

b）作业前应将支腿全部伸出，并支垫牢固。调整支腿应在无载荷时进行，并将起重臂全部缩回转至正前或正后，方可调整。作业过程中发现支腿沉陷或其他不正常情况时，应立即放下吊物，进行调整后，方可继续作业。

c）工作时起重臂的最大和最小仰角不得超过其额定值，如无相应资料时，最大仰角不得超过78°，最小仰角不得小于45°。

d）汽车式起重机进行吊装作业时，行走驾驶室内不得有人，吊物不得超越驾驶室上方,并严禁带载行驶。

4.1.6 塔式起重机的使用应符合国家现行标准《塔式起重机安全规程》GB 5144、《建筑施工塔式起重机安装、使用、拆卸安全技术规程》JGJ 196及《建筑机械使用安全技术规程》JGJ 33中的相关规定。

4.4.3 倒链(手动葫芦)的使用应符合下列规定:

a)使用前应进行检查,倒链的吊钩、链条、轮轴、链盘等应无锈蚀、裂纹、损伤,传动部分应灵活正常,否则严禁使用。

b)起吊构件至起重链条受力后,应仔细检查,确保齿轮啮合良好,自锁装置有效后,方可继续作业。

c)在 -10℃以下时,起重量不得超过其额定起重值的一半,其他情况下,不得超过其额定起重值。

d)应均匀和缓地拉动链条,并应与轮盘方向一致。不得斜向曳动,应防止跳链、掉槽、卡链现象发生。

e)倒链起重量或起吊构件的重量不明时,只可一人拉动链条,如一人拉不动应查明原因,严禁两人或多人一齐猛拉。

f)齿轮部分应经常加油润滑,棘爪、棘爪弹簧和棘轮应经常检查,严防制动失灵。

g)倒链使用完毕后应拆卸清洗干净,并上好润滑油,装好后套上塑料罩挂好,妥善保管。

4.4.6 千斤顶的使用应符合下列规定:

a)使用前后应拆洗干净,损坏和不符合要求的零件应予以更换,安装好后应检查各部配件运转是否灵活,对油压千斤顶还应检查阀门、活塞、皮碗是否完好,油液是否干净,稠度是否符合要求,若在负温情况下使用时,油液应不变稠、不结冻。

b)选择千斤顶,应符合下列规定:

1)千斤顶的额定起重量应大于起重构件的重量,起升高度应满足要求,其最小高度应与安装净空相适应。

2)采用多台千斤顶联合顶升时,应选用同一型号的千斤顶,每台的额定起重量不得小于所分担构件重量的1.2倍。

3)千斤顶应放在平整坚实的地面上,底座下应垫以枕木或钢板,以加大承压面积,防止千斤顶下陷或歪斜。与被顶升构件的光滑面接触时,应加垫硬木板,严防滑落。

4)设顶处必须是坚实部位,载荷的传力中心应与千斤顶轴线一致,严禁载荷偏斜。

5)顶升时,应先轻微顶起后停住,检查千斤顶承力、地基、垫木、枕木垛是否正常,如有异常或千斤顶歪斜,应及时处理后方可继续工作。

6)顶升过程中,不得随意加长千斤顶手柄或强力硬压,每次顶升高度不得超过活塞上的标志,且顶升高度不得超过螺丝杆丝扣或活塞总高度的3/4。

7)构件顶起后,应随起随搭枕木垛和加设临时短木块,其短木块与构件间的距离应随时保持在50mm以内,严防千斤顶突然倾倒或回油。

《施工现场临时用电安全技术规范》(JGJ 46—2005):

4.1.4 起重机严禁越过无防护设施的外电架空线路作业。在外电架空线路附近吊装时,起重机的任何部位或被吊物边缘在最大偏斜时与架空线路边线的最小安全距离。

《大型设备吊装安全规程》(SY 6279—2008):

8.3.19 吊装时,所有人员不应在设备下面及受力索具附近通行和停留,任何人员不应随同吊装设备或吊装机具升降。

《起重机械安全规程》(GB 6067.1—2010):

4.2.2.3 当使用条件或操作方法会导致重物意外脱钩时,应采用防脱绳带闭锁装置的吊钩;当吊钩起升过程中有被其他物品钩住的危险时,应采用安全吊钩或采取其他有效措施。

15.3.4 如果起重机械触碰了带电电线或电缆,应采取下列措施:

司机室内的人员不要离开;

警告所有其他人员远离起重机械,不要触碰起重机械、绳索或物品的任何部分;

在没有任何人接近起重机械的情况下,司机应尝试独立地开动起重机械直到动力电线或电缆与起重机械脱离;

如果起重机械不能开动,司机应留在驾驶室内。设法立即通知供电部门。在未确认处于安全状态之前,不要采取任何行动;

如果由于触电引起的火灾或者一些其他因素,应离开司机室,要尽可能跳离起重机械,人体部位不要同时接触起重机械和地面;

应立刻通知对工程负有相关责任的工程师,或现场有关的管理人员。在获取帮助之前,应有人留在起重机附近,以警告危险情况。

> 《建筑施工起重吊装安全技术规范》（JGJ 276—2012）：
>
> 3.0.28 永久固定的连接，应经过严格检查，并确保无误后，方可拆除临时固定工具。
>
> 4.1.5 自行式起重机的使用应符合下列规定：
>
> 作业完毕或下班前，应按规定将操作杆置于空挡位置，起重臂全部缩回原位，转至顺风方向，并降至40°～60°之间，收紧钢丝绳，挂好吊钩或将吊钩落地，然后将各制动器和保险装置固定，关闭发动机，驾驶室加锁后，方可离开。冬季还应将水箱、水套中的水放尽。

## 五、常见违章

（1）起重吊装作业无施工方案或与方案现场不符。

（2）作业前未进行安全技术措施交底。

（3）未取得特种作业操作证进行相关操作。

（4）危险作业时，监护措施未落实、未设置警戒区域或未挂警示牌。

（5）攀登吊运中物件，以及在吊物、吊臂下行走或逗留。

（6）不确认吊具、吊链完好状况就指挥吊运。

（7）起重机吊钩未设有防止吊重意外脱钩的闭锁装置或装置失效。

（8）不办理吊装作业许可手续，擅自进行作业。

（9）吊装作业时，起吊物品捆绑不牢或不平衡、吊钩保险未锁定、未系导向绳。

（10）吊装作业过程中吊车司机擅自离岗。

（11）吊车超载荷吊装。

## 六、案例分析

### 案例一：某石化"3·23"起重亡人事故

2017年3月23日15时13分，某设备安装工程有限公司在某石化公司炼油厂进行吊装管线作业过程中，发生吊车侧翻事故，造成一名起重机司机死亡。

1. 事故经过

2017年3月20日炼油厂增设汽车槽车热渣油、蜡油卸车系统项目的渣油卸车系统管线运至现场，开始预制管线。

3月23日8时，施工单位办理相关作业许可后，进入现场进行施工。13时50分，施工单位租用的50t吊车及司机(一车一人)进入施工现场,进行了稳车、支腿等准备工作。14时18分,开始吊装管线。监理单位的总监代表杨某对现场进行检查确认,并全程跟踪了第一杆吊装作业(作业半径19.35m,管线长14.3m),确认无问题后离开作业现场。随后,开始第二杆吊装作业,吊装的管线为$\phi 377$(壁厚9mm,长16m,重约1.6t),15时13分,吊车发生侧向倾覆,吊车司机王某从驾驶室内被甩落至路边护坡处,被侧翻的吊车挤压。

2. 原因分析

1)事故直接原因

吊装作业过程中,吊车倾覆,将吊车司机从操作室甩落至路边护坡处,被侧翻的吊车挤压,造成死亡。

2)事故间接原因

(1)违章超载荷起吊。根据中联QY50型吊车产品说明书,吊车在作业半径26m,主臂伸长42m的情况下,额定起吊载荷为1.85t;作业半径28m,主臂伸长42m的情况下,额定起吊载荷为1.45t。现场实际作业半径26.4m,主臂伸长42m,吊装管线实际重量为1.6t,且吊车勾头为0.4t,已经超出了此工况下吊车的载荷,违章超载荷吊装。

(2)吊车右后支腿基础不实。右后支腿设置在3根并排放置枕木上方的木排上,枕木一侧置于路边道崖上,另一侧置于软土层上。吊装过程中,软土层一侧受压下沉,造成吊物重心向前偏移,产生向前惯性力,致使作业半径和力矩增大,吊车负载增加,造成超载叠加,导致起重机向右倾翻。

3. 案例启示

(1)施工单位对项目存在的风险认识不足,炼油厂和东油品车间未提供出工艺风险评价报告,施工单位未按要求编制施工风险评价报告,施工单位施工单位在施工过程中未能全面考虑作业风险。

(2)作业许可流于形式,作业许可批准人只对"吊装作业许可证"进行了书面审查,没有到现场核查安全措施的落实情况,就直接在作业许可证上签字。如作业许可证中要求附吊装方案,而实际上施工单位没有编制吊装方案,"吊装作业许可证"中,吊装物件规格是8m的管线,而实际上吊装管线分别长14.3m和16m。

(3)需进一步提高监理单位履职能力和专业水平。监理单位虽到达现场,但未认真核对起重人员,未现场核查作业票中标明的荷载与实物荷载是否一致。现场监理人员对吊车支腿情况进行了检查,但对垫木一部分放置在硬质路面上、一部分放置在土质上的风险未识别出来。

(4)加强承包商安全管理。签订《工程服务合同》时,对施工过程中的安全管理、雇佣人员的能力等方面必须进行 HSE 承诺,作为签订《工程服务合同》和《工程服务安全合同》的一个必备审查条件,约束承包商队伍,进一步强化自我安全管理。

**案例二:某施工单位"7·5"吊车倾覆事件**

2017年7月5日,某施工单位在项目施工现场发生一起吊车倾覆事件。

1. 事故经过

2017年7月5日,某施工单位使用加藤50t(NK-500E-III,1994年出厂)吊车(车牌吉×××××,司机持有Q8操作证)进行罐顶板运输移动作业(吊车作业半径为26m,出杆长度40m,此工况下吊装载荷能力为1.4t),吊物实际重量0.2t,负荷率15%。上午9时35分,在第四次吊装移动罐顶板时,吊车发生倾覆事件。由于现场安全措施落实到位,未发生次生事故。

2. 原因分析

经调查组组织对吊车变幅机构进行拆解,发现该处油封已疲劳损坏,造成液压缸瞬间泄压,导致变幅油缸回缩,趴杆后吊车倾覆。

3. 案例启示

(1)加强吊车的日常保养和维护。吊车所属单位必须严格按照使用说明书要求,定期更换液压油,对吊车易损部件定期进行检查并及时更新。

(2)严格执行公司吊装作业安全管理规定,必须按吊装作业影响范围设置警戒带和专职监护人,严禁任何人员进入吊装区域,严禁交叉作业,防止次生事故发生。

# 第七节　挖掘(动土)作业安全监督

## 一、风险分析

挖掘(动土)作业是炼化企业基础土建项目中较多的作业类型,其安全风险相对较大,主要体现在:

(1)管线、电缆破坏。

关键措施:施工前确认地下电力电缆、电信电缆、地下供排水管线、工艺管线等各类管线,采取有效保护措施,按施工方案图划线施工。临近地下隐蔽设施时应轻轻挖掘,禁止使用抓斗等机械工具。编制挖掘(动土)作业方案,严格现场方案审核、审批和现场勘察确认,涉及断路作业报交通、消防、调度、安全监督管理部门。

（2）坍塌。

关键措施：采取放坡和固壁支撑的措施；坑、槽、井、沟上端边沿禁止堆放物资、设备或停放车辆；设置逃生通道。

（3）中毒。

关键措施：深基坑及与污水及下水系统连通的挖掘作业执行受限空间管理规定。

（4）坠落。

关键措施：按要求设置警戒围栏，设置警告牌、夜间警示灯；做好基坑、空洞防护。

（5）涉及危险作业组合，未落实相应安全措施。

关键措施：涉及高处、断路等危险作业时，同时办理相关作业许可证。

（6）施工条件发生重大变化。

关键措施：施工条件发生重大变化时，重新办理作业许可。

（7）复杂作业风险分析不足。

关键措施：全面风险分析，编制工作方案。

（8）淹溺。

关键措施：及时处理挖掘作业产生的积水。

（9）触电。

关键措施：严格临时用电安全管理，落实防触电安全措施。

（10）人员资质不足。

关键措施：特种作业人员持证操作，严格教育培训。

（11）监督监护不尽责。

关键措施：作业前，监护人会同作业人员检查安全措施。

（12）工器具、机械安全风险。

关键措施：作业前对工器具、机械和点安全进行现场检查。作业人员应正确佩戴和使用劳动防护用品。

## 二、监督内容

（1）作业许可合规性。

（2）人员资质能力符合性。

（3）施工方式合理性。

（4）现场作业环境可控性。

（5）安全措施落实程度。

## 三、监督依据

(1)《化学品生产单位动土作业安全规范》(AQ 3023—2008)。

(2)《作业许可管理规定》(油炼化〔2011〕11号)(2018修订)。

(3)《进入受限空间安全管理规定》(油炼化〔2011〕11号)(2018修订)。

(4)《挖掘(动土)作业安全管理规定》(油炼化〔2011〕11号)(2018修订)。

(5)《厂区动土作业安全规程》(HG 23017—1999)。

(6)《化学品生产单位特殊作业安全规范》(GB 30871—2014)。

## 四、监督要点

(1)挖掘作业许可证合规性。

监督依据:《作业许可管理规定》(油炼化〔2011〕11号)(2018修订)。

---

《作业许可管理规定》(油炼化〔2011〕11号)(2018修订):

第四条 名词解释

(一)挖掘(动土):在生产、作业区域人工或使用推土机、挖掘机等施工机械,通过移除泥土形成沟、槽、坑或凹地的挖土、打桩、地锚入土作业;或建筑物拆除以及在墙壁开槽打眼,并因此造成某些部分失去支撑的作业。

(二)沟槽:长窄形且深度大于宽度的凹地,通常沟槽的宽度不大于5m,一般用来埋设地下管线、导管、电缆或无地下室的建筑物地脚。

(三)支撑:防止坑壁塌方的机械、木料或金属液压件等结构物。

(四)斜坡:使沟、槽侧面与垂直面形成一定角度,防止沟槽侧壁坍塌的斜面。

第十五条 挖掘作业实行作业许可(具体执行《作业许可管理规定》)。以下挖掘作业还须办理挖掘作业许可证:

(一)地面挖掘、打桩、地锚入土深度超过0.5m。

(二)建筑物拆除。

(三)可能造成某些部分失去支撑的墙壁开槽打眼。

(四)挖掘部位地表情况复杂难以确定作业风险。

第十七条 属地单位、作业单位应设专人监护现场,对开挖处、邻近区域和保护系统进行检查,发现异常危险征兆,应立即停止作业。连续挖掘超过一个班次的挖掘作业,每日作业前应按照挖掘作业安全检查表进行检查。

第十八条 对于1.2m以内的地下设施探查,不得采用机械开挖,只可采取人工挖掘方式。

> 第十九条 当挖掘过程中如果暴露出不能辨认或者在挖掘作业许可证中没有注明的设施或物体时,必须立即停止作业,报告项目管理部门,经确认落实防范措施后,方可继续作业。
>
> 第三十八条 挖掘作业许可证的有效期限不超过一个班次,如果在书面审查和现场核查过程中,经确认需要更多的时间进行作业,应根据作业性质、作业风险、作业时间,经相关各方协商一致确定许可证的有效期限,但最长不得超过 15 天。

（2）作业人员能力和履职。

监督依据:《化学品生产单位动土作业安全规范》(AQ 3023—2008)、《作业许可管理规定》(油炼化〔2011〕11号)(2018修订)。

> 《化学品生产单位动土作业安全规范》(AQ 3023—2008):
>
> 4.3 作业前,项目负责人应对作业人员进行安全教育。

> 《作业许可管理规定》(油炼化〔2011〕11号)(2018修订):
>
> 第八条 作业负责人(作业申请人)
> (一)提出挖掘作业申请,办理作业许可证。
> (二)协调落实挖掘作业安全措施。
> (三)组织实施挖掘作业。
> (四)对作业人员进行相关技能培训。
> (五)对相关安全措施的完整性和可靠性负责。
>
> 第九条 作业批准人(项目管理部门负责人或业务主管)
> (一)向作业单位提供现场相关信息和特殊要求。
> (二)核实安全措施,提供挖掘作业安全的必要条件。
> (三)批准或取消挖掘作业许可证。
> (四)对挖掘作业现场安全管理负责。
>
> 第十条 作业人
> (一)了解作业的内容、地点、时间、要求,熟知作业过程中的危害因素及控制措施,按照施工方案和作业许可的相关要求进行作业。
> (二)在安全措施未落实时,有权拒绝作业。
> (三)作业过程中发现情况异常,应告知作业负责人,并迅速撤离现场。

第十一条　技术负责人

（一）了解施工现场的基本状况，识别可能存在的各种风险。

（二）制订施工方案，确定和实施风险削减措施。

（三）采取纠正措施，消除隐患及危害。

（四）对挖掘作业现场安全技术措施的有效性负责。

第十六条　作业单位应指定具有专业技术资质的人员担任技术负责人，负责制订施工方案，并以书面形式保存在作业现场。

（3）检查安全防护措施的落实情况。

监督依据：《挖掘（动土）作业安全管理规定》（油炼化〔2011〕11号）（2018修订）、《化学品生产单位特殊作业安全规范》（GB 30871—2014）。

---

《挖掘（动土）作业安全管理规定》（油炼化〔2011〕11号）（2018修订）：

第二十一条　保护系统

（一）对于挖掘深度6m以内的作业，为防止挖掘作业面发生坍塌，应由技术负责人根据土质的类别设计斜坡和台阶、支撑和挡板等保护系统。对于挖掘深度超过6m所采取的保护系统，应由有资质的单位设计。

（二）在稳固岩层中挖掘或挖掘深度小于1.5m，且已经过技术负责人检查，认定没有坍塌可能性时，不需要设置保护系统。作业负责人应在挖掘作业许可证上说明理由。

（三）应根据现场土质的类型，确定斜坡或台阶的坡度允许值（高宽比）。

第二十二条　在挖掘开始之前，技术负责人在选择液压支撑、沟槽千斤顶和挡板等保护措施时，应遵循制造商的技术要求和建议。

第二十三条　保护性支撑系统的安装应自上而下进行，支撑系统的所有部件应稳固相连。严禁用胶合板制作构件。

第二十四条　如果需要临时拆除个别构件，应先安装替代构件，以承担加载在支撑系统上的负荷。工程完成后，应自下而上拆除保护性支撑系统，回填和支撑系统的拆除应同步进行。

第二十五条　挖掘物或其他物料等要堆放在指定地点，至少应距坑、沟槽边沿1m，堆积高度不得超过1.5m，坡度不大于45°，不得堵塞下水道、窨井以及作业现场的逃生通道和消防通道。

第二十六条　在坑、沟槽的上方、附近放置物料和其他重物或操作挖掘机械、起重机、卡车时，应在边沿安装板桩并加以支撑和固定，设置警示标识或障碍物。

## 第二章 炼油化工专业安全监督要点

**第二十七条　邻近结构物**

挖掘前应确定附近结构物是否需要临时支撑。必要时由有资质的专业人员对邻近结构物基础进行评价并提出保护措施建议。如果挖掘作业危及邻近的房屋、墙壁、道路或其他结构物，应当使用支撑系统或其他保护措施，如支撑、加固或托换基础来确保这些建(构)筑物的稳固性，并保护员工免受伤害。

**第二十八条　进、出口**

（一）挖掘深度超过 1.2m 时，应在合适的距离内提供梯子、台阶或坡道等，用于安全进出。

（二）作业场所不具备设置进出口条件，应设置逃生梯、救生索及机械升降装置等，安排专人监护作业，始终保持有效的沟通。

（三）当允许员工、设备在挖掘处上方通过时，应提供带有标准栏杆的通道或桥梁，并明确通行限制条件。

**第二十九条　排水**

（一）雷雨天气应停止挖掘作业，雨后复工前，应检查受雨水影响的挖掘现场，监督排水设备的正确使用，检查土壁稳定和支撑牢固情况。发现问题，要及时采取措施，防止骤然崩坍。

（二）如果有积水或正在积水，应采用导流渠，构筑堤防或其他适当的措施，防止地表水或地下水进入挖掘处，并采取适当的措施排水，方可进行挖掘作业。

**第三十条　危险性气体环境**

（一）当深度超过 1.2m 的可能存在危险性气体的场所或遇到和地漏、下水井、阀门井相连时，要增加挖掘作业相关安全措施(如进行气体检测等)。

（二）遇可燃、有毒物质相通的上述设施时，执行《进入受限空间作业安全管理规定》，挖掘作业需要用火时，执行《动火作业安全管理规定》。

（三）对填埋区域、危险化学品生产、储存区域等可能产生危险性气体的作业，应对作业环境进行气体检测，必要时应采取使用呼吸器、通风设备和防爆工具等相关措施。

**第三十一条　标识与警示**

（一）采用机械设备挖掘时，应确认活动范围内没有障碍物(如架空线路、管架等)。

（二）挖掘作业现场应设置护栏、盖板和明显的警示标识。在人员密集场所或区域施工时，夜间应悬挂红灯警示。

（三）挖掘作业如果阻断道路，应设置明显的警示和禁行标识，对于确需通行车辆的道路，应铺设临时通行设施，限制通行车辆吨位，并安排专人指挥车辆通行。

（四）采用警示路障时,应将其安置在距开挖边缘至少1.5m之外。如果采用废土堆作为路障,其高度不得低于1m。在道路附近作业时应穿戴警示背心。

第三十二条　在动力设施安全距离内,如架空线路、管廊、地下电缆、管网等附近进行绿化时,必须经地下隐蔽设施的主管部门同意方可进行,不得危及动力设施安全。

第三十三条　挖掘作业在靠近地下管线、电缆、建(构)筑物和设施基础等处施工时,不能采用机械挖掘,尤其对于下方敷设电缆的部位,禁止使用镐头和铁棒施工,还须采取必要的安全措施,防止造成生产或人身事故。

第三十四条　地下工程结束后,作业单位应及时回填,恢复地面设施。地下隐蔽设施变化的,作业单位应将变化情况向属地单位、项目管理部门和相关方通报,并在竣工图上详细标注,以完善地下设施布置图。

《化学品生产单位特殊作业安全规范》（GB 30871—2014）：

11.1　作业前,应检查工具、现场支撑是否牢固、完好,发现问题应及时处理。

11.2　作业现场应根据需要设置护栏、盖板和警告标志,夜间应悬挂警示灯。

11.3　在破土开挖前,应先做好地面和地下排水,防止地面水渗入作业层面造成塌方。

11.4　作业前应首先了解地下隐蔽设施的分布情况,动土临近地下隐蔽设施时,应使用适当工具挖掘,避免损坏地下隐蔽设施。如暴露出电缆、管线以及不能辨认的物品时,应立即停止作业,妥善加以保护,报告动土审批单位处理,经采取措施后方可继续动土作业。

11.6　作业人员在沟(槽、坑)下作业应按规定坡度顺序进行,使用机械挖掘时不应进入机械旋转半径内;深度大于2m时应设置人员上下的梯子等,保证人员能快速进出设施;两个以上作业人员同时挖土时应相距2m以上,防止工具伤人。

（4）作业过程中人员行为。

监督依据：《挖掘(动土)作业安全管理规定》(油炼化〔2011〕11号)（2018修订）、《化学品生产单位特殊作业安全规范》(GB 30871—2014)。

《挖掘(动土)作业安全管理规定》(油炼化〔2011〕11号)（2018修订）：

第二十条　在坑、沟槽内作业应正确穿戴安全帽、防护鞋、手套等个人防护装备。不应在坑、沟槽内休息,不得在升降设备、挖掘设备下或坑、沟槽上端边沿站立、走动。

《化学品生产单位特殊作业安全规范》（GB 30871—2014）：

11.5 动土作业应设专人监护。挖掘坑、槽、井、沟等作业，应遵守下列规定：

a）挖掘土方应自上而下逐层挖掘，不应采用挖底脚的办法挖掘；使用的材料、挖出的泥土应堆放在距坑、槽、井、沟边沿至少0.8m处，挖出的泥土不应堵塞下水道和窨井；

b）不应在土壁上挖洞攀登；

c）不应在坑、槽、井、沟上端边沿站立、行走；

d）应视土壤性质、湿度和挖掘深度设置安全边坡或固壁支撑。作业过程中应对坑、槽、井、沟边坡或固壁支撑架随时检查，特别是雨雪后和解冻时期，如发现边坡有裂缝、松疏或支撑有折断、走位等异常情况，应立即停止工作，并采取相应措施；

e）在坑、槽、井、沟的边缘安放机械、铺设轨道及通行车辆时，应保持适当距离，采取有效的固壁措施，确保安全；

f）在拆除固壁支撑时，应从下而上进行；更换支撑时，应先装新的，后拆旧的；

g）不应在坑、槽、井、沟内休息。

11.6 作业人员在沟（槽、坑）下作业应按规定坡度顺序进行，使用机械挖掘时不应进入机械旋转半径内；深度大于2m时应设置人员上下的梯子等，保证人员能快速进出设施；两个以上作业人员同时挖土时应相距2m以上，防止工具伤人。

11.7 作业人员发现异常时，应立即撤离作业现场。

11.8 在化工危险场所动土时，应与有关操作人员建立联系，当化工装置发生突然排放有害物质时，化工操作人员应立即通知动土作业人员停止作业，迅速撤离现场。

## 五、常见违章

（1）不办理挖掘作业许可手续，擅自进行作业。

（2）对地下管道、线路的走向、埋深不清楚，擅自进行挖掘作业。

（3）支护和放坡不合适、作业机械选择不正确、作业场所的机动车道和人行道未设路障等安全防护措施落实不到位，实施作业。

（4）涉及其他危险作业时，未同时办理相关许可票证。

（5）挖出物堆砌位置和状态不满足要求。

（6）对深度超过1.2m、可能存在的危险性气体的挖掘现场未进行气体检测。

（7）作业期间监护人不在现场或履职不到位。

（8）个人防护不符合现场作业要求。

（9）应急准备或救援能力不足。

（10）挖掘深度超过1.2m时，未在合适的距离内提供梯子、台阶或坡道等。

# 六、案例分析

**案例：挖掘施工作业时滑坡事故案例**

1. 事故经过

××××年××月××日，上海某建筑公司土建主承包、某土方公司分包的上海某地铁车站工程工地上（监理单位为某工程咨询公司），正在进行深基坑土方挖掘施工作业。下午18时30分，土方分包项目经理陈某将11名普工交予领班褚某，19时左右，褚某向11名工人交代了生产任务，11人就下基坑开始在14~15轴处平台上施工（褚某未下去，电工贺某后上基坑未下去）。大约20点左右，16轴处土方突然开始发生滑坡，有2人当即被土方所掩埋，另有2人埋至腰部以上，其余6人迅速逃离至基坑上。现场项目部接到报告后，立即准备组织抢险营救。20时10分，16~18轴处，发生第二次大面积土方滑坡。滑坡土方由18轴开始冲至12轴，将另外2人也被掩埋，并冲断了基坑内钢支撑16根。事故发生后，虽经项目部极力抢救，但被土方掩埋的4人终因窒息时间过长而死亡。

2. 原因分析

1）事故直接原因

该工程所处地基软弱，开挖范围内基本上均为淤泥质土，其中淤泥质黏土平均厚度达9.65m，土体坑剪强度低，灵敏度高达5.9的饱和软土受扰动后，极易发生触变现象。且施工期间遭百年一遇特大暴雨影响，造成长达171m基坑纵向留坡困难。而在执行小坡处置方案时未严格执行有关规定，造成小坡坡度过陡，是造成本次事故的直接原因。

2）事故间接原因

目前，在狭长形地铁车站深基坑施工中，对纵向挖土和边坡留置的动态控制过程，尚无较成熟的量化控制标准。设计、施工单位对复杂地质地层情况和类似基坑情况估计不足，对地铁施工的风险意识不强和施工经验不足，尤其对采用纵向开挖横向支撑的施工方法，纵向留坡与支撑安装到位之间合理匹配的重要性认识不足。该工程分包土方施工的项目部技术管理力量薄弱，在基坑施工中，采取分层开挖横向支撑及时安装到位的同时，对处置纵向小坡的留设方法和措施不力。监理单位、土建施工单位上海五建对基坑施工中的动态管理不严，既是造成本次事故的重要原因，又是造成本次事故的间接原因。

3）事故主要原因

地基软弱，开挖范围内淤泥质黏土平均厚度厚，土体抗剪强度低，灵敏度高受扰动后，极易发生触变。施工期间遭百年一遇特大暴雨，造成长达171m基坑纵向留坡困难。未严格执行有关规定,造成小坡坡度过陡,是造成本次事故的主要原因。

3. 案例启示

(1)在公司范围内,进一步健全完善各部门安全生产管理制度,开展一次安全生产制度执行情况的大检查,在内容上重点突出各生产安全责任制到人、权限和奖惩分明,在范围上重点为工程一部、工程二部和各项目部。

(2)建立完善纵向到底、横向到边的安全生产网络。公司安全设备部要增设施工安全主管岗位,选配懂建筑施工的,具有工程师职称和项目经理资质的专业技术人员担任。

(3)加强技术和施工管理人员的培训。通过规范的培训和进修,获取施工员、项目经理等各种施工管理上岗资格,并加大引进专业技术人才的力度。

(4)严格每月一次的安全生产领导小组例会制度,部门和员工的考核、评优、续约、奖励等均严格实行安全生产一票否决制。

(5)由公司施工安全负责人负责,细化项目安全生产管理制度,重点弥补过去制度中在安全交底、民工安全教育、与甲方及各施工单位协调配合等方面存在的不足。

(6)结合公司 ISO 9000 贯标工作,严格规范公司项目管理、工艺技术管理、安全生产管理、用工管理等工作。

# 第八节 管线/设备打开作业安全监督

## 一、风险分析

管线/设备打开作业是指采取任何方式改变了封闭管线或设备及其附件完整性的作业。管线/设备打开作业是炼化企业检修中较多的作业类型,其安全风险相对较大,主要体现在:

(1)隔离不可靠风险。

关键措施:管线/设备采取有效的能量隔离措施,上锁挂标签并测试隔离效果。

(2)处置不合格风险。

关键措施:需要打开的管线或设备,执行退料、冲洗、蒸煮、置换、吹扫等工艺处置等程序,对系统进行检测合格。

(3)复杂作业分析不足。

关键措施:涉及高处作业、动火作业、进入受限空间等特殊作业组合,制订安全工作方案。落实相应安全措施,办理相关作业许可证。

(4)应急措施不足够。

关键措施:建立个人防护装备清单;现场配置人员能够及时获取的个人防护装备。

（5）防护不到位风险。

关键措施：进入受管线/设备打开影响区域内的人员、预备人员等穿戴合适、合格的个人防护装备；作业人员正确站位。

（6）检维修界面交接不清风险。

关键措施：管线/设备打开工作交接的相关方共同确认风险控制措施落实情况。

（7）物体打击风险。

关键措施：作业人员规范操作，正确使用工器具；隔离系统内将所有阀门开启，系统不得存在憋压。

（8）管线/设备内遗留异物。

关键措施：作业结束后，认真检查管线/设备内，防止遗留工具及其他物品造成管线堵塞和设备损坏。

（9）监督监护不尽责。

关键措施：作业前，监护人应会同作业人员检查确认安全措施落实情况，不得脱离岗位。

（10）作业人员缺乏安全意识。

关键措施：作业人员必须经安全教育，熟悉现场环境和施工安全要求。

（11）着火爆炸风险。

关键措施：使用合格工器具、工艺处理合格、消除静电。

（12）人员中毒风险。

关键措施：管线/设备打开后残余物料喷出造成中毒风险，作业人员站在上风向或侧风向位置，正确佩戴和个人防中毒装备。

（13）物料喷溅风险。

关键措施：需打开的管线/设备物料退空，设备/管线符合打开压力要求，作业人员正确站位，正确佩戴和使用眼面部防护用品。

## 二、监督内容

（1）作业许可合规性。

（2）管线设备清理和隔离有效性。

（3）应急救援准备充分性。

（4）作业风险评估全面性及安全措施有效性。

（5）人员个体防护装备选配合理性。

（6）人员不安全行为。

（7）工器具的适用性。

## 三、监督依据

（1）《管线/设备打开安全管理规定》（油炼化〔2011〕11号）（2018修订）。

（2）《能量隔离管理规定(试行)》（油炼化〔2011〕11号）（2018修订）。

（3）《化学品生产单位特殊作业安全规范》（GB 30871—2014）。

## 四、监督要点

（1）作业许可证合规性。

监督依据：《管线/设备打开安全管理规定》（油炼化〔2011〕11号）（2018修订）。

---

《管线/设备打开安全管理规定》（油炼化〔2011〕11号）（2018修订）：

第四条　名词解释

（一）管线/设备打开：是指采取任何方式改变了封闭管线或设备及其附件完整性的作业。

（二）热分接：是指用机制或焊接的方法将支线管件连接到在用的管线或设备上，并通过钻或切割在该管线或设备上产生开口的一项技术。

第八条　管线/设备打开主要指两类情况：第一类是在运管线/设备打开；第二类是装置停车大检修，工艺处理合格后，独立单元首次管线/设备打开。

第九条　管线/设备打开采取下列方式（包括但不限于）：

（一）解开法兰。

（二）从法兰上去掉一个或多个螺栓。

（三）打开阀盖或拆除阀门。

（四）调换8字盲板。

（五）打开管线连接件。

（六）去掉盲板、盲法兰、堵头和管帽。

（七）断开仪表、润滑、控制系统管线，如引压管、润滑油管等。

（八）断开加料和卸料临时管线（包括任何连接方式的软管）。

（九）用机械方法或其他方法穿透管线。

（十）开启检查孔。

（十一）微小调整（如更换阀门填料）。

（十二）其他。

第十条　管线/设备打开实行作业许可,应办理作业许可证,具体执行《作业许可管理规定》。如涉及含有剧毒、高毒、易燃易爆、高压、高温等介质的管线/设备打开(具体见《压力容器压力管道设计单位资格许可与管理规则》及《压力管道安装单位资格认可实施细则》),炼化企业基层单位应根据作业风险的大小,同时办理"管线/设备打开许可证"。

第十一条　当管线/设备打开作业涉及高处作业、动火作业、进入受限空间等特殊作业,应同时办理相关作业许可证。

第十二条　凡是没有办理作业许可证,没有按要求编制安全工作方案,没有落实安全措施,禁止管线/设备打开作业。

第十八条　管线/设备打开许可证管理要求

(二)属地单位负责人或其授权人组织工艺、设备、安全负责人、当班负责人及作业单位相关人员,对管线/设备打开分别进行工艺及作业风险识别并制订风险削减措施加以落实。属地单位工艺技术员或项目负责人填写管线/设备打开许可证中危害识别、风险削减措施及个人防护装备栏。

(三)属地单位安全专业人员对上述活动进行审查,与工艺、设备人员共同确认符合要求后进行会签。所有作业、监护人员、申请人及相关人员分别对相应措施的落实情况核查,确认合格,在相应栏内签字,车间主任批准(有分厂的由厂主管领导批准,车间主任会签)。

(四)管线/设备打开许可证的期限不超过一个班次,延期后总的作业期限不能超过24小时。分发、取消、关闭的要求参照《作业许可管理规定》执行。

(2)检查管线/设备打开前的工艺及环境条件。

监督依据:《管线/设备打开安全管理规定》(油炼化〔2011〕11号)(2018修订)、《能量隔离管理规定(试行)》(油炼化〔2011〕11号)(2018修订)、《化学品生产单位特殊作业安全规范》(GB 30871—2014)。

《管线/设备打开安全管理规定》(油炼化〔2011〕11号)(2018修订):

第十四条　管线/设备打开作业前要求

(一)管线/设备打开作业前,属地单位应会同作业单位共同确认工作内容并进行风险评估,根据风险评估的结果制订相应控制措施,并确定是否要求作业单位编制安全工作方案和应急预案。

（二）作业前所有相关人员应了解、熟悉安全工作方案，确保所有相关人员掌握相应的 HSE 要求，必要时进行专项培训。

（三）清理

1. 需要打开的管线或设备必须与系统隔离，其中的物料应采用排尽、冲洗、置换、吹扫等方法除尽。清理合格应符合以下要求：

（1）系统温度介于 $-10℃\sim 60℃$ 之间；

（2）已达到大气压力；

（3）与气体、蒸汽、雾沫、粉尘的毒性、腐蚀性、易燃性有关的风险已降低到可接受的程度。

2. 管线/设备打开前不能完全确认已无危险，应在管线/设备打开之前做好以下准备：

（1）确认管线/设备清理合格。采用凝固（固化）工艺介质的方法进行隔离应充分考虑介质可能重新流动；

（2）如果不能确保管线/设备清理合格，如残存压力或介质在死角截留、未隔离所有压力或介质的来源、未在低点排凝和高点排空等，应停止工作，重新制订工作计划，明确控制措施，消除或控制风险。

（四）隔离

1. 隔离应满足以下要求：

（1）属地单位提供显示阀门开关状态、盲板、盲法兰位置的图表，如上锁点清单、盲板图、现场示意图、工艺流程图和仪表控制图等；

（2）所有盲板、盲法兰应挂牌；

（3）隔离系统内的所有阀门必须保持开启，并对管线进行清理，防止管线/设备内留存介质；

（4）对于存在第二能源的管线/设备，在隔离时应考虑隔离的次序和步骤。对于采用凝固（固化）工艺进行隔离以及存在加热后介质可能蒸发的情况应重点考虑。

2. 隔离方法的选择取决于隔离物料的危险性、管线系统的结构、管线打开的频率、因隔离（如吹扫、清洗等）产生可能泄漏的风险等。隔离方法和优先顺序见第十三条第（五）款；

3. 如果双重隔离不可行而采用单截止阀进行隔离时，应制订安全工作方案，并采取有效防护措施；

4. 应考虑使用手动阀门进行隔离，手动阀门可以是闸阀、旋塞阀或球阀。控制阀不能单独作为物料隔离装置；

5.应对所有隔离点进行有效隔断,并进行标识。

第十五条 打开管线/设备要求

(一)明确管线/设备打开位置。

(二)在受管线/设备打开影响的区域内设置警戒线,控制人员进入。

(三)管线/设备打开过程中发现现场工作条件与安全工作方案不一致时(如导淋阀堵塞或管线/设备清理不合格),应停止作业,进行再评估,重新制订安全工作方案并有效落实后,办理相关作业许可证。

(四)涉及热分接的管线/设备打开,其作业步骤和方法应符合《在用设备的焊接和热分接程序》(SY/T 6654)。

《化学品生产单位特殊作业安全规范》(GB 30871—2014):

7.2 应根据管道内介质的性质、温度、压力和管道法兰密封面的口径等选择相应材料、强度、口径和符合设计、制造要求的盲板及垫片。高压盲板使用前应经超声波探伤,并符合JB/T 450的要求。

《能量隔离管理规定(试行)》(油炼化〔2011〕11号)(2018修订):

第八条 为避免设备设施或系统区域内蓄积危险能量或物料的意外释放,对所有危险能量和物料的隔离设施均应进行能量隔离、上锁挂标签并测试隔离效果。

第十条 抽加盲板应注意以下几点:

(一)抽加盲板工作应由专人负责,按盲板图进行作业,统一编号,做好记录。

(三)抽加盲板要考虑防泄漏、防火、防中毒、防滑、防坠落等措施。

(四)拆除法兰螺栓时要以对角方位缓慢松开,防止管道内余压或残余物料喷出;加盲板的位置应在来料阀的后部法兰处,盲板两侧均应加垫片,并用螺栓紧固。

(五)盲板及垫片应具有一定的强度,其材质、厚度要符合技术要求,盲板应留有把柄,并于明显处挂牌标记。

(3)监督管线/设备打开作业人员、监护人员等个人防护装备及工器具配备与使用情况。

监督依据:《管线/设备打开安全管理规定》(油炼化〔2011〕11号)(2018修订)、《化学品生产单位特殊作业安全规范》(GB 30871—2014)。

《管线/设备打开安全管理规定》(油炼化〔2011〕11号)(2018修订):

第十七条　个人防护装备要求

(一)管线/设备打开作业时,安全专业人员和使用人员应参与选择确定合适的个人防护装备。

(二)个人防护装备在使用前,使用人员应进行现场检查或测试,合格后方可使用。

(三)应按防护要求建立个人防护装备清单,清单包括使用的防护装备种类、使用时间及有效使用范围等内容。应确保现场人员能够及时获取个人防护装备。

(四)对含有剧毒、高毒物料等可能立刻对生命和健康产生危害的管线/设备打开作业时应遵守以下要求:

1. 所有进入受管线/设备打开影响区域内的人员、预备人员等应按要求穿戴个人防护装备;

2. 对于受管线/设备打开影响区域外(位于路障或警戒线之外但能够看见工作区域)的人员,可不穿戴个人防护装备,但必须确保能及时获取个人防护装备。

---

《化学品生产单位特殊作业安全规范》(GB 30871—2014):

7.5　在有毒介质的管道、设备上进行盲板抽堵作业时,作业人员应按GB/T 11651的要求选用防护用具。

7.6　在易燃易爆场所进行盲板抽堵作业时,作业人员应穿防静电工作服、工作鞋,并应使用防爆灯具和防爆工具;距盲板抽堵作业地点30m内不应有动火作业。

7.7　在强腐蚀性介质的管道、设备上进行盲板抽堵作业时,作业人员应采取防止酸碱灼伤的措施。

7.8　介质温度较高、可能造成烫伤的情况下,作业人员应采取防烫措施。

7.9　不应在同一管道上同时进行两处及两处以上的盲板抽堵作业。

---

(4)监督检查管线/设备打开作业安全工作方案、应急预案可操作性。

监督依据:《管线/设备打开安全管理规定》(油炼化〔2011〕11号)(2018修订)。

---

《管线/设备打开安全管理规定》(油炼化〔2011〕11号)(2018修订):

第十四条　管线/设备打开作业前要求

(一)管线/设备打开作业前,属地单位应会同作业单位共同确认工作内容并进行风险评估,根据风险评估的结果制订相应控制措施,并确定是否要求作业单位编制安全工作方案和应急预案。安全工作方案应包括下列主要内容:

1. 清理计划,应具体描述关闭的阀门、排空点、上锁点及盲板等的位置,必要时应提供示意图;

2. 安全措施,包括管线/设备打开过程中的冷却、充氮措施、个人防护装备和必要的消防器材等;

3. 描述管线/设备打开影响的区域,并控制人员进入;

4. 其他相关内容。

## 五、常见违章

(1)未开具管线(设备)打开作业票进行作业。

(2)管线(设备)未进行有效的隔离或切断就进行作业。

(3)打开管线(设备)前未进行相关的置换、吹扫或泄压排液(气体)。

(4)作业区域未实行相应的警戒隔离。

(5)管线打开许可证的期限超过一个班次,延期后总的作业期限超过24h。

(6)未使用防爆工具。

## 六、案例分析

案例一:某油田公司炼油化工总厂"2010.2.12"中毒事故

2010年2月12日21时26分,某油田公司炼油化工总厂液态烃脱硫装置发生一起硫化氢中毒事故。事故造成2人死亡、5人留院观察治疗。

1. 事故经过

2010年2月12日15时31分,某油田公司炼油化工总厂安全科值班干部谭某发现液态烃脱硫装置液态烃脱硫抽提塔C-7102富液出口阀门上法兰面泄漏,打电话向厂调度汇报。装置人员立即关闭进出口阀门,切断物料,采用蒸汽对泄漏物料进行掩护,现场消防水戒备。

16时2分,装置主任李某安排操作人员向低压瓦斯管网泄压和高点放空泄压,并由化验室人员进行现场气体检测。

19时40分,李某安排装置人员继续监护泄压,观察法兰已不泄漏。作业人员未佩戴空气呼吸器进入现场开始拆卸法兰更换垫片,当更换新垫片后进行螺栓紧固时,突然发生泄漏,作业人白某、王某、李某、高某从作业平台通过直梯紧急撤离时,李某、高某晕倒,现场其他人员迅速上平台抢救,并将现场中毒人员送至医院抢救。李某和高某经抢救无效死亡,其他5人留院观察治疗。

2. 原因分析

作业人员对硫化氢的危害认识不足,在没有采取防护措施的情况下违章冒险作业。

3. 案例启示

(1)装置主任李某在组织应急处置过程中思想上麻痹大意、心存侥幸,未制止作业人员的冒险作业行为,管理严重失职。

(2)现场作业人员在处置泄漏时误认为已不泄漏,可能由于泄漏点冻凝(气温零下19℃),在紧固螺栓过程中突然泄漏,发生事故。

(3)员工安全意识淡薄,对动态安全风险辨识不够。

(4)企业对员工的安全教育落实不够,生产作业过程中仍然存在员工严重违章作业现象。

**案例二:某石化公司"5·11"硫化氢中毒事故**

2007年5月11日,某石化公司炼油厂加氢精制联合车间柴油加氢精制装置在停工过程中,发生一起硫化氢中毒事故,造成5人中毒,其中2人因中毒从高处坠落。

1. 事故经过

5月11日,某石化公司炼油厂加氢精制联合车间对柴油加氢装置进行停工检修。14时50分,停反应系统新氢压缩机,切断新氢进装置新氢罐边界阀,准备在阀后加装盲板(该阀位于管廊上,距地面4.3m)。15时30分,对新氢罐进行泄压。18时30分,新氢罐压力上升,再次对新氢罐进行泄压。18时50分,检修施工作业班长带领4名施工人员来到现场,检修施工作业班长和车间一名岗位人员在地面监护。19时15分,作业人员在松开全部8颗螺栓后拆下上部2颗螺栓,突然有气流喷出,在下风侧的一名作业人员随即昏倒在管廊上,其他作业人员立即进行施救。一名作业人员在摘除安全带施救过程中,昏倒后从管廊缝隙中坠落。两名监护人员立刻前往车间呼救,车间一名工艺技术员和两名操作工立刻赶到现场施救,工艺技术员在施救过程中中毒后从脚手架坠地,两名操作工也先后中毒。其他赶来的施救人员佩戴空气呼吸器爬上管廊将中毒人员抢救到地面,送往医院抢救。

2. 原因分析

1)事故直接原因

当拆开新氢罐边界阀法兰和大气相通后,与低压瓦斯放空分液罐相连的新氢罐底部排液阀门没有关严或阀门内漏,造成高含硫化氢的低压瓦斯进入新氢罐,从断开的法兰处排出,造成作业人员和施救人员中毒。

2）事故间接原因

在出现新氢罐压力升高的异常情况后，没有按生产受控程序进行检查确认，就盲目安排作业；施工人员在施工作业危害辨识不够的情况下，盲目作业；施救人员在没有采取任何防范措施的情况下，盲目应急救援，造成次生人员伤害和事故后果扩大。

3. 案例启示

（1）作业人员对硫化氢中毒风险认识不足，作业过程中，未正确佩戴防硫化氢中毒防护装备且站位错误。

（2）新氢罐底部排液阀门没有关严或阀门内漏，导致系统隔离方式失效。

（3）救援人员在未正确佩戴防中毒装备的情况下盲目施救，造成事故扩大。

（4）管线/设备打开作业风险辨识不足，应急预案和安全工作方案与现场实际不符，延误人员施救。

# 第九节　脚手架作业安全监督

## 一、风险分析

脚手架是为了保证施工过程顺利进行而搭设的工作平台。主要风险体现在：

（1）脚手架倾倒或局部垮架风险。

关键措施：规范脚手架搭设管理；定期检查；严格脚手架载荷计算，严禁载荷超限；特殊脚手架编制安全工作方案。

（2）高处坠落风险。

关键措施：正确使用防坠落防护装备；规范脚手架搭设。

（3）物体打击风险。

关键措施：规范脚手架搭设、拆除及使用管理；正确使用工具袋；严禁高空抛物。

（4）环境不良风险。

关键措施：对作业环境状况进行检查确认；严格电气隔离与安全间距。

## 二、监督内容

（1）脚手架作业施工单位资质及专项方案编制、审批落实情况。

（2）脚手架搭设相关许可合规性。

（3）脚手架搭设、拆除及使用过程人员防护装备使用。

（4）脚手架搭设的规范性。

（5）脚手架搭设、拆除作业过程区域隔离警戒。

（6）脚手架搭设、拆除及使用期间区域环境条件符合性。

## 三、监督依据

（1）《脚手架作业安全管理规定》（油炼化〔2011〕11号）（2018修订）。

（2）《高处作业安全管理规定》（油炼化〔2011〕11号）（2018修订）。

（3）《石油化工工程钢管脚手架搭设与使用技术规范》（Q/SY 1798—2015）。

（4）《中国石油天然气股份有限公司高处作业安全管理办法》（油安〔2015〕487号）。

（5）《建筑施工企业安全生产管理规范》（GB 50656—2011）。

（6）《化学品生产单位特殊作业安全规范》（GB 30871—2014）。

（7）《石油化工建设工程施工安全技术规范》（GB 50484—2008）。

（8）《危险性较大的分部分项工程安全管理办法》（建质〔2009〕87号）。

（9）《建筑施工扣件式钢管脚手架安全技术规范》（JGJ 130—2011）。

（10）《建筑施工门式钢管脚手架安全技术规范》（JGJ 128—2010）。

（11）《建筑施工碗扣式钢管脚手架安全技术规范》（JGJ 166—2016）。

（12）《钢管脚手架扣件》（GB 15831—2006）。

## 四、监督要点

（1）检查作业人员资质、能力及状态。

监督依据：《脚手架作业安全管理规定》（油炼化〔2011〕11号）（2018修订）、《高处作业安全管理规定》（油炼化〔2011〕11号）（2018修订）、《中国石油天然气股份有限公司高处作业安全管理办法》（油安〔2015〕487号）。

---

《脚手架作业安全管理规定》（油炼化〔2011〕11号）（2018修订）：

第八条 脚手架搭设单位应具有相关资质，脚手架搭设人员应持有效的特种作业资格证。

第九条 脚手架作业人员的健康条件应符合《高处作业安全管理规定》的要求，患有心脏病、高血压、癫痫等职业禁忌症的人员不允许进行脚手架作业。

---

《中国石油天然气股份有限公司高处作业安全管理办法》（油安〔2015〕487号）：

第二十四条 作业申请人、作业批准人、作业监护人、属地监督必须经过相应培训，具备相应能力。

> 高处作业人员及搭设脚手架等高处作业安全设施的人员,应经过专业技术培训及专业考试合格,持证上岗,并应定期进行身体检查。对患有心脏病、高血压等职业禁忌证,以及年老体弱、疲劳过度、视力不佳等其他不适于高处作业的人员,不得安排从事高处作业。

> 《高处作业安全管理规定》(油炼化〔2011〕11号):
> 第二十六条 高处作业人员应接受培训。患有高血压、心脏病、贫血、癫痫、严重关节炎、肢体残疾或服用嗜睡、兴奋等药物的人员及其他禁忌高处作业的人员不得从事高处作业。

（2）检查施工单位是否编制脚手架搭设专项施工方案、安全技术方案(措施);方案(措施)是否符合国家法律法规、行业标准要求,并经相关部门及人员审批同意。

监督依据:《建筑施工企业安全生产管理规范》(GB 50656—2011)、《危险性较大的分部分项工程安全管理办法》(建质〔2009〕87号)、《脚手架作业安全管理规定》(油炼化〔2011〕11号)(2018修订)、《石油化工建设工程施工安全技术规范》(GB 50484—2008)。

> 《脚手架作业安全管理规定》(油炼化〔2011〕11号)(2018修订):
> 第十一条 高度超过24米的脚手架,作业单位应编制脚手架作业技术方案;高度超过50米的脚手架,应进行设计计算,脚手架作业技术方案应报项目主管部门审查,作业单位技术负责人批准。

> 《建筑施工企业安全生产管理规范》(GB 50656—2011):
> 10.0.3 建筑施工企业应当在施工组织设计中编制安全技术措施和施工现场临时用电方案;对危险性较大分部分项工程,编制专项安全施工方案;对其中超过一定规模的应按规定组织专家论证。
> 10.0.4 企业应明确各管理层施工组织设计、专项施工方案、安全技术方案(措施)方案编制、修改、审核和审批的权限、程序及时限。
> 10.0.5 根据权限,按方案涉及内容,由企业的技术负责人组织相关职能部门审核,技术负责人审批。审核、审批应有明确意见并签名盖章。编制、审批应在施工前完成。
> 12.0.5 工程项目开工前,工程项目部应根据施工特征,组织编制项目安全技术措施和专项施工方案,包括应急预案,并按规定审批,论证,交底、验收,检查;

方案内容应包括工程概况、编制依据、施工计划、施工工艺施工安全技术措施、检查验收内容及标准、计算书及附图等。

《危险性较大的分部分项工程安全管理办法》(建质〔2009〕87号):

第五条 施工单位应当在危险性较大的分部分项工程施工前编制专项方案;对于超过一定规模的危险性较大的分部分项工程,施工单位应当组织专家对专项方案进行论证。

其中,危险性较大的分部分项工程范围:

1. 搭设高度24m及以上的落地式钢管脚手架工程。
2. 附着式整体和分片提升脚手架工程。
3. 悬挑式脚手架工程。
4. 吊篮脚手架工程。
5. 自制卸料平台、移动操作平台工程。
6. 新型及异型脚手架工程。

超过一定规模的危险性较大的分部分项工程范围:

1. 搭设高度50m及以上落地式钢管脚手架工程。
2. 提升高度150m及以上附着式整体和分片提升脚手架工程。
3. 架体高度20m及以上悬挑式脚手架工程。

第八条 专项方案应当由施工单位技术部门组织本单位施工技术、安全、质量等部门的专业技术人员进行审核。经审核合格的,由施工单位技术负责人签字。实行施工总承包的,专项方案应当由总承包单位技术负责人及相关专业承包单位技术负责人签字。

不需专家论证的专项方案,经施工单位审核合格后报监理单位,由项目总监理工程师审核签字。

第九条 超过一定规模的危险性较大的分部分项工程专项方案应当由施工单位组织召开专家论证会。实行施工总承包的,由施工总承包单位组织召开专家论证会。

《石油化工建设工程施工安全技术规范》(GB 50484—2008):

6.1.1 施工单位应编制脚手架施工方案,对符合下列条件之一的一个应编制专项施工方案,并有安全验算结果,经施工单位技术负责人、总监理工程师签字后实施:

(1)架体高度50m以上。
(2)承载量大于3.0kN/m$^2$。
(3)特殊形式脚手架工程。

(3)检查施工作业环境、现场安全警戒隔离设置情况,执行作业许可审批手续。

监督依据:《脚手架作业安全管理规定》(油炼化〔2011〕11号)(2018修订)、《石油化工建设工程施工安全技术规范》(GB 50484—2008)、《化学品生产单位特殊作业安全规范》(GB 30871—2014)。

---

《脚手架作业安全管理规定》(油炼化〔2011〕11号)(2018修订):

第二十八条 脚手架与架空输电线路的最小安全操作距离应符合《石油化工建设工程施工安全技术规范》(GB 50484)规定:

| 外电线路电压等级(kV) | <1 | 1~10 | 35~110 | 220 | 330~500 |
|---|---|---|---|---|---|
| 最小安全操作距离(m) | 4.0 | 6.0 | 8.0 | 10 | 15 |

第二十九条 脚手架设置在相邻建筑物、构筑物等设施的防雷装置接闪器的保护范围以外时,应按《石油化工建设工程施工安全技术规范》(GB 50484)规定安装防雷装置。安装防雷装置施工设施的高度应满足下表要求:

| 地区年平均雷暴日(d) | 施工设施高度(m) |
|---|---|
| ≤15 | ≥50 |
| >15,<40 | ≥32 |
| ≥40,<90 | ≥20 |
| ≥90及雷害特别严重地区 | ≥12 |

---

《石油化工建设工程施工安全技术规范》(GB 50484—2008):

6.1.4 六级及以上大风和雨、雪、雾天应停止脚手架作业,雪后上架作业应及时扫除积雪。

6.1.6 脚手架基础临近进行挖掘作业时,不得危机脚手架的安全使用。

6.1.7 脚手架与架空输电线路的安全距离、工地临时用电线路架设及脚手架接地、避雷设施等应按本规范第4章有关规定执行。

6.1.8 搭、拆脚手架前,应向作业人员进行安全技术交底,作业现场应设置警戒区、警戒牌并有专人监护,警戒区内不得有其他作业或人员通行。

---

《化学品生产单位特殊作业安全规范》(GB 30871—2014):

8.2.11 拆除脚手架、防护棚时,应设警戒区并派专人监护,不应上部和下部同时施工。

(4)检查脚手架使用材料合规性。

监督依据:《脚手架作业安全管理规定》(油炼化〔2011〕11号)(2018修订)、《石油化工建设工程施工安全技术规范》(GB 50484—2008)、《建筑施工扣件式钢管脚手架安全技术规范》(JGJ 130—2011)。

> 《脚手架作业安全管理规定》(油炼化〔2011〕11号)(2018修订):
>
> 第十六条 金属脚手架材料(如钢管、门架、扣件和脚手板等)应有厂商的检测报告和产品质量合格证。重复使用的金属脚手架材料应满足脚手架技术规范要求。
>
> 第十七条 脚手架钢管应采用$\phi 48\times 3.5$、$\phi 51\times 3$或$\phi 51\times 4$的无缝钢管,且同一脚手架中不同型号的钢管严禁混用。
>
> 第十八条 脚手板不得有裂纹、开焊与硬弯,脚手板均应涂防锈漆。
>
> 第十九条 扣件应无裂缝、无变形,出现滑丝的螺栓必须更换,扣件均应进行防锈处理。

> 《建筑施工扣件式钢管脚手架安全技术规范》(JGJ 130—2011):
>
> 3.1.2 脚手架钢管宜采用$\phi 48.3\times 3.6$钢管。每根钢管的最大质量不应大于25.8kg。
>
> 3.1.3 脚手板可采用钢、木、竹材料制作,单块脚手板的质量不宜大于30kg。
>
> 3.4.1 可调托撑螺杆外径不得小于36mm。
>
> 3.4.2 可调托撑的螺杆与支托板焊接应牢固,焊缝高度不得小于6mm;可调托撑螺杆与螺母旋合长度不得少于5扣,螺母厚度不得小于30mm。
>
> 3.4.3 可调托撑抗压承载力设计值不应小于40kN,支托板厚不应小于5mm。

> 《石油化工建设工程施工安全技术规范》(GB 50484—2008):
>
> 6.2.1 脚手架架杆宜选用符合国家标准的直缝焊接钢管,外径宜为48~51mm、壁厚宜为3~3.5mm。规格不同不得混用。
>
> 6.2.2 脚手架架杆应涂有防锈漆,不得有严重腐蚀、结疤、弯曲、压扁和裂缝等缺陷。
>
> 6.2.7 脚手板应使用镀锌铁丝双股绑扎,铁丝型号不低于10#。

(5)检查脚手架地基、基础以及悬挑钢梁布设是否符合设计、规范要求。

监督依据:《建筑施工扣件式钢管脚手架安全技术规范》(JGJ 130—2011)、《石油化工建设工程施工安全技术规范》(GB 50484—2008)。

> 《建筑施工扣件式钢管脚手架安全技术规范》(JGJ 130—2011):
>
> 6.10.2 型钢悬挑梁宜采用双轴对称截面的型钢。悬挑钢梁型号及锚固件应按设计确定,钢梁截面高度不应小于160mm。悬挑梁尾端应在两处及以上固定于钢筋混凝土梁板结构上。锚固型钢悬挑梁的U型钢筋拉环或锚固螺栓直径不宜小于16mm。
>
> 6.10.4 每个型钢悬挑梁外端宜设置钢丝绳或钢拉杆与上一层建筑结构斜拉结。
>
> 6.10.5 悬挑钢梁悬挑长度应按设计确定,固定段长度不应小于悬挑段长度的1.25倍。
>
> 7.2.1 脚手架地基与基础的施工,应根据脚手架所受荷载、搭设高度、搭设场地土质情况与现行国家标准《建筑地基基础工程施工质量验收规范》GB 50202的有关规定进行。
>
> 7.3.3 底座安放应符合下列规定:
>
> 1.底座、垫板均应准确地放在定位线上;
>
> 2.垫板应采用长度不少于2跨、厚度不小于50mm、宽度不小于200mm的木垫板。

> 《石油化工建设工程施工安全技术规范》(GB 50484—2008):
>
> 6.1.5 搭设脚手架的场地应平整坚实,符合承载要求,并有排水设施。对于图纸疏松、潮湿、地下有空洞、管沟或埋设物的地面,应经过地基处理。

(6)检查脚手架结构是否符合要求。

监督依据:《脚手架作业安全管理规定》(油炼化〔2011〕11号)(2018修订)、《建筑施工扣件式钢管脚手架安全技术规范》(JGJ 130—2011)、《石油化工建设工程施工安全技术规范》(GB 50484—2008)。

> 《脚手架作业安全管理规定》(油炼化〔2011〕11号)(2018修订):
>
> 第三十一条 脚手架必须设置安全爬梯或斜道。
>
> 第三十二条 脚手架支撑脚应可靠、牢固,能够承载许用的最大载荷,并设置纵、横向扫地杆。
>
> 第三十三条 双排脚手架应设剪刀撑与横向斜撑,单排脚手架应设剪刀撑。
>
> 第三十四条 作业层脚手板必须按脚手架宽度铺满、铺稳,捆扎牢固,单排脚手架脚手板与墙面的间隙不应大于200mm,必要时需在其下方设置防护层。
>
> 第三十五条 脚手架作业层外侧,应设置双层护栏和踢脚板,且均应搭设在立杆的内侧。上护栏高度应为1.2米,中护栏居中设置,踢脚板高度不小于180mm。若作业层

内侧距墙面距离大于200mm时,也应设置双层护栏和踢脚板。

第三十六条 当脚手架高度超过底部最小边长的四倍时,应采取防倾覆的固定措施(采用封闭式脚手架、使用连墙件或抛撑)。

第三十七条 在运行的生产装置或高危部位搭设脚手架,除架设爬梯外,还应增设逃生通道。

第三十八条 脚手板除了用作铺设脚手架外不可他用。

---

《建筑施工扣件式钢管脚手架安全技术规范》(JGJ 130—2011):

6.1.2 单排脚手架搭设高度不应超过24m;双排脚手架搭设高度不宜超过50m,高度超过50m的双排脚手架,应采用分段搭设等措施。

6.2.4 脚手板的设置应符合下列规定:

(1)作业层脚手板应铺满、铺稳、铺实。

(2)冲压钢脚手板、木脚手板、竹串片脚手板等,应设置在三根横向水平杆上。当脚手板长度小于2m时,可采用两根横向水平杆支承,但应将脚手板两端与其可靠固定,严防倾翻。脚手板的铺设应采用对接平铺或搭接铺设。脚手板对接平铺时,接头处应设两根横向水平杆,脚手板外伸长度应取130~150mm,两块脚手板外伸长度的和不应大于300mm;脚手板搭接铺设时,接头应支在横向水平杆上,搭接长度不应小于200mm,其伸出横向水平杆的长度不应小于100mm。

(3)竹笆脚手板应按其主竹筋垂直于纵向水平杆方向铺设,且应对接平铺,四个角应用直径不小于1.2mm的镀锌钢丝固定在纵向水平杆上。

(4)作业层端部脚手板探头长度应取150mm,其板的两端均应固定于支承杆件上。

7.3.13 脚手板的铺设应符合下列规定:

(1)脚手板应铺满、铺稳,离墙面的距离不应大于150mm;

(2)脚手板探头应用直径3.2mm的镀锌钢丝固定在支承杆件上;

(3)在拐角、斜道平台口处的脚手板,应用镀锌钢丝固定在横向水平杆上,防止滑动。

6.3.1 每根立杆底部宜设置底座或垫板。

6.3.2 脚手架必须设置纵、横向扫地杆。纵向扫地杆应采用直角扣件固定在距钢管底端不大于200mm处的立杆上。横向扫地应采用直角扣件固定在紧靠纵向扫地杆下方的立杆上。

6.3.3 脚手架立杆基础不在同一高度上时,必须将高处的纵向扫地杆向低处延长两跨与立杆固定,高低差不应大于1m。靠边坡上方的立杆轴线到边坡的距离不应小于500mm。

6.3.4 单、双排脚手架底层步距均不应大于2m。

6.3.5 单排、双排与满堂脚手架立杆接长除顶层顶步外,其余各层各步接头必须采用对接扣件连接。

6.3.6 脚手架立杆的对接、搭接应符合下列规定:

(1)当立杆采用对接接长时,立杆的对接扣件应交错布置,两根相邻立杆的接头不应设置在同步内,同步内隔一根立杆的两个相隔接头在高度方向错开的距离不宜小于500mm;各接头中心至主节点的距离不宜大于步距的1/3;

(2)当立杆采用搭接接长时,搭接长度不应小于1m,并应采用不少于2个旋转扣件固定,端部扣件盖板的边缘至杆端距离不应小于100mm。

6.4.1 脚手架连墙件设置的位置、数量应按专项施工方案确定。

6.4.2 脚手架连墙件数量的设置除应满足本规范的计算要求外,还应符合表6.4.2的规定。

表6.4.2 连墙件布置最大间距

| 搭设方法 | 高度 | 竖向间距($h$) | 水平间距($l_a$) | 每根连墙件覆盖面积($m^2$) |
| --- | --- | --- | --- | --- |
| 双排落地 | ≤50m | $3h$ | $3l_a$ | ≤40 |
| 双排悬挑 | >50m | $2h$ | $3l_a$ | ≤27 |
| 单排 | ≤24m | $3h$ | $3l_a$ | ≤40 |

注:$h$——步距;$l_a$——纵距。

6.4.4 开口型脚手架的两端必须设置连墙件,连墙件的垂直间距不应大于建筑物的层高,并且不应大于4m。

6.4.5 连墙件中的连墙杆应呈水平设置,当不能水平设置时,应向脚手架一端下斜连接。

6.4.6 连墙件必须采用可承受拉力和压力的构造。对高度24m以上的双排脚手架,应采用刚性连墙件与建筑物连接。

7.3.8 脚手架连墙件安装应符合下列规定:

(1)连墙件的安装应随脚手架搭设同步进行,不得滞后安装;

(2)当单、双排脚手架施工操作层高出相邻连墙件以上两步时,应采取确保脚手架稳定的临时拉结措施,直到上一层连墙件安装完毕后再根据情况拆除。

6.6.2 单、双排脚手架剪刀撑的设置应符合下列规定：

（1）每道剪刀撑宽度不应小于4跨，且不应小于6m，斜杆与地面的倾角应在45°~60°之间。

6.6.3 高度在24m及以上的双排脚手架应在外侧全立面连续设置剪刀撑；高度在24m以下的单、双排脚手架，均必须在外侧两端、转角及中间间隔不超过15m的立面上，各设置一道剪刀撑，并应由底至顶连续设置。

6.6.4 双排脚手架横向斜撑的设置应符合下列规定：

（1）横向斜撑应在同一节间，由底至顶层呈之字形连续布置。

（2）高度在24m以下的封闭型双排脚手架可不设横向斜撑，高度在24m以上的封闭型脚手架，除拐角应设置横向斜撑外，中间应每隔6m跨距设置一道。

6.6.5 开口型双排脚手架的两端均必须设置横向斜撑。

6.10.1 一次悬挑脚手架高度不宜超过20m。

6.10.10 悬挑架的外立面剪刀撑应自下而上连续设置。

《石油化工建设工程施工安全技术规范》（GB 50484—2008）：

6.3.1 脚手架的每根立杆底部应设置底座和垫板，垫板宜采用长度不少于2跨、厚度不小于50mm的木板，也可采用槽钢。

6.3.2 脚手架应设置纵、横向扫地杆。纵向扫地杆应采用直角扣件固定在距底座上皮不大于200mm处的立杆上，横向扫地杆应采用直角扣件固定紧靠纵向扫地杆下方的立杆上。当立杆基础不在统一高度上时，应将高处的纵向扫地杆向低处延伸两跨并于立杆固定，高低两处的扫地杆高度差不应大于1m，且上方立杆离边坡的距离应不小于500mm。

6.3.3 脚手架的底步距不应大于2m。

6.3.4 除顶层顶步外，立杆接长的接头必须采用对接扣件连接，相邻立杆的对接扣件不得在同一高度内。

6.3.5 纵向水平该应设置在立杆内侧，长度不小于三跨，宜采用对接扣件连接，相邻两根纵向水平杆的接头不宜设置在同步或同跨内，且接头在水平方向错开的距离不应小于500mm，各接头中心到最近主节点的距离不宜大于500mm，若采用搭接方式，搭接长度不应小于1m，应等间距用三个旋转扣件固定，端部扣件距纵向水平杆杆端不应小于100mm。

6.3.6 在每个主节点处必须设置一根横向水平杆,用直角扣件与立杆相连且严禁拆除。

6.3.7 非主节点的横向水平杆根据支承的脚手板的需要等间距设置,最大间距应不大于1m。

6.3.8 双排脚手架立杆横距宜为1.5m,立杆纵距不应大于2m,纵向水平杆步距宜为1.4~18m,操作层横杆间距不应大于1m。

6.3.9 高度超过50m的脚手架,可采用双管立杆、分段悬挑或分段卸荷的措施,并应符合本规范第6.11条的规定。

6.3.10 使用脚手板时,纵向水平杆应用直角扣件固定在立杆上作为横向水平杆支座,横向水平杆两剿应梁用直角扣件固定在纵向水平杆上,纵、横水平杆端头伸出扣件盖板边缘应在100~200mm之间。

6.3.11 作业层应满铺脚手板,脚手板应设置在3根横向水平杆上,当脚手板长度小于2m时,可用2根横向水平杆支承,脚手板两端应用铁丝绑扎固定,脚手板可以对接或搭接铺设,当对接平铺时,接头处应设置2根横向水平杆,2块脚手板外伸长度的和不应大于300mm;当搭接铺设时,接头应在横向水平杆上,搭接长度不应小于200mm,其伸出横向水平杆的长度不应小于100mm。

6.3.12 作业层端部脚手板探出长度应为100~150mm,两端必须用铁丝固定,绑扎产生的铁丝扣应砸平。

6.3.13 各杆件端头伸出扣件盖板边缘的长度不应小于100mm。

6.3.14 脚手架作业面应设立双护栏杆,第一道护栏应设置在距作业层纵向水平杆的上表面500~600mm处,第二道护栏设置在距作业层纵向水平杆的上表面1~1.2m处,作业层的端头应设双护栏杆封闭。

6.3.15 脚手架两端、转角处以及每隔6~7根立杆应设置剪刀支撑或抛杆,剪刀支撑或抛杆与地面的夹角应在45°~60°之间,抛杆应与脚手架牢固连接,连接点应靠近主节点。

6.3.16 脚手架竖向每隔4m、水平向每隔6m设置连接杆与建(构)筑物牢固相连。连接杆应从底层第一步纵向水平杆开始设置,连接点应靠近主节点,并应符合下列规定:

1 如不能设置连接杆,应搭设抛撑。

2 连接杆不能水平设置时,与脚手架连接的一端应下斜连。

6.3.17 脚手架应设立上下通道。直爬梯通道横挡之间的间距宜为300~400mm。直爬梯超过8m高时,应从第一步起每隔6m搭设转角休息平台,且梯身应搭设有护笼。

脚手架高于12m时，宜搭设之字形斜道，且应采用脚手板满铺。斜道宽度不得小于1m，坡度不得大于1:3，斜道防滑条的间距不得大于300mm，转角平台宽度不得小于斜道宽度。斜道和平台外侧应设置1.2m高的防护栏杆和120mm的挡脚板，并字形独立脚手架，应将通道设立在脚手架横向水平杆侧，即短杆侧。

6.3.18 作业层或通道外侧应设置不低于120mm高的挡脚板。

6.3.19 搭设脚手架过程中即手板、杆未绑扎或拆除脚手架过程中已拆开绑扣时，不得中途停止作业。

（7）检查脚手架验收及使用是否符合要求。

监督依据：《脚手架作业安全管理规定》（油炼化〔2011〕11号）（2018修订）、《建筑施工扣件式钢管脚手架安全技术规范》（JGJ 130—2011）。

《脚手架作业安全管理规定》（油炼化〔2011〕11号）（2018修订）：

第十四条 脚手架管理采用绿色和红色警示牌进行标识：

（一）挂绿色"脚手架准用牌"表示脚手架已经过检查且符合设计要求，可以使用。

（二）挂红色"脚手架禁用牌"表示脚手架不合格、正在搭设或待拆除，除搭设人员外，任何人不得攀爬和使用。

（三）警示牌悬挂于脚手架斜道或爬梯入口等醒目处。

第三十九条 脚手架搭设过程中或完成后，架设技术负责人应根据脚手架检查清单逐项检查确认。

脚手架检查合格交付使用前，必须在斜道或爬梯入口等醒目处悬挂绿色警示牌。

第四十一条 发现有松动、变形、损坏或脱落等现象，应立即设置红色警示牌，并及时修理，确认合格后，重新设置绿色警示牌。

第四十五条 所有使用脚手架的人员应经过培训，培训的内容包括脚手架使用的安全注意事项、安全防护措施等。

第四十六条 使用者应通过安全爬梯或斜道上下脚手架，脚手架横杆不可用作爬梯，除非其按照爬梯设计。

第四十七条 脚手架上的载荷不允许超过其最大允许的工作载荷。

第四十八条 严禁将脚手架用作悬挂起重设备。

第四十九条 不得将模板支架、缆风绳、泵送混凝土和砂浆的输送管等固定在脚手架上。

第五十条  使用者只能在工作平台内作业,不得架高作业。

第五十一条  脚手架在移动过程中禁止站人,并应将材料工具清理干净。

第五十二条  不得在脚手架基础及其邻近处进行挖掘作业。

第五十三条  在脚手架上进行动火作业时,还应同时执行《动火作业安全管理规定》的要求。

第五十四条  脚手架的使用者应参与工作前安全分析,并采取有效的防护措施。

第五十五条  特殊情况脚手架无上护栏、中护栏、踢脚板时,脚手架的使用者必须使用防坠落保护设施。

第五十六条  使用过程中严禁对脚手架进行切割或施焊,未经批准不得拆改脚手架。

---

《建筑施工扣件式钢管脚手架安全技术规范》(JGJ 130—2011):

6.2.3  主节点处必须设置一根横向水平杆,用直角扣件扣接且严禁拆除。

8.2.1  脚手架及其地基基础应在下列阶段进行检查与验收:

1)基础完工后及脚手架搭设前;

2)作业层上施加荷载前;

3)每搭设完6m~8m高度后;

4)达到设计高度后;

5)遇有六级强风及以上风或大雨后,冻结地区解冻后;

6)停用超过一个月。

9.0.5  作业层上的施工荷载应符合设计要求,不得超载。不得将模板支架、缆、风绳、泵送混凝土和砂浆的输送管等固定在架体上;严禁悬挂起重设备,严禁拆除或移动架体上安全防护设施。

9.0.11  脚手板应铺设牢靠、严实,并应用安全网双层兜底。施工层以下每隔10米应用安全网封闭。

9.0.13  在脚手架使用期间,严禁拆除下列杆件:

1)主节点处的纵、横向水平杆,纵、横向扫地杆;

2)连墙件。

9.0.17  在脚手架上进行电、气焊作业时,应有防火措施和专人看守。

9.0.18  工地临时用电线路的架设及脚手架接地、避雷措施等,应按现行行业标准《施工现场临时用电安全技术规范》JGJ 46的有关规定执行。

## 五、常见违章

（1）高处作业不佩戴安全带或设置张挂安全平网。

（2）脚手架在长期搁置以后未做检查的情况下重新启用。

（3）脚手架未进行阶段性检查验收，并悬挂警示标牌。

（4）无特种作业操作证从事特种作业。

（5）未采取加固措施在脚手架基础下及其邻近处开挖管沟或基坑。

（6）搭设脚手架时，地面不设置警戒区、不设专人指挥，非操作人员入内。

（7）脚手架上超载且堆放施工构配件。

（8）任意改变连墙件设置位置、减少设置数量。

（9）未对防雷设施完好性进行检查。

（10）无搭设施工方案，仅凭经验进行；搭设作业前不进行安全技术交底。

（11）脚手板、脚手杆无油漆，腐蚀严重。

（12）扣件无浸油，腐蚀严重。

（13）作业层护栏设置不正确。

（14）作业层平台未满铺。

（15）未合规设置剪刀撑、抛撑等。

## 六、案例分析

### 案例：扣件式脚手架倒塌事故

**1. 事故经过**

某地铁工程位于十字路口下，为双柱三跨岛式站台设计，为确保进入车站地段的施工安全，根据设计要求需在风道底部先开挖南北两个小导洞，并在其内施作风道衬砌的两条地梁。地梁钢筋骨架由 $\phi28$ 主筋、$\phi16$ 腹筋、$\phi10$ 箍筋组成，总重 17.9t。钢筋骨架利用 $\phi48$ 钢管搭设支架定位进行施工作业。在梁体混凝土灌注前，拆除钢管支架。

当日当班 16 名作业人员分成 4 个组，同时进行绑扎箍筋作业。由于主筋间距小，支架横杆挡住箍筋不好绑扎，现场作业人员向当班副班长请示把支架扫地横杆拆掉，副班长便布置隔一根拆一根。于是，4 个作业组各拆除了一根支架扫地横杆后，继续绑扎箍筋。19 时 50 分，作业人员在向上提拉箍筋过程中，支架连同已架设的钢筋向小导洞进口方向倾覆，将 4 名在支架中层和下层的作业人员压在钢筋下，造成 3 人死亡、1 人轻伤。

2. 原因分析

（1）地梁支架没有按照承重架子的标准进行搭设；在使用过程中部分承重杆件被拆除后，致使支架受力状态发生变化，削弱了结构抗倾覆能力，是造成事故的直接原因。

按照《脚手架支搭规程》规定，承重架子的立杆间距不得超过1.5m，大横杆间距不得超过1.2m，小横杆间距不得超过1m，必须设置与地面夹角不得超过45°～60°的斜支撑，架体中间还应设置剪刀撑，才能保证架体的稳定性。当支撑地梁的扣件式钢管支架承载重量已经大大超出一般承重脚手架（承重脚手架载荷270kg/m$^2$）允许的载荷，本应制订相应的安全技术措施，以加大支架的承载能力和加强架体的稳定性。但是，事故发生前搭设的支架立杆和大横杆间距达到2.0m（立杆间距超规定0.5m，大横杆间距超规定0.8m），且只在长26.67m支架的一侧设置了3根斜支撑。使用过程中，作业人员又擅自拆除了支架中连接杆件（5根），最终导致架体失稳倒塌。

（2）安全、技术管理不严，违章指挥、冒险作业，是造成事故的主要原因。

① 项目部技术部门对地梁施工安全的重视度不够，没有按照承重脚手架的技术标准组织设计和制订搭设施工方案，考虑架体稳定性时认为"以前曾这样搞过"而凭经验办事，对架体抗倾覆措施考虑不全面，地梁钢筋施工技术交底会和下发的书面交底书内容不够详细具体；地梁架子搭设完毕后，也没有按规定组织验收便投入使用。

② 支架的搭设未使用专业人员，而是由开挖班班长和钢筋班副班长带领工人凭经验搭设；使用中，当班副班长自认"艺高人胆大"，未经项目部技术部门批准，对本身整体稳定性差的支架，又违章拆除扫地杆（4根）和顶层横杆（1根）。

③ 安全人员、技术人员对支架的搭设不按事先设计、事中检查、事后验收的程序办事，对支架使用过程中的稳定状态检查不严、不细，未能对架体的稳定性提出意见；检查中对违章拆除扫地杆（4根）和顶层横杆（1根）的随意性施工未能及时发现或制止。

④ 在违章拆除支架上的连接杆件（5根）情况下，工人冒险作业，导致事故发生。

（3）监理人员未能认真履行监理职责，是造成事故的原因之一。

（4）监理人员没有认真履行监理职责，对施工方没有施工方案的情况下进行支架搭设和地梁钢筋绑扎作业，未能及时予以制止。

3. 案例启示

（1）国家《建设工程安全生产管理条例》规定："①基坑支护与降水工程②土方开挖工程③模板工程④起重吊装工程⑤脚手架工程⑥拆除、爆破工程⑦建设行政主管部门或其他有关部门规定的其他危险性较大的分部分项工程","必须编制专项施工方案,并附具验算结果,经施工单位技术负责人、总监理工程师签字后实施,由专职安全生产管理人员进行现场监督"。

(2)脚手架工程从编制施工方案、设计(验算)、搭设、搭设中的监督检查、搭设后的验收,必须严格执行法律、行政法规、部门规章、工程建设标准和相关技术标准,不得凭经验而马虎、凑合、满不在乎,更不能抱有侥幸心理去简化作业和疏于监督。

(3)脚手架既要有足够承载能力,又要具有良好的刚度(使用期间,脚手架的整体或局部不产生影响正常施工的变形或晃动),其组成应满足以下要求:

① 必须设置纵、横向水平杆和立杆,三杆交会处(主节点)用直角扣件相互连接,并应尽量靠紧。

② 扣件螺栓拧紧力矩应在 $40\sim65N\cdot m$ 之间,以保证脚手架的节点具有必要的刚性和承受荷载的能力。

③ 在脚手架和建筑物之间,必须按设计计算要求设置足够数量且均匀分布的连墙杆。

④ 脚手架立杆基础必须坚实,并有足够承载能力,以防止不均匀的沉降。

⑤ 应设置纵向剪刀撑和横向斜撑,以使脚手架具有足够的纵向和横向的整体刚度。

(4)登高架设作业,易发生人员伤亡事故,对操作者本人、他人及周围设施的安全有重大危害的作业。架子工属于特种作业人员,应年满18岁,身体健康、无妨碍从事相应工种作业的疾病和生理缺陷;初中以上文化程度,具备相应工程的安全技术知识,参加国家规定的安全技术理论和实际操作考核并成绩合格;符合相应工种作业特点需要的其他条件的专业人员。

(5)要学法、懂法、执法,自觉用法律法规规范干部自身的管理行为和工人自身的作业行为。用法律法规保护自己,爱护企业,用优秀的工作质量保障工序作业的绝对安全。

# 第十节 清洗作业安全监督

## 一、人工清洗作业

(一)风险分析

(1)人员资质、能力不足风险。

关键措施:作业人员必须经安全教育,熟悉现场环境和施工安全要求;作业涉及进入受限空间、临时用电等专项作业。

（2）设备设施、器具不合格风险。

关键措施：作业时使用的设备设施、器具符合防火防爆等其他相关要求。

（3）管理程序风险。

关键措施：操作规程、施工方案和作业许可等相关内容按程序进行核准审批。

（二）监督内容

（1）清洗队伍合规性。

（2）作业人员资质能力符合性。

（3）作业人员个人防护用品有效性。

（4）清洗作业计划、施工方案等文件合规性。

（5）清洗作业安全措施完好性。

（6）作业现场环境可控性。

（7）人员是否严格执行操作规程和相关的安全规定进行清罐作业。

（8）清洗作业后处理是否满足相关法规标准要求。

（9）器材、工具符合性。

（三）监督依据

（1）《油罐人工清洗作业安全操作规程》（Q/SY 165—2006）。

（2）《中国石油天然气股份有限公司进入受限空间作业安全管理办法》（油安〔2014〕66号）。

（3）《中国石油天然气集团公司油品储罐专业化和机械化清洗工作安排部署专项会议》（2014年2月27日）。

（4）《中华人民共和国环境保护法》（中华人民共和国主席令〔2014〕第9号）。

（四）监督要点

（1）检查1000$m^3$及以上储罐人工清洗，是否采用专业化队伍。

监督依据：《中国石油天然气集团公司油品储罐专业化和机械化清洗工作安排部署专项会议》（2014年2月27日）。

---

《中国石油天然气集团公司油品储罐专业化和机械化清洗工作安排部署专项会议》（2014年2月27日）：

对于1000立方米及以上原油、成品油储罐必须进行机械清罐，暂时不具备机械清洗的其他规格的油品储罐必须由专业化队伍进行清洗。

（2）检查作业人员的健康状况。

监督依据：《油罐人工清洗作业安全操作规程》（Q/SY 165—2006）。

> 《油罐人工清洗作业安全操作规程》（Q/SY 165—2006）：
>
> 5.1.1 施工承包商单位应建立清罐作业人员定期体检制度，经诊断患有职业禁忌症者及未成年者，严禁从事有限空间作业，并符合国家相关标准规定。
>
> 5.1.2 下列人员严禁从事清罐作业：
>
> a）年龄未满18周岁的和妇女。
>
> b）有聋、哑、呆傻等严重生理缺陷者。
>
> c）患有深度近视、癫痫、高血压、过敏性气管炎、哮喘、心脏病和其他严重慢性病以及年老体弱不适应清罐作业者。
>
> d）有外伤疮口尚未愈合者。

（3）检查人员安全教育情况和特种作业人员资格证。

监督依据：《油罐人工清洗作业安全操作规程》（Q/SY 165—2006）、《中国石油天然气股份有限公司进入受限空间作业安全管理办法》（油安〔2014〕66号）。

> 《油罐人工清洗作业安全操作规程》（Q/SY 165—2006）：
>
> 5.1.3 进入有限空间作业人员，必须经过专业安全教育。应根据分工情况对有关人员进行安全和有关操作技术的岗前教育，并经考核合格后方准上岗。安全教育的主要内容为：
>
> a）施工作业前承包单位应制订施工计划和应急救援预案，并组织作业人员进行学习。
>
> b）清罐作业应使用正压式空气呼吸器。应对作业人员进行使用维护知识的教育。
>
> c）对紧急情况下的个人避险常识、窒息、中毒及其他伤害的急救知识以及检查救援措施进行教育。
>
> d）缺氧症的急救等知识。
>
> e）防护及抢救用品及相关知识。
>
> f）清罐安全技术规程、防静电安全技术规程、防火防爆十大禁令、进入有限空间作业安全管理办法等有关法规和操作规程。
>
> 5.1.4 作业前，应集一天时间进行安全教育和作业适应性演习。其中听课、看录像1h～2h；穿戴防护服和使用工具等演习5h～6h。
>
> 5.2.2 作业之前，应由监护组负责现场的安全宣传教育，并做好班前的安全教育和确定作业过程中的安全喊话（或手势）方式。

> 《中国石油天然气股份有限公司进入受限空间作业安全管理办法》(油安〔2014〕66号)：
>
> 第二十条 作业申请人、属地监督、作业批准人、作业监护人、作业人员必须经过相应培训，具备相应能力。

(4) 检查作业人员正确佩戴劳动保护用品和正确使用防护设施。

监督依据：《油罐人工清洗作业安全操作规程》(Q/SY 165—2006)。

> 《油罐人工清洗作业安全操作规程》(Q/SY 165—2006)：
>
> 6.1.1 所有人员必须根据工作性质和进入有限空间许可的要求穿戴好合适的防护装备。
>
> 6.1.2 要求的呼吸保护装备包括：
>
> ——眼睛及面部保护。
>
> ——全身保护工作服。
>
> ——手保护。
>
> ——脚保护。
>
> ——听力保护。
>
> ——防火设备。
>
> ——可燃气体检测仪、有毒气体检测仪、氧含量检测仪等。
>
> ——合适的电气设备。
>
> 6.2.1 为了防止清罐作业人员中毒、窒息，必须做到：
>
> a) 任何浓度条件下进入汽油罐进行清洗作业的人员，必须内穿浅色衣裤，外着整体防护服(最好用聚氯乙烯或类似不渗透材料的)。对整个身体(如头、颈、臂、手、腿和脚)进行保护，以避免油泥和皮肤接触。
>
> b) 如得不到聚氯乙烯长靴时，应着浅色长袜再穿长胶靴。
>
> c) 工作服的外面一定要系上附有"十"字形背带和固定有信号绳的救生带。
>
> e) 进行打开罐壁下部人孔盖的作业时，必须佩戴防毒面具。
>
> f) 在罐内油气浓度尚未达到"无油气"(即爆炸下限的4%以下)时，人员入罐探查或作业，应遵守以下规定：
>
> 1) 当罐内油气浓度为爆炸下限的4%~20%范围时，允许作业人员佩戴隔离式呼吸器(或消防空气呼吸器)进罐作业。但每次作业不超过30min，每次休息时间不小于15min。在此浓度下，也可使用过滤式呼吸器(防毒面具)。但必须保证其环境空气中的含氧量不低于19.5%。

2）当油气浓度为爆炸下限的20%～40%时,须经现场领导批准为可佩戴隔离式呼吸器(或消防空气呼吸器)入罐进行探查等,但不允许进行清污作业。

3）当油气浓度低于该油品爆炸下限的4%以下时可视为"无油气"允许作业人员不佩戴呼吸器进罐作业。

6.2.4 无论任何情况下,作业者必须佩戴防护面具。

6.3.1 在头部有受伤危险的地方作业时,工作人员必须佩戴安全帽。

6.4.7 油气浓度测试及清洗作业人员禁止佩戴氧气呼吸器。

6.5.1 清罐作业人员劳保用品穿戴应满足相关防静电技术要求规范。

（5）检查清洗作业前的准备工作,包括作业计划、施工方案、应急救援预案等的制订情况。

监督依据:《油罐人工清洗作业安全操作规程》(Q/SY 165—2006)。

《油罐人工清洗作业安全操作规程》(Q/SY 165—2006):

5.3.1 清罐单位应根据本单位实际情况,安排好生产计划和施工计划,严密组织,确定协调人员,做到任务明确,设备到位,责任到人。

5.3.2 清罐单位应责成业务部门或承包商作业单位根据作业现场的不同情况,制订具体的切实可行的清罐方案和应急救援预案。

（6）清洗作业安全措施制订与落实情况。包括安全标识设置、急救器材配备、照明和通信安全要求、防雷防静电要求、油罐清空、盲板隔离和通风置换等安全措施。

① 检查安全标识设置。

监督依据:《油罐人工清洗作业安全操作规程》(Q/SY 165—2006)。

《油罐人工清洗作业安全操作规程》(Q/SY 165—2006):

5.2.1 作业场所应设置安全界标或栅栏,并应有专人负责对所设置的安全界标或栅栏进行监护。油罐出入口应畅通无阻,不得有障碍物。

5.6.4 所有盲板均应挂牌标示。

5.6.5 带有搅拌器等转动部件的设备,必须有可视的明显断开点,配电室电源开关应挂有"有人检修,禁止合闸"标示牌,并设专人监护。

② 检查急救器材配备。

监督依据:《油罐人工清洗作业安全操作规程》(Q/SY 165—2006)。

《油罐人工清洗作业安全操作规程》（Q/SY 165—2006）：

5.2.1 油罐外施工现场应配备一定数量的防毒面具、正压式空气呼吸器、安全绳等急救器材。

6.2.8 作业场所应备有人员抢救的应急箱。

6.4.8 油罐清洗作业前,应在作业场所上风向处配置好适量的消防器材。

③ 照明和通信安全要求。

监督依据：《油罐人工清洗作业安全操作规程》（Q/SY 165—2006）。

《油罐人工清洗作业安全操作规程》（Q/SY 165—2006）：

5.4 照明和通信安全要求

5.4.1 清罐作业应在白天进行,并且不能再雷雨天气作业。

5.4.2 清罐作业应使用便携式(移动式)防爆照明设备,禁止架线。

5.4.3 严禁在有限空间内使用明火照明。

5.4.4 油罐清洗作业中应加强通讯联系,禁止将非防爆通信设备带入清罐作业现场,应采用防爆型有线或无线通信设备。

6.4.6 清罐用电器设备的检查、试验应在防火堤以外的安全地带进行。

④ 防雷、防火防爆、防静电要求。

监督依据：《油罐人工清洗作业安全操作规程》（Q/SY 165—2006）。

《油罐人工清洗作业安全操作规程》（Q/SY 165—2006）：

5.5 清罐作业前的安全工作

应组织专业人员对油罐的接地电阻、避雷针、安全附件等进行全面检测,确保合格可用,并提供相关书面证明。

6.4 防火防爆

6.4.1 清甲、乙类油品油罐作业时,除允许手动、气动、蒸汽或液动的泵或风机和本安型电部检测仪表等进入该罐防火堤内以外。原则上不允许包括隔爆型电动机驱动的所有电器设备进入防火堤内。当气(或汽)动通风设备一时难以解决时,应首先在有监护的情况下打开罐人孔、光孔进行自然通风不少于24h后将隔爆型风机在距通风人孔3m之外(用帆布风筒连接),并临时设置高于防火堤的机座上安装。电动机外壳应接地,配电箱应在防火堤外安装。在直在内油气没有清除至爆炸下限的20%以下时,禁止内燃机驱动的设备或车辆进入防火堤,清罐如果使用移动式锅炉时,则应在距防火堤35m以外安装。

> 6.4.2 引入清罐场所的电气设备及其安装,应符合国家和石油库安全用电的有关规定。
> 6.4.3 清罐作业中应严格遵守《石油库防火防爆十大禁令》。
> 6.4.4 在不影响生产的情况下,清罐时宜暂停库内油品的收发、输转等作业。
> 6.4.5 禁止在雷雨天(或严重低气压无风天气)、风力六级及以上大风天进行清罐作业。
> 6.4.6 清罐用电气设备的检查、试验应在防火堤以外的安全地带进行。
> 6.5 防静电
> 6.5.1 清罐作业人员劳保穿戴应满足相关防静电技术要求规范。
> 6.5.2 当油气浓度超过该油品爆炸下限的20%时,清罐作业时严禁使用压缩空气,禁止使用喷射蒸汽及使用高压水枪冲刷罐壁或从油罐顶部进行喷溅式注水。
> 6.5.3 引入油罐的空气、水及蒸汽管线的喷嘴等金属部位以及用于排出油品的管线都应与油罐做电气连接,并应做好可靠的接地。引入罐内的金属管线,当法兰间电阻值大于0.03Ω时,应进行金属跨接。
> 6.5.4 机械通风机应与油罐做电气连接并接地。
> 6.5.5 风管应使用电阻率不大于108Ω的帆布材质,禁止使用塑料管;并应与罐底或地面接触,以便静电很快消散。
> 6.5.6 丙B类油品不考虑防静电要求。

⑤油罐的清空工作和盲板隔离。

监督依据:《油罐人工清洗作业安全操作规程》(Q/SY 165—2006)。

> 《油罐人工清洗作业安全操作规程》(Q/SY 165—2006):
> 5.6 油罐的清空工作和盲板隔离
> 5.6.1 清罐作业队伍应认真执行清罐作业计划,业主方应加强监督检查。
> 5.6.2 根据审定的清罐作业方案,将供作业人员呼吸用的空气管线,防爆通风机(应设在防火堤外),油罐排油污的临时管线,手摇泵或蒸汽(空气)、液压驱动的潜油泵、往复泵、防爆电动机配套的空压机(应设在防火堤外),装污油用的罐或桶均安装或设置妥当。
> 5.6.3 根据油品性质的不同,从底部排污转油时应首先要考虑使用气动隔膜泵和蒸汽往复泵,如果使用电泵或拖拉机泵必须办理相应的用火和用电作业票,要有专人监护。

> 5.6.4 对所进入的油罐(特殊有限空间)要切实做好工艺处理措施,所有与成品油罐(特殊有限空间)相连的可燃、有毒有害介质(含氮气)系统,必须用盲板与之隔绝,不得用关闭阀门替代。对于乙类和丙类油品配备有加温管的储罐,应将加温盘管的阀门关闭,盲板隔离。所有盲板均应挂牌标示。

⑥通风置换安全要求。

监督依据:《油罐人工清洗作业安全操作规程》(Q/SY 165—2006)。

> 《油罐人工清洗作业安全操作规程》(Q/SY 165—2006):
> 5.7 通风置换安全要求
> 应采取措施,保持设备内空气流通良好。
> 5.7.1 罐顶引风方式。
> 5.7.2 罐底通风方式。
> 5.7.3 自然通风方式。
> 经测试,当罐内油气浓度达到该油品爆炸下限的20%以下时,佩戴相应的呼吸器具和防护措施,方可入罐作业。但如需动火时,则必须进行机械通风。
> 5.7.4 蒸汽驱除油气方式。
> 5.7.5 充水驱油气方式。

(7)检查作业现场油气浓度检测情况,包括油气取样检测时间间隔、测试仪的配备和使用要求等。

监督依据:《油罐人工清洗作业安全操作规程》(Q/SY 165—2006)。

> 《油罐人工清洗作业安全操作规程》(Q/SY 165—2006):
> 5.8.1.2 油气取样检测在合格后1小时才作业的需重新取样检测,作业期间每隔4小时需取样复查。
> 5.8.1.3 防爆可燃气体检测仪必须采用两台相同型号规格的经专人进行操作,如需动火作业应再增加一台。
> 5.8.1.5 每次通风前以及作业人员入罐前都应进行油气浓度测试,并做好详细记录。
> 5.8.1.6 作业期间每8小时内部少于2次进行油气浓度检测。
> 5.8.1.8 测试仪器必须在有效检定期内。
> 5.8.2.3 有毒有害气体检测具体检测办法参照油气取样检测。

> 5.9.2 检测人员在进罐作业前30分钟前进行一次油气浓度检测;安全监督(监护)进入作业岗位后作业人员才能进罐作业;进罐作业人员30分钟左右轮换一次;作业人员腰间要系有信号绳背全身式安全带;使用铜(铝)质铲(撮)或有硬橡胶的木耙子。

(8)检查人员严格执行操作规程和相关的安全规定。

监督依据:《油罐人工清洗作业安全操作规程》(Q/SY 165—2006)。

> 《油罐人工清洗作业安全操作规程》(Q/SY 165—2006):
> 
> 5.2.3 凡有作业人员进罐检查或作业时,油罐人孔外均须设专职监护人员,且监护人员不得同时监护两个作业点。
> 
> 5.6.6 所有使用脚手架必须符合国家有关标准。
> 
> 6.2.6 清罐作业人员作业前严禁饮酒。
> 
> 6.2.7 严禁在作业场所吃饭或饮水。
> 
> 6.2.8 作业场所应备有人员抢救用急救箱,并应有专人值守。
> 
> 6.4.5 禁止在雷雨天(或严重低气压无风天气)、风力6级及以上天气进行清罐作业。
> 
> 7 各类成品油罐的清罐作业。
> 
> 7.1 内浮顶油罐的清洗作业
> 
> 7.1.1 内浮顶油罐的清洗作业,其准备工作中应增加为作业人员在浮盘上作业所用的爬梯、安全带等内容;防止浮盘倾斜,应在罐周的2个(或4个)对称点设置接收排出锈渣或污垢的桶(或用塑料铺底的坑)等。
> 
> 7.1.2 排除油气部分的不同之处:
> 
> a)采取通风或引风时,应分别对浮盘底部空间和浮盘顶部空间进行二次通风或引风。
> 
> b)不宜采用自然通风的方式。
> 
> c)蒸汽驱除油气时,应分别对浮盘上、下两个空间进行。而且,当某些部件为橡胶纤维等不耐热的材质时,不能使用蒸汽时间过长,且温度不许高于80℃。
> 
> d)拆开密封胶圈时,宜用手提鼓风机对环形空间进行吹扫。
> 
> 7.1.3 浮盘底部空间可以采用充水驱除油气,但浮盘顶部不能使用。
> 
> 7.1.4 浮盘底部的油泥可自底部人孔清出,但上部空间罐壁的锈渣、污垢等,应从罐周的2个或4个点排出油污。
> 
> 7.1.6 浮顶罐内的油气浓度低于爆炸下限的25%以后,可拆除密封带,将其移出罐外后,进行该环形空间的除锈作业。

7.1.7 浮顶罐内需动火时,除执行油炼销字(2000)214号文《石油库管理制度汇编》中的《石油库动火安全管理办法》外,尚应注意下述部位中是否残留油或油蒸气。

(9)检查清洗作业后油污处理是否满足相关法规标准要求。

监督依据:《中华人民共和国环境保护法》(中华人民共和国主席令〔2014〕第9号)。

《中华人民共和国环境保护法》(中华人民共和国主席令〔2014〕第9号):

第四章 防治污染和其他公害

第四十八条 生产、储存、运输、销售、使用、处置化学物品和含放射性物质的物品,应当遵守国家有关规定,防止污染环境。

### (五)常见违章

(1)作业现场无专人监护。

(2)清洗前没有按规定进行机械通风或采用自然通风时油气消散时间不足。

(3)人员不按要求穿戴使用劳动保护用品。

(4)雷雨天进行油罐清洗作业。

(5)使用不防爆的设备、工具清罐。

(6)作业人员违章携带的火种。

(7)清罐作业时,现场违章动火。

## 二、机械清洗作业

### (一)风险分析

(1)人员资质、能力不足风险。

关键措施:作业人员必须经安全教育,熟悉现场环境和施工安全要求;作业涉及临时用电、进入受限空间、动火、管线/设备打开等专项作业。

(2)机具不合格风险。

关键措施:作业机具、设备符合相关标准。

(3)管理程序风险。

关键措施:操作规程、施工方案和作业许可等相关内容按程序进行核准审批。

### (二)监督内容

(1)检查清洗作业单位(队伍)资质是否满足要求。

（2）检查人员健康状况、安全教育及资质是否满足要求。

（3）检查作业人员劳动防护用品的配备与使用情况。

（4）检查作业装备、工具、用具是否满足要求。

（5）检查可清洗储罐是否满足安全要求。

（6）检查清洗工作计划、施工方案等文件的制订情况，以及安全技术交底落实情况。

（7）检查清洗作业安全措施落实情况。

（8）检查人员严格执行操作规程和相关的安全规定。

（9）检查清洗作业后油污处理是否满足相关法规标准要求。

（三）监督依据

（1）《成品油储罐机械清洗作业规范》（Q/SY 1796—2015）。

（2）《储罐机械清洗作业规范》（SY/T 6696—2014）。

（3）《外浮顶原油储罐机械清洗安全作业要求》（AQ/T 3042—2013）。

（4）《高压水射流清洗作业安全规范》（GB 26148—2010）。

（5）《中华人民共和国环境保护法》（中华人民共和国主席令〔2014〕第9号）。

（四）监督要点

（1）检查清洗作业单位（队伍）是否满足基本要求。

监督依据：《成品油储罐机械清洗作业规范》（Q/SY 1796—2015）、《储罐机械清洗作业规范》（SY/T 6696—2014）、《高压水射流清洗作业安全规范》（GB 26148—2010）。

---

《成品油储罐机械清洗作业规范》（Q/SY 1796—2015）：

5.1.1 机械清洗单位应具备健全健康、安全、环保管理体系及认证，并具有安全生产许可证。

5.1.2 机械清洗单位应具备同类介质、物性、容量、方法的业绩。

4.5.3 机械清洗单位应配备个体防护装备，并确保相关防护装备落实到位。

6.9.1 机械清洗单位应到业主相关部门办理清洗作业许可手续。

---

《储罐机械清洗作业规范》（SY/T 6696—2014）：

4.1 清洗队伍的基本要求：

4.1.2 应具备相应资质的技术人员与装备。

4.1.3 应使用专用机械装置完成储罐的清洗。

4.1.4 应具有完整的、功能齐备的技术、质量、安全和项目管理组织体系。

> 《高压水射流清洗作业安全规范》（GB 26148—2010）：
> 
> 4.1.1 清洗作业队人数应视工程大小、难易和环境等情况而定，至少2人。

（2）检查人员健康状况、安全教育及资质是否满足要求。

监督依据：《外浮顶原油储罐机械清洗安全作业要求》（AQ/T 3042—2013）、《成品油储罐机械清洗作业规范》（Q/SY 1796—2015）、《高压水射流清洗作业安全规范》（GB 26148—2010）。

> 《外浮顶原油储罐机械清洗安全作业要求》（AQ/T 3042—2013）：
> 
> 4.1.1 作业人员应经过油罐机械清洗设备操作培训合格后上岗。
> 
> 4.1.2 伤疮口尚未愈合者，油品过敏者，职业禁忌者，在经期、孕期、哺乳期的妇女，有聋、哑、呆傻等严重生理缺陷者，患有深度近视、癫痫、高血压、过敏性气管炎、哮喘、心脏病和其他严重慢性病以及年老体弱不适应清罐作业的人员，不应进入现场。

> 《成品油储罐机械清洗作业规范》（Q/SY 1796—2015）：
> 
> 5.3.1 机械清洗现场管理人员应持有效生产经营单位安全生产管理人员"安全资格证书"。
> 
> 5.3.2 机械清洗作业应由固定的作业人员，经过专业安全、技术培训、考试合格后方可持证上岗。
> 
> 5.3.3 特种作业人员应按照国家有关规定经专门的安全作业培训，持相应有效资格，方可持证上岗作业。
> 
> 6.2 安全教育
> 
> 6.2.1 业主方主管部门应对所有作业人员进行安全教育，经考核合格后方可进入现场作业。
> 
> 6.2.2 在机械清洗施工前，所有作业人员应接受安全技术交底，并进行记录、存档。
> 
> 6.2.3 业主方主管部门应对特种作业人员的特种作业证进行审查，合格后方可进行作业。

> 《高压水射流清洗作业安全规范》（GB 26148—2010）：
> 
> 4.2.1 合格的操作者。高压水射流操作者应经过培训，掌握操作知识和技能。

（3）检查作业人员劳动防护用品的配备与使用情况。

监督依据：《外浮顶原油储罐机械清洗安全作业要求》（AQ/T 3042—2013）、《储罐机械清洗作业规范》（SY/T 6696—2014）、《高压水射流清洗作业安全规范》（GB 26148—2010）。

《外浮顶原油储罐机械清洗安全作业要求》(AQ/T 3042—2013)：

4.3.1 现场作业人员应配备符合国家标准的劳动防护用品和应急救援器具,如安全帽、作业手套、安全鞋(靴)、面罩、护目镜、安全带、担架、应急照明灯、过滤式和正压式呼吸器等。根据不同场所选择防毒用具和防护用品,其规格尺寸应保证佩戴合适,性能良好。

4.3.2 呼吸器在使用前应进行检查,使用中应严格遵守产品说明书中的事项,呼吸软管内外表面不应被油污等污染。

4.3.3 在进入0区、1区和2区作业之前,作业人员应穿戴符合国家标准的防静电鞋、防静电阻燃型服装和防静电手套。

4.3.4 作业场所应具备抢救人员用急救箱(包括血绷带、碘酒、创可贴、治疗中暑用药等),并由专人保管。

《储罐机械清洗作业规范》(SY/T 6696—2014)：

4.2.1 劳动防护用品的配备

劳动防护用品应包括但不限于以下装备：防毒面具、呼吸器、绝缘手套、绝缘鞋、安全带、保险绳、安全网、配备应符合SY/T 6524的相关规定。

4.2.3.2 呼吸防护

呼吸防护应满足以下要求：

a)使用者应遵循防护用具的操作要求。

b)呼吸防护用具的选择应根据作业人员将要面对的危险等级而定。

c)使用者应经过正确使用呼吸防护用具方面的指导和培训。

d)呼吸防护用具应保持清洁,保存在一个方便、整洁和卫生的地方。

e)呼吸防护用具每次使用前后应进行检查,每月至少检查一次。

f)应对工作环境进行持续监测,作业人员在作业环境下的暴露程度和所受的危害程度应严加监视。

g)在没有证实作业人员的身体条件符合作业需要和设备使用需要的情况下,不应给这些作业人员呼吸防护用具。

h)佩戴呼吸防护用具使用者应接受合格性测试。

i)应通过空气罐、呼吸空气压缩机或是长管呼吸器等提供洁净气源。

4.2.3.3 空气供给管路和接口

呼吸空气供给系统管路接口与其他供气系统的接口不应相同。

《高压水射流清洗作业安全规范》（GB 26148—2010）：

4.2.3 人身防护品。高压清洗作业必须明确最少的人身防护用品。根据作业类别及位置等不同,何时及如何穿戴人身防护用品,均须在作业规程中加以明确。

4.3.1 操作人员和其他人员进入作业场地时,必须穿戴安全防护用品。

4.3.2 劳动保护用品包括：头盔、眼（风）镜、耳塞、防护服、手套、鞋和呼吸罩等。

（4）检查作业装备、工具、用具是否满足要求。

监督依据：《外浮顶原油储罐机械清洗安全作业要求》（AQ/T 3042—2013）、《成品油储罐机械清洗作业规范》（Q/SY 1796—2015）、《储罐机械清洗作业规范》（SY/T 6696—2014）。

《外浮顶原油储罐机械清洗安全作业要求》（AQ/T 3042—2013）：

4.1.3 浮顶油罐机械清洗应具备对清洗介质的抽吸、升压、换热、喷射能力,用惰性气体对清洗罐内气体的置换能力,对清洗罐内的可燃气体、氧气、硫化氢气体浓度的监测能力,热水清洗过程中的回收油品能力,热水清洗结束后的污水处理能力。

4.2.3 爆炸性气体环境危险区域划分应符合 GB 50058—1992 第 2.2.1 条规定的区分方法,在 0 区、1 区和 2 区作业应使用防爆要求的防爆电器和防爆通信工具。在 0 区、1 区作业应使用符合防爆要求的防爆工具。

4.7.3 所有使用的仪器仪表、安全阀、计量器具应在校验有效期内,使用前应保证其处于正常工作状态。

《成品油储罐机械清洗作业规范》（Q/SY 1796—2015）：

5.2.1 机械清洗装备应具备清洗系统、回收系统、油水分离系统。

5.2.2 机械清洗装备应符合罐区的防爆等级和分类,并满足 GB 3836 相应设备分类的防爆要求。

5.2.3 机械清洗装置应具备连续监测储罐内氧气体积浓度和可燃气体体积浓度的在线式检测仪。

5.5.2 施工工具

5.5.2.1 当在危险场所分类为 0 区和 1 区的区域进行施工时,作业人员应使用防爆工具进行作业。

5.5.2.2 施工现场应配备能够监测氧气、可燃气体、硫化氢、一氧化碳及储罐内有毒气体含量的便携式检测仪。

5.5.2.3 手持电器设备和工具的电压等级限值应满足 GB/T 3805 中环境状况 2（皮肤阻抗和对地电阻降低的环境状况）对稳态电压限值的要求，否则应安装漏电保护装置。

5.5.2.4 正确选用允许负荷范围内的吊具和运输工具，保证其完好且无安全隐患。

6.3.3 在吊装作业指挥人员的指令传达受阻时，应使用防爆对讲机来保证指令的有效传达。

---

《储罐机械清洗作业规范》（SY/T 6696—2014）：

4.3.1 作业设备、作业工具、照明工具、通信工具应符合防爆要求。

4.3.2 其他检测仪的基本要求：

a）气体检测仪应能够连续监测清洗储罐内的氧气浓度、可燃气体浓度。

b）手持式检测仪应能够监测氧、可燃气体、硫化氢、一氧化碳的浓度，仪器的配备应符合 GB 50493 的相关规定。

c）气体检测仪的配备，应根据清洗储罐的大小，监测点宜采取 3～6 处。

5.6.1 气体检测设备要求如下：

a）在线检测仪能够连续多点监测清洗储罐内的氧气浓度和可燃气体浓度。

b）移动手持式检测仪能够监测氧气浓度、可燃气体浓度、硫化氢气体浓度和一氧化碳气体浓度。

c）所有检测仪应获得相关主管部门的认可并定期进行校验。

---

（5）检查可清洗储罐是否满足安全要求。

监督依据：《储罐机械清洗作业规范》（SY/T 6696—2014）。

---

《储罐机械清洗作业规范》（SY/T 6696—2014）：

4.4.1 可清洗储罐的要求

可清洗储罐的要求包括：

c）储油罐具有良好的密封性，拱顶罐安全呼吸阀应正常运行。

d）储油罐防雷、防静电装置处于完好状态。

4.4.6.1 当进行罐内作业时，应采取措施控制火源以避免发生爆炸，储油罐内的气体应进行测试。

静电也有可能引起爆炸，防雷防静电接地装置应良好，防范措施及要求应符合相关标准。

4.4.6.2 在工人进入储罐之前,储罐应进行氧气浓度检测,并分析储罐内部的气体条件。当工人在罐内时,需要时应对罐内氧气含量进行监测,以确保罐内的氧气含量没有发生变化。

(6)检查作业队是否按要求办理作业许可,制订并审定清洗工作计划、施工方案、安全措施等文件,实施安全技术交底。

监督依据:《外浮顶原油储罐机械清洗安全作业要求》(AQ/T 3042—2013)、《成品油储罐机械清洗作业规范》(Q/SY 1796—2015)、《储罐机械清洗作业规范》(SY/T 6696—2014)、《高压水射流清洗作业安全规范》(GB 26148—2010)。

《外浮顶原油储罐机械清洗安全作业要求》(AQ/T 3042—2013):

4.2.4 进入罐内作业事先办理受限空间作业许可,并按受限空间作业的有关规定制订方案,方案应明确在受限空间内作业内容、作业方法和作业过程的安全控制方法。

5.1.1 作业前施工方应编制施工组织设计、HSE作业计划书、应急预案文件,且应经业主、监理方及施工方三方安全、生产、技术部门审批。

《成品油储罐机械清洗作业规范》(Q/SY 1796—2015):

4.4.1 成品油中含有有毒物质组分,进行机械清洗之前,业主方要向机械清洗单位的作业人员进行安全技术交底和培训,并提供有毒物质化学品安全技术说明书(MSDS),确保作业人员了解有毒物质的特性、施工风险及业主方日常生产运行期间的相关防护措施。

4.4.2 业主方应与机械清洗单位共同制订安全防护措施,确保安全防护措施的可靠性和可操作性。

4.4.3 进行机械清洗之前,机械清洗单位应对作业人员进行安全技术交底,并检查确认防护措施已到位。

6.1.2.1 机械清洗单位根据现场勘查结果编制"机械清洗施工方案"、HSE"两书一表"。

6.1.2.2 "机械清洗施工方案"、HSE"两书一表"应经业主方的主管部门或专业监理公司审定。

《储罐机械清洗作业规范》(SY/T 6696—2014):

5.2 编制作业方案

> 根据现场调查表中主储罐信息,确定清洗设备、作业材料、作业人员、清洗工期、安全防护措施、应急准备等项的安排。

> 《高压水射流清洗作业安全规范》(GB 26148—2010):
> 5.1.1 制订计划
> 对每项清洗作业应先制订计划,计划内容包括:确定作业场地、清洗对象和选用水射流设备。分析场地对清洗作业有无影响、作业可能带来的环境问题、作业的安全问题,并就此制订出相应的防患措施。
> 5.1.2 腐蚀性等有害物质的作业
> 作业前,客户须向作业队明确说明是否存在腐蚀性或毒性等有害物质及其性质,作业队做必要的特殊防护,同时做好对废料的收集处理,以免造成环境污染。
> 5.1.3 确定作业工况
> 作业队必须对清洗对象及其垢层做必要的分析,确定清洗作业所必需的工作压力和流量。在流量条件许可的情况下,尽可能以较低的工作压力来完成清洗作业。
> 5.1.4 作业空间限制
> 当清洗作业必须受到空间限制时,作业队应拟定作业方案和安全防护措施,清理并明确界定作业场地。
> 5.2.1 作业对象可以移动的情况下,最好将其运至指定的场地内作业,对现场作业必须经客户和作业队双方制订出具体的作业措施后方可开始作业。
> 5.3 作业清单。应将作业程序和所需设备列出详细清单,以确保清洗作业有序进行。

(7)检查清洗作业安全措施落实情况,包括安全警示标识、护栏、气体浓度检测、通风、管线的切断、盲板隔离、消防器材配备等措施的落实。

① 安全警示标识。

监督依据:《外浮顶原油储罐机械清洗安全作业要求》(AQ/T 3042—2013)、《高压水射流清洗作业安全规范》(GB 26148—2010)。

> 《外浮顶原油储罐机械清洗安全作业要求》(AQ/T 3042—2013):
> 4.2.2 作业区域应设置警戒线和禁止烟火、禁止启动、禁止携带金属物或手表、禁止穿化纤服装、当心触电、当心落物、当心吊物、当心烫伤、当心坠落、当心障碍物、当心碰头等安全标识,并应有专人负责监护。

> 《高压水射流清洗作业安全规范》（GB 26148—2010）：
> 5.2.1 对明确界定的作业场地，必须在边界设置护栏以防闲人进入。护栏上悬挂写有"危险！勿靠近！高压水射流作业！"等标牌。
> 5.5.1.3 施工现场应设置明显的警戒带和安全警示标志。

② 安全防护栏。

监督依据：《高压水射流清洗作业安全规范》（GB 26148—2010）。

> 《高压水射流清洗作业安全规范》（GB 26148—2010）：
> 5.2.3 警示型护栏
> 护栏应设置在任何情况下射流都不会达到的地方，护栏可以是栅栏、绳索、网带等，起到有效地阻碍和警示作用。
> 5.2.4 防护型护栏
> 当场地受到限制，不具备在射流射程外设置警示型护栏时，必须在作业对象周围设置防护型护栏，其作用是将射流或飞溅的碎屑挡在限定的作业场地内。
> 5.2.5 高处作业场地
> 当在高处现场作业时，尤其是操作者所处位置高于地面2m以上时，应采取相应的高处作业防护措施，并制定"高处作业安全规程"，该规程应符合相关的规定。

③ 检查作业现场是否按要求开展油气浓度检测。

监督依据：《外浮顶原油储罐机械清洗安全作业要求》（AQ/T 3042—2013）、《成品油储罐机械清洗作业规范》（Q/SY 1796—2015）、《储罐机械清洗作业规范》（SY/T 6696—2014）。

> 《外浮顶原油储罐机械清洗安全作业要求》（AQ/T 3042—2013）：
> 5.9.4 清洗罐内的氧气体积浓度应控制在8%以内。
> 5.13 进罐作业
> 5.13.6 检测人员应在进罐作业前进行油气和有毒气体浓度检测，浓度符合规定的允许值方可进入，并做好记录。
> 5.13.7 作业期间，应定时进行清洗罐内油气和有毒气体浓度的测试，并做好记录。

> 《成品油储罐机械清洗作业规范》（Q/SY 1796—2015）：
> 4.3.1 在作业人员进入储罐之前，应进行罐内氧气浓度检测；当作业人员在罐内时，应对罐内氧气进行监测，确保满足人员在罐内施工的条件。

6.4.8 气体监测点的数量,外浮顶储罐应不少于6个监测点,其他类型储罐应不少于2个监测点。

6.6.3 气体检测设备使用前应对气体检测设备检测读数的可靠性进行检查。

6.9.2 罐内可燃气体浓度不低于其爆炸下限且氧气浓度不低于8%(体积分数)时,应立即停止作业并注入氮气。

6.9.3 清洗过程中,通过在线式气体检测仪连续监测多点的氧气浓度和可燃气体浓度,应始终保证清洗储罐内的氧气浓度小于8%(体积分数)或可燃气体浓度低于其爆炸下限。

6.9.9 在埋地油罐清洗作业前,应保证罐内氧气浓度小于8%(体积分数)或可燃气体浓度低于其爆炸下限。

6.11.4 无需采取特殊防护措施的气体检测要求:
a)氧气浓度在19.5%~23.5%(体积分数)之间;
b)可燃气体浓度小于0.01%(体积分数);
c)硫化氢、一氧化碳等有毒、有害物质浓度小于工作场所有害因素职业接触限值;
d)当满足上述a)和c)的要求,但可燃气体浓度大于0.01%(体积分数)时,作业人员应佩戴供气式呼吸器进入受限空间。

《储罐机械清洗作业规范》(SY/T 6696—2014):

5.6 储罐气体的检测

5.6.2 气体检测要求

a)检测人员应经过特殊培训并能够正确操作检测设备。

b)手持式检测仪的使用应按照GB 50493的有关规定选用。

c)在对罐内气体进行检测前,储罐应进行通风,以便使罐内气体达到平衡条件。

d)检测人员在进入储罐进行检测前,应佩戴呼吸防护用具。

e)储罐内氧气浓度,应用气体检测仪随时进行监测,通常测量储罐内3~6处氧气浓度指标。

④ 通风、管线的切断和盲板隔离。

监督依据:《高压水射流清洗作业安全规范》(GB 26148—2010)。

《高压水射流清洗作业安全规范》(GB 26148—2010):

4.3.2 施工过程中进行罐内通风、罐体与外部相连管线的切断、盲板隔离,管线的切断、盲板隔离作业应严格按照操作规程进行作业。

> 5.13 进罐作业
> 5.13.3 应在清洗罐壁人孔处安装气动或防爆轴流风机,进行机械通风。
> 5.13.4 轴流风机风量宜按每小时最少换5次气计算选配。
> 5.13.5 每次通风(包括间隙通风后的再通风)前都应认真进行油气浓度和有毒气体浓度的测试,并应做好详细记录。

⑤ 消防器材配备。

监督依据:《外浮顶原油储罐机械清洗安全作业要求》(AQ/T 3042—2013)、《高压水射流清洗作业安全规范》(GB 26148—2010)。

> 《外浮顶原油储罐机械清洗安全作业要求》(AQ/T 3042—2013):
> 5.13.12 人孔附近至少应配置2支干粉灭火器,现场监护人员应时刻做好灭火的准备。

> 《高压水射流清洗作业安全规范》(GB 26148—2010):
> 5.5.1.2 机械清洗单位应配备8kg干粉灭火器,数量不少于8具。

(8)其他防护措施。

监督依据:《高压水射流清洗作业安全规范》(GB 26148—2010)。

> 《高压水射流清洗作业安全规范》(GB 26148—2010):
> 5.2.2 清洗物件的固定
> 禁止操作者直接支承把持清洗物件,清洗物件必须固定。
> 5.2.6 作业位置
> 操作者应观察射流与被清洗对象的相对位置,站在安全稳定的位置作业,作业区不应有软管或其他设备妨碍其动作。

(9)检查人员严格执行操作规程和相关的安全规定。

监督依据:《外浮顶原油储罐机械清洗安全作业要求》(AQ/T 3042—2013)、《成品油储罐机械清洗作业规范》(Q/SY 1796—2015)、《储罐机械清洗作业规范》(SY/T 6696—2014)。

> 《外浮顶原油储罐机械清洗安全作业要求》(AQ/T 3042—2013):
> 4.4 作业人员上、下罐的基本要求
> 4.5 临时设施的接地要求

4.6 工艺切换、故障停机的要求

4.7 其他要求

5 工艺要求（包括准备作业、清洗系统安装作业、开孔作业、竖管安装作业、提拔支柱作业、设置电缆作业、检尺作业、油品移送作业、油中搅拌作业、热水清洗作业、进罐作业、清洗油罐后的作业）

5.8 检尺作业

5.8.4 作业时，作业人员的身上不应有金属存在。

5.8.5 作业应至少2人进行，且作业人员应站在上风向进行检尺。

5.9 油品移送作业

5.9.2 降罐位之前应确定清洗罐内沉积物最高点距浮顶内顶板的距离，降罐位期间应将该距离控制在500mm以上。

5.9.3 降罐位期间，当罐内油品表面与浮顶内顶板之间出现200mm的气相空间距离之前，应开始向清洗罐内注入惰性气体。

5.12.2 热水清洗期间，作业人员不应进入清洗罐内。

5.12.3 油水分离工作平台距水槽上沿的垂直距离不应小于1500mm，平台上不应有影响作业人员走动的障碍物。

5.13 进罐作业

5.13.1 排水结束后，应关闭清洗罐内的所有热源，再打开人孔。

5.13.2 应隔断（拆断或加盲板）与清洗罐相连的所有管路和阴极保护系统。

5.13.8 凡有作业人员进罐检查或作业时，清洗罐人孔外均应设专职监护人员，且一名监护人员不应同时监护两个作业点。

5.13.9 如需作业人员进罐作业时，应佩戴呼吸器，应30分钟轮换一次人员。

5.13.10 应使用防爆工具清理和盛装罐底和罐壁的残留物。

5.13.11 所有包装封闭后运至罐外的残留物宜分类放置，并按预先制订好的方案进行处理。

5.13.13 伸入清洗罐内的空气、水及蒸汽管线的喷嘴或金属部分，均应与油罐做电气连接。

5.14.2 清洗器材的解体和装运要求：

——支柱复位应使用专用工具在浮顶上进行；

——临时工艺管道拆除前，应将管道内的残留污物吹扫干净；

——应将设备中可能留存的残液或气体放空。

《成品油储罐机械清洗作业规范》（Q/SY 1796—2015）：

6.4 机械设备安装

6.4.1 临时管线安装前应确保金属管线、挠性管线无破损、无泄漏、法兰对接面平滑无伤痕。

6.4.3 高处作业实行作业许可，应办理作业许可证，具体执行相关的规定。

6.4.5 沿罐体竖立管线的安装，应在罐顶平台上设置罐壁的立管支撑台架。罐顶平台与支撑架、支撑台架与管线应固定牢固。

6.4.7 惰性气体注入管线应利用储罐孔口进行安装。惰性气体注入管线应连接牢固，防止惰性气体泄漏。

6.5 电气设备安装

6.5.1 机械清洗电气设备安装应执行相关规定，并严格按照审批的临时用电方案进行电气设备安装。

6.5.2 临时用电实行作业许可，应办理临时用电作业许可证，具体执行相关标准。

6.5.3 安装、维修、拆除电气设备或临时用电线路的作业应由专业人员进行操作。

6.5.4 机械清洗设备的静电接地应执行相关规定。

6.5.5 临时管线静电接地要求执行关规定。

6.5.6 清洗机安装后，在清洗机与储罐孔口的连接处应有导线跨接，跨接导线的电阻值应小于 $0.03\Omega$。

6.6 设备调试及安全检查

6.6.1 调试机械清洗装置，应确保电器设备运转正常，电气系统无漏电、断路。

6.6.2 临时管线安装完毕，应按国家、行业规范进行水压试验，参见 SH 3501 相关规定。

6.6.4 清洗设备使用过程中应保持整洁，按时对清洗设备进行巡检，确保各部件连接完好，无泄漏现象，巡检过程应记录并存档。

6.9 清洗作业

6.9.4 清洗石脑油储罐之前，业主方应用钝化剂进行设备处理，再有机械清洗单位进行清洗作业。

6.9.6 清洗顺序应按自下而上的顺序。当清洗铝制浮盘时，清洗压力宜选取 0.2MPa～0.4MPa。

6.9.7 实施清洗机清洗角度调节的作业人员数量应不少于2人。

6.9.8 清洗机的清洗压力宜介入 0.2MPa～0.7MPa 之间，应保证清洗效果，且不破坏储罐及其构件。

6.9.12 当满足下列条件时,清洗作业结束:

a)分离槽中回收残液厚度小于 1mm;

b)储罐内可燃气体浓度持续下降至 0.1%（体积分数）以下。

6.11 进入受限空间作业

6.11.1 进入受限空间实行作业许可,应办理进入受限空间作业许可,具体执行相关规定。

6.11.5 清扫残渣作业应使用防爆工具。

6.11.6 罐内残渣应装入无泄漏的容器中,撞门后应将容器密封。

6.11.7 清扫残渣作业过程中,应保持各通风口的畅通。

6.12 现场恢复

6.12.1 管线、软管、油水分离槽或过滤器等设备应进行内部清理。

6.12.2 设备拆除前应由专业人员切断临时供电的电源开关,拆除临时供电线路。

6.12.3 应使用防爆工具进行设备拆除。

6.12.4 设备及管线内残存的介质、水应进行集中收集,妥当处置。

6.12.5 将各类设备、资材放入专用盛装框内,摆放整齐。现场设备恢复至设备装卸时的状态。

---

《储罐机械清洗作业规范》（SY/T 6696—2014）：

4.4.7 器材吊装运输作业的要求。

a)超出车厢外及有洒落倾向的器材,应采取捆绑固定措施。

b)作业现场,用警示带进行隔离,禁止非作业人员入内,同时安装安全标志牌,预留进行作业、检查的安全通道。

c)吊具应确认无安全隐患。

d)指挥吊车作业、挂钩作业由起重工进行,应使用允许负荷以上的吊具。

e)在罐顶上硫化氢为 $10mg/m^3$ 以上时,应佩戴防护面具作业。

f)罐顶器材吊装时,应在防风壁上配置起重工,指挥作业。器材调入作业时,器材应分散放置。

4.4.8 临时设置作业要求

a)各设备电机旁、清洗储罐检修孔旁及罐顶应配备足够的灭火器。

b)作业区域内应按规定使用防爆工具。

c）与业主管线的连接,应安装临时阀门,与原有管线的连接,应使用挠性软管进行过度连接。而且在移送管线上安装止回阀,防止逆流。

d）使用挠性软管时,应在最大安装偏差范围之内。

e）电气机器的配线,应合格,并全部用接地线连接在储罐接地线上。

f）电气设备的绝缘阻抗位应在 0.5MΩ 以上,独立接地阻值在 10Ω 以内,接地线为 14mm² 以上。

g）电气机器的电源,应安装漏电断路器。

h）临时设置管线的连接部,应安装铜质接地线,其端部宜连接到储罐地线上。

i）高空作业时,应使用安全带进行防护。

j）在管线穿越通道时,应采取措施保证人、车通过。

k）蒸汽管道应采取保温措施,并设置警示标志,防止人员烫伤。

l）临时设置管线连接完成后,使用空气、水和氮气进行密闭性试验。

（10）检查清洗作业后油污处理是否满足相关法规标准要求。

监督依据:《中华人民共和国环境保护法》(中华人民共和国主席令〔2014〕第9号)、《成品油储罐机械清洗作业规范》(Q/SY 1796—2015)、《外浮顶原油储罐机械清洗安全作业要求》(AQ/T 3042—2013)。

---

《中华人民共和国环境保护法》(中华人民共和国主席令〔2014〕第9号):

第四章　防治污染和其他公害

第四十八条　生产、储存、运输、销售、使用、处置化学物品和含放射性物质的物品,应当遵守国家有关规定,防止污染环境。

---

《成品油储罐机械清洗作业规范》(Q/SY 1796—2015):

7.1　验收标准

成品油储罐机械清洗验收标准:

a）储罐内无渣、无水、无明显油污。

b）清洗后罐内氧气浓度在 19.5%～23.5%（体积分数）之间,可燃气体在 0.01%（体积分数）以下,一氧化碳浓度与周围环境大气一致,硫化氢在 10mg/m³ 以下。

c）满足维修及动火条件。

d）施工现场无遗留废弃物,设备设施恢复至施工前状态。

《外浮顶原油储罐机械清洗安全作业要求》（AQ/T 3042—2013）：

5.12.4 清洗产生的含油污水应经处理后使用管道排放，排放水标准应符合 GB 8978 中的有关规定。

5. 常见违章行为

（1）未制订清洗作业方案或方案未按程序审批，擅自进行作业。
（2）作业人员进入有毒有害气体的有限空间，未佩戴呼吸防护用具。
（3）在对罐内气体进行检测前，未对储罐进行通风。
（4）操作高压喷枪或高压设备时不穿防护服。
（5）作业区域内未使用防爆工具。
（6）高压水喷射工作区域不设置警戒区域、防护和警示标志。

## 三、化学清洗作业

（一）风险分析

（1）人员资质、能力不足风险。

关键措施：作业人员必须经安全教育，熟悉现场环境和施工安全要求；作业可能涉及临时用电、进入受限空间、管线/设备打开等专项作业。

（2）机具不合格风险。

关键措施：作业机具、设备符合相关标准。

（3）管理程序风险。

关键措施：操作规程、施工方案和作业许可等相关内容按程序进行核准审批。

（4）环境污染风险。

关键措施：作业中保证管线、设备、附件完好、无泄漏，泄漏药剂、清洗液及清洗排放液正确回收并合规处置；作业结束化学试剂合规处理。

（5）人员中毒风险。

关键措施：人员防护用品齐全有效；特殊化学清洗过程人员正确站位；使用合规试剂。

（6）清洗药剂组分不明，危险性不明风险。

关键措施：严格清洗药剂使用管理，使用前编制安全工作方案和化学品反应矩阵；明确不同药剂间、药剂与清洗物之间化学反应及药剂对设备的腐蚀等影响。

（二）监督内容

（1）检查清洗作业单位（队伍）资质是否满足要求。

（2）检查人员安全教育及资质是否满足要求。

（3）检查作业人员劳动防护用品的配备与使用情况。

（4）检查作业装备、工具、用具是否满足要求。

（5）检查化学清洗是否满足安全要求。

（6）检查清洗工作计划、施工方案等文件的制订情况，以及安全技术交底落实情况。

（7）检查清洗作业安全措施落实情况。

（8）检查人员严格执行操作规程和相关的安全规定。

（9）检查清洗作业后污水处理是否满足相关法规标准要求。

（三）监督依据

（1）《化学清洗作业安全规定》（PD/GL-24）。

（2）《石油化工设备和管道化学清洗施工及验收规范》（SH/T 3547—2011）。

（3）《火力发电厂锅炉化学清洗导则》（DL/T 794—2012）。

（4）《中华人民共和国环境保护法》（中华人民共和国主席令〔2014〕第9号）。

（四）监督要点

（1）检查清洗作业单位（队伍）是否满足基本要求。

监督依据：《火力发电厂锅炉化学清洗导则》（DL/T 794—2012）。

> 《火力发电厂锅炉化学清洗导则》（DL/T 794—2012）：
>
> 3.2 承担火力发电厂锅炉清洗的单位应符合DL/T 977的要求，应具备相应的资质，严禁无证清洗。
>
> 3.3 清洗方案和措施应由专业技术人员制订，经技术负责人审核，呈报主管领导批准。鼓励化学清洗过程中应由技术部门进行监督；清洗结束后，应对清洗质量进行检查、评定。

（2）检查人员安全教育及资质是否满足要求。

监督依据：《石油化工设备和管道化学清洗施工及验收规范》（SH/T 3547—2011）、《化学清洗作业安全规定》（PD/GL-24）、《火力发电厂锅炉化学清洗导则》（DL/T 794—2012）。

> 《石油化工设备和管道化学清洗施工及验收规范》（SH/T 3547—2011）：
>
> 8.1.1 化学清洗人员应参加化学清洗施工技术交底和熟悉学习化学清洗安全操作规程，了解化学药品性能、特点使用方法、保管方法。
>
> 8.1.3 化学清洗应统一指挥，未经现场指挥人员允许，不得擅自进行操作。

《化学清洗作业安全规定》(PD/GL-24):

2.1 化学清洗服务技术、化验及操作人员,必须经有关部门考核合格,持有化学清洗相应资质证后才能从事化学清洗;化学清洗人员进行设备化学清洗技术、测试技术、安全防护技术等方面的考核每年一次。考核合格才能从事化学清洗作业。

2.2 有关部门对化学清洗服务人员,包括辅助人员,按照公司安全教育管理规定,进行三级安全教育培训。同时,应不定期地组织对化学清洗人员进行化学清洗技术、废液处理、测试技术、安全防护等方面的技术安全培训。

2.3 化学清洗化学品的有关安全卫生资料向员工公开,教育员工识别安全标签、了解安全技术说明书、掌握必要的应急处理方法和自救措施,经常对员工进行清洗作业场所安全使用化学清洗化学品的教育和培训化学清洗服务人员,应通过培训和学习,熟悉各项清洗用化学药品的化学特性、健康危害、注意事项、安全防护措施和急救方法。

《火力发电厂锅炉化学清洗导则》(DL/T 794—2012):

3.4 清洗单位的项目负责人、技术负责人和化验人员应经过专业培训,考核合格后持证上岗,严禁无证操作。清洗工作实施前,应对参加化学清洗人员进行技术和安全教育培训,使其熟悉清洗系统,掌握安全操作程序。

11.1.2 安全注意事项:

a)清洗单位应根据本单位具体情况制订切实可行的安全操作规程。锅炉清洗前,有关工作人员必须学习并熟悉清洗的安全操作规程,了解所使用的各种药剂的特性及灼伤急救方法,并做好自身的保护。

b)清洗工作人员应经演练和考试合格后才能参加清洗工作。参加锅炉清洗的人员应佩戴专用标志,与清洗无关的人员不得进入清洗现场。

(3)检查作业人员劳动防护用品的配备与使用情况。

监督依据:《石油化工设备和管道化学清洗施工及验收规范》(SH/T 3547—2011)、《化学清洗作业安全规定》(PD/GL-24)、《火力发电厂锅炉化学清洗导则》(DL/T 794—2012)。

《石油化工设备和管道化学清洗施工及验收规范》(SH/T 3547—2011):

8.1.2 化学清洗作业人员应根据清洗要求,佩戴防护眼镜、防毒面具,穿戴耐酸碱的工作服、工作帽和橡皮手套等专用劳动防护用品。

《化学清洗作业安全规定》(PD/GL-24)：

2.4 清洗公司根据劳动保护有关规定，配置相应的劳动保护用具用品和急救用具用品在锅炉及其他化工、动力设备化学清洗全过程，应指定专职或兼职安全员化学清洗服务人员，必须服从施工负责人安全员的安全管理加强监督检查，尤其是劳动保护用具用品佩戴的监督检查化学清洗仪器机具的安全管理。

---

《火力发电厂锅炉化学清洗导则》(DL/T 794—2012)：

11.1.5 搬运浓酸、浓碱时，应使用专用工具，禁止肩扛、手抱。直接接触苛性碱或酸的操作人员和检修人员，应穿戴专用防护用品。尤其在配酸（包括使用氢氟酸或氟化物）及加氨、加碱液时，更应注意佩戴好防护眼镜或防毒面具。

---

（4）检查作业装备、工具、用具是否满足要求。

监督依据：《石油化工设备和管道化学清洗施工及验收规范》(SH/T 3547—2011)、《化学清洗作业安全规定》(PD/GL-24)、《火力发电厂锅炉化学清洗导则》(DL/T 794—2012)。

---

《石油化工设备和管道化学清洗施工及验收规范》(SH/T 3547—2011)：

5.1 材料机具准备

5.1.1 用于化学清洗的临时连接材料，应根据清洗系统的操作压力、操作温度和清洗剂的腐蚀性要求选用。

5.1.2 用于盛放清洗液的容器宜采用不锈钢或其他耐腐蚀制品。

5.1.3 采用循环清洗时，应选用耐腐蚀泵，流量和扬程应满足清洗要求。

5.1.4 化学要求性能指标应符合相应产品标准并在有效期。药剂及其溶液应专库、分类存放，应设置警示标示。

5.1.6 化学清洗应采用工业用水、脱盐水等清洁水。用于清洗奥氏体不锈钢的水中氯离子含量不得大于 50mg/L。

5.3.3 配备必要的通信设施，夜间作业应与照明。

8.1.6 化学清洗作业场所应有冲洗水源和救治用品。

---

《化学清洗作业安全规定》(PD/GL-24)：

3.1 化学清洗单位保证设备的完好率，在开工前对化学清洗设备进行复检，确保化学清洗设备满足清洗作业要求电力系统；清洗设备电力部分，包括电动机、电缆、漏电保护器、电控柜等,必须符合国家有关标准。具有防爆要求的化学清洗现场,施工机具必须符合防爆要求。

3.3 临时管路:临时管道等临时设施材料及辅助材料必须符合专项化学清洗方案确定的技术标准。

3.4 循环系统:清洗现场,设备操作人员严格按照操作指导书操作运行化学清洗设备。

3.5 化学清洗机具应符合《生产设备安全卫生设计总则》(GB 5083—1999)和相关国家标准。

4.6 化学清洗单位应向化学清洗操作人员提供安全技术说明书,并在安全教育中详细说明,以便清洗服务人员熟悉。

4.7 清洗作业场所清洗服务人员接触的危险化学品浓度不得高于国家规定的标准;暂没有规定的,应在保证安全作业的情况下使用。

4.8 化学清洗单位应通过下列方法消除、减少和控制工作场所危险化学品产生的危害:

(一)选用无毒或低毒的化学替代品;

(二)选用可将危害消除或减少到最低程度的技术;

(三)采用能消除或降低危害的工程控制措施(如隔离、密闭等);

(四)采用能减少或消除危害的作业制度和作业时间;

(五)采取其他的劳动安全卫生措施。

4.9 对盛装、输送、贮存危险化学品的设备,采用颜色、标牌、标签等形式,标明其危险性。

---

《火力发电厂锅炉化学清洗导则》(DL/T 794—2012):

11.1.2 安全注意事项

c)清洗现场应照明充足,备有消防通信设备、安全灯、急救药品和劳保用品。

d)现场应有"注意安全""严禁明火""有毒危险""请勿靠近"等安全警示牌。

11.1.6 在配碱地点,应备有自来水、毛巾、药棉和浓度为 0.2% 的硼酸溶液。

---

(5)检查清洗作业安全措施落实情况。

监督依据:《石油化工设备和管道化学清洗施工及验收规范》(SH/T 3547—2011)、《化学清洗作业安全规定》(PD/GL-24)、《火力发电厂锅炉化学清洗导则》(DL/T 794—2012)。

《石油化工设备和管道化学清洗施工及验收规范》（SH/T 3547—2011）：

5.3.1 化学清洗作业场地,应根据设备、管道安装进度和施工平面布置要求确定,清洗现场的道路应平整、畅通。

5.3.2 化学清洗需要的水、汽、排污管线应已连通。

5.3.5 采用循环清洗的设备、管道,应在安装、试压完毕后进行,对不宜进行化学清洗的工艺设备、仪器、仪表应继续隔离或保护,隔离的阀门应挂牌标识。

8.1.4 化学清洗时不得在清洗系统上进行其他工作。

8.1.5 清洗作业区应设置警戒线并设置醒目的警示标志。

8.1.7 清洗过程中应有专职监护人员,并应每半小时巡检一次清洗系统。

8.2 酸碱作业

8.2.1 清洗过程中发生泄漏时,应立即停泵泄压,并及时采取用水冲洗或用酸、碱溶液中和等防护措施。

8.2.2 浓酸稀释应符合下列规定：

a）取酸应采用专用器具；

b）启开盛酸容器的孔盖、瓶塞时,作业人员应站在上风侧,不得正对瓶口；

c）应将酸液缓慢地加入水中,边加边搅拌,不得降水加入浓酸中。

8.2.3 取用固体碱时应轻凿轻取,配置碱液时,每次加碱不宜过多,碱块应缓慢放入溶碱器内,边加边搅拌,放置飞溅。

8.2.4 盛装过酸碱的容器应存放在指定区域,残液应中和处理达标排放。

8.3 脱脂作业

8.3.1 脱脂作业时除按 HG 20202 的规定外,还应符合下列要求：

a）脱脂作业应在室外或通风良好的场所进行；

b）脱脂现场不得存放食品和饮料。

8.3.2 用乙醇等易燃液体进行脱脂后,不得用氧气吹扫。

8.3.3 脱脂剂应贮存于通风、干燥的仓库中,不得受阳光直接照射,且不得与强酸、强碱或氧化剂接触。

8.3.4 应防止脱脂剂溅出和溢到地面上。溢出的溶剂应立即用砂子吸干,并收集到指定的容器内。

《化学清洗作业安全规定》（PD/GL-24）：

5.1 现场安全要求

（1）化学清洗人员应佩戴专门标志，与化学清洗无关人员不得逗留在清洗现场；

（2）参加化学清洗人员，应该穿防护工作服、胶皮鞋、戴胶皮围裙、耐酸碱手套、口罩和防护眼镜或防毒面具等，以防浓酸、碱溶液灼伤；

（3）清洗现场必须备有消防设备。现场挂贴"注意安全""严禁明火""有毒危险""请勿靠近"等醒目标示牌；

（4）对影响安全的扶梯、孔洞、沟盖板、脚手架等进行妥善处理；

（5）清洗现场严禁吸烟动火；

（6）清洗时，禁止在清洗系统上进行其他工作，尤其不准进行明火作业；

（7）化学清洗现场应备有水源和中和漏酸的石灰；

（8）化学清洗现场，应备有清洁水、毛巾、药棉、0.2%硼酸溶液和0.5%碳酸氢钠溶液以及其他必备的医疗急救药品，包括2%氨水溶液、23%碳酸钠溶液、23%重碳酸钠溶液、外用医药软膏、静脉注射用10%葡萄糖酸钙或10%氯化钙溶液、10%碘化钠溶液、可拉明、去痛片喉片等药片等；

（9）有关人员必须熟悉清洗的安全操作规程，了解各种药剂的特性及灼伤急救方法，做好自身防护。

5.2 临时用电安全

严格遵守顾客方规定及其程序，办理必须的全部票证，并在指定位置接电。严禁私拉乱接，临时用电必须遵守《施工现场临时用电安全技术规范》（JGJ 46—2005）相关条款电器设备操作人员必须穿戴绝缘鞋和绝缘手套，持证上岗。

5.3 化学清洗系统的安全检查，按下述要求进行：

（1）清洗系统所有管道焊接应该可靠。所有阀门、法兰以及清洗泵的盘根均应严密，设有防溅、防泄漏措施；

（2）与化学清洗系统无关的仪表及管道应隔绝；

（3）临时安装的管道和阀门应与化学清洗系统相符，阀门挂编号牌；

（4）化学清洗临时系统全部安装完后，应用清洗泵做泵工作压力下的严密性试验，系统严密不漏才能进行化学清洗；

（5）清洗现场还应备有毛毡、胶皮垫、塑料布、铁丝和卡子等以便作泄漏处理。

5.4 加药配药安全操作规程

（1）化学清洗加药配药操作，应按照施工技术方案和技术负责人/施工负责人的指挥进行；

（2）加药品种和药量须经复核无误后才能实施加药配药工序；

（3）加药时间、加药量、加药过程应有人监护，做好详细记录；

（4）投加有刺激性的药品时，工作人员应站在上风，防止人身中毒；投加浓酸时禁止人工肩扛搬运和人工倾倒，投药应尽可能采用机械动力方式；

（5）加药配药时要掌握一定的投药速度，防止药品包装袋掉入清洗箱内，造成清洗泵堵塞；

（6）加药配药过程要遵守化学清洗作业指导书，加强化学测试，控制加药量，避免加药量不足或过量加药，影响清洗质量和设备安全。

---

《火力发电厂锅炉化学清洗导则》（DL/T 794—2012）：

11.1.3 锅炉清洗系统的安全检查应符合下列要求：

a）与化学清洗无关的仪表及管道应隔绝；

b）临时安装的管道应与清洗系统图相符；

c）对影响安全的扶梯、空洞、沟盖板、脚手架，要做妥善处理；

d）清洗系统所有管道焊接应可靠，所有法兰垫片、阀门及水泵的盘根均应严密耐腐蚀，应设防溅装置，还应备有毛毡、胶皮垫、塑料布、胶带和专用卡子等；

e）酸泵、取样点、化验站和监视管附近应设专用水源和石灰粉；

f）临时加热蒸汽阀门的压力等级应高于所连接气源阀门一个压力等级，并采用铸钢阀门。

11.1.4 清洗时，禁止在清洗系统上进行明火作业和其他作业。加药场地及锅炉顶部严禁吸烟。清洗过程中，应有专人值班，定时巡回检查，随时检修清洗设备的缺陷。

11.1.9 易燃、易爆、有毒的化学药品在存放、运输、使用过程中应遵守有关的安全规定。

---

（6）清洗作业后污水处理是否满足相关法规标准要求。

监督依据：《中华人民共和国环境保护法》（中华人民共和国主席令〔2014〕第9号）、《石油化工设备和管道化学清洗施工及验收规范》（SH/T 3547—2011）、《化学清洗作业安全规定》（PD/GL-24）、《火力发电厂锅炉化学清洗导则》（DL/T 794—2012）。

---

《中华人民共和国环境保护法》（中华人民共和国主席令〔2014〕第9号）：

第四章 防治污染和其他公害

第四十八条 生产、储存、运输、销售、使用、处置化学物品和含放射性物质的物品，应当遵守国家有关规定，防止污染环境。

《石油化工设备和管道化学清洗施工及验收规范》(SH/T 3547—2011):

8.1.8 未经处理的酸、碱液及其他有害废液不得排放。化学清洗废液的排放应符合 GB 8978 的规定,污水综合排放指标和最高允许排放浓度见表 1。

表 1 污水综合排放指标　　　　　　　　　单位:mg/L

| 序号 | 有害物质或项目名称 | 最高容许排放浓度 ||| 
|---|---|---|---|---|
| | | 新扩改(二级标准) | 现有(二级标准) | 三级标准 |
| 1 | pH 值 | 6~9 | 6~9 | 6~9 |
| 2 | 悬浮物 | 200 | 250 | 400 |
| 3 | 化学需氧量(重铬酸钾法) | 150 | 200 | 500 |
| 4 | 氟化物 | 10 | 15 | 20(用氟离子计测定) |
| 5 | 油 | 20 | 40 | 100 |

《火力发电厂锅炉化学清洗导则》(DL/T 794—2012):

8.1 锅炉化学清洗废液的排放应符合 GB 8978 的主要指标和最高允许排放浓度。

GB 8978(第二类污染物最高容许排放浓度)的主要排放指标　　单位:mg/L

| 序号 | 有害物质或项目名称 | 最高容许排放浓度 |||
|---|---|---|---|---|
| | | 一级标准 | 二级标准 | 三级标准 |
| 1 | pH 值 | 6~9 | 6~9 | 6~9 |
| 2 | 悬浮物 | 70 | 150 | 400 |
| 3 | 化学需氧量(重铬酸钾法) | 100 | 150 | 500 |
| 4 | 氟化物 | 10 | 10 | 20(用氟离子计测定) |
| 5 | 油 | 5 | 10 | 20 |

8.2 严禁排放未经处理的酸、碱液及其他有害废液,液不得采用渗坑、渗井和漫流的方式排放。

11.1.10 禁止向水泥沟内排放废酸液;在向除灰系统内排酸时,应有相应的技术措施并控制排放速度。排酸时应有专人监视,放置酸液溢流到其他沟道。

11.1.11 联氨、亚硝酸钠、氢氟酸溶液应先排至废液池,经处理符合排放标准后再进行排放。

## 四、案例分析

**案例：某石化公司清理槽车爆炸事故**

1. 事故经过

2014年1月3日13时40分，某公司劳务第二分公司洗槽队班长杨某接到调运车间员工侯某电话通知"刷洗室外20台槽车，按汽油标准刷洗"。班长杨某安排洗槽四班10人（2人一组）负责洗车任务，其中赵某与伞某负责4台槽车的洗车任务。先清洗的0219182#，0210946#两台槽车比较干净，清理很快，两人随后对0210969#槽车进行抽残液作业，槽车内残液抽至最低点后，赵某下到槽车内准备清理集油槽附近残留物，伞某在槽车外负责监护，14时09分，赵某刚刚下至槽车底部时，车内突然发生闪燃，造成赵某被崩至槽车深处，伞某被人孔处喷出的闪燃气体灼伤。洗槽队立即启动了事故应急处置方案，开始紧急施救，但因槽车内有残余烟雾，人员无法进入，14时10分，调运车间人员隋某拨打报警及急救电话。14时14分消防队赶到现场，14时20分救护车赶到现场，14时39分，消防队人员将赵某从槽车内救出，急救车将赵某和伞某送至医院救治，赵某经抢救无效死亡，伞某轻伤。

2. 原因分析

1）事故直接原因

初步调查认定，本起事故的原因是槽车内可燃气体浓度达到爆炸极限，且进入槽车内的作业人员赵某穿着化纤衣物，因静电产生火花导致闪燃。

2）事故间接原因

（1）0210969编号槽车内可燃性气体浓度超标，达到了爆炸极限，且没有科学快速有效的处置措施。

（2）操作人员违反要求，身着化纤内衣进入作业空间，由于摩擦而产生静电发生放电。

（3）$800×10^4$t 蒸馏装置开工及石油一厂搬迁后，由于工作量增大近4倍，鑫德公司为满足作业量的需要，修改了操作规程，取消了强制通风环节。

（4）洗槽业务历史沿革较长，人员相对稳定，从来未发生类似事故，各级人员存在麻痹思想，从而形成了习惯性违章。

3）事故管理原因

（1）鑫德公司洗槽队操作规程中对洗槽作业的风险消减措施落实不到位，对职工的安全教育不到位，员工风险防范能力差，作业人员对作业中存在的风险源没有足够的认识，在日常工作中还存在老习惯、老办法、老经验的延续。

（2）鑫德公司日常检查和安全监管的力度不够，没有完全落实员工着装互检制度和监护职责,员工的违规行为没有得到及时制止。

(3)石油二厂调运车间对鑫德公司劳务人员的洗槽作业过程日常监管不严、风险识别不到位,属地监管责任没有落实到位。

# 第十一节　断路(占道)作业安全监督

## 一、风险分析

(1)标识不明,信息沟通不畅,影响交通,引发事故。

关键措施:作业前,施工单位在断路路口设置交通挡杆、断路标识,为来往的车辆提示绕行线路;《断路作业证》审批后,立即通知调度等有关部门。

(2)作业期间,无适当安全措施或不到位,引发交通事故或人员伤害事故。

关键措施:断路作业过程中,施工单位应负责在施工现场设置围栏、交通警告牌,夜间应悬挂警示红灯;断路施工作业时,施工单位应设置安全巡检员,保证在应急情况下道路的畅通;断路施工作业期间,施工单位不得随意乱堆施工材料。

(3)作业结束后,现场清理不彻底,阻碍交通,引发事故。

关键措施:断路作业结束后,施工单位应负责清理现场,撤除现场和路口设置的挡杆、断路标志、围栏、警告牌、警示红灯,报调度部门;道路管理部门到现场检查核实后,通知各有关单位断路工作结束,恢复交通。

(4)变更未经审批,引发事故。

关键措施:断路作业应按《断路作业证》的内容进行,严禁涂改、转借《断路作业证》,严禁擅自变更作业内容、扩大作业范围或转移作业部位;在《断路作业证》规定的时间内未完成断路作业时,由断路申请单位重新办理。

(5)涉及危险作业组合未落实相应安全措施。

关键措施:若涉及高处、动土等危险作业时,应同时办理相关作业许可证。

(6)施工条件变化未重新办证。

关键措施:施工条件发生重大变化,应重新办理《断路作业证》。

## 二、监督内容

(1)作业许可合规性。

(2)设备设施工器具适用性。

(3)人员资质能力符合性。

（4）现场作业环境可控性。

（5）应急救援准备充分性。

## 三、监督依据

（1）《化学品生产单位断路作业安全规范》（AQ 3024—2008）。

（2）《生产区域断路作业安全规范》（HG 30015—2013）。

（3）《化学品生产单位特殊作业安全规范》（GB 30871—2014）。

（4）《挖掘作业安全管理规范》（Q/SY 1247—2009）。

（5）《中国石油天然气集团公司消防安全管理办法》（中油安〔2015〕367号）。

## 四、监督要点

（1）检查建设单位断路作业是否制订安全措施，是否办理《断路安全作业证》。

监督依据：《化学品生产单位断路作业安全规范》（AQ 3024—2008）。

> 《化学品生产单位断路作业安全规范》（AQ 3024—2008）：
> 
> 4.1 进行断路作业应制订周密的安全措施，并办理《断路安全作业证》（以下简称《作业证》），方可作业。
> 
> 4.2 《作业证》由断路申请单位负责办理。
> 
> 4.3 断路申请单位负责管理作业现场。

（2）检查建设单位在断路在《作业证》规定时间内未完成或是发生作业内容变更时是否重新办理《作业证》。

监督依据：《化学品生产单位断路作业安全规范》（AQ 3024—2008）。

> 《化学品生产单位断路作业安全规范》（AQ 3024—2008）：
> 
> 4.5 在《作业证》规定的时间内未完成断路作业时，由断路申请单位重新办理《作业证》。
> 
> 6.1.6 变更作业内容，扩大作业范围，应重新办理《作业证》。

（3）检查用于断路作业的工具、材料是否放置在作业区内或其他不影响正常交通的场所。

监督依据：《化学品生产单位断路作业安全规范》（AQ 3024—2008）、《化学品生产单位特殊作业安全规范》（GB 30871—2014）。

《化学品生产单位断路作业安全规范》（AQ 3024—2008）：

6.1.4 用于道路作业的工件、材料应放置在作业区内或其他不影响正常交通的场所。

《化学品生产单位特殊作业安全规范》（GB 30871—2014）：

12.1 作业前,作业申请单位应会同本单位相关主管部门制订交通组织方案,方案应能保证消防车和其他重要车辆的通行,并满足应急救援要求。

（4）检查占道作业影响消防救援时,是否已同消防部门办理了相关手续。

监督依据：《中国石油天然气集团公司消防安全管理办法》（中油安〔2015〕367号）。

《中国石油天然气集团公司消防安全管理办法》（中油安〔2015〕367号）：

第三十九条 在修建道路以及停电、停水、截断通信线路等有可能影响消防队灭火救援时,有关单位必须事先通知消防主管部门及专职消防队,并办理相关手续后方可实施。

（5）检查断路作业单位是否在断路的路口和相关道路上设置交通警示标志或交通警示设施。

监督依据：《化学品生产单位断路作业安全规范》（AQ 3024—2008）、《化学品生产单位特殊作业安全规范》（GB 30871—2014）。

《化学品生产单位断路作业安全规范》（AQ 3024—2008）：

6.2.1 断路作业单位应根据需要在作业区相关道路上设置作业标志、限速标志、距离辅助标志等交通警示标志,以确保作业期间的交通安全。

《化学品生产单位特殊作业安全规范》（GB 30871—2014）：

12.2 作业单位应根据需要在断路的路口和相关道路上设置交通警示标志,在作业区附近设置路栏、道路作业警示灯、导向标等交通警示设施。

（6）检查道路作业警示灯是否为防爆灯具并采用安全电压。

监督依据：《化学品生产单位断路作业安全规范》（AQ 3024—2008）、《化学品生产单位特殊作业安全规范》（GB 30871—2014）。

> 《化学品生产单位断路作业安全规范》(AQ 3024—2008)：
>
> 6.2.6 警示灯应防爆并采用安全电压。

> 《化学品生产单位特殊作业安全规范》(GB 30871—2014)：
>
> 12.4 在夜间或雨、雪、雾天进行作业应设置道路作业警示灯,警示灯设置要求如下:a)采用安全电压。

(7)检查道路作业警示灯遇雨、雪或雾天是否正常开启,并能发出自150m以外清晰可见的连续、闪烁或旋转的红光。

监督依据:《化学品生产单位断路作业安全规范》(AQ 3024—2008)、《化学品生产单位特殊作业安全规范》(GB 30871—2014)。

> 《化学品生产单位特殊作业安全规范》(GB 30871—2014)：
>
> 12.4 在夜间或雨、雪、雾天进行作业应设置道路作业警示灯,警示灯设置要求如下:应能发出至少自150m以外清晰可见的连续、闪烁或旋转的红光。

(8)检查断路申请单位是否根据作业内容会同断路作业单位编制相应的事故应急处置预案,挖开的路面是否做好临时应急车道。

监督依据:《化学品生产单位断路作业安全规范》(AQ 3024—2008)、《化学品生产单位特殊作业安全规范》(GB 30871—2014)。

> 《化学品生产单位断路作业安全规范》(AQ 3024—2008)：
>
> 6.3.1 断路申请单位应根据作业内容会同作业单位编制相应的事故应急措施,并配备有关器材。
>
> 6.3.2 动土挖开的路面宜做好临时应急措施,保证消防车的通行。

(9)断路作业结束后,检查作业单位是否撤除作业区、路口设置的路栏、道路作业警示灯、导向标等交通警示设施。

监督依据:《化学品生产单位断路作业安全规范》(AQ 3024—2008)、《化学品生产单位特殊作业安全规范》(GB 30871—2014)。

> 《化学品生产单位特殊作业安全规范》(GB 30871—2014)：
>
> 12.5 断路作业结束后,作业单位应清理现场,撤除作业区、路口设置的路栏、道路作业警示灯、导向标等交通警示设施。申请断路单位应检查核实,并报告有关部门恢复交通。

## 五、常见违章

（1）未办理《作业证》进行断路作业。
（2）变更作业内容，扩大作业范围时，未重新办理《作业证》。
（3）涂改《作业证》。
（4）未按规定设置交通警示设施。

## 六、案例分析

### 案例：非法占道致人死亡

1. 事故经过

2006年1月22日0时许，山东省临沂市兰山区A村村民任某明、鲍某之子任某驾驶两轮摩托车由东向西行驶至B村路段时，因躲避单某违法占道沙堆而摔倒，当场死亡。事故发生时，B村的部分村民在该路段的路面上堆放了沙子，所堆放的沙堆边没有设置警示标志，该路段也没有路灯等照明设施。临沂市兰山区交警大队对现场勘察后，于2006年4月30日制作了第200600313号交通事故认定书。

2. 原因分析

1）事故直接原因

任某驾驶两轮摩托车躲避违法占道的沙堆而摔倒，造成其当场死亡。

2）事故间接原因

事故发生的时间为深夜，自然光的光照条件很差，并且该路段无路灯等人工照明设施，死者任某所驾驶的车辆又系两轮摩托车，驾驶人员的视线状况较差。因被告未在沙堆的来车方向设置警示灯及具有反光性质的警示牌，加之死者处理情况不当，致使事故发生。

3）事故主要原因

单某在未经相关部门批准的情况下，擅自在公路上堆放障碍物，并且未在障碍物来车方向安全距离处设置明显的安全警示标志，其行为给公路交通带来了巨大隐患，是造成本次事故的主要原因。

3. 案例启示

未经许可，任何单位和个人不得占用道路从事非交通活动，因工程需要占用道路，应当事先征得道路主管部门的同意，影响交通安全的，还应当征得公安机关交通管理部门的同意；施工单位应当在经批准的路段和时间内作业，并在距离施工作业地点来车方向安全距离处设置明显的安全警示标志，采取防护措施。

## 第十二节　生产过程安全监督

### 一、风险分析

　　石油炼化行业是一个高风险的行业,在整个日常的生产过程中存在着很多不确定的危险性因素。其中包括炼化企业的原料产品和介质等生产用品以及工艺流程装置装备等生产工具具有特殊性和工作人员在操作上由于其复杂的操作而潜藏着无可预知的极大危险。一旦失控,所造成的人员伤亡和财产损失以及其对环境的破坏和恐怖的社会效应是不可估量的,严重者甚至可能造成一定的国际影响。因此在日常生产过程中,我们要从原料及产品、工艺条件、流程和装置、设备设施、仪表控制等方面全面加强生产过程的管理。

### 二、监督内容

　　(1)工艺的安全管理。
　　(2)工艺技术及工艺装置的安全控制。
　　(3)现场工艺安全。
　　(4)设备管理制度及管理体系。
　　(5)大型机组、机泵的管理和运行状况。
　　(6)加热炉/工业炉的管理与运行状况。
　　(7)仪表安全管理。

### 三、监督依据

　　(1)《危险化学品企业事故隐患排查治理实施导则》(国家安全生产监督管理总局2012年7月)。
　　(2)《化工企业工艺安全管理实施导则》(AQ/T 3034—2010)。
　　(3)《危险化学品从业单位安全生产标准化通用规范》(AQ 3013—2008)。
　　(4)《关于危险化学品企业贯彻落实〈国务院关于进一步加强企业安全生产工作的通知〉的实施意见》(安监总管三〔2010〕186号)。
　　(5)《中国石油天然气股份有限公司炼油化工专业工艺危险与可操作性分析工作管理规定》(油炼化〔2011〕159号)。
　　(6)《中国石油天然气股份有限公司炼化企业生产装置操作规程管理规定》(油炼销字〔2006〕280号)。
　　(7)《中国石油天然气股份有限公司炼化企业操作人员岗位培训管理规定》(油炼销字

〔2006〕280号)。

(8)《中华人民共和国安全生产法》(2014年8月31日第二次修正)。

(9)《国家安全监管总局关于公布首批重点监管的危险化工工艺目录的通知》(安监总管三〔2009〕116号)。

(10)《危险化学品从业单位安全生产标准化通用规范》(AQ 3013—2008)。

(11)《石油化工企业设计防火规范》(GB 50160—2008)。

(12)《中国石油天然气股份有限公司炼化企业工艺卡片分级管理规定》(油炼销字〔2006〕280号)。

(13)《中国石油天然气股份有限公司炼化企业自动化联锁保护管理规定》(油炼销字〔2006〕280号)。

(14)《工业用化学品采样安全通则》(GB/T 3723—1999)。

(15)《中国石油天然气股份有限公司炼油与化工分公司关键机组管理规定》(油炼化〔2015〕158号)。

(16)《风机、压缩机、泵安装工程施工及验收规范》(GB 50275—2010)。

(17)《生产过程安全卫生要求总则》(GB/T 12801—2008)。

(18)《石油化工设备完好标准》(SHS 01001—2004)。

(19)《石油化工工艺装置布置设计通则》(SH 3011—2011)。

(20)《管式炉安装工程施工及验收规范》(SH/T 3506—2007)。

(21)《石油化工企业职业安全卫生设计规范》(SH 3047—1993)。

(22)《中国石油炼油与化工分公司工艺加热炉管理办法(试行)》(油炼化〔2009〕71号)。

(23)《中国石油天然气股份有限公司炼油与化工分公司仪表及自动控制系统管理规定》(油炼化〔2015〕158号)。

(24)国家安全监管总局关于印发危险化学品企业事故隐患排查治理实施导则的通知》(安监总管三〔2012〕103号)。

(25)《石油化工设备完好标准》(SHS 01001—2004)。

(26)《石油化工仪表供电设计规范》(SH/T 3082—2003)。

(27)《石油化工仪表供气设计规范》(SH 3020—2013)。

(28)《石油化工仪表接地设计规范》(SH/T 3081—2003)。

(29)《石油化工可燃气体和有毒气体检测报警设计规范》(GB 50493—2009)。

(30)《爆炸危险环境电力装置设计规范》(GB 50058—2014)。

(31)《石油化工仪表配管、配线设计规范》(SH/T 3019—2003)。

(32)《可燃气体检测报警器检定规程》(JJG 693—2011)。

（33）《化工和危险化学品生产经营单位重大生产安全事故隐患判定标准（试行）》（安监总管三〔2017〕121号）。

（34）《中国石油天然气集团有限公司较大及以上安全环保事故隐患问责管理办法（试行）》（安委〔2018〕3号）。

## 四、监督要点

（1）工艺的安全管理。

① 工艺安全信息管理。

监督依据：《化工企业工艺安全管理实施导则》（AQ/T 3034—2010）。

---

《化工企业工艺安全管理实施导则》（AQ/T 3034—2010）：

第4.1条 企业应进行工艺安全信息管理，工艺安全信息文件应纳入企业文件控制系统予以管理，保持最新版本。工艺安全信息包括：

1. 危险品危害信息；
2. 工艺技术信息；
3. 工艺设备信息；
4. 工艺安全信息。

---

② 工艺安全分析管理。

监督依据：《化工企业工艺安全管理实施导则》（AQ/T 3034—2010）、《关于危险化学品企业贯彻落实〈国务院关于进一步加强企业安全生产工作的通知〉的实施意见》（安监总管三〔2010〕186号）、《中国石油天然气股份有限公司炼油化工专业工艺危险与可操作性分析工作管理规定》（油炼化〔2011〕159号）。

---

《化工企业工艺安全管理实施导则》（AQ/T 3034—2010）：

4.2.3 企业应建立风险管理制度，积极组织开展危害辨识、风险分析工作。应定期开展系统的工艺过程风险分析。

企业应在工艺装置建设期间进行一次工艺危害分析，识别、评估和控制工艺系统相关的危害，所选择的方法要与工艺系统的复杂性相适应。企业应每三年对以前完成的工艺危害分析重新进行确认和更新，涉及剧毒化学品的工艺可结合法规对现役装置评价要求频次进行。

---

《关于危险化学品企业贯彻落实〈国务院关于进一步加强企业安全生产工作的通知〉的实施意见》（安监总管三〔2010〕186号）：

大型和采用危险化工工艺的装置在初步设计完成后要进行HAZOP分析。国内首次采用的化工工艺，要通过省级有关部门组织专家组进行安全论证。

《中国石油天然气股份有限公司炼油化工专业工艺危险与可操作性分析工作管理规定》(油炼化〔2011〕159号):

第八条 建设项目开展HAZOP分析的范围包括:

采用新工艺、新技术的工艺装置;

设计单位首次承担设计的工艺装置;

设计单位虽承担过同类装置的设计,但技术来源不同或装置规模、界区工艺条件发生较大变化的工艺装置;

地区公司首次建设的工艺装置;

全厂性公用工程设施,例如:动力站、空分站、氢气系统、污水处理、全厂放空及泄压系统等;

储运系统中的关键单元;

地区公司根据实际情况认为需要进行HAZOP分析的项目。

第九条 地区公司对建设项目进行HAZOP分析应当符合以下规定:

引进工艺技术或基础设计的工艺装置应由专利商(或工程公司)在工艺包或基础设计阶段完成HAZOP分析;

除引进工艺技术或基础设计之外的其他装置,应在初步设计审查之前完成HAZOP分析;

HAZOP分析报告应作为初步设计审查文件附件上报;建设项目初步设计阶段未按本办法进行HAZOP分析工作的,不得进行初步设计审查;

初步设计审查后,补充和调整内容应进行补充HAZOP分析;

详细设计发生较大变化的,应在P&ID修改完成后进行补充HAZOP分析,并在详细设计完成前落实HAZOP分析结果及措施;

试车结束后,建设项目阶段的HAZOP分析报告应及时移交地区公司HAZOP分析工作主管部门。

第十条 地区公司应在建设项目设计合同中明确要求设计单位参加HAZOP分析工作并负责将HAZOP分析结果在设计中进行落实。

第十一条 在役装置的HAZOP分析应当满足以下条件:

原则上每5年应进行一次HAZOP分析;

发生与工艺有关的较大事故后,应及时开展HAZOP分析;

发生较大工艺设备变更,应开展HAZOP分析;

地区公司根据实际情况认为需要进行HAZOP分析的其他情况。

第十二条　HAZOP分析的工作流程及方法执行股份公司HAZOP分析工作管理规定。

第十三条　HAZOP分析小组主要包括主持人、记录员、专业技术人员等，小组成员可来自技术机构、项目委托方、设计单位、运行单位、建设单位、承包方等单位或部门。人员资格要求执行股份公司HAZOP分析工作管理规定。

第十四条　HAZOP分析结果应作为详细设计、设计变更、隐患治理、员工培训、操作规程和应急预案制修订等工作的重要依据。

③操作规程管理。

监督依据：《化工企业工艺安全管理实施导则》（AQ/T 3034—2010）、《中国石油天然气股份有限公司炼化企业生产装置操作规程管理规定》（油炼销字〔2006〕280号）。

《化工企业工艺安全管理实施导则》（AQ/T 3034—2010）：

4.3.1　企业应编制并实施书面的操作规程，规程应与工艺安全信息保持一致。企业应鼓励员工参与操作规程的编制，并组织进行相关培训。操作规程应至少包括以下内容：

（1）初始开车、正常操作、临时操作、应急操作、正常停车、紧急停车等各个操作阶段的操作步骤；

（2）正常工况控制范围、偏离正常工况的后果；纠正或防止偏离正常工况的步骤；

（3）安全、健康和环境相关的事项。如危险化学品的特性与危害、防止暴露的必要措施、发生身体接触或暴露后的处理措施、安全系统及其功能（联锁、监测和抑制系统）等。

4.3.2　操作规程的审查、发布等应满足：

（1）企业应根据需要经常对操作规程进行审核，确保反映当前的操作状况，包括化学品、工艺技术设备和设施的变更。企业应每年确认操作规程的适应性和有效性。

（2）企业应确保操作人员可以获得书面的操作规程。通过培训，帮助他们掌握如何正确使用操作规程，并且使他们意识到操作规程是强制性的。

（3）企业应明确操作规程编写、审查、批准、分发、修改以及废止的程序和职责，确保使用最新版本的操作规程。

《中国石油天然气股份有限公司炼化企业生产装置操作规程管理规定》（油炼销字〔2006〕280号）：

第十条　操作规程包括工艺技术规程、操作指南、开停工规程、基础操作规程、事故处理预案等章节。

第十一条　工艺技术操作规程的内容包括：

装置概况：生产规模、能力、建成的时间和历年改造情况；

原理与流程：该装置的生产原理与工艺流程描述；

工艺指标：包括原料指标，半成品、成品指标，公用工程指标，主要操作条件，原材料消耗、公用工程消耗及能耗指标，污染物产生、排放控制指标；

生产流程图：工艺原则流程图、工艺管线和仪表控制图、工艺流程图、装置污染物排放流程图说明。流程图的画法及图样中的图形符号应符合国家标准或行业标准的规定；

装置的平面布置图：必须标出危险点、排污点、报警器、灭火器、其他应急设备位置。必要时可单独画出危险点、报警器、灭火器位置图；

设备、仪表明细：将设备、仪表分类列表，注明名称、代号、规格型号、主要设计性能参数等。

第十二条　操作指南是正常生产期间操作参数调整方法和异常处理的操作要求，编写要点：

以生产期间操作波动的调整为对象，以控制稳定为目标，防止异常波动引起生产事故的发生。

首先确定针对的范围和目标，经影响因素分析后确定对象（必须用图），超过目标就认为操作波动，阐述正确的控制方法，最起码要定性描述，最好定量描述，针对可能产生的操作波动，提出应采取的对策措施。最后明确操作参数失控后所对应的事故处理预案。

每个控制目标的操作指南应包括：控制范围、控制目标、相关参数、控制方式、正常调整、异常处理。控制范围不能超出工艺卡片规定的范围（大指标），保持与安全阀定压值、参数报警值的差距，不能触及安全限制，预留安全操作空间；控制目标要给定更为严格的指标（小指标），确保操作平稳和优化；控制方式要以文字说明并画出控制回路图。

第十三条　基础操作规程是装置进行各类复杂操作的基本操作步骤，主要描述机、泵、换热器、罐和塔等通用设备的开停和切换规程。主要内容包括：各种机泵的开、停与切换，风机的开、停与切换，中、低压冷换设备的投用与切除，关键部位取样等操作程序和注意事项。

第十四条 开工规程、停工规程、基础操作规程、专用设备操作规程、事故处理预案等规程的操作步骤需要严格按照统一的格式编制。

第十五条 开工规程、停工规程、基础操作规程和专用设备操作规程，须按程序编制。

第十六条 事故处理预案是装置发生一般生产事故或操作大幅度波动的状态下，避免扩大事故范围，使事故向可控制的方向发展，达到最终的安全受控状态的处理步骤。其作用是帮助操作人员判明事故真相，决策处理目标，明确操作处理方案。内容和要求是：

1）事故名称：每个事故处理预案都要有具体、明确的标题。

2）事故现象：事故发生时最直接表现出来的异常，如异常的声音、气味、报警灯闪烁等。

3）事故原因：分析导致事故的原因。

4）事故确认：列出确认事故的必要充分条件，对这些条件进行"是"或"否"的判断，从而确定事故的属性。

5）事故处理，包括：

a. 立即行动：用明确的、简洁的语言指出必须立即进行的操作行为。

b. 操作目标：用简洁的语言表明事故处理的努力方向。

c. 潜在问题：提示处理过程中应努力避免的事故后果。

d. A级操作步骤：以框图的形式列出操作步骤清单，各操作步骤都设有编号，要列出整个事故处理过程中必须特别关注的事项。

e. B级操作步骤：顺序排列出包含具体操作的各处理步骤。

6）退守状态：执行完成操作方案后，装置应达到相对安全的退守状态。

第十七条 编制小组向车间（装置）主任提交操作规程正式文稿，车间（装置）主任组织装置级审查并签字后，经地区分公司技术管理部门审核，生产运行、机动设备、安全环保等相关部门会签，报地区分公司主管领导批准后方可生效执行。

④ 工艺培训管理。

监督依据：《化工企业工艺安全管理实施导则》（AQ/T 3034—2010）、《中国石油天然气股份有限公司炼化企业工艺卡片分级管理规定》（油炼销字〔2006〕280号）。

《化工企业工艺安全管理实施导则》（AQ/T 3034—2010）：

4.4 工艺的安全培训应包括：

1. 应建立并实施工艺安全培训管理程序。根据岗位特点和应具备的技能,明确制订各个岗位的具体培训要求,编制落实相应的培训计划,并定期对培训计划进行审查和演练。

2. 培训管理程序应包含培训反馈评估方法和再培训规定。对培训内容、培训方式、培训人员、教师的表现以及培训效果进行评估,并作为改进和优化培训方案的依据;再培训至少每三年举办一次,根据需要可适当增加频次。当工艺技术、工艺设备发生变更时,需要按照变更管理程序的要求,就变更的内容和要求告知或培训操作人员及其他相关人员。

3. 应保存好员工的培训记录。包括员工的姓名、培训时间和培训效果等都要以记录形式保存。

---

《中国石油天然气股份有限公司炼化企业工艺卡片分级管理规定》(油炼销字〔2006〕280号):

第八条 按照管理职责认真制订地区分公司、厂、车间(装置)班组员工岗位培训计划,并严格按照计划要求组织实施。培训计划的执行情况纳入经济责任制考核之中。

第九条 员工岗位培训必须坚持面向生产和实际工作,干什么、学什么,缺什么、补什么,按需施教、学用结合、务求实效,提高培训的针对性和实效性。培训内容以装置操作规程和岗位应知应会为主,特别是加强开停工规程、专用设备操作规程、基础操作规程、事故处理预案等单项操作规程的培训,开展事故处理预案的演练,增强安全环保意识,强化自我保护能力,提高操作波动和突发事件的处理能力。

第十条 组织开展脱产培训、付班讲座、换岗学习、师徒合同、岗位练兵卡、一日一题、班前一问一答、预案演练、实际模拟等丰富多彩的岗位练兵,实现培训方法多样化。

第十一条 统一员工岗位培训教材,包括:操作人员岗位应知应会培训教材、工艺卡片、装置工艺技术规程、操作规程、操作规定、事故处理预案、安全作业规程、环保管理规定等。

第十二条 建立培训基地,稳定教师队伍。总结多年职业教育方法,形成专职教师、专业技术人员、管理人员相结合的教师队伍,建立稳定的师资库。管理人员负责编制培训课程设计,制订培训方案,组织培训工作;专职教师负责基础理论的教学,专业技术人员负责具体装置实际操作技能的培训。

第十三条 地区分公司每年至少组织一次随机抽查测试,抽查数量不低于在册员工的5%,并对每个装置的抽查测试结果进行分析,检查培训效果,分析薄弱环节。积极组织本企业的技术比武,鼓励员工参加行业技能竞赛,培养和造就优秀技能专家队伍。

第十四条 在车间(装置)和班组建立员工个人培训档案,记录员工各种形式岗位培训的参加情况、内容和成绩,定期检查和分析。特别是对操作员工发生的违章事件、误操作等要记入本人培训档案,以便及时发现岗位培训的死角,开展针对性培训。

第十五条 按照"五班三倒一培训"或"四班三倒一部分培训"等的形式,保证员工培训时间。操作人员人均参加培训的时间每年不少于240学时。

第十六条 推进培训设施建设和加大培训硬件投入,主要生产装置要建立仿真培训系统。

第十七条 举办各级各类培训班,必须做到"八定""八有",即:定负责人、定教师、定计划、定大纲、定教材、定时间、定教室、定学员;有需求分析、有计划、有教材、有教案、有点名册、有笔记、有成绩、有总结。

(2)工艺技术及工艺装置的安全控制。

监督依据:《中华人民共和国安全生产法》(2014年8月31日第二次修正)、《国家安全监管总局关于公布首批重点监管的危险化工工艺目录的通知》(安监总管三〔2009〕116号)、《危险化学品从业单位安全生产标准化通用规范》(AQ 3013—2008)、《石油化工企业设计防火规范》(GB 50160—2008)。

《中华人民共和国安全生产法》(2014年8月31日第二次修正):

第三十一条 生产经营单位不得使用国家明令淘汰、禁止使用的危及生产安全的工艺、设备。

《国家安全监督总局关于公布首批重点监管的危险化工工艺目录的通知》(安监总管三〔2009〕116号):

危险化工工艺的安全控制应按照《首批重点监管的危险化工工艺目录》和《首批重点监管的危险化工工艺安全控制要求、重点监控参数及推荐的控制方案》的要求进行设置。

大型和高度危险化工装置要按照《首批重点监管的危险化工工艺目录》和《首批重点监管的危险化工工艺安全控制要求、重点监控参数及推荐的控制方案》推荐的控制方案装备紧急停车系统。

《危险化学品从业单位安全生产标准化通用规范》(AQ 3013—2008):

5.5.2.2 装置可能引起火灾、爆炸等严重事故的部位应设置超温、超压等检测仪表、声和/或光报警、泄压设施和安全联锁装置等设施。

《石油化工企业设计防火规范》(GB 50160—2008)：

5.5 泄压排放和火炬系统

5.5.1 在非正常条件下,下列可能超压的设备或管道是否设置可靠的安全泄压措施以及安全泄压措施的完好性：

1. 顶部最高操作压力大于等于0.1MPa的压力容器；

2. 顶部最高操作压力大于0.03MPa的蒸馏塔、蒸发塔和汽提塔(汽提塔顶蒸汽通入另一蒸馏塔者除外)；

3. 往复式压缩机各段出口或电动往复泵、齿轮泵、螺杆泵等容积式泵的出口(设备本身已有安全阀者除外)；

4. 凡与鼓风机、离心式压缩机、离心泵或蒸汽往复泵出口连接的设备不能承受其最高压力时,鼓风机、离心式压缩机、离心泵或蒸汽往复泵的出口；

5. 可燃气体或液体受热膨胀,可能超过设计压力的设备；

6. 顶部最高操作压力为0.03~0.1MPa的设备应根据工艺要求设置。

5.5.5 有可能被物料堵塞或腐蚀的安全阀,在安全阀前应设爆破片或在其他出入口管道上采取吹扫、加热或保温等措施；

5.5.7 甲、乙、丙类的设备应有事故紧急排放设施,并应符合下列规定

1)对液化烃或可燃液体设备紧急排放时,液化烃或可燃液体应排放至安全地点,剩余的液化烃应排入火炬；

2)对可燃气体设备,应能将设备内的可燃气体排入火炬或安全放空系统。

5.5.9 较高浓度环氧乙烷设备的安全阀前应设爆破片。爆破片入口管道应设氮封,且安全阀的出口管道应充氮。

5.5.10 氨的安全阀排放气应经处理后放空。

5.5.11 无法排入火炬或装置处理排放系统的可燃气体,当通过排气筒、放空管直接向大气排放时,排气筒、放空管的高度应满足GB 50160、GB 50183等规范的要求。

5.5.12 突然超压或发生瞬时分解爆炸危险物料的反应设备,如设安全阀不能满足要求时,应装爆破片或爆破片和导爆管,导爆管口必须朝向无火源的安全方向；必要时应采取防止二次爆炸、火灾的措施；

5.5.13 因物料爆聚、分解造成超温、超压,可能引起火灾、爆炸的反应设备应设报警信号和泄压排放设施,以及自动或手动遥控的紧急切断进料设施。

> 《国家安全监管总局关于印发危险化学品企业事故隐患排查治理实施导则的通知》（安监总管三〔2012〕103号）：
>
> 火炬系统的安全性是否满足以下要求：
>
> 1. 火炬系统的能力是否满足装置事故状态下的安全泄放；
> 2. 火炬系统是否设置了足够的长明灯，并有可靠的点火系统及燃料气源；
> 3. 火炬系统是否设置了可靠的防回火设施；
> 4. 火炬气的分液、排凝是否符合要求。

（3）现场工艺安全。

监督依据：《国家安全监管总局关于印发危险化学品企业事故隐患排查治理实施导则的通知》（安监总管三〔2012〕103号）、《中国石油天然气股份有限公司炼化企业工艺卡片分级管理规定》（油炼销字〔2006〕280号）、《中国石油天然气股份有限公司炼化企业自动化联锁保护管理规定》（油炼销字〔2006〕280号）。

> 《国家安全监管总局关于印发危险化学品企业事故隐患排查治理实施导则的通知》（安监总管三〔2012〕103号）：
>
> 企业应严格执行工艺卡片管理，并符合以下要求：
>
> 1. 操作室要有工艺卡片，并定期修订；
> 2. 现场装置的工艺指标应按工艺卡片严格控制；
> 3. 工艺卡片变更必须按规定履行变更审批手续。
>
> 企业应建立联锁管理制度，严格执行，并符合以下要求：
>
> 1. 现场联锁装置必须投用，完好；
> 2. 摘除联锁有审批手续，有安全措施；
> 3. 恢复联锁按规定程序进行。
>
> 企业应建立操作记录和交接班管理制度，并符合以下要求：
>
> 1. 岗位职工严格遵守操作规程；岗位职工严格遵守操作规程，按照工艺卡片参数平稳操作，巡回检查有检查标志；
> 2. 定时进行巡回检查，要有操作记录；操作记录真实、及时、齐全，字迹工整、清晰、无涂改；
> 3. 严格执行交接班制度。日志内容完整、真实。

《中国石油天然气股份有限公司炼化企业工艺卡片分级管理规定》（油炼销字〔2006〕280号）：

第六条 工艺卡片指标来源于装置原设计的基础数据、装置改造设计（技改技措）的基础数据、装置长周期运行的限制条件、装置标定数据、产品质量指标控制、环保达标排放要求等。

第七条 工艺卡片内容包括：装置名称、工艺卡片编号、原料及化工原材料质量指标、装置关键工艺参数指标、动力工艺指标、装置成品及半成品质量指标、装置消耗指标、环保监控指标、主要技术经济指标、指标分级标志、主管领导及部门签字、执行日期。

《中国石油天然气股份有限公司炼化企业自动化联锁保护管理规定》（油炼销字〔2006〕280号）：

第五条 仪表维护单位负责联锁切除、投用、变更的具体实施和仪表联锁管理台账的建立。

第六条 联锁分为以下三级：

1）一级联锁：联锁动作造成单套或多套装置停工的联锁。

2）二级联锁：联锁动作造成装置局部或全工段停工、其影响面次于一级联锁。

3）三级联锁：联锁动作造成工段局部停工，其影响面次于二级联锁。

第七条 联锁采用分级管理，一级联锁由地区分公司管理，二、三级联锁由下属厂（车间）管理。

第八条 联锁切除/投用或联锁变更的工作程序：由工艺车间（装置）提出联锁切除/投用或联锁变更的申请（办理申请票），经地区分公司（厂）技术、设备管理部门会签、审核，总工程师审批签字后，地区分公司（厂）生产运行处对系统条件进行确认，仪表维护单位填写工作票，按票工作。

第九条 工作票内容应有工作计划、实施方案、检查确认。

第十条 联锁切除/投用或变更前，车间（装置）需进行风险评价，并制订相应的防范措施及应急预案，在联锁切除/投用申请票、联锁变更申请票中填写。

第十一条 操作盘（台）面上联锁开关（自动/手动、正常/旁路）的切除与投用须办理工作票，由工艺、仪表进行投用和切除前的确认。车间（装置）内操按照工艺操作规程、工艺卡片的内容进行操作。操作时班长必须监护，地区分公司（厂）生产运行处对外部条件进行确认。

第十二条　装置上的联锁切除状况,值班操作人员作为交接班内容之一交接清楚并做好记录,将联锁切除后的风险处理预案纳入正常预案管理。

第十三条　装置开工前,车间(装置)仪表维护单位对联锁动作试验确认,填写《联锁试验确认单》,由地区分公司(厂)组织有关部门对联锁系统进行检查。

第十四条　联锁动作后,必须查明原因,投用前必须确认。

第十五条　地区分公司分级设立联锁管理台账。工艺车间(装置)应将联锁的切除、投用及变更情况及时登记。联锁实施单位定期将联锁投用、切除、变更情况上报上一级管理部门。

第十六条　联锁报警设定值一览表必须按受控文件管理。地区分公司(厂)负责本单位联锁报警设定值一览表的修订。联锁报警设定值一览表每三年修订一次;在修订期内变更的,地区分公司(厂)主管部门要以受控文件形式下发到车间(装置)。

(4)设备管理制度及管理体系。

监督依据:《中华人民共和国安全生产法》(2014年8月31日第二次修正)、《国家安全监管总局关于印发危险化学品企业事故隐患排查治理实施导则的通知》(安监总管三〔2012〕103号)、《危险化学品从业单位安全生产标准化通用规范》(AQ 3013—2008)。

---

《中华人民共和国安全生产法》(2014年8月31日第二次修正):

第三十一条　生产经营单位不得使用国家明令淘汰、禁止使用的危及生产安全的设备。

---

《国家安全监管总局关于印发危险化学品企业事故隐患排查治理实施导则的通知》(安监总管三〔2012〕103号):

4. 设备隐患排查表

(1)按国家相关法规制定和及时修订本企业的设备管理制度。

(2)依据设备管理制度制定检查和考评办法,定期召开设备工作例会,按要求执行并追踪落实整改结果。

(3)有健全的设备管理体系,设备专业管理人员配备齐全。

(4)生产及检维修单位巡回检查制度健全,巡检时间、路线、内容、标识、记录准确、规范,设备缺陷及隐患及时上报处理。

> 《危险化学品从业单位安全生产标准化通用规范》(AQ 3013—2008):
> 5.5.2.1 企业应严格执行安全设施管理制度,建立安全设施管理台账。
> 5.5.2.3 企业的各种安全设施应有专人负责管理,定期检查和维护保养。
> 5.5.2.4 安全设施应编入设备检维修计划,定期检维修。安全设施不得随意拆除、挪用或弃置不用,因检维修拆除的,检维修完毕后应立即复原。
> 5.5.2.5 企业应对监视和测量设备进行规范管理,建立监视和测量设备台账,定期进行校准和维护,并保存校准和维护活动的记录。

(5)大型机组、机泵的管理和运行状况。

监督依据:《国家安全监管总局关于印发危险化学品企业事故隐患排查治理实施导则的通知》(安监总管三〔2012〕103号)、《中国石油天然气股份有限公司炼油与化工分公司关键机组管理规定》(油炼化〔2015〕158号)、《风机、压缩机、泵安装工程施工及验收规范》(GB 50275—2010)、《生产过程安全卫生要求总则》(GB/T 12801—2008)、《石油化工企业设计防火规范》(GB 50160—2008)。

> 《国家安全监管总局关于印发危险化学品企业事故隐患排查治理实施导则的通知》(安监总管三〔2012〕103号):
> 4.设备隐患排查表
> (1)各企业应建立健全大型机组的管理体系及制度并严格执行。
> (2)大型机组联锁保护系统应正常投用,变更、解除时要办理相关手续,并制订相应的防范措施。
> (3)大型机组润滑油应定期分析,其机组油质按要求定期分析,有分析指标,分析不合格有措施并得到落实。
> 大型机组的运行管理应符合以下要求:
> 1.机组运行参数应符合工艺规程要求;
> 2.机组轴(承)振动、温度、转子轴位移小于报警值;
> 3.机组轴封系统参数、泄漏等在规定范围内;
> 4.机组润滑油、密封油、控制油系统工艺参数等正常;
> 5.机组辅机(件)齐全完好;
> 6.机组现场整洁、规范。
> 机泵的运行管理应满足以下要求:
> 1.机泵运行参数应符合工艺操作规程;

2. 有联锁、报警装置的机泵,报警和联锁系统应投入使用,完好;

3. 机泵运行平稳,振动、温度、泄漏等符合要求;

4. 机泵现场整洁、规范;

5. 机泵辅件要求完好;

6. 建立备用设备相关管理制度并得到落实,备用机泵完好;

7. 重要机泵检修要有针对性的检修规程(方案)要求,机泵技术档案资料齐全符合要求。

机泵电器接线符合电气安全技术要求,有接地线。

《中国石油天然气股份有限公司炼油与化工分公司关键机组管理规定》(油炼化〔2015〕158号):

第四章 关键机组运行管理

第十二条 关键机组的启动运行必须经设备、生产、技术、安全等企业管理部门检查确认后方可进行。

第十三条 操作人员和维护人员必须经过技术培训和考核合格,取得相应资格方能上岗。

第十四条 关键机组的相关人员必须认真学习操作规程,并严格按操作规程操作,严禁机组在超温、超压、超负荷、超速情况下运行。

第十五条 严格执行关键机组巡回检查制度,操作人员、维护人员应按规定的巡回检查时间、路线、内容和标准等,对关键机组各部位进行检查,及时发现问题,处理缺陷;认真填写运行记录、巡检记录和操作日记,详细记录检查项目运行情况。

第十六条 操作人员、维护人员发现关键机组运行异常时,应立即检查原因、采取措施、及时报告。在紧急情况下,操作人员按照操作规程采取果断措施进行处置。机组故障停机后,应认真检查,分析原因,不得盲目开机。

第十七条 对于关键机组存在的缺陷应及时处理,如不能及时处理的,应组织有关部门和单位认真分析、研究,制订措施,不得盲目运行。

第十八条 加强机组润滑管理,严格执行《设备润滑管理规定》。

第十九条 操作、维修、管理人员按照各专业要求,对运行机组的机械设备、控制仪表、联锁保护、防喘振阀、备用油泵等进行维护保养工作;联锁保护系统必须投入自动状态,联锁管理严格按照仪表联锁制度执行。

第二十条 关键机组必须配置完善的实时监测仪表及状态监测系统，建立和完善监测管理网络，定期对关键机组运行状况进行分析、诊断，指导关键机组运行维护，实现预知性维修。

第五章 关键机组特级维护管理

第二十一条 关键机组应实行特级维护管理，每台机组成立特级维护小组，由设备管理部门牵头，机械、电气、仪表、操作和管理等技术骨干参加，特级维护小组人员应保持相对稳定。

第二十二条 制订关键机组特级维护工作实施细则，明确特级维护小组内人员的职责、工作内容和标准。

第二十三条 定期组织特级维护小组联合检查，召开特护会议，分析存在的问题，提出整改意见。

第二十四条 及时填写特级维护记录，编制维护检测月报，总结特护工作执行情况，逐台建立关键机组特护档案。

---

《风机、压缩机、泵安装工程施工及验收规范》（GB 50275—2010）：
易燃介质的泵密封的泄漏量不应大于设计的规定值。

---

《生产过程安全卫生要求总则》（GB/T 12801—2008）：
转动设备应有可靠的安全防护装置并符合有关标准要求。

---

《石油化工企业设计防火规范》（GB 50160—2008）：

5.5.1 单个安全阀的起跳压力不应大于设备的设计压力。当一台设备安装多个安全阀时，其中一个安全阀的起跳压力不应大于设备的设计压力；其他安全阀的起跳压力可以提高，但不应大于设备设计压力的1.05倍。

5.5.4 可燃气体、可燃液体设备的安全阀出口应连接至适宜的设施或系统。

5.7.8 可燃气体压缩机、液化烃、可燃液体泵不得使用皮带传动；在爆炸危险区范围内的其他传动设备若必须使用皮带传动时，应采用防静电皮带。

7.2.10 可燃气体压缩机的吸入管道应有防止产生负压的设施。

7.2.11 离心式可燃气体压缩机和可燃液体泵应在其出口管道上安装止回阀。

（6）加热炉/工业炉的管理与运行状况。

监督依据：《国家安全监管总局关于印发危险化学品企业事故隐患排查治理实施导则的通知》（安监总管三〔2012〕103号）、《石油化工设备完好标准》（SHS 01001—2004）、《中国石油炼油与化工分公司工艺加热炉管理办法（试行）》（油炼化〔2009〕71号）、《石油化工企业职业安全卫生设计规范》（SH 3047—1993）、《石油化工企业设计防火规范》（GB 50160—2008）。

---

《国家安全监管总局关于印发危险化学品企业事故隐患排查治理实施导则的通知》（安监总管三〔2012〕103号）：

企业应制定加热炉管理规定，建立健全加热炉基础档案资料和运行记录，并照国家标准和当地环保部门规定的指标定期对加热炉的烟气排放进行环保监测。

加热炉基础外观不得有裂纹、蜂窝、露筋、疏松等缺陷。

钢结构安装立柱不得向同一方向倾斜。

---

《石油化工设备完好标准》（SHS 01001—2004）：

加热炉现场运行管理，应满足：

1. 加热炉应在设计允许的范围内运行，严禁超温、超压、超负荷运行；

2. 加热炉膛内燃烧状况良好，不存在火焰偏烧、燃烧器结焦等；

3. 燃料油（气）线无泄漏，燃烧器无堵塞、漏油、漏气、结焦，长明灯正常点燃，油枪、瓦斯枪定期清洗、保养和及时更换，备用的燃烧器已将风门、汽门关闭；

4. 灭火蒸汽系统处于完好备用状态；

5. 炉体及附件的隔热、密封状况，检查看火窗、看火孔、点火孔、防爆门、人孔门、弯头箱门是否严密，有无漏风；炉体钢架和炉体钢板是否完好严密；

6. 辐射炉管有无局部超温、结焦、过热、鼓包、弯曲等异常现象；

7. 炉内壁衬无脱落，炉内构件无异常；

8. 有吹灰器的加热炉，吹灰器应正常投用；

9. 加热炉的炉用控制仪表以及检测仪表应正常投用，无故障。并定期对所有氧含量分析仪进行校验。

---

《石油化工企业职业安全卫生设计规范》（SH 3047—1993）：

2.2.11 加热炉的烟道和封闭炉膛均应设置爆破门，加热炉机械鼓风的主风管道应设置爆破膜。

2.2.11 对加热炉有失控可能的工艺过程,应根据不同情况采取停止加入物料、通入惰性气体等应急措施。

---

《石油化工企业设计防火规范》(SH 50160—2008):

5.2.4 明火加热炉附属的燃料气分液罐、燃料气加热器等与炉体的防火间距,不应小于6m。

5.7.8 烧燃料气的加热炉应设长明灯,并宜设置火焰检测器。

7.2.12 加热炉燃料气调节阀前的管道压力等于或小于0.4MPa,且无低压自动保护仪表时,应在每个燃料气调节阀与加热炉之间设阻火器。

7.2.13 加热炉燃料气管道上的分液罐的凝液不应敞开排放。

---

《中国石油炼油与化工分公司工艺加热炉管理办法(试行)》(油炼化〔2009〕71号):

第十三条 对人员的要求:

(一)负责装置生产的管理和技术人员要熟练掌握管式加热炉操作规程。

(二)班长和岗位操作人员要熟练掌握加热炉操作规程、事故预案,熟知相关管式加热炉安全运行的规定。

(三)负责加热炉操作的人员必须经过培训,考试合格后持证上岗。考试内容包括工艺管线、仪表控制流程,相关加热炉运行的安全规定,点炉和停炉步骤及其他应知应会知识等内容。

(四)加热炉操作人员必须熟练掌握"三门一板"的调节法,做到勤调少动,掌握燃烧的最佳状态。

(五)操作员应经常进行加热炉各运行参数的监测,确保这些参数不超标。运行参数包括物料流量、分支炉管物料流量、出入口温度及出入口压力、排烟温度、炉膛温度、氧含量及可燃气体含量、燃料的温度及压力、雾化蒸汽的压力及温度、燃料组成的变化等内容。

第十四条 加热炉必须安装热电偶、负压表和在线氧含量分析仪,并定期检验,保证其正常使用。

第十五条 每台加热炉应按规定设置烟气取样点,以利于对其运行状况进行监测。

第十六条 对加热炉用燃料油、燃料气应定期进行品质分析,建立台账,并每月报送归口管理部门。

第十七条 应采取有效措施合理控制燃油温度,控制燃油恩氏黏度;保证燃油(气)、蒸汽系统压力稳定;雾化蒸汽应为过热蒸汽,且应控制其压力高于燃油压力。

第十八条 对加热炉用燃料油、燃料气和雾化蒸汽应进行计量,并保证计量的准确性。

第十九条 应积极采用先进的控制系统,逐步实现加热炉的燃烧状况自动控制。在已采用DCS控制的生产装置中,DCS应能显示加热炉的热效率值。

第二十条 加热炉的保护、联锁应符合集团公司、股份公司的有关规定。

第四章 运行维护要求

第二十一条 应按照《炼化企业生产装置操作规程管理规定》的要求编写《加热炉操作规程》,并严格按照操作规程审批、执行程序执行。

第二十二条 严格遵守操作规程及加热炉工艺指标,保证加热炉在设计允许的范围内运行,严禁超温、超压、超负荷运行,并尽量避免过低负荷运行(过低负荷一般指低于设计负荷的60%)。

第二十三条 加热炉因特殊原因进行特护运行时,应制订特护方案。生产装置操作人员在执行规定的检查内容的同时,必须认真落实特护方案规定的内容。

第二十四条 加强加热炉运行情况的检查和管理。

(一)生产装置管理人员应做好下列工作:

1.每日至少对本装置管辖范围内加热炉的运行情况进行一次巡检。

2.每周应对加热炉的热效率进行监测;每月应编写本装置加热炉运行情况分析报告。

(二)生产装置操作人员应做到:

1.精心操作,保持加热炉良好的运行状态。要加强三门一板(油门、汽门、风门,烟道挡板)的调节,保证炉膛明亮不浑浊,避免燃烧器火焰过长、过大、冒烟,严禁舔管。要尽量保持多火嘴齐火焰,维持高效运行。

2.按照以下规定进行巡回检查:

1)至少2小时检查一次余热回收系统的引风机、鼓风机、燃烧器、燃料油(气)及蒸汽系统是否正常运行。检查燃烧器有无结焦、堵塞、漏油现象,长明灯是否正常点燃;油枪、瓦斯枪应定期清洗、保养,发现损坏及时更换;备用的燃烧器应关闭风门、汽门;停用半年以上的油枪、瓦斯枪应拆下清洗保存。

2)至少2小时检查一次加热炉进出料系统,包括流控、分支流控、压控及流量、压力、温度的一次指示是否正常,随时注意检查有无偏流。情况异常必须查明原因,并及时处理。

3)每班检查灭火蒸汽系统。检查看火窗、看火孔、点火孔、防爆门、人孔门、弯头箱门是否严密,防止漏风。检查炉体钢架和炉体钢板是否完好严密,是否超温。

4)每班检查辐射炉管有无局部超温、结焦、过烧、开裂、鼓包、弯曲等异常现象,检查炉内壁衬里有无脱落,炉内构件有无异常,仪表监测系统是否正常。

5)每班检查燃烧器调风系统、风门挡板、烟道挡板是否灵活好用。发现问题应及时联系处理。

6)有吹灰器的加热炉,应根据燃料种类和积灰情况定期进行吹灰。应定期检查吹灰器有无故障,是否灵活好用。使用蒸汽吹灰器的,吹灰前须先排除蒸汽凝结水。

7)每天应检查一次仪表完好情况。每季度至少应对所有氧含量分析仪校验一次,发现问题及时处理。校验结果应报生产装置备案。

第二十五条 加热炉的开停工必须严格按照工艺操作规程执行。装置开停工前必须制订详细严谨的开停工方案。停工时特别要注意防止硫化物在对流室内自燃,防止连多硫酸造成奥氏体不锈钢炉管应力腐蚀开裂。

(7)仪表安全管理。

监督依据:《国家安全监管总局关于印发危险化学品企业事故隐患排查治理实施导则的通知》(安监总管三〔2012〕103号)、《中国石油天然气股份有限公司炼油与化工分公司关键机组管理规定》(油炼化〔2015〕158号)。

《国家安全监管总局关于印发危险化学品企业事故隐患排查治理实施导则的通知》(安监总管三〔2012〕103号):

企业应建立、健全仪表管理制度和台账。包括检查、维护、使用、检定等制度及各类仪表台账;

仪表调试、维护及检测记录齐全,主要包括:

1.仪表定期校验、回路调试记录;

2.检测仪表和控制系统检维护记录等齐全。

控制系统管理满足以下要求:

1.控制方案变更应办理审批手续;

2.控制系统故障处理、检修及组态修改记录应齐全;

3.控制系统建立有事故应急预案。

可燃气体、有毒气体检测报警器管理应满足以下要求:

1.有可燃、有毒气体检测器检测点布置图;

2.可燃、有毒气体报警按规定周期进行校准和检定,检定人有效资质证书。

> 联锁保护系统的管理应满足：
> 1. 联锁逻辑图、定期维修校验记录、临时停用记录等技术资料齐全；
> 2. 工艺和设备联锁回路调试记录；
> 3. 联锁保护系统（设定值、联锁程序、联锁方式、取消）变更应办理审批手续；
> 4. 联锁摘除和恢复应办理工作票，有部门会签和领导签批手续；
> 5. 摘除联锁保护系统应有防范措施及整改方案。

> 《中国石油天然气股份有限公司炼油与化工分公司关键机组管理规定》（油炼化〔2015〕158号）：
> 
> 第十一条 仪表及自动控制系统及联锁保护回路切除与投用前，必须办理仪表检维修相关工作票据，同时进行风险识别，并按风险等级划分标准编制安全预案，办理作业动作卡后进行作业。
> 
> 第四十五条 在正常生产过程中，安全仪表系统的联锁必须全部投入使用（自动）。安全仪表系统联锁设定值的变更必须依据有关规定进行。
> 
> 第四十六条 安全仪表系统的联锁保护应分级管理。联锁保护管理级别的划分由公司设备（仪表）管理、生产运行管理、安全环保管理、技术管理部门共同制订并建立相应台账。
> 
> 第四十七条 联锁保护的解除/投用/变更必须办理联锁解除/投用/变更工作票。
> 
> 第四十八条 联锁保护解除/投用或联锁变更的工作程序：联锁保护解除/投用或变更前，应进行风险辨识，并制订相应的防范措施及应急预案；联锁保护投用前必须进行联锁保护试验，并填写联锁试验记录。

（8）仪表系统设置。

监督依据：《国家安全监管总局关于公布首批重点监管的危险化工工艺目录的通知》（安监总管三〔2009〕116号）、《国家安全监管总局关于印发危险化学品企业事故隐患排查治理实施导则的通知》（安监总管三〔2012〕103号）、《石油化工仪表供电设计规范》（SH/T 3082—2003）、《石油化工仪表供气设计规范》（SH 3020—2013）、《石油化工仪表接地设计规范》（SH/T 3081—2003）、《石油化工可燃气体和有毒气体检测报警设计规范》（GB 50493—2009）、《中国石油天然气股份有限公司炼油与化工分公司关键机组管理规定》（油炼化〔2015〕158号）、《爆炸危险环境电力装置设计规范》（GB 50058—2014）、《石油化工仪表配管、配线设计规范》（SH/T 3019—2003）、《可燃气体检测报警器检定规程》（JJG 693—2011）。

《国家安全监管总局关于公布首批重点监管的危险化工工艺目录的通知》（安监总管三〔2009〕116号）：

危险化工工艺的安全仪表控制应按照《首批重点监管的危险化工工艺目录》和《首批重点监管的危险化工工艺安全控制要求、重点监控参数及推荐的控制方案》（安监总管三〔2009〕116号）的要求进行设置。

《国家安全监管总局关于印发危险化学品企业事故隐患排查治理实施导则的通知》（安监总管三〔2012〕103号）：

危险化学品生产企业应按照相关规范的要求设置过程控制、安全仪表及联锁系统，并满足《石油化工安全仪表系统设计规范》（SH 3018—2003）要求，重点排查内容：

1. 安全仪表系统配置：安全仪表系统独立于过程控制系统，独立完成安全保护功能。

2. 过程接口：输入输出卡相连接的传感器和最终执行元件应设计成故障安全型；不应采取现场总线通信方式；若采用三取二过程信号应分别接到三个不同的输入卡；

3. 逻辑控制器：安全仪表系统宜采用经权威机构认证的可编程逻辑控制器；

4. 传感器与执行元件：安全仪表系统的传感器、最终执行元件宜单独设置；

5. 检定与测试：传感器与执行元件应进行定期检定，检定周期随装置检修；回路投用前应进行测试并做好相关记录。

《石油化工仪表供电设计规范》（SH/T 3082—2003）：

6.3.1 下列情况仪表电源宜采用不间断电源：

a）大、中型石化生产装置、重要公用工程系统及辅助生产装置；

b）高温高压、有爆炸危险的生产装置；

c）设置较多、较复杂信号联锁系统的生产装置；

d）采用DCS、PLC、SIS等的生产装置；

e）石化装置中连续生产过程的控制仪表系统、重要公用显示仪表；

f）重要的在线分析仪表（如参与控制、安全联锁）；

g）大型压缩机、泵的监控系统。

7.1.3 安全仪表系统的供电应满足下列条件

c）可燃气体和有毒气体检测系统，应采用UPS供电。

《石油化工仪表供气设计规范》(SH 3020—2013)：

4.1 气源质量要求

4.1.1 仪表气源应采用清洁、干燥的空气。当采用氮气作为备用气源时，封闭厂房应设置低氧检测报警等安全设施。

4.1.2 仪表气源在操作(在线)压力下的露点，应比装置所在地历史上年(季)极端最低温度至少低10℃。

4.1.3 根据GB/T 4830—1984的规定，经净化后的仪表气源，在气源装置出口处，其含尘颗粒直径不应大于3μm，含尘量应小于1mg/m³。

4.1.4 根据GB/T 4830—1984的规定，仪表气源的油分含量应小于10mg/m³（体积分数相当于$8 \times 10^{-6}$）。

4.1.5 根据GB/T 4830—1984的规定，仪表气源中不应含易燃、易爆、有毒及腐蚀性气体或蒸汽。

4.1.6 当对仪表气源有特殊要求时，可对给仪表的供气回路做特殊处理。

---

《石油化工仪表接地设计规范》(SH/T 3081—2003)：

2.4.1 安装DCS、PLC、SIS等设备的控制室、机柜室、过程控制计算机的机房，应考虑防静电接地。这些室内的导静电地面、活动地板、工作台等应进行防静电接地。

---

《石油化工可燃气体和有毒气体检测报警设计规范》(GB 50493—2009)：

可燃气体和有毒气体检测器设置应满足《石油化工可燃气体和有毒气体检测报警设计规范》GB 50493—2009。

---

《可燃气体检测报警器检定规程》(JJG 693—2011)：

第5.5条 排查重点：

1. 检测点的设置：应符合《石油化工可燃气体和有毒气体检测报警设计规范》(GB 50493—2009)第4章，第4.1条至第4.4条；

2. 检(探)测器的安装：应符合GB 50493—2009第6.1条；

3. 检(探)测器的选用：应符合GB 50493—2009第5.2条；

4. 指示报警设备的选用：应符合GB 50493—2009第5.3.1条和第5.3.2条；

5. 报警点的设置：应符合 GB 50493—2009 第 5.3.3 条；

6. 检测报警器的定期检定：检定周期一般不超过一年。

---

《中国石油天然气股份有限公司炼油与化工分公司关键机组管理规定》（油炼化〔2015〕158 号）：

第四十九条　根据炼化装置防爆、可燃及有毒有害区域划分，必须按照"三同时"原则相应配备可燃气及有毒有害气体检测报警仪表。

第五十条　必须加强可燃气及有毒有害气体检测报警仪表的使用和管理，可燃气及有毒有害气体检测报警仪表的完好率、使用率都应达到 100%。

---

《爆炸危险环境电力装置设计规范》（GB 50058—2014）：

5.2.3　防爆电气设备的级别和组别不应低于该爆炸性气体环境内爆炸性气体混合物的级别和组别。

---

《石油化工仪表配管、配线设计规范》（SH/T 3019—2003）：

保护管与检测元件或现场仪表之间应采取相应的防水措施。防爆场合，应采取相应防爆级别的密封措施。

---

（9）仪表现场安全。

监督依据：《国家安全监管总局关于印发危险化学品企业事故隐患排查治理实施导则的通知》（安监总管三〔2012〕103 号）。

---

《国家安全监管总局关于印发危险化学品企业事故隐患排查治理实施导则的通知》（安监总管三〔2012〕103 号）。

机房防小动物、防静电、防尘及电缆进出口防水措施完好。

联锁系统设备、开关、端子排的标识齐全准确清晰。紧急停车按钮是否有可靠防护措施。

可燃气体检测报警器、有毒气体报警器传感器探头完好，无腐蚀、无灰尘；手动试验声光报警正常，故障报警完好。

仪表系统维护、防冻、防凝、防水措施落实，仪表完好有效。

SIS 的现场检测元件，执行元件应有联锁标志警示牌，防止误操作引起停车。

放射性仪表现场有明显的警示标志，安装使用符合国家规范。

## 五、常见违章

（1）违反操作规程操作。

（2）工艺指标超工艺卡片调整不及时。

（3）工艺、设备指标长期超工艺卡片。

（4）未执行工艺、设备变更管理程序。

（5）未执行生产操作变动管理程序。

（6）未按照盲板管理要求对运行盲板进行统一管理。

（7）特种作业、操作人员无相应资质。

（8）自保连锁摘除或不投自动无相应审批文件、无预防措施。

## 六、案例分析

### 案例：某石化公司"2006.1.4"爆炸事故

1. 事故经过

2006年1月4日16时48分，某石化公司合成二车间预转化加热炉（103-B）炉膛负压（PICA-04122）在2min内由-150Pa（正常操作压力）下降到-340Pa，随后又逐渐上升，至16时59分达到联锁值（-20Pa），引发炉膛负压高联锁跳车，随即进入加热炉的两道燃料气阀门（KV04101-1.KV04101-3～6）关闭切断加热炉燃料气，中间放空阀门（KV04101-2）打开放空，加热炉熄火，同时引发原料天然气阀门（SP-2）关闭。主控室给公司调度进行了汇报，通知装置已停工，开始进行停工处理，此时车间主任、生产和工艺副主任立即赶赴中控室，中控主操在DCS操作盘上多次对SP-2电磁阀进行复位，均未将SP-2打开。情急之中，赶到中控室的车间生产副主任错误地按下了加热炉复位按钮（注：加热炉复位按钮和原料天然气阀门SP-2按钮在副操台上均为黄色按钮，且该排按钮仅此两个按钮为黄色），使进入加热炉的两道燃料气阀门（KV04101-1.KV04101-3～6）再次打开，中间放空阀门（KV04101-2）关闭，导致燃料进入炉膛，2min后加热炉对流段发生闪爆。

2. 原因分析

某石化公司二合成车间生产副主任曹某在预转化炉已经联锁停车的情况下，错误地按下了加热炉开车复位按钮，导致约500m³天然气进入炉膛和空气混合发生化学爆炸。这是事故发生的直接原因。

3. 案例启示

（1）相关人员安全意识淡薄，岗位职责不清，严重违章操作。

曹某在处理预转化炉停车过程中,为了尽快恢复生产,没有意识到违章可能导致的严重后果,在紧急时刻忘记了安全,错误地按下了加热炉开车复位按钮,严重违章导致事故的发生。曹某作为车间负责生产和安全的副主任,其主要职责是进行生产组织和主管车间安全工作,但是在事故情况下却要越权操作,亲自去操作关键的按钮开关。

(2)把违章当经验,把规程当摆设。

据了解,在加热炉紧急停车的情况下,借助炉膛高温迅速恢复开车这种做法,是生产操作人员在1996—1997年到国内同类装置实习时学来的,以前也在转化炉等系统实践过,并没有发生事故,但是此次联锁停炉到开车复位时间长约8min,且辐射段炉膛相对容积小,再加上加热炉系统设计不完善,没有侥幸点火成功而发生了爆炸。

(3)设计不完善。

预转化炉设计方面存在问题:一是加热炉跳车后联锁安全保护功能不完善,按照常规设计,加热炉应有完善的炉膛安全检测系统(MFT);二是燃料气长明灯在加热炉联锁停车时关闭熄灭;三是预转化炉引风机的挡板只有手动和室内远程控制两个状态,而没有在事故状态下实现引风挡板全开的功能;四是预转化炉没有设计事故风门。

(4)燃料气电磁阀存在问题。

根据仪表设计数据表03049-04100-IN03,在设计加热炉燃料气系统KV04101-1等阀门时,明确要求电磁阀必须要有带复位钮的功能,而现场安装的阀门没有具备设计中要求的现场复位功能,造成在没有现场确认的情况下,在中控室即可将联锁关闭的电磁阀打开。

(5)操作规程存在缺陷。

某石化公司没有真正落实股份公司以石油质字〔2003〕第279号文件专门下发的《管式加热炉安全管理的若干规定》和《管式加热炉操作规程编制指南》。目前二化肥老系统的现行加热炉操作规程为2001年颁布的,二化肥新系统还没有正式的操作规程,只有《二合成装置扩改各类技术方案汇编》。

(6)岗位劳动组织安排存在问题。

根据现场了解,发生事故的合成二车间岗位定员偏紧,岗位定员应为80人,而实际只有72人。尤其是预转化炉岗位主操身兼三职,不仅要履行岗位主操的职能,还担任主控室值班长和岗位运行工程师的职务。

(7)主控室安全管理不严格。

作为二合成车间安全管理关键部位的主控室,平常应该只有5~6人在主控室操作,据了解在事故发生前主控室有十几人,事故发生后进入主控室人员达到了40~50人,众多人员进入主控室影响了操作人员的正常操作和生产联系。

（8）仪表系统管理存在缺陷。

在查阅相关仪表资料的过程中，发现仪表系统相关记录的时间不一致，通过核实，仪表的 ESD 显示时间、DCS 系统显示的时间和实际的时间这三个值都存在较大偏差，ESD 的时间比实际时间快 1.5min；ESD 的时间比 DCS 的时间快 11min；DCS 的时间比实际时间慢 10min。

（9）蒸汽系统存在瓶颈。

随着二化肥 50% 扩能的进行，明显看出蒸汽和电力的不足，夏季缺少蒸汽约 150t/h，冬季蒸汽量的差额较大，不得已又将燃油高压锅炉开启，在此背景下，在二化肥扩能改造设计预转化炉时，把该炉设计成要付产蒸汽 10t/h，该炉增加了需要明火的辐射段，而且炉膛较小，预转化系统比较复杂，为此次事故埋下了隐患。

# 第三章 炼油化工专业安全监督管理基础知识

## 第一节 HSE 体系管理

### 一、HSE 管理体系审核

**(一)HSE 管理体系审核定义**

"审核"是为获得审核证据并对其进行客观的评价,以确定满足审核准则的程度所进行的系统的、独立的并形成文件的过程。

**(二)HSE 管理体系审核分类**

HSE 管理体系审核可以分为内部审核和外部审核两大类。

内部审核通常被称为第一方审核,是由组织自己或以组织的名义进行,用于管理评审和其他内部目的,每年度应进行不少于一次覆盖全要素、全部门的审核。

外部审核通常被称为第二方审核和第三方审核。第二方审核是由组织的相关方或其他人员以相关方的名义进行。如上级组织对下级组织的审核,包括集团公司或专业板块对下属企业的审核,以及企业对所属单位的审核;再如组织对承包方和供应方的审核。第三方审核是由外部独立的审核组织进行。如认证审核,一个认证周期为 3 年,到期后应再认证,通过认证审核的组织每年应接受年度监督审核。

以上审核的程序均应符合《健康、安全与环境管理体系》(Q/SY 1002—2013)的要求。

**(三)HSE 管理体系内部审核程序**

体系审核的基本流程如图 3-1 所示。

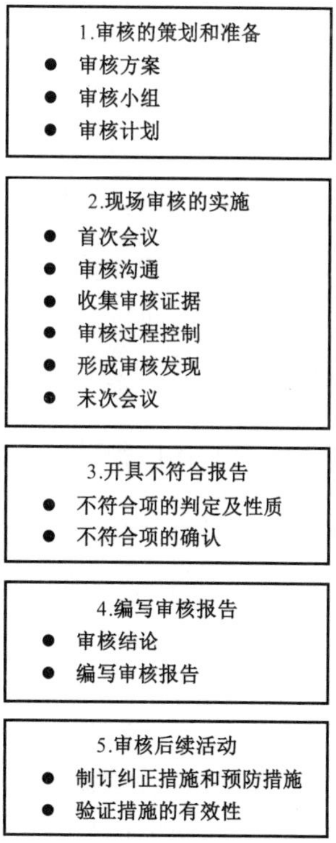

图 3-1 体系审核基本流程图

1. 审核的策划和准备

组织应对内部审核进行策划，制订审核方案，明确一个特定时间段的审核策划、审核形式、审核频率、审核资源等。包括成立审核小组、制订审核计划、编制审核检查表等工作。

2. 现场审核的实施

审核小组应召开一次正式的首次会议，说明审核的目的、范围、准则和方法。通过审核过程中的有效沟通，收集现场审核证据，对照审核准则进行评价，形成审核发现。审核小组应召开内部会议，对审核发现进行总体评审和分析，对组织体系运行的总体情况达成共识，形成审核结论。对于确认的不符合项要与受审核方进行沟通，获取受审核方的认可，编写不符合报告。现场审核结束后应召开末次会议，审核方应向受审核方报告审核发现，宣读不符合报告，宣布审核结论，要求受审核方提出纠正措施相关计划。

3. 开具不符合报告

审核小组通过内部会议对比分析审核记录与审核证据，与审核准则不相符的列入不符合项，在末次会议召开前要与受审核方进行沟通，取得受审核方的认可，开具出不符合报告。

4. 编写审核报告

审核小组组长应根据审核小组成员的审核记录和报告，组织并主持对审核情况进行汇总和分析，评价体系运行的有效性和符合性，得出审核结论，编写审核报告，审核报告由管理者代表审定后通过HSE体系管理部门发给各相关方。

5. 审核后续活动

HSE体系管理部门应组织内审员对不符合项的纠正措施和预防措施的制订及其计划的落实情况进行跟踪验证。跟踪验证结束时，应对各部门纠正措施和预防措施的实施情况加以汇总分析，并将结果上报给最高管理者，作为管理评审的重要输入之一。

（四）HSE管理体系量化审核及审核标准

集团公司为进一步规范和深化总部HSE审核工作，提高审核质量和效果，推动企业加快提升整体HSE管理水平，研究编制形成了HSE管理体系量化审核标准。

1.HSE管理体系量化审核标准的功能和定位

1）量化企业HSE管理绩效水平

审核标准主要应用于集团公司总部（含专业分公司）对企业整体HSE管理水平的总体量化评价，便于企业清楚自身HSE管理水平，对标先进、改进差距。企业可借鉴参考，可应用于内部审核工作。

2）强化环保管理和职业卫生工作

审核标准强化了对企业环保管理和职业卫生工作的系统审核,改变过去审核长期存在的重安全、轻环保和职业卫生的现象。

3）采取得分制突出正向激励

审核标准采取得分制的评分方式,引导企业积极展示 HSE 工作及成效,主动加强 HSE 管理。也有利于审核员与企业沟通交流,便于审核工作顺利进行。

4）强化过程管理,推动企业提升 HSE 管理水平

审核标准既考虑了 HSE 管理的系统性,又突出强调了各项管理活动的过程管控,有利于推动企业持续改进和不断完善 HSE 管理体系。

2.HSE 管理体系量化审核标准的思路和原则

1）与 HSE 管理体系标准保持一致

审核标准以 HSE 管理体系的 7 个一级要素为主线,融合健康、安全、环保三个方面内容,涵盖了企业 HSE 管理的所有内容。

2）推动有感领导和直线责任的落实

审核标准既是对企业 HSE 管理体系的系统审核,又突出了对各级领导带头作用、引领效果以及职能部门落实"管工作管安全、管业务管安全"原则的推动审核。

3）突出 HSE 管理的重点工作和薄弱环节

审核标准立足于当前严格监管的阶段特征,既考虑 HSE 管理体系的系统性,又加大了对风险分级防控、承包商管理、隐患治理、作业许可、污染减排等日常重点工作和薄弱环节的审核。

4）通用管理内容与专业管理要求相结合

审核标准明确了通用的 HSE 管理内容,同时突出了专业管理要求,由专业分公司结合管理实际,编制各专业设备设施和生产运行两个审核主题内容,并给出了较高的分值,提高了标准的针对性和专业性。

5）强化关键环节控制和突出工作效果

审核标准注重对作业现场、风险管控等活动过程管理的审核,又突出对 HSE 管理工作效果和业绩表现的审核,体现 HSE 管理的递进层级。

6）HSE 管理的规定动作与最佳实践相补充

审核标准既包含国家法规标准和集团公司规章制度明确要求的各项规定动作;同时,又展示了集团公司提倡的、部分企业已实施的 HSE 最佳实践和推荐做法。

3.HSE 管理体系量化审核程序

HSE 管理体系量化审核基本流程与内部审核流程一致。

量化审核结果及分级：审核的总分值最后折算到百分制，根据审核得分情况对企业 HSE 管理情况分成 4 级 7 档（表 3-1）。

表 3-1　量化审核结果及分级情况表

| 级别 | 优秀级（A 级） | | 良好级（B 级） | | 基础级（C 级） | | 本能级（D 级） |
|---|---|---|---|---|---|---|---|
| 分值 | 95~100 | 90~95 | 85~90 | 80~85 | 70~80 | 60~70 | 低于 60 |
| 档级 | A1 | A2 | B1 | B2 | C1 | C2 | D |

注：各分值均包含其下限起点。

## 二、基层站队 HSE 标准化建设

### （一）基层站队 HSE 标准化建设总体思路

立足基层，以强化风险管控为核心，以提升执行力为重点，以标准规范为依据，以达标考核为手段，总部推动引导，企业组织实施，基层对标建设，员工积极参与，建立实施基层站队 HSE 标准化建设达标工作机制，推进基层安全环保工作持续改进。

### （二）集团公司基层站队 HSE 标准化建设工作目标

2015 年，企业 100% 基层站队启动 HSE 标准化建设工作。

2017 年，企业 40% 基层站队实现 HSE 标准化建设达标。

2020 年，企业 80% 以上基层站队实现 HSE 标准化建设达标。整体上实现基层 HSE 管理科学规范，现场设备设施完整可靠，岗位员工规范操作，生产作业活动风险得到全面识别和有效控制。

### （三）基层站队 HSE 标准化建设原则

1. 继承融合，优化提升

基层站队 HSE 标准化建设是对现有基层 HSE 工作的再总结、再完善、再提升，应与企业现行"三标"建设、"五型班组"建设、安全生产标准化专业达标和岗位达标等工作相融合，避免工作重复、内容矛盾。

2. 突出重点，简便易行

立足基层现场，紧密围绕生产作业活动风险识别、管控和应急处置工作主线，确定重点内容，突出专业要求，明确建设标准，严格达标考核，做到标准简洁明了、操作简便易行。

3. 激励引导,持续改进

强化正向激励和示范引领,加大资源投入,加强工作指导,营造浓厚氛围,鼓励员工积极参与,推动基层对标建设,持续改进提升。

### (四)基层站队HSE标准化建设基本内容

1. 管理合规

基层站队突出风险管控,运用安全检查表、工作前安全分析、安全经验分享等方法,识别风险,排查隐患,做到风险隐患有数、事件上报分享、防范措施完善;落实"一岗双责",明晰目标责任,强化激励约束,加强属地管理,做到领导率先示范、员工积极参与;强化岗位培训,完善培训矩阵,开展能力评估,积极沟通交流,规范班组活动,做到员工能岗匹配、合格上岗;严格承包商监管,开展安全交底,落实安全措施,强化现场监管,禁止违章作业;依法合规管理,依据制度标准,结合基层实际,优化工作流程,严格规范执行。

2. 操作规范

基层站队完善常规作业操作规程,强化操作技能培训,严格操作纪律检查考核,做到操作规范无误、运行平稳受控、污染排放达标、记录准确完整;严格非常规作业许可管理,规范办理作业票证,完善能量隔离措施,作业风险防控可靠;落实岗位交接班制,建立岗位巡检、日检、周检制度,及时发现整改隐患,杜绝违章行为;各类工艺技术资料齐全完整,开工、停工等操作变动及其他工艺技术变更履行审批程序,变更风险受控;各类突发事件应急预案和处置程序完善,应急物资完备,定期培训演练,员工熟练使用应急设施,熟知应急程序。

3. 设备完好

基层站队按标准配备齐全各类健康安全环保设施和生产作业设备,做到质量合格、规程完善、资料完整;严格装置和设备投用前安全检查确认,做到检查标准完善、检查程序明确、检查合格投用;开展设备润滑、防腐保养和状态监测,强化特种设备和职业卫生防护、安全防护、安全检测、消防应急、污染物监测和处理等设施管理,落实检修计划,消除故障隐患,做到维护到位、检修及时、运行完好;落实设备变更审批制度,及时停用和淘汰报废设备,设备变更风险得到有效管控。

4. 场地整洁

基层站队生产作业场地和装置区域布局合理,办公操作区域、生产作业区域、生活后勤区域的方向位置、区域布局、安全间距符合标准要求;装置和场地内设备设施、工艺管线和作业区域的目视化标识齐全醒目；现场人员劳保着装规范，内、外部人员区别标识；现场风险警示告知，作业场地通风、照明满足要求；固体废弃物分类存放，标识清晰，危险废弃物合法处置；作业场地环境整洁卫生，各类工器具和物品定置定位，分类存放，标识清晰。

### (五) 基层站队 HSE 标准化建设标准

基层站队 HSE 标准化建设标准包含管理要求和设备设施两部分内容。管理要求方面明确了 15 个主题事项，设备设施方面明确了 3 个方面内容。

#### 1. 管理要求

风险管理；责任落实；目标指标；能力培训；沟通协商；设备设施管理；生产运行；承包方管理；作业许可；职业健康；环保管理；变更管理；应急管理；事故事件；检查改进。

#### 2. 设备设施

健康安全环保设施；生产作业设备设施；生产作业场地环境。

### (六) 基层标准化站队建设标准内容要求

见附录三。

### (七) 基层站队 HSE 标准化建设达标考核

#### 1. 基层申报

基层单位依据本专业领域基层站队 HSE 标准化建设标准，开展达标建设，自评达到标准后，向企业提出达标考核申请。凡是有关事故或事件指标超过上级下达控制指标的基层站队，不具备达标申报资格。

#### 2. 企业考评

企业制定考评标准，组织安全、环保、生产、技术、设备等方面人员，组成专家考评组，采取量化打分方式，对提出申报的基层站队 HSE 标准化建设情况进行考核评审，根据考评结果确定是否达标。

#### 3. 达标管理

通过企业考评的基层站队，由企业公告和授牌，给予适当奖励，并每三年考评确认一次。对于特别优秀的基层站队，由企业向总部提出考评申请，总部组织抽查验证，通过后由总部统一公告。凡事故或事件超过控制指标的基层站队，取消 HSE 标准化建设达标站队称号。

## 三、HSE"两书一表"

### (一) HSE"两书一表"概念

"两书一表"即 HSE 作业指导书、HSE 作业计划书和 HSE 检查表。

由于大量的风险属于与专业相关、相对固定的常规风险,对这类风险的管理,相对固化下来形成 HSE 作业指导书。对于与专业无关的动态性风险,或因人、机、料、法、环等要素的变更而引发的新风险等非常规风险的控制,形成另一份相对独立的作业文件,即 HSE 作业计划书。针对施工作业现场进行 HSE 检查编制一种实用表格,用于岗位员工的现场检查,即 HSE 检查表。

"两书"用于规范人的不安全行为,"一表"用于检查物的不安全状态。

### (二) HSE"两书一表"的策划与编制

HSE 作业指导书(以下简称指导书)是对常规专业风险的管理。策划时,首先,要结合专业特点,使用某种危害因素辨识方法,对与本专业有关的危害因素进行全面、系统辨识;其次,根据辨识的危害可能引发事故后果的严重程度,再结合该危害因素可能发生事故的概率,应用风险评估方法,对所辨识出危害因素风险的大小进行逐一评估,从而完成对风险严重程度的分级;再次,根据风险特点及其严重程度,分别制订出相应的削减或控制措施;最后,把所制订出的这些风险控制措施作为关键任务,分配到各相应岗位,落实到每个岗位员工,由每个岗位作业人员各司其职,从而实现对风险的有效控制。

HSE 作业计划书(以下简称计划书)编制的基础是指导书,它是对指导书内容的补充,即把指导书所未涉及的,由于人、机、料、法、环的变更而引起的新风险进行控制。其编制原则、方法、与指导书一致,仍然是从危害因素辨识、风险评估到对风险控制,以及这一风险管理全过程在实际工作中的具体运用。计划书与指导书不同的是,作业计划书是主要针对指导书中没有涉及的,除常规专业风险之外的新风险内容的管理,是对由于人、机、料、法、环的变更而引发的新风险的控制,因此,计划书是对指导书的补充。计划书必须在项目开工前完成编制,以便在项目开始前培训学习,并在项目运行期间参考使用,一旦项目结束,该项目的计划书即告废止,因此,计划书更换频繁,需简明扼要、易于编制、便于使用。

相对于计划书的频繁更换,由于指导书是对常规专业风险的管理,而一个专业的工艺流程、设备设施等通常是相对固定的,由此而产生的风险也是相对固定的,因此,对于控制常规作业风险的指导书,一旦编制完成之后,只要构成指导书的要件(如设备、工艺等)不变,指导书就可保持不变。但指导书可在风险管理内容的基础上,增加一些应知应会内容等,做得更丰富、全面，便于学习、参考，利于指导工作。指导书既可作为规范基层岗位员工操作行为的指南，又可作为基层岗位员工学习、培训的基本资料。

（三）HSE"两书一表"的内容

集团公司发布了《关于进一步规范HSE作业指导书和HSE作业计划书编制工作的指导意见》，明确了HSE作业指导书和HSE作业计划书的主要内容。

1.HSE作业指导书内容

（1）岗位任职条件。

（2）岗位职责。

（3）岗位操作规程。

（4）巡回检查及主要检查内容。

（5）应急处置程序。

2.HSE作业计划书内容

（1）项目概况、作业现场及周边情况。

（2）人员能力及设备状况。

（3）项目新增危害因素辨识与主要风险提示。

（4）风险控制措施。

（5）应急预案。

（四）HSE"两书一表"的使用

1.HSE作业指导书的使用

HSE作业指导书应印刷发放到基层岗位员工，内容较多时可按分册管理，相关人员应人手一册。使用过程中，要定期培训，对于指导书的培训与HSE培训矩阵相结合。通过对HSE作业指导书的学习、培训，达到有效提升员工业务素质，防控常规作业风险的目的。各有关业务主管部门应及时收集有关信息，协调解决文件执行中的问题，按照体系变更程序进行变更管理。

2.HSE作业计划书的使用

HSE作业计划书编制完成后，应在项目开工前组织培训，并对相关方进行告知。计划书的编制与应用应作为项目开工许可的必要条件，应在项目开始之前完成编制并进行宣贯、交底，项目结束后，该计划书即失效，不得将本项目的计划书挪用到其他项目使用。计划书应在项目开工前组织学习、交底，在项目作业期间参考使用，通过对项目作业计划书的学习、培训,使员工了解、掌握所从事项目的新增风险及其防控措施,达到对项目新增风险的防控目的。

## 四、基层日常检查

### (一)企业基层 HSE 日常检查内容

可按人、物、环境、管理四类进行日常检查,形成日检查记录。

(1)人的方面:如生产操作、个人防护装备、劳动纪律等。

(2)物的方面:如安全设施、消防设施、应急设施、环保设施、仪表、电气等。

(3)环境方面:如作业环境、操作环境、生产环境、办公环境等。

(4)管理方面:如风险识别、作业许可、事故事件、职业卫生、环保管理、消防管理、台账记录、操作规程等。

### (二)企业基层 HSE 日常检查方法

可以采取检查表法,编制检查表,根据检查表内容进行现场检查确认,并形成检查记录。检查表样式可参考表 3-2。

表 3-2　企业基层 HSE 日常检查表

| 序号 | 检查内容 | 检查人 | 存在问题 |
| --- | --- | --- | --- |
|  |  |  |  |
|  |  |  |  |
|  |  |  |  |
|  |  |  |  |

检查记录样式可参考表 3-3。

表 3-3　企业基层 HSE 日常检查记录

| 被检查单位 | | | |
| --- | --- | --- | --- |
| 检查时间 | 年　月　日 | 检查人 | |
| 检查部位、内容及存在问题: | | | |
| 整改措施和处理结果: | | | |

## (三)日常检查表编制举例

表 3-4 为某企业 HSE 日常检查表示例。

**表 3-4 某企业 HSE 日常检查表**

| 序号 | 检查内容 | 检查人 | 存在问题 |
| --- | --- | --- | --- |
| 1 | 是否建立健全安全生产责任制,做到一岗一制 | | |
| 2 | 各种记录、台账、档案是否齐全规范 | | |
| 3 | 是否按工种(岗位)建立安全技术操作规程 | | |
| 4 | 关键生产装置、重点生产部位事故预案是否组织学习,岗位人员是否掌握重点生产部位的事故处理措施,是否定期组织演练,有无记录 | | |
| 5 | 各装置自查隐患(问题)是否按时上报厂专业部室,并及时解决上级提出的隐患(问题),因限于工艺条件等因素未能整改的隐患,是否落实了妥善的防护措施,制订整改计划,并在专业部室备案 | | |
| 6 | 事故(较大的故障)是否及时上报,是否按"四不放过"原则分析原因,制订防范措施 | | |
| 7 | 装置级安全教育有无讲义,对新职工、特种专业人员和外来施工人员安全教育是否做到台账清楚、试卷和卡片齐全 | | |
| 8 | 是否按厂安全活动安排,结合本单位实际情况,制订装置活动内容;装置管理人员是否按时参加班组活动 | | |
| 9 | 安全活动每月不少于三次,记录字迹工整、有讨论发言、有讲评、有装置领导签字 | | |
| 10 | 装置单位是否有计划地对职工进行安全知识技能培训,装置管理人员和职工是否熟悉本岗位安全生产职责及安全操作技能 | | |
| 11 | 各类安全、环保、消防设施是否处于完好备用状态,是否按期检查、有记录,并有专人管理 | | |
| 12 | 动火、进入有限空间作业、临时用电、高处作业、对外排放物料、维护联锁等是否执行公司有关规定,监护人员是否按规定着装(穿监护服)坚守在现场 | | |
| 13 | 装置管理人员和岗位人员能否熟练使用急救器材 | | |
| 14 | 装置管理人员和岗位人员是否掌握本单位职业危害监测点的部位及防护措施 | | |
| 15 | 易燃、易爆场所作业是否使用防爆工具 | | |
| 16 | 员工进入生产区域是否按规定着装 | | |
| 17 | 机泵等设备的转动部件防护罩是否齐全 | | |
| 18 | 义务消防队员是否做到"三懂、三会、四能" | | |
| 19 | 消防供水系统运行是否良好;使用消防水是否按照规定办理手续 | | |

续表

| 序号 | 检查内容 | 检查人 | 存在问题 |
|---|---|---|---|
| 20 | 消火栓有无编号，附件是否齐全，是否做到开启灵活、出水正常；消防水炮炮体是否完好、无泄漏、操作灵活；移动消防器材是否做到"三定"管理，数量充足，清洁卫生 | | |
| 21 | 油罐挡油墙（防火堤）有无破损、孔洞 | | |
| 22 | 厂内消防道路是否平整畅通，是否随意占用 | | |
| 23 | 机动车进入生产区是否办理行车单，配带阻火器，并按规定路线、时间、速度行驶 | | |
| 24 | 禁烟区是否有人携带香烟、火种入厂，有无违章吸烟 | | |
| 25 | 火灾报警系统是否完好 | | |

# 第二节 双重预防机制建设

## 一、国家双重预防性工作体系建设

### （一）双重预防机制由来

2015年8月12日，天津港"8.12"瑞海公司危险品仓库特别重大火灾事故发生后，从国家层面开始重新思考和定位当前的安全监管模式和企业事故预防水平问题。2016年1月6日，国家主席习近平对全面加强安全生产工作提出明确要求，强调血的教训，警示我们，公共安全绝非小事，必须坚持安全发展，扎实落实安全生产责任制，堵塞各类安全漏洞，坚决遏制重特大事故频发势头，确保人民生命财产安全。

必须坚决遏制重特大事故发展势头，对易发重特大事故的行业领域采取风险分级管控、隐患排查治理双重预防性工作机制，推动安全生产关口前移，加强应急救援工作，最大限度减少人员伤亡和财产损失。

### （二）双重预防性工作体系建设重要意义

首先，构建风险分级管控与隐患排查治理双重预防体系，是落实党中央、国务院关于建立风险管控和隐患排查治理预防机制的重大决策部署，是实现纵深防御、关口前移、源头治理的有效手段。

其次，风险分级管控与隐患排查治理双重预防体系建设是企业安全生产的主体责任的核心内容，是企业主要负责人的主要安全生产职责要求之一，是企业安全管理的重要内容，是企业自我约束、自我纠正、自我提高的预防事故发生的根本途径。

(三)国家双重预防性工作体系建设的总体部署

2016年4月28日,《国务院安委会办公室关于印发标本兼治遏制重特大事故工作指南的通知》(安委办〔2016〕3号)。

2016年5月27日,国家安全监管总局发布《关于印发非煤矿山领域遏制重特大事故工作方案的通知》(安监总管一〔2016〕60号)。

2016年6月3日,国家安全监管总局发布《关于印发遏制危险化学品和烟花爆竹重特大事故工作意见的通知》(安监总管三〔2016〕62号)。

2016年10月9日,《国务院安委会办公室关于实施遏制重特大事故工作指南构建双重预防机制的意见》(安委办〔2016〕11号)。

2016年11月29日,《国务院办公厅关于印发危险化学品安全综合治理方案的通知》(国办发〔2016〕88号)。

2016年12月9日,《中共中央国务院关于推进安全生产领域改革发展的意见》(中发〔2016〕32号)。

2017年1月12日,《国务院办公厅关于印发安全生产"十三五"规划的通知》(国办发〔2017〕3号)。

2017年2月6日,《国务院安委会办公室关于实施遏制重特大事故工作指南全面加强安全生产源头管控和安全准入工作的指导意见》(安委办〔2017〕7号)。

## 二、集团公司双重预防机制工作体系建设

(一)集团公司双重预防机制工作背景

过去10余年来,集团公司先后发生过井喷失控、炼化装置着火爆炸、输油管道爆炸等重特大事故,给集团公司造成严重的负面影响。重特大事故没有完全杜绝,较大事故时有发生,一般生产亡人事故未得到有效遏制,说明集团公司的风险管控能力还不能完全适应业务快速发展的需要。

(二)集团公司双重预防机制工作部署

"十二五"期间,集团公司提出"识大风险、除大隐患,确保不发生大事故"的风险防控总体原则。

2013年4月7日,集团公司发布了《关于切实抓好安全环保风险防控能力提升工作的通知》(中油安〔2013〕147号),明确提出对集团公司构成重大影响的安全八大风险,主要分

布在勘探开发、炼油化工、大型储库、油气管道、海上作业、油气销售、交通运输及重大自然灾害等领域,并分析确定了可能引发重大环保事故的六项因素,主要包括安全事故次生灾害、危化品泄漏、油气泄漏污染、放射源火工品散失、环境违法、"三废"排放等。

《2014年集团公司风险防控试点工作总结及模板评审交流会会议纪要》(安委办〔2015〕5号),提出生产安全风险防控是HSE管理体系中风险管理的深化、细化,是HSE管理体系有效运行的重要抓手,要把风险防控工作与基层站队HSE标准化建设、基层单位岗位培训矩阵的编制和应用、全员安全环保履职能力评估、风险警示和告知等工作相结合,将风险防控要求落实到日常工作中,做到关口前移,以预防为主。

2014年11月26日,集团公司印发了《中国石油天然气集团公司生产安全风险防控管理办法》(中油安〔2014〕445号),要求集团公司按照组织管理架构,梳理各个层级的生产安全风险防控流程,确定集团公司总部机关和专业分公司(以下简称总部)、所属企业、二级单位、车间(站队)、基层岗位等各个层级的生产安全风险防控重点,落实各级生产安全风险防控责任,建立健全生产安全风险防控机制。

2016年6月14日,集团公司印发《关于切实做好标本兼治遏制重特大事故的通知》(安委办〔2016〕20号),要求企业在做好双预防机制建设的同时,编制企业级生产安全风险防控方案,通过方案的编制、实施、评审和持续改进,实现对企业重点防控风险的可控和受控。

2016年9月7日,在大庆油田召开的集团公司基层站队HSE标准化建设推进会上,进一步明确了集团公司"十三五"风险防控总体原则是"识别危害、控制风险、消除隐患,努力减少亡人事故"。

### (三)集团公司双重预防机制工作进展

目前,集团公司根据双重预防机制工作的需要,制定和发布了4项制度、1项标准:
制度:
(1)《关于切实抓好安全环保风险防控能力提升工作的通知》(中油安〔2013〕147号)。
(2)《生产安全风险防控管理办法》(中油安〔2014〕445号)。
(3)《安全环保事故隐患管理办法》(中油安〔2015〕297号)。
(4)《关于切实做好标本兼治遏制重特大事故的通知》(安委办〔2016〕20号)。
标准:《生产安全风险防控导则》(Q/SY 1805—2015)。

2014年,集团公司组织大庆油田、吉林油田、锦西石化、独山子石化、北京天然气管道、西北销售、云南销售、渤海钻探、长城钻探、东方地球物理10家企业,开展钻井、测井、物探、采油、修井、集输、炼油、化工、天然气管道、油库和加油站11个专业的生产安全风险防控试点工作。2016年年底,完成模板编制阶段性研究工作,增加城市燃气和井下作业风险防控试点工作。

## 三、双重预防机制

### (一)术语和定义

**1. 危害**

可能导致伤害、疾病、财产损失、工作环境破坏或这些情况组合的根源或状态。

**2. 危害辨识**

识别危害的存在并确定其特性的过程。

**3. 危险和有害因素**

可对人造成伤亡、影响人的身体健康甚至导致疾病的因素(人、物、环境、管理)。

**4. 危害因素**

可能导致人员伤害和(或)健康损害、财产损失、工作环境破坏、有害的环境影响的根源、状态、行为或其组合。

**5. 危害因素辨识**

识别健康、安全与环境危害因素的存在并确定其危害特性的过程。

**6. 风险**

某一特定危害事件发生的可能性,与随之引发的人身伤害或健康损害、损坏或其他损失的严重性的组合。

**7. 危险源**

可能导致人身伤害和(或)健康损害和(或)财产损失的根源状态或行为,或其组合。

**8. 风险分析**

在识别和确定危害特性的基础上,确定风险来源,了解风险性质,采用定性或定量方法分析生产作业活动和生产管理活动存在风险的过程。

**9. 风险评估**

对照风险划分标准评估风险等级,以及确定风险是否可接受的过程。

**10. 风险控制**

针对生产安全风险采取消除、替代、工程控制、管理控制和个体防护等防控措施,以及实施风险监测、跟踪与记录的过程。

**11. 风险管理**

开展危险辨识、风险评价以及采取风险控制措施策划与实施的全过程。风险管理是企业安全管理的核心。

**12. 生产作业活动**

班组、岗位员工为完成日常生产任务进行的全部操作活动。

**13. 生产管理活动**

集团公司、专业公司、所属企业、二级单位和车间（站队）等管理层级的各职能部门，在生产经营过程中按流程所开展的业务活动。

**14. 事故**

造成死亡、疾病、伤害、损坏或者其他损失的意外情况。

**15. 隐患**

一般来讲，隐患是指物的不安全的状态、人的不安全行为、作业环境的不安全因素和安全管理缺陷，是导致事故发生的直接原因。

**16. 安全环保事故隐患**

指生产安全事故隐患和环境安全隐患（以下简称事故隐患）。

（1）生产安全事故隐患：不符合安全生产法律、法规、规章、标准、规程和安全生产管理制度的规定，或者因其他因素在生产经营活动中存在可能导致事故发生或者导致事故后果扩大的物的危险状态、人的不安全行为和管理上的缺陷。

（2）环境安全隐患：不符合环境保护法律、法规、标准、管理制度等规定，或者因其他因素可能直接或者间接导致环境污染和生态破坏事件发生的违法、违规行为，管理上的缺陷或者危险状态。

**17. 隐患排查**

是指生产经营单位组织安全生产管理人员、工程技术人员和其他相关人员对本单位的事故隐患进行排查的行为。

**18. 双重预防机制**

是指风险分级管控与隐患排查治理双重预防体系。

### （二）事故隐患分级

（1）按照整改难易及可能造成后果的严重性，事故隐患分为一般事故隐患和重大事故隐患。

① 一般事故隐患，是指危害和整改难度较小，发现后能够立即整改排除的隐患。

② 重大事故隐患，是指危害和整改难度较大，应当全部或者局部停产、停业，并经过一定时间整改治理方能排除的隐患，或者因外部因素影响致使生产经营单位自身难以排除的隐患。

(2)按照治理负责单位:一般事故隐患为班组级、车间级;重大事故隐患为分厂级和公司级。

(三)事故隐患分类

事故隐患按检查内容和专业分为工艺、设备、电气、仪表、建构筑物、储运、安全消防设施、劳动防护、环境、其他现场问题10类。

(四)事故隐患与危害因素关系

危害因素是事故隐患的母体,一般事故隐患来自危害因素之中,事故隐患的风险值明显高于一般意义上的危害因素。界定一个危害因素是否为隐患的标准应当是:事故隐患一是客观上已经存在的、违反有关法规标准的实际危害因素,而不只是潜在或未来可能的东西;二是将事故隐患应当看作是较高风险值的危害因素,是不可容许的临界状态,是必须采取措施进行整改和控制的危害因素。

生产经营单位是隐患排查工作的责任主体,方法是定期组织安全生产管理人员、工程技术人员和其他相关人员排查本单位的事故隐患和鼓励、发动职工发现事故隐患,鼓励社会公众举报。此项工作通常与生产经营单位的各种安全生产检查工作相结合。

对排查出的事故隐患,应当按照事故隐患的等级进行登记,建立事故隐患信息档案。

根据上述要求,隐患排查的过程就是生产经营单位定期组织所属人员主动、全面地查找并发现隐患,确定其等级,建立事故隐患信息档案,同时鼓励社会公众举报。

(五)隐患排查与危害因素辨识关系的理解

经过危害因素辨识和风险评价所得出的超出可接受程度即不可接受的风险,与经过隐患排查所得出的事故隐患是同一等级,可以说不可接受风险就是隐患,辨识与排查所用的工具和方法大致相同,这样两种方法就能有机地联系起来,避免重复操作。

(六)事故隐患、危害因素与事故的关系理解

事故不是无缘无故发生的,而是由事故隐患或危害因素所引起的,在具备了一定的客观条件下导致了我们所不期望且无法预料的后果。某一危害因素或事故隐患所导致的事故后果可能是一个或多个,并且其后果的严重程序很难预测。因此可以认为,事故隐患就是事故的起因,事故就是事故隐患的后果。

(七)风险识别的范围

(1)规划、设计和建设、投产、运行等阶段。

（2）常规和异常活动。

（3）事故及潜在的紧急情况。

（4）所有进入作业场所的人员的活动。

（5）原材料、产品的运输和使用过程。

（6）作业场所的设施、设备、车辆、安全防护用品。

（7）人为因素，包括违反安全操作规程和安全生产规章制度。

（8）丢弃、废弃、拆除与处置。

（9）气候、地震及其他自然灾害等。

（10）变更（人员、管理、工艺、过程、技术、设施等永久性或暂时性的变化）。

## （八）风险分析方法

（1）工作前安全分析／工作危害分析（JSA/JHA）。

（2）安全检查表（SCL）。

（3）预先危害分析（PHA）。

（4）危险与可操作性分析（HAZOP）。

（5）头脑风暴法（BS）。

（6）失效模式与影响分析（FMEA）。

（7）事故树分析（FTA）。

（8）事件树分析（ETA）。

（9）故障假设分析（WI）。

（10）作业条件危险性分析法（LEC）。

（11）风险评估矩阵法（RAM）。

（12）工作经验法。

（13）如果……怎么样（What…if）。

## （九）风险分级防控

### 1. 总则

（1）企业应组织开展生产作业活动和生产管理活动的生产安全风险防控工作，并提供必要的资源，包括人员、物资、资金、技能和信息等，确保满足风险防控的需要。

（2）企业应遵循"管工作管安全、管业务管安全"的原则，对生产安全风险防控工作进行策划、组织，作为日常工作内容定期开展，并确定机构、人员、职责和工作任务等，满足以下要求：

① 企业及所属单位生产安全风险防控工作应由主要负责人组织开展。

② 企业及所属单位规划计划、人事培训、生产组织、工艺技术、设备设施、物资采购、工程建设、安全管理等职能部门应按照负责业务范围,依照直线责任和属地管理原则,组织开展生产安全风险防控工作。

③ 各基层单位主要负责人组织工艺、设备、生产、安全等专业技术人员,以及班组长、属地负责人和岗位员工代表,参加危害因素辨识、风险分析与风险评估,必要时邀请外部专家或相关方人员参加。

④ 工程技术、工程建设、检维修等施工作业活动负责人应组织危害因素辨识、风险分析与风险评估,必要时邀请相关方人员参加。

⑤ 非常规作业活动负责人应按作业许可规定组织危害因素辨识、风险分析与风险评估,必要时邀请相关方承包商或其他相关专业人员参加。

⑥ 组织开展分层次的风险防控业务培训,建立培训矩阵,制订和落实培训计划。

(3)企业应组织开展定期和动态生产作业活动风险防控工作,以车间(站队)、班组、岗位员工为核心,按照生产作业活动分解、辨识危害因素、分析与评估风险、制订和完善风险控制措施、落实属地管理责任的程序,持续完善开展但不限于以下工作内容:

① 进行生产作业活动分解、危害因素辨识、风险分析和风险评估。

② 依据风险评估结果,完善岗位操作规程。

③ 完善基层岗位安全检查表。

④ 编制、完善现场应急处置预案和岗位应急处置程序(处置卡)。

⑤ 完善岗位培训矩阵的培训内容。

⑥ 制订和落实岗位安全生产责任。

(4)企业应组织开展生产管理活动风险防控工作,以各管理层级规划计划、人事培训、生产组织、工艺技术、设备设施、物资采购、工程建设、安全管理等职能部门为核心,根据业务流程,按照生产管理活动梳理、分析与评估风险、制订风险管控流程、落实分级防控责任的程序,持续开展但不限于以下工作内容:

① 进行生产管理活动梳理、危害因素辨识、风险分析和风险评估。

② 依据风险评估结果,制订风险管控流程,确定各管理层级重点防控风险。

③ 完善企业安全生产管理规章制度。

④ 健全企业应急预案体系,完善应急预案。

⑤ 完善各管理层级培训矩阵的培训内容。

⑥ 制订和落实各管理层级安全生产责任。

(5)企业应对风险防控过程、风险防控后续措施的有效性予以评审,对风险控制效果进行定期评估、跟踪验证。经评审风险控制措施不能满足风险防控需要时,应重新组织制订风险控制措施并组织实施。评审应针对以下内容进行:

① 控制措施与法律法规、标准规范和规章制度的符合性。

② 控制措施是否能够使风险降到可接受的程度。

③ 是否产生新的风险。

④ 控制措施的合理性、充分性和可操作性。

(6)企业应组织运行维护本企业生产安全风险防控信息库,及时更新相关信息,对风险防控工作情况进行记录,记录内容应包括但不限于以下方面:

① 生产作业活动、生产管理活动清单。

② 危害因素清单和风险管理台账。

③ 潜在的事故后果严重程度和可能性,风险分级结果。

④ 现有风险控制措施分析。

⑤ 根据风险分析与风险评估结果,采取的已评审的风险控制措施。

(7)企业应对生产安全风险防控工作进行监督检查,将生产安全风险防控工作纳入安全生产绩效考核内容。

**2. 风险防控模式构建**

(1)企业建立双重预防性工作体系组织机构应遵循的要求如下:

① 以正式文件明确建立双重预防性工作体系建设领导机构。

② 领导机构组成人员应包括企业主要负责人、分管负责人、各部门负责人及重要岗位人员。

③ 企业主要负责人担任主要领导职务,全面负责企业双重预防性工作体系建设。

④ 明确主要负责人、分管负责人、各部门负责人及重要岗位人员在双重预防性工作体系建设中应履行职责。

⑤ 在安全生产管理制度中增加双重预防性工作体系建设相关职责。

⑥ 制订双重预防性工作体系建设实施方案,并在方案中明确分工、工作目标、实施步骤、工作任务、进度安排等。

(2)风险分级管控的基本原则:风险越大,管控级别越高;上级负责管控的风险,下级必须负责管控,并逐级落实具体实施。

**3. 集团公司风险防控模式构建**

(1)组织体系,现有管理架构(图3-2)。

(2)制度体系,制度标准建设(图3-3)。

图 3-2 集团公司五级风险防控

图 3-3　集团公司制度体系

**4. 风险分级防控**

主要分为生产作业活动风险防控和生产管理活动风险防控。

1）生产作业活动风险防控

（1）信息资料收集：

① 基层组织结构。

② 基层岗位设置及岗位职责要求。

③ 基层属地区域划分或区域位置。

④ 相关工艺流程。

⑤ 所有设备设施。

⑥ 主要管理制度、操作规程、安全检查表、应急预案和应急处置卡等。

⑦ 相关事故、事件案例。

⑧ 危害因素辨识和风险分析情况、风险评估或安全评价报告、HAZOP 分析报告等。

⑨ 其他必要的资料和信息。

（2）生产作业活动分解：

① 车间（站队）应组织开展生产作业活动分解，按照岗位管理单元划分、岗位操作项目分解、设备设施拆分，必要时进行作业区域划分的程序进行。

② 岗位管理单元划分，即工艺流程—设备设施—工作区域。

（a）岗位管理单元划分方法：

——以岗位为基础，对岗位负责管理的工艺流程、设备设施、生产装置、工作区域进行梳理，按照一台（套）设备设施、一套装置、一个工艺流程、一个工作区域进行划分。

——对多工序、多岗位同时进行的生产作业活动，以作业工序为基础，划分为相互关联、相对独立完整的管理单元。

（b）岗位管理单元划分原则：

——覆盖生产作业活动的全过程。

——考虑涉及的各种因素。

——考虑所有活动类型。

——考虑所有人员。

——考虑所有设备设施。

——岗位管理单元划分不宜过粗或者过细。

（c）对划分的管理单元，按照生产运行、工艺流程及设备设施管理要求，梳理每个管理单元的管理内容。

③ 操作项目分解。

车间（站队）、班组、岗位员工应对管理单元中的工作任务按照操作活动顺序进行分解，分解步骤如下：

（a）对管理单元中的工作任务进行细分，分解成相对独立的工作任务（即操作项目），并对照检查现有操作规程。

（b）对每个操作项目进一步进行细分，最后分解成进行危害因素辨识的一系列连续的基本操作步骤，基本操作步骤不应相互交叉。操作步骤分解应满足以下要求：

——分解先后顺序一般为常规生产作业、辅助作业、非常规作业、相关方配合作业。

——划分操作步骤时应按照实际操作过程进行，同时参考现有作业指导书、作业计划书和操作规程。

④ 设备设施拆分。

车间（站队）、班组、岗位员工应对设备设施进行拆分，拆分步骤如下：

（a）梳理岗位管理的所有设备设施，确定拆分设备设施（包括生产工具）的清单，并对照检查每台（套）设备设施现有安全检查表。

（b）对每台（套）设备设施，根据设备设施说明书、结构图、操作规程或技术标准等，按顺序对设备设施每个部分逐项分析、进行拆分，最后拆分成进行危害因素辨识的关键部件，各个关键部件应相互独立。设备设施拆分应满足以下要求：

——先拆分设备设施本体，再拆分附件。

——先拆分设备设施功能性附件，再拆分安全附件。

——由近及远、由外及里、由上及下的顺序逐项拆分设备设施的关键部件。

（c）对于设备设施已有的安全检查表，应确认安全检查表的完整性。

⑤ 作业区域划分。

必要时，车间（站队）、班组、岗位员工应对工作区域进行划分，结合设备设施位置、操作活动范围、区块功能、岗位属地责任等划分操作活动辖区单元,最后分解成进行环境危害因素辨识的适当区域,各个区域不应相互重叠。

(3) 生产作业活动危害因素辨识：

① 生产作业活动危害因素应包括物的因素、人的因素、环境因素和管理因素,具体分类参照《生产过程危险和有害因素分类与代码》(GB/T 13861)规定。

② 车间(站队)、班组、岗位员工宜采用经验法和头脑风暴法,按照法规和操作规程规定,保证人员安全的要求,结合工作前安全分析(JSA)、安全检查表(SCL)进行危害因素辨识,辨识结果应形成记录或者报告。

③ 车间(站队)、班组、岗位员工进行的日常生产任务宜采用工作前安全分析法开展操作步骤危害因素辨识,应满足以下要求：

(a) 相关资料分析,包括本单位历史资料和(或)其他相似单位资料。

(b) 危害因素辨识内容包括：导致危害因素产生的操作步骤、可能的后果、伤害对象等。

(c) 对该生产作业活动已发生过的事故、事件案例进行分析,确认通过事故、事件分析所辨识出的危害因素已包含在现有危害因素辨识的结果中。

(d) 现场观察验证实际操作过程中所分析的操作步骤、危害因素是否与实际相符,是否有遗漏。

(e) 记录经过验证后的操作危害因素。

④ 非常规作业、临时检维修应按照作业许可要求,采用工作前安全分析法开展操作步骤危害因素辨识。

⑤ 设备设施宜采用安全检查表法开展危害因素辨识,并满足以下要求：

(a) 相关资料分析,包括本单位历史资料和(或)其他相似单位资料。

(b) 分析每个被检查部位可能导致的不良后果,确定可能存在的危害因素。设备设施危害因素应考虑到以下两个方面：

——可能导致人身伤害、健康损害、环境破坏等因素。

——可能导致生产中断、设备设施损毁等因素。

(c) 对同类设备设施已发生过的事故、事件案例进行分析,确认通过事故、事件分析所辨识出的危害因素已包含在现有危害因素辨识的结果中。

(d) 现场观察验证,对照安全检查表的每个检查项目验证确认危害因素是否与实际相符,是否有遗漏。

(e) 记录经过验证后的设备设施危害因素。

⑥ 车间(站队)应对出现以下情况时,及时组织重新进行危害因素辨识,更新生产作业

活动危害因素清单：

（a）相关法律法规、标准规范要求发生变化时。

（b）在作业环境、作业内容、作业人员、工艺技术、设备设施等发生变更时。

⑦ 车间（站队）应对辨识出的生产作业活动危害因素进行分类登记，危害因素分类参照《生产过程危险和有害因素分类与代码》（GB/T 13861）执行。

（4）生产作业活动风险分析与风险评估：

① 车间（站队）应组织开展生产作业活动风险分析，确定风险来源，了解和描述风险性质，采用定性或定量方法分析风险后果。针对确定的风险应分析现有风险控制措施的有效性，找出现有控制措施的不足，为进一步开展风险评估并制订完善风险控制措施提供依据，应从以下方面分析但不限于：

（a）控制文件是否齐全，岗位操作规程、"两书一表"、作业许可、现场应急预案和岗位应急处置卡、岗位培训矩阵等是否完善。

（b）安全防护设备设施是否完善。

（c）安全警示标志标识是否齐全规范。

（d）个人防护用品是否齐全有效。

（e）项目是否都纳入安全检查项。

（f）基层岗位员工是否进行了必要的培训。

（g）现场是否存在隐患或违章情况。

（h）现场是否发生过事故、事件。

② 车间（站队）应结合实际进行生产作业活动风险分析，分析可选用以下方法但不限于：

（a）工作前安全分析（JSA）。

（b）危险与可操作性分析（HAZOP）。

③ 车间（站队）应在风险分析的基础上，开展风险评估，采用适当方法确定风险等级划分标准，结合实际判断风险大小，确定风险是否可以接受。风险等级划分和风险评估可选用以下方法但不限于：

（a）风险评估矩阵法（RAM），风险评估应满足以下要求：

——对以往发生事故的经验总结，分析事故发生的可能性和后果严重性。

——建立风险等级划分标准。

——评估风险，判定风险等级。

——确定是可接受风险还是不可接受风险。

——对不可接受风险，应制订专项监控方案，采取措施，转化为可接受风险。

（b）作业条件危险分析法（LEC），针对在具有潜在危险性环境中的作业，用与风险有关的三种因素之积来评估操作人员伤亡风险(D)大小,即D=LEC,其中,L表示发生事故的可能性,E表示人体暴露于危险环境中的频繁程度,C表示事故损失。风险评估应满足以下要求:

——分析事故发生的可能性、人体暴露于危险环境中的频繁程度、事故损失。

——建立风险等级划分标准。

——评估风险,判定风险等级。

——确定是可接受风险还是不可接受风险。

——对不可接受风险,应制订专项方案,采取措施,转化为可接受风险。

(5)生产作业活动风险控制:

① 车间(站队)应在生产作业活动风险分析和风险评估的基础上,宜采用工作循环分析(JCA)等方法组织系统分析各项岗位操作规程的有效性,完善现有操作规程,将所确定的风险纳入操作规程中,确保在操作规程中已明确了相应的风险提示、风险控制措施。采用工作循环分析方法分析操作规程应满足以下要求:

(a)车间(站队)安全管理人员、技术人员、技师、操作员工共同讨论实际操作与对应操作规程的差异,验证操作规程的有效性、充分性和适宜性。

(b)现场评估操作人员按操作规程实施操作步骤与操作规程的偏差、操作规程本身存在的问题、潜在的风险以及其他不安全事项,提出改进建议。

(c)直线责任部门组织评审操作规程,评审步骤如下:

——确定操作步骤是否完整,操作顺序、操作要求是否正确。

——确定每个操作步骤工作要求是否正确,是否明确了相应的工作标准。

——确定每个步骤下较高以上的风险是否提示准确。

——确定相应的风险控制措施是否有效。

——应急处置措施是否准确,可操作。

② 车间(站队)应将所确定的设备设施风险纳入安全检查表中,完善设备设施安全检查表,安全检查表应包括以下主要内容:

(a)检查项目:将设备设施划分为相应部分,每个部分分别作为独立的检查项目。

(b)检查内容:可依据相关的标准、技术要求、制度规程、安全附件、关键部位、检维修保养记录、同类设备事故控制措施等确定检查内容。

(c)检查依据:检查内容中的每个条款所依据的法律法规、标准、规章制度作为该条款的检查依据。

(d)检查人员:根据岗位职责、检查内容、检查周期等编制车间(站队)、班组、岗位员工现场具体应用的安全检查表,并按要求分别实施。

③企业应采用适用的风险控制工具,规范现场风险控制。风险控制工具包括但不限于:

(a)作业许可管理:按照直线责任和属地管理要求,对进入受限空间、挖掘、高处作业、吊装、管线打开、临时用电、动火及其他高风险的临时作业制订和落实审批程序和权限,具体执行《作业许可管理规范》(Q/SY 1240)规定。

(b)上锁挂牌管理:落实作业过程中对所有危险能量和物料的隔离,具体执行《上锁挂牌管理规范》(Q/SY 1421)规定。

(c)工艺和设备变更风险管理:按照变更范围和类型,落实变更申请、审批、实施及验证,具体执行《工艺和设备变更管理规范》(Q/SY 1237)规定。

(d)安全目视化管理:对生产作业活动现场存在的风险进行管理,设置齐全规范的安全警示标志标识,具体执行《安全目视化管理导则》(Q/SY 1643)规定。

④ 车间(站队)应对生产作业活动风险进行动态监控,认识风险变化规律,实时调整风险控制措施,对新出现的风险,应及时制订和落实风险控制措施。

⑤ 车间(站队)应按照《应急预案编制通则》的要求,结合生产作业活动现场,针对重大危险源、关键生产装置、要害部位及场所等可能发生的突发事件或次生事故及时组织制修订现场处置预案,对于危险性较大的重点岗位,应制订岗位应急处置程序。按应急预案要求配备应急物资,定期组织开展应急演练活动。在生产安全风险失控且发生突发事件时,应启动应急处置预案,及时报告,并进行现场应急处置,应急处置结束后进行工作总结。现场处置预案、岗位应急处置程序编制应由生产、工艺、安全等专业技术人员参加,并选择现场经验丰富的班组长、技师和操作人员参与编制,并满足以下要求:

(a)现场应急处置预案应做到一事一案,主要内容包括可能发生的各类事故事件特征描述、组织机构与职责、应急处置程序和要点、注意事项等。

(b)岗位应急处置程序主要内容应包括可能发生的事故名称、工艺流程、事故现象、事故后果、处置程序等,并将岗位员工应急处置规定的程序、步骤写在卡片上,明确岗位应急职责、处置要领和防护措施,内容应简明、易记、可操作。

⑥ 车间(站队)应结合生产作业活动现场风险控制措施,建立岗位培训矩阵,采取分岗位、小范围、短课时、多形式等方式,对员工进行操作规程、风险控制技术方法、应急处置程序等内容的培训,使其掌握生产安全风险控制措施。

(a)制订和落实培训计划前,应由主管培训的部门组织进行培训需求调查,可以采取观察、交流、问卷调查、测试、查阅有关违章和事故记录、绩效考核信息资料分析等。

(b)培训内容应包括通用安全知识,本岗位基本操作技能,生产受控管理流程,HSE理念、方法与工具等。

(c)根据岗位培训对象,结合岗位职责及实际需求,建立培训矩阵时应考虑培训课时安排、培训周期设定、培训方式选择、培训效果检查、培训师资审查等。

（d）培训课件应满足以下要求：集中培训宜采用多媒体形式；文字内容简练、重点突出，字体颜色协调、搭配合理，图片视频清晰、符合现场实际。

（6）进行属地管理。

车间（站队）、班组、岗位员工应按照确定的生产作业活动风险防控内容和风险控制点，明确关键任务分配，落实属地管理责任。

2）生产管理活动风险防控

（1）生产管理活动梳理。

① 企业应组织进行生产管理活动调研，收集相关信息，内容应包括但不限于：

（a）企业组织机构、管理岗位设置及职责要求。

（b）生产管理活动适用的法律法规、标准规范、企业规章制度要求。

（c）生产管理活动风险分析情况。

（d）生产管理活动风险防控措施制订和落实情况。

② 企业应结合管理架构，组织梳理各管理层级生产管理活动内容，包括规划计划、人事培训、生产组织、工艺技术、设备设施、物资采购、工程建设等职能部门和管理岗位，按生产经营业务流程，以非常规作业、与生产经营活动密切相关的安全管理事项等为重点，编制生产管理活动清单。

（2）生产管理活动风险分析。

① 企业应在生产管理活动梳理的基础上，分析管理活动存在的生产安全风险，确认现有风险控制措施是否有效，风险分析结果应形成记录或者报告。生产管理活动风险分析中应关注的内容包括但不限于：

（a）法律法规及部门规章要求缺失，本单位业务存在不符合法律法规、标准规范和政府等部门要求；

（b）安全生产组织机构不健全。

（c）业务管理流程、职责不清，安全生产责任制未落实。

（d）安全生产管理规章制度不完善。

——建设项目"三同时"制度未落实。

——操作规程不规范。

——事故应急预案及响应缺陷。

——培训制度不完善，培训计划不落实，员工素质低。

——岗位设置、人员配置、作业班制不合理。

——其他管理规章制度不完善。

(e)安全生产投入不足。

(f)工艺变更安全管理存在的缺陷。

(g)承包商安全管理存在的问题。

(h)新技术、新工艺、新设备、新材料安全管理存在的问题。

(i)HSE体系审核发现的问题。

(j)对照先进管理发现的安全生产薄弱环节。

(k)其他安全生产管理存在的缺陷。

② 企业可采用标准比对、合规性评价、经验分析、头脑风暴、会议研讨等方式分析生产管理活动存在的风险。

③ 企业职能部门和管理岗位应在出现以下情况时,重新进行风险分析:

(a)相关法律法规、标准规范要求发生变化时。

(b)工艺技术、作业活动、设备设施等发生变更的情况。

(c)新技术、新工艺、新设备、新材料引进、采用前。

(d)业务范围发生变化时。

(e)近期国内外同类企业发生事故后。

(f)有重大活动或临时性高风险活动前。

④ 企业应结合集团公司主要生产安全风险,根据需要,评估生产管理活动风险大小,进行风险分级,确定风险对应的管理层级和重点防控内容。

(3)生产管理活动风险控制。

① 企业各管理层级负责人应按照确定的重点风险防控内容,结合职责规定和调配资源,理清风险管控流程,绘制风险管控流程图。

② 企业应依据风险分析和风险评估结果,按照专业领域、业务流程,制订和落实风险控制措施。控制措施包括但不限于:

(a)建立企业生产安全风险防控规章制度、标准规范,执行和落实国家法律法规、标准规范规定。

(b)组织开展风险防控工作现状调查,分析存在问题,进行风险防控能力评估,提出风险防控措施改进与完善的建议。

(c)组织生产安全风险防控措施的论证与评审,确保防控措施的有效性。

(d)制订和规范生产活动的审核审批程序和职责,落实审核审批职责。

(e)动火、动土、高处、临时用电、进入受限空间等作业,严格实施作业许可管理,按照申请、批准、实施、延期、关闭等流程,落实作业过程中各项风险控制措施。

(f)按照《安全监督管理办法》(中油安〔2010〕287号)的要求,对建设(工程)项目、生产经营关键环节实施安全监督,严格监督检查生产安全风险防控措施的落实。

（g）在设备设施采购、安装、检查等环节中,应制订和落实生产管理风险防控措施,对关键设备设施进行监测和检验,及时发现并消除隐患。

（h）涉及重大危险源的企业,应按重大危险源安全管理制度,制订和落实重大危险源安全监控措施。对确认的重大危险源登记建档,并按规定备案。

（i）按照《安全生产事故隐患排查治理暂行规定》的要求,进行安全生产事故隐患排查和治理,应评估隐患治理效果,对排查出的安全生产事故隐患登记建档。

（j）按照《承包商安全监督管理办法》的要求,进行承包商准入、选择、使用、评价的安全监督管理,严格监督检查承包商生产安全风险防控措施的落实。

（k）针对设备、人员、工艺等变更可能带来的风险进行管理,应严格落实变更中各项生产安全风险的控制措施。

（l）针对新技术、新工艺、新设备、新材料的应用前,应在风险分析的基础上,制订和落实生产安全风险控制措施。

（m）分层级、分专业组织教育培训,使各管理层级了解生产安全管理知识,掌握生产管理活动风险防控工作的内容和要求,提高管理风险的防控能力。

③ 企业应建立健全现场应急处置、应急救援与响应、应急联动应急管理体系。在生产安全风险失控且发生突发事件时,应及时启动应急预案,协调、指挥应急救援与响应,跟踪应急处置过程,组织总结应急工作。

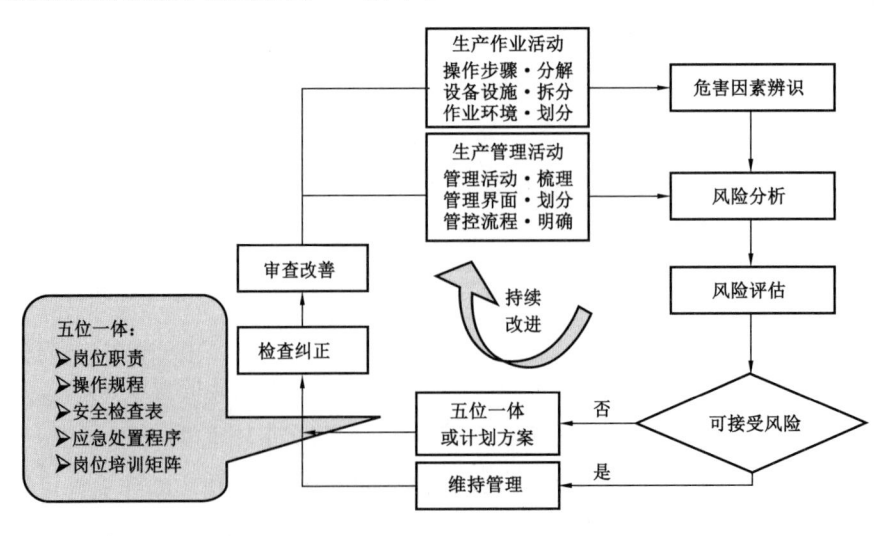

3）风险防控运行机制

风险防控运行机制示意图如图3-4所示。

图3-4 风险防控运行机制示意图

4）生产安全风险分级管控

企业要根据风险评价的结果，针对安全风险特点，从组织、制度、技术、应急等方面对安全风险进行有效管控。要通过隔离危险源、采取技术手段、实施个体防护、设置监控设施等措施，达到规避、降低和监测风险的目的。要对安全风险分级、分层、分类、分专业进行管理，逐一落实企业、车间、班组和岗位的管控责任，尤其要强化对重大危险源和存在重大安全风险的生产经营系统、生产区域、岗位的重点管控。企业要高度关注运营状况和危险源变化后的风险状况，动态评估、调整风险等级和管控措施确保安全风险始终处于受控范围内。

（1）生产安全风险分级防控责任落实。

① 企业各管理层级应结合风险分级和风险控制措施，针对确定的重点防控风险，进行关键任务分配和风险防控责任划分，确定各管理层级和基层岗位风险分级防控的责任和内容，完善岗位责任制，实施风险分级控制。

② 企业各管理层级生产、技术、设备、工程、物资采购等职能部门和单位应落实相应的生产安全风险防控责任的归口管理。企业各管理层级间上、下级单位应落实各自的生产安全风险防控直线管理责任。

（2）生产安全风险分级管控划分原则。

风险分级管控应遵循风险越高管控层级越高的原则，对于操作难度大、技术含量高、风险等级高、可能导致严重后果的作业活动应重点进行管控。上一级负责管控的风险，下一级必须同时负责管控，并逐级落实具体措施。风险管控层级可进行增加或合并，企业应根据风险分级管控的基本原则，结合本单位机构设置情况，合理确定各级风险的管控层级。

（3）生产安全风险分级管控等级（表3-5）。

表3-5 生产安全风险分级管控等级表

| 风险等级 | | 应采取的行动/控制措施 | 实施期限 | 管控级别 |
| --- | --- | --- | --- | --- |
| 1级 | 重大风险（红色） | 在采取措施降低危害前，不能继续作业，对改进措施进行评估 | 立即 | 公司（厂）级 |
| 2级 | 较大风险（橙色） | 采取紧急措施降低风险，建立运行控制程序，定期检查、测量及评估 | 立即或近期整改 | 车间级 |
| 3级 | 一般风险（黄色） | 可考虑建立目标、建立操作规程、加强培训及沟通 | 2年内治理 | 班组级 |
| 4级 | 低风险（蓝色） | 可考虑建立操作规程、专业指导书但须定期检查，暂时无需采用控制措施 | 有条件、有经费时治理 | 岗位级 |

（4）生产安全风险控制措施。

对不同级别的风险都要结合实际，采取多种控制措施进行控制，并逐步降低风险，直至可以接受。

风险控制措施包括工程技术控制、管理（行政）控制、个体防护控制、应急控制。

## 四、隐患排查治理

### （一）总则

《国务院安委办关于印发标本兼治遏制重特大事故工作指南的通知》（安委办〔2016〕3号），要求把安全风险管控挺在隐患前面，把隐患排查治理挺在事故前面。构建安全风险分级管控和隐患排查治理双重预防性工作体系。

### （二）隐患排查治理工作

参照《中国石油天然气集团公司安全环保事故隐患管理办法》（中油安〔2015〕297号）。

1. 建立制度，明确职责，确立机制

（1）集团公司事故隐患管理工作实行集团公司、专业分公司和所属企业分级负责体制。在集团公司统一领导下，专业分公司负责组织协调本专业事故隐患排查治理工作；所属企业是事故隐患排查、治理和监控的责任主体，负责建立健全事故隐患排查治理制度，采取技术、管理措施，及时发现并消除事故隐患。

（2）总部质量安全环保部是事故隐患排查治理工作的综合监管部门，主要职责：

① 制（修）订管理制度。

② 界定隐患治理项目。

③ 分解年度隐患治理计划。

④ 督促、协调。

⑤ 考核。

⑥ 信息管理。

（3）专业分公司负责本专业事故隐患管理，职责：

① 编制和上报隐患治理建议计划。

② 按照轻重缓急下达年度隐患治理计划。

③ 隐患治理项目审批。

④ 监督检查隐患治理项目实施情况。

⑤ 协调解决有关重大问题。

（4）有关部门主要相关职责：

① 规划部门：隐患项目投资计划下达；项目审批。

② 财务部门：隐患治理费用预算管理和会计核算管理。

③ 资金部门：隐患治理专项资金安排和拨付。

④ 审计部门：对投资立项程序和治理资金计划执行专项审计。

⑤ 矿区部门：矿区安全环保事故隐患治理工作。

⑥ 其他部门按照职责分工做好业务范围内的隐患管理工作。

（5）企业是隐患管理的责任主体，主要职责：

① 制（修）订本单位隐患管理规章制度，逐级建立并落实隐患排查治理和监控责任制。

② 定期开展安全环保事故隐患排查，如实记录和统计分析排查治理情况，按规定上报并向员工通报。

③ 组织编制和上报本单位隐患治理建议计划。

④ 负责权限范围内隐患治理项目审批。

⑤ 编制隐患治理方案，并组织实施。

⑥ 监督、检查和指导本单位隐患排查治理工作。

⑦ 负责本单位隐患监控措施落实和隐患治理跟踪检查，分级督办。

⑧ 建立、健全本单位隐患排查治理信息档案。

（6）主要负责人是本单位隐患排查治理的第一责任人，全面负责本单位隐患排查治理工作，督促、检查本单位及时消除事故隐患。

（7）企业将建设项目、场所、设备进行发包、出租的，应当与承包、承租单位签订安全生产（HSE）合同，并在合同中明确各方对事故隐患的排查、治理和监控职责。

（8）企业对承包、承租单位的事故隐患排查治理工作统一协调、管理，定期进行检查，及时督促整改发现的问题。

**2. 开展事故隐患排查**

（1）定期排查制度。

隐患定期排查频次：

① 现场操作人员应按规定的时间间隔进行巡检，及时发现并报告隐患。

② 基层班组应结合班组安全活动，至少每周组织一次隐患排查。

③ 车间（站队）应结合岗位责任制检查，至少每月组织一次隐患排查。

④ 企业下属单位应根据季节性特征及本单位的生产实际，至少每季度开展一次隐患排查，重大活动及节假日前应当进行一次隐患排查。

⑤ 企业应至少每半年组织一次综合性事故隐患排查,重大活动及节假日前应当进行一次事故隐患排查。

（2）涉及重点监管危险化工工艺、重点监管危险化学品和重大危险源的"两重点一重大"危险化学品生产、储存企业,应当至少每五年开展一次危险与可操作性分析(HAZOP)。

3. 不定期排查制度

当出现以下情形时,企业应当及时组织事故隐患排查:

（1）颁布实施有关新的法律法规、标准规范或者原有适用法律法规、标准规范重新修订时。

（2）组织机构和人员发生重大调整时。

（3）区域位置、物料介质、工艺技术、设备、电气、仪表、公用工程或者操作参数等发生重大改变时。

（4）国家、地方政府有明确要求或者外部环境发生重大变化时。

（5）发生安全环保事故或者获知同类企业发生安全环保事故时。

（6）气候条件发生重大变化或者预报可能发生重大自然灾害时。

4. 隐患排查的方式方法

（1）企业事故隐患排查工作应与日常管理、专项检查、监督检查、HSE体系审核等工作相结合,可以采取以下方式:

① 日常事故隐患排查。

② 综合性事故隐患排查。

③ 专业性事故隐患排查。

④ 季节性事故隐患排查。

⑤ 重大活动及节假日前事故隐患排查。

⑥ 事故类比隐患排查。

⑦ 其他方式。

（2）企业在进行事故隐患排查时,可采用下列方法:

① 现场观察。

② 安全检查表(SCL)。

③ 工作前安全分析(JSA)。

④ 危险与可操作性分析(HAZOP)。

⑤ 故障树分析(FTA)。

⑥ 事件树分析(ETA)等技术方法。

## 5. 隐患登记、评估与监控

1）隐患登记记录

企业应当对排查出的事故隐患进行登记，及时录入集团公司隐患信息管理子系统，每季度、每年对排查治理情况进行统计分析，并按照国家和集团公司的有关规定报告。

2）隐患评估分级

（1）企业应当对排查出的事故隐患进行评估分级。根据隐患整改、治理和派出的难度及其可能导致事故后果和影响范围，分为一般事故隐患和重大事故隐患（可成立由主管领导牵头、职能部门和事故隐患所在单位及有关专家等参加的事故隐患评估领导小组进行隐患评估）。

（2）对于重大事故隐患，所属企业应当结合生产经营实际，确定风险可接受标准，评估事故隐患的风险等级。评估风险的方法和等级划分标准参照集团公司生产安全风险防控管理规定执行，评估结果应当形成报告。

3）重大隐患评估报告

重大隐患评估报告应当包括以下内容：

（1）事故隐患现状。

（2）事故隐患形成原因。

（3）事故发生概率、影响范围及严重程度。

（4）事故隐患风险等级。

（5）事故隐患治理难易程度分析。

（6）事故隐患治理方案（或建议方案）。

4）隐患现状监控

对发现的事故隐患应当组织治理，对不能立即治理的，应制订和落实隐患监控措施，并告知岗位人员和相关人员在紧急情况下采取的应急措施。监控措施至少应包括以下内容：

（1）保证隐患设备设施安全运转所需的条件。

（2）提出监测检查的要求。

（3）制订防范控制措施。

（4）编制应急预案并进行演练。

（5）明确监控程序和责任，落实监控人员。

（6）设置明显的标志。

## 6. 开展隐患整治

1）基本原则

（1）凡是发现的隐患必须整改或治理。

（2）无法及时消除的隐患应采取防控措施。

（3）威胁人员生命时应立即停产停工。

2）治理方法

隐患治理（方案）的核心都是通过具体的治理措施来实现,这些措施大体上分为工程技术措施和管理措施,再加一些临时性的防护和应急措施。

3）隐患治理项目

（1）风险评估（形成评估报告）。

（2）编制治理方案（或建议方案）。

（3）项目可研、安评、环评等。

（4）项目立项审批（分级）。

（5）资金计划下达与使用。

（6）项目设计实施阶段。

4）隐患治理流程

（1）一般隐患治理：对于一般事故隐患,根据隐患治理的分级,由企业各级（公司、车间、部门、班组等）负责人或者有关人员负责组织整改,整改情况要安排专人进行确认。

（2）重大隐患治理：经判定或评估属于重大安全隐患的,企业应当及时组织评估,并编制事故隐患评估报告书。评估报告书应包括事故隐患的类别、影响范围和风险程度,以及对事故隐患的监控措施、治理方式、治理期限的建议等内容。

### 7. 整治效果验证并销项

1）验收与销项

重大事故隐患治理项目完成后,项目审批部门应当按照有关规定组织验收。验收合格后的隐患治理项目应当及时销项,并录入集团公司事故隐患信息管理子系统。

事故隐患治理项目验收时,项目审批部门应严格执行"五不验收",即：

（1）项目变更不履行程序不验收。

（2）治理项目不符合安全环保与节能减排要求不验收。

（3）挪用事故隐患治理资金的项目不验收。

（4）违反事故隐患治理原则搭车和扩能的项目不验收。

（5）项目竣工不进行效果评价不验收。

2）业绩考核

集团公司将事故隐患排查治理工作作为年度业绩考核的重点内容,纳入业绩考核实施细则,考核结果纳入集团公司业绩考核。

## 五、建立企业级生产安全风险防控方案

### （一）总则

根据集团公司《关于切实抓好安全环保风险防控能力提升工作的通知》（中油安〔2013〕147号）和《中国石油天然气集团公司生产安全风险防控管理办法》（中油安〔2014〕445号）要求，为进一步加强和规范企业级生产安全风险防控工作，有效遏制重特大生产安全事故发生。

### （二）目的

编制企业级生产安全风险防控方案，是深化HSE管理体系建设，加强危害因素辨识、风险评估和控制措施确定的重要抓手，是落实风险分级防控责任、遏制重特大事故发生的有效途径。通过方案的编制、实施、评审和持续改进，实现对企业重点防控风险的可控和受控。

### （三）原则

（1）企业主要负责人是生产安全风险防控工作第一责任人，全面负责本企业的生产安全风险防控工作，组织梳理各管理层级、职能部门、管理环节之间的职能界面，明确生产安全风险防控任务，提供资源保障；业务分管负责人负责分管业务领域内的生产安全风险防控工作。

（2）按照"业务管理部门主导、相关职能部门参与、安全监管部门指导协调和监督落实"的原则，业务管理部门负责组织本专业的危害因素辨识、风险评估和控制措施的制订，相关职能部门按照任务分工落实控制措施，安全监管部门负责风险防控的技术指导与监督检查。

（3）每一项经分析、评估确定的企业重点防控风险，都要编制一个风险防控方案，内容主要包括风险描述、风险防控目标、风险防控组织机构、风险防控流程与分级防控责任、风险防控措施、实施保障等内容。二级单位重点防控风险的具体管理要求由企业结合实际确定。

### （四）企业级生产安全风险防控方案构建

1. 成立风险防控方案编制小组

企业要结合本单位部门职能和分工，落实每一项风险防控方案的牵头组织部门。

在安全生产（HSE）委员会或专业委员会领导下，由业务管理部门牵头成立规划计划、人事培训、生产组织、工艺技术、设备设施、安全环保、物资采购、工程建设等职能部门和相关单位组成的编制小组，明确工作职责和任务分工，制订工作计划，组织开展风险防控方案

编制工作。

2. 资料收集

专项风险防控方案编制小组要收集资料包括：

（1）相关的法律法规、部门规章、标准规范。

（2）集团公司、企业管理制度。

（3）企业组织机构、管理岗位设置及职责分配。

（4）危害因素辨识、风险评估和现有控制措施。

（5）有关事故事件信息资料。

3. 风险评估

专项风险防控方案编制小组要在资料收集与分析的基础上，分析企业存在的危害因素，确定存在风险的重点领域、要害部位、关键环节和特殊时段，分析可能发生的事故类型及后果，评估现有控制措施的防控能力，完善风险防控措施。

4. 风险防控方案编制

依据风险评估结果，组织编制风险防控方案，明确风险防控职责、防控流程、防控措施及资源配置。风险防控方案编制要注重系统性和可操作性，做到与相关业务管理部门、单位风险防控方案及专项应急预案相衔接。

5. 风险防控方案评审

风险防控方案编制完成后，企业 HSE（安全生产）委员会或专业委员会要组织评审，主要评审方案的合规性、科学性、适用性和可操作性，以及与相关管理要求的衔接性。风险防控方案评审合格后，由企业主要负责人（或业务分管负责人）签发实施，并向集团公司安全环保与节能部和相关专业分公司备案。

6. 风险防控方案主要内容

1）风险描述

描述企业级生产安全风险，说明方案针对的具体风险类型和存在的区域、部位、地点或装置设备名称，以及事故发生的可能性、严重程度及影响范围等。

2）风险防控目标

描述风险防控方案具体防控的企业级生产安全风险所达到的预期控制结果。目标要具体、可衡量、可分解、可实现。

3）风险防控组织机构

根据具体的风险类型，描述风险防控组织机构及人员的具体职责。风险防控组织机构可以与相关专项应急预案中的应急指挥机构为同一机构。

4）风险防控流程与分级防控责任

描述具体风险的防控流程，纵向上按照组织架构描述企业、二级单位、车间（站队）等各管理层级风险防控责任，横向上按照风险防控业务流程描述关键环节和节点的主管部门、配合部门及其风险防控职责，落实直线责任，做到责任归位。

5）根据风险防控需要，在制订防控措施时首先要采取消除风险措施，在不能消除的情况下采取降低风险措施，在不能降低的情况下采取个体防护，从制度、技术、工程、管理措施及风险失控导致突发事件时的应急措施等方面制订并落实风险防控措施。

（1）控制该风险的制度措施包括：

① 管理制度。

② 管理程序。

③ 管理标准。

④ 作业指导书。

⑤ 操作规程等。

（2）描述采用的技术措施，包括：

① 监测预警、自动化控制。

② 紧急避险、自救互救等信息化、自动化安全生产技术。

③ 用于降低风险的技术、工艺、设备、材料等。

（3）工程措施：描述风险防控所需采用的消除、隔离、防护等用于提升生产条件本质安全性和消除事故隐患的措施和手段。

（4）管理措施：描述用于防控非常规作业、变更管理、承包商等活动风险而采取的教育培训、作业许可、目视化管理、上锁挂牌、履职能力评估、监督检查、专项审核及个人劳动防护用品用具配备使用等管理措施，要明确措施实施的主管部门、配合部门及相关要求。

（5）应急措施：描述在风险失控且导致突发事件时，报告的程序、处置的方法及专项应急预案，要与企业现行应急预案衔接。

6）实施保障

（1）企业要明确风险防控方案实施所需资金、设备设施、管理及技术人员等资源，满足数量、质量和时间要求，保证风险防控方案的有效实施。

（2）企业要明确风险防控方案实施的具体步骤、方式方法、时间进度等，并落实主管和配合等有关责任部门。责任部门要根据需要制订具体的技术方案、实施步骤、岗位分工等，保证与企业生产经营活动相协调。

（3）企业要建立风险防控信息沟通交流机制，明确沟通交流的内容、方式、频次等。建立风险防控联席会议制度，牵头部门要定期组织召开相关部门和单位人员参加的专题会议，汇报工作开展情况，沟通相关信息，研究讨论实施过程中发现的问题。

（4）企业要明确监督检查和持续改进的要求，以保证风险防控方案有效实施并达到预期目标。每年至少组织一次危害因素再辨识、风险防控能力再评估，同时组织重大危险源辨识和事故隐患排查，评审风险防控方案的可行性、适宜性，及时修订完善。

7. 提升事故应急处置能力

1）加强员工岗位应急培训

落实企业安全生产应急培训主体责任，健全企业全员应急培训制度，针对员工岗位工作实际组织开展应急培训和应急实战演练，提升一线员工第一时间应急处置技能和自救、互救的能力。

2）健全快速应急响应机制

建立、健全企业内部职能部门之间、企地之间应急协调联动制度，加强生产安全突发事件预报、预警。基于生产安全风险，优化、简化应急预案，完善"一案一卡"，重点岗位全部持应急处置卡上岗。强化各级领导、主责部门应急响应，确保第一时间赶赴事故现场组织抢险救援、信息报送，并做好沟通协调等工作。

3）加强应急保障能力建设

加强应急物资装备储备，完善管理制度，现场应急物资装备及设施必须齐全、管用。进一步加强危险化学品应急救援队伍体系建设。加强企业专兼职应急救援队伍建设和应急联动机制建设，无救援能力的单位必须与相邻的有救援能力的队伍签订保障协议，实现应急救援队伍和保障能力全覆盖。

# 第三节 一岗双责

## 一、安全环保履职能力评估

### （一）安全环保履职能力评估定义

中国石油天然气股份有限公司（以下简称股份公司）为规范开展员工安全环保履职考评工作，强化落实全员安全环保职责，2014年12月18日下发了《中国石油天然气股份有限公司员工安全环保履职考评管理办法》（油安〔2014〕326号），安全环保履职考评包括安全环保履职考核和安全环保履职能力评估。安全环保履职考核是指对员工在岗期间履行安全环保职责情况进行测评,测评结果纳入业绩考核内容。安全环保履职能力评估是指对员工是否具备相应岗位所要求的安全环保能力进行评估,评估结果作为上岗考察依据。

## (二)安全环保履职能力评估范围

按领导人员和一般员工两类人员分别组织。领导人员是指按照管理层级由本级组织直接管理的干部,一般员工指各级一般管理人员、专业技术人员和操作服务人员。

领导人员调整或提拔到生产、安全等关键岗位,应及时进行安全环保履职能力评估。

一般员工新入厂、转岗和重新上岗前,应依据新岗位的安全环保能力要求进行培训,并进行入职前安全环保履职能力评估。

## (三)安全环保履职能力评估原则

安全环保履职考评应遵循"统一领导、分级负责、逐级考评、全员覆盖"的原则。

安全环保履职能力评估内容应突出岗位特点,依据岗位职责和风险防控等要求分专业、分层级确定。

## (四)安全环保履职能力评估内容

领导人员的安全环保履职能力评估内容包括安全领导能力、风险掌控能力、安全基本能力及应急指挥能力四个方面,同时要关注个人的安全意愿。

一般员工的安全环保履职能力评估内容包括 HSE 表现、HSE 技能、业务技能和应急处置能力等方面。鼓励以拟入职岗位的 HSE 培训矩阵作为员工安全环保履职能力评估的标准。

## (五)安全环保履职能力评估方法

安全环保履职能力评估可采用日常表现与现场考察、访谈、知识测试及员工感知度调查等定性评价与定量打分相结合的方式开展。

## (六)安全环保履职能力评估程序

### 1. 领导人员评估程序和方法

(1)成立评估小组,明确职责和分工。

为确保领导干部安全环保履职能力评估工作顺利组织实施,企业主要领导必须亲自负责,明确主管领导和牵头部门,提供必要的资源保障,审定工作方案。企业应成立评估工作组,成员包括人事、安全环保及相关专业人员等,负责制订工作方案,完善能力评估标准,组织实施具体评估工作。企业可聘请具备能力的第三方机构提供技术支持。

(2)编制评估方案。

评估实施包括知识测试、能力测评和业绩评定三方面工作。

评估结果由知识测试、能力测评、业绩评定三方面工作的成绩组成,权重分别占20%、50%、30%,三方面得分加权合计为实际得分,满分为100分。

(3)依据拟入职岗位的安全环保能力要求制定评估标准。

企业依据应分专业按岗位编制能力评估标准,明确四种能力的具体评估内容,量化分值标准。评估标准应依据岗位职责、风险防控要求及重点工作任务等确定。

(4)选用评估工具,包括建立测试题库,准备员工感知度调查问卷和编制访谈清单。

企业应分专业开发知识测试题库,试题内容应包括安全环保通用知识和专业要求,试题类型可包括选择、填空、判断、简述等形式。试题量应满足随机抽取要求,并定期更新完善。从相应的题库中随机抽取试题,对被评估人开展知识测试,满分为100分。

访谈清单可参考表3-6,根据实际岗位工作内容编制。

表3-6 安全环保知识访谈清单示例

| 能力类别 | 序号 | 评估内容 |
| --- | --- | --- |
| 安全领导能力 | 1 | 正确理解和贯彻落实集团公司HSE管理理念和HSE管理原则 |
| | 2 | 清楚并有效落实HSE职责。如了解并合理分配分管单位或业务范围的HSE职责,制订并认真落实个人安全行动计划,定期开展HSE工作述职,有效开展安全定点联系等 |
| | 3 | 采取有效行动积极践行有感领导。如主动承诺重视安全,带头遵守规章制度,主动接受HSE教育培训,带头讲授安全课,组织并参加HSE体系审核等 |
| 风险掌控能力 | 4 | 掌握业务范围内的风险现状(含重大危险源)及管控情况 |
| | 5 | 定期开展安全环保形势分析和监督检查工作 |
| | 6 | 检查督促业务范围内的隐患及问题整改 |
| | 7 | 能够有效落实业务范围内的风险分级防控责任和措施 |
| | 8 | 熟悉风险管控的方法措施。如作业许可、HAZOP、承包商管理等 |
| 安全基本能力 | 9 | 熟悉相关HSE法律法规和规章制度要求 |
| | 10 | 正确运用安全观察与沟通、审核检查、事故调查等工具方法 |
| | 11 | 具备工作所需的HSE基本知识。如消防、交通、电气、急救、办公室安全、危化品特性等方面安全知识 |
| 应急指挥能力 | 12 | 熟悉业务范围内的应急预案和应急工作职责 |
| | 13 | 掌握应急处置程序和演练方法,有效组织开展演练 |
| | 14 | 了解业务相关的常用应急物资 |
| | 15 | 在应急状态下能够及时做出正确判断和决策 |

（5）采取访谈、测试、资料验证、向下属员工和同级人员发放调查问卷等方式开展能力评估。

评估工作组按照能力评估标准，运用沟通访谈、现场观察、资料查阅等方式，根据被评估人的理解掌握程度、工作执行落实情况和效果等进行评价和打分，满分为100分。

沟通访谈的主要对象为被评估人，还应包括其上级领导、下属及其他相关人员。

评估工作组对被评估人的HSE业绩（一般为上一年度）进行量化评定，满分为100分。评定标准主要包括以下内容：一是企业对其分管业务或单位年度HSE业绩考核结果；二是岗位年度HSE目标指标完成情况；三是审核、检查等情况。

（6）评估结果分析，对被评估人员进行综合评价。

评估工作组应找出被评估人的优秀项2～3项和改进项2～3项（表3-7）。

表3-7 领导干部安全环保履职能力评估结果表

| 被评估人 | | | 评估时间 | |
|---|---|---|---|---|
| 单位/部门 | | | 岗位 | |
| 单项得分 | 知识测试分（20%） | 能力测评分（50%） | | 业绩评定分（30%） |
| 加权合计得分 | 分 | | | |
| 优秀项 | | | | |
| 改进项 | | | | |
| 综合评价 | 评估人签字： 年 月 日 | | | |

（7）评估组对被评估人员进行反馈。

评估组应对被评估人优秀项和改进项进行沟通。

2. 一般员工评估程序和方法

（1）成立评估小组，明确责任和分工。

（2）制订评估实施方案。

（3）向被评估员工告知相关评估事宜。

（4）依据拟入职岗位的安全环保能力要求制订评估标准。

(5)采取观察、访谈、沟通、笔试、口试、实际或模拟操作、网上答题等方式开展能力评估。

(6)查阅被评估员工事故、违章等记录。

(7)评估结果分析,对被评估人员进行综合评价。

(8)直线评估人员对被评估人员进行反馈。

(七)安全环保履职能力评估结果应用

安全环保履职能力评估结果分为杰出、优秀、良好、一般、较差五挡,结果为"一般"和"较差"的拟提拔或调整人员,不得调整或提拔任用。评估结果为"较差"的员工不得上岗或转岗。不合格人员需接受再培训和学习,评估合格后方能调整、提拔任用或上岗。安全环保履职能力评估发现的改进项,由被评估人制订切实可行的措施和计划予以改进,直线领导对下属的改进实施情况进行跟踪与督导。

## 二、安全述职

(一)安全述职的范围和频次

(1)地区公司安全生产第一责任人即总经理每年应向集团公司进行安全述职。

(2)副总经理和副总工程师每年向总经理进行安全述职。

(3)机关处室第一责任人每半年向公司主管副总经理进行安全述职。

(4)各二级单位安全生产第一负责人每半年向公司总经理进行安全述职,其他副职领导、副总师、部门负责人和基层车间安全生产第一负责人每半年向二级单位安全生产第一负责人进行安全述职。

(二)安全述职的内容

(1)本人年度安全生产责任的履行情况。

(2)本人履行安全职责情况。

(3)本人所分管工作中涉及 HSE 内容的落实情况。

(4)本人分管单位应急救援预案完善情况。

(5)本人分管单位对员工安全培训情况。

(6)本人承包 HSE 责任区安全事故和未遂事故情况。

(三)安全述职报告样式

编写述职报告时可参考表 3-8。

表 3-8　某公司某厂安全述职

| 单位 | | 职务 | |

某年，××××（本单位安全生产工作概述）。现将某年安全生产工作汇报如下：
本人年度安全生产责任的履行情况；
本人履行安全职责情况；
本人所分管工作中涉及 HSE 内容的落实情况；
本人分管单位应急救援预案完善情况；
本人分管单位对员工安全培训情况；
本人承包 HSE 责任区安全事故和未遂事故情况：

述职人：
年　月　日

# 第四节　安全生产教育培训

## 一、安全生产教育培训的目的与意义

### （一）安全生产教育培训的目的

《安全生产培训管理办法》（国家安全生产监管局令〔2012〕第 44 号）指出，安全培训的目的是加强和规范生产经营单位安全培训工作，提高从业人员安全素质，防范伤亡事故，减轻职业危害。安全素质包括三个方面：一是安全意识，二是安全知识，三是安全技能。

首先，安全教育培训主要是提高员工的安全意识。通过对员工进行法制教育、政策教育和事故案例教育等多种形式教育，才能进一步提高每一位员工的安全意识，时刻绷紧头脑中安全这根弦，做到居安思危、警钟长鸣。

其次，安全培训教育是使员工学习安全知识。在企业安全生产经营活动中，需要每一位员工学习掌握本岗位生产操作知识、工艺安全知识、设备安全知识、应急安全知识、职业卫生及环境保护知识等多方面知识，只有掌握了这些安全生产知识，才能够在具体生产岗位操作时得心应手，减少和避免各种安全事故的发生。

最后，安全培训教育是让员工掌握安全技能。安全技能是人为了安全地完成操作任务，经过训练而获得的完善化、自动化的行为方式。只有掌握了生产操作技能、危害辨识与控制技能、应急处置技能等，才能实现工作中的正确操作，事故事件的有效预防与控制。

安全素质包括的三个方面相互交叉，密切联系，不可分割。安全意识提高了，就会自觉学习安全知识，掌握安全技能；安全知识掌握得越多，安全意识水平越高；有些安全生产知识,同时又是安全技能知识;有些安全知识既是为了提高安全意识,又是为了掌握安全技能。

《中国石油天然气集团有限公司HSE培训管理办法》(人事〔2018〕68号)描述的安全生产教育培训目的为:提高员工HSE素质和标准化操作能力,增强HSE履职能力,避免和预防事故和事件发生。

(二)安全教育培训的意义

(1)安全生产教育培训是法律法规对企业保障安全生产的重要责任和必须履行的义务。

《中华人民共和国安全生产法》(2014年8月31日第二次修正)第十四条规定:"生产经营单位应当对从业人员进行安全生产教育和培训,保证从业人员具备必要的安全生产知识,熟悉有关的安全生产规章制度和安全操作规程,掌握本岗位的安全操作技能,了解事故应急处理措施,知悉自身在安全生产方面的权利和义务。未经安全生产教育和培训合格的从业人员,不得上岗作业"。

生产经营单位使用被派遣劳动者的,应当将被派遣劳动者纳入本单位从业人员统一管理,对被派遣劳动者进行岗位安全操作规程和安全操作技能的教育和培训。劳务派遣单位应当对被派遣劳动者进行必要的安全生产教育和培训。

生产经营单位接收中等职业学校、高等学校学生实习的,应当对实习学生进行相应的安全生产教育和培训,提供必要的劳动防护用品。学校应当协助生产经营单位对实习学生进行安全生产教育和培训。

(2)安全生产教育培训是提升企业从业人员安全素质,保障生产经营活动安全的管理措施和有效手段。

安全管理是企业管理的一个组成部分,是在企业的生产过程中以安全为目的,进行有关决策、计划、组织和控制等方面的活动,安全管理的最终目的是减少以致消除事故事件的发生,而事故事件发生的直接原因有物的不安全状态和人的不安全行为,通过对大量安全生产事故事件的统计分析和事故至因理论研究,发现人的原因起主导作用,因此,安全管理就是要有效地控制或约束人的不安全行为,达到安全生产的既定目标,而搞好安全生产教育培训是增强从业人员安全技能与知识、提高安全素质、保障安全生产的必不可少的关键措施和有效手段。

(3)接受安全生产教育培训是法律法规赋予员工的基本权利,是从业人员获得岗位作业风险,掌握风险控制措施,提升应急处置能力的重要途径。

世界500强企业BP公司领导说:"我们工作生活在充满风险的世界。"在石油化工生产过程中,由于原料、产品、工艺、设备等存在多种固有的危险有害因素,常言道"无知则无畏",缺乏安全意识、缺少安全知识与技能的从业人员是企业安全生产过程中存在的重大隐患。因此,通过安全生产教育培训,能够消除或减少这些风险,从而避免安全生产事故事件的发生,保障从业人员的生命健康。

## 二、安全生产教育培训对象

《中华人民共和国安全生产法》(2014年8月31日第二次修正)第四条规定:"生产经营单位应当进行安全培训的从业人员包括主要负责人、安全生产管理人员、特种作业人员和其他从业人员",同时,《中国石油天然气集团有限公司HSE培训管理办法》(人事〔2018〕68号)规定:"炼化企业安全生产教育培训对象包括生产经营单位主要负责人、关键岗位的领导干部、生产经营单位的新入厂员工、特种作业及特种设备操作人员等企业内部人员和承包商、劳务派遣人员、实习人员、外来人员及其他临时进入的人员等外部人员"。

## 三、安全生产教育培训方式

《中国石油天然气集团有限公司HSE培训管理办法》(人事〔2018〕68号)第十四条第三款规定:"HSE培训应综合运用集中培训、脱产学习、应急演练、岗位练兵、安全经验分享等多种方式组织开展,要充分利用现代信息技术手段,创新HSE培训模式,提升HSE培训质量和效益。"《培训管理规定》(油炼化〔2011〕11号)第十四条规定:"培训方式以在岗培训、辅导为主,集中脱产培训、讲授为辅。培训内容以管理制度、程序、操作规程、应急处置方案为主。"

## 四、安全生产教育培训内容

入厂安全教育培训对象主要是针对新入厂员工、检维修及项目施工承包商人员、实习人员等需要进入炼化生产装置从事相关操作、施工及参观学习人员。其中新入厂员工和实习人员需经过公司级、厂(车间)级和班组级安全生产教育培训;检维修及项目施工承包商人员、参观人员、劳务派遣人员等需经过公司级、厂(车间)级安全生产教育培训。

### (一)新入厂员工安全教育培训内容

(1)新入厂员工公司级安全生产教育培训内容:
① 国家有关安全、消防、职业卫生等法律、法规。
② 通用安全技术、职业卫生基本知识、消防及气防知识。
③ 本企业安全生产概况、关键生产装置和重点生产单位的管理。
④ 本企业的安全生产要求。

⑤ 本企业安全生产的主要措施、运行与管理。

⑥ 典型事故案例及教训,事故预防与控制的基本知识。

⑦ 其他安全生产教育培训内容。

(2)厂(车间)级安全生产教育培训内容:

① 本厂(车间)的生产概况、安全生产、环境保护、职业卫生状况。

② 本厂(车间)主要安全、环保危险因素及安全环保规程。

③ 本厂(车间)安全环保设施、工具、个人劳动防护用品、急救器材、消防器材的性能和使用方法,火警和急救联系方法,预防工伤事故和职业病的主要措施。

④ 本厂(车间)历史典型事故案例及事故应急处理措施。

⑤ 其他安全生产教育培训内容。

(3)班组级安全生产教育培训内容:

① 本岗位(工种)的生产流程及工作特点和注意事项。

② 本岗位所负责的安全环保设施的运行与排放情况。

③ 本岗位(工种)设备、工具的性能和安全技术装备、安全环保设施,以及监控仪表和防护用品的作用与保管方法。

④ 本岗位(工种)安全、环保危害因素、预防措施及事故案例等。

⑤ 本岗位应急预案。

(二)日常安全生产教育培训内容

日常安全生产教育培训内容分为基础知识教育培训和技能教育培训。

(1)基础知识教育培训内容包括:

① 安全生产相关法律、法规及规章制度。

② 安全、消防、气防、职业卫生基本知识。

③ 防火防爆、设备安全、工艺安全、电气安全、行为安全等专业安全知识。

④ 危害因素辨识与风险防控、常用风险评价方法工具等知识。

⑤ HSE 体系相关知识。

(2)技能教育培训内容:

① 岗位安全、环保、消防、气防、职业卫生操作技能及注意事项。

② 岗位应急处置措施。

③ 必要的操作技能等。

(三)外来人员及承包商安全生产教育培训内容

(1)公司级安全生产教育培训内容:

① 国家有关安全生产的法律法规和集团公司、公司安全生产规章制度和安全生产禁令规定。

② 公司安全生产特点及入厂安全须知。

③ 典型事故案例及事故应急措施。

（2）厂（车间）级安全生产教育培训内容：

① 厂区（车间）安全生产基本特点。

② 进入厂区（车间）应遵守的安全生产规章制度。

③ 厂区（车间）危险部位、安全消防、气防卫生器材及设施的位置、使用程序和使用方法。

④ 厂区（车间）职业危害因素的性质及防护处理注意事项。

⑤ 所从事工作的危险有害因素、风险削减控制措施及安全注意事项。

⑥ 作业许可证办理程序、注意事项及应遵守的安全规定。

⑦ 现场事故应急处理措施。

（四）需要持证上岗的几类人员

《中华人民共和国安全生产法》（2014年8月31日第二次修正）第二十四条规定："危险物品的生产、经营、储存单位以及矿山、金属冶炼、建筑施工、道路运输单位的主要负责人和安全生产管理人员，应当由主管的负有安全生产监督管理职责的部门对其安全生产知识和管理能力考核合格"。

第二十七条规定："生产经营单位的特种作业人员必须按照国家有关规定经专门的安全作业培训，取得相应资格，方可上岗作业"。

（1）主要负责人安全生产教育培训内容：

① 国家安全生产方针、政策和有关安全生产的法律、法规及集团公司、公司的安全生产规章、标准。

② 主要负责人安全生产职责及法律责任。

③ 安全生产管理知识，包括现代安全管理理论、危害辨识与安全评价、安全标准化等。

④ 安全生产技术知识，包括防火防爆安全，电气安全，工艺过程安全，机械设备（通用机械、锅炉、压力容器、工业管道、起重机械等）安全及设备维护检修安全等。

⑤ 重大危险源管理、重大事故防范、应急管理和救援组织以及事故调查处理的有关规定。

⑥ 职业危害及其预防措施，包括职业危害因素分类和职业病，工业毒物及其危害，其他职业危害（生产性粉尘、噪声、辐射、高温等的危害及防护措施）。

⑦ 国内外先进的安全生产管理经验和方法。

⑧ 典型事故和应急救援案例分析。

⑨ 其他需要培训的内容。

（2）分管安全生产负责人、安全生产监督管理人员安全生产教育培训内容：

① 国家安全生产方针、政策和有关的法律、法规及集团公司、公司的安全生产规章、标准。

② 分管安全负责人及安全管理监督人员安全生产职责及法律责任。

③ 安全生产管理知识，包括现代安全管理理论、危害辨识与安全评价、安全标准化等。

④ 安全生产技术知识，包括防火防爆安全，电气安全，工艺过程安全，机械设备（通用机械、锅炉、压力容器、工业管道、起重机械等）安全及设备维护检修安全等。

⑤ 职业危害及其预防措施，包括职业危害因素分类和职业病，工业毒物及其危害，其他职业危害（生产性粉尘、噪声、辐射、高温等的危害及防护措施）。

⑥ 伤亡事故统计、报告及调查处理方法。

⑦ 应急管理、应急预案编制以及应急处置的内容和要求。

⑧ 国内外先进的安全生产管理经验和方法。

⑨ 典型事故和应急救援案例分析。

⑩ 其他需要培训的内容。

（3）特种作业人员。

特种作业人员包括《中华人民共和国特种设备安全法》（中华人民共和国主席令〔2013〕第4号）和《特种设备目录》规定的特种设备作业人员和《特种作业人员安全技术培训考核管理规定》（国家安全生产监督管理总局令第30号）规定的特种作业人员，包括电工、焊工、起重工、压力容器操作人员、压力管道操作人员、危险化学品装卸作业人员以及危险化学品工艺作业人员等。

特种作业人员安全教育培训由具有相应资质的单位或机构进行培训。

（4）资格证有效期。

《安全生产资格考试与证书管理暂行办法》（安监总培训〔2013〕104号）第二十八条规定："安全生产监管执法证、煤矿安全监察执法证、安全资格证的有效期为3年。有效期届满需要延续的，应当有效期届满30日前向原考核发证部门申请办理延续手续"。"特种作业操作证有效期6年，每3年复审一次，特种作业操作证需要复审或者有效期届满需要延续换证的，应当在期满60日前，由申请人或者申请人的用人单位向原考核发证部门或者从业所在地考核发证部门申请办理手续"。

## 五、HSE 培训矩阵

### （一）术语、定义

#### 1.HSE 培训需求

按照《HSE 培训管理规范》（Q/SY 1234）的定义，培训需求是指为了满足特定岗位的实际工作需要而必须接受的培训内容。

需求是应有与现有之间的差距，是人们追求的动力。从企业方面看，企业的需求通常来自绩效水平的差距，企业的战略、远景、期望与生产经营现实的差距等。企业通过 HSE 培训需求的确认以及后续的 HSE 培训，使员工的 HSE 能力能够符合岗位的实际需要，并持续、循环往复，不断改进与提升，使企业的 HSE 整体绩效始终保持在期望的状态。

作为基层 HSE 培训工作流程的出发点，培训需求是基层 HSE 培训的重要前提和基础，其准确与否直接决定了基层 HSE 培训工作的有效性，直接影响着基层 HSE 培训的效果。

#### 2. 矩阵

矩阵（Matrix）是一个数学名词，是把一个线性变换的全部系数作为一个整体，最早来自方程组的系数及常数所构成的方阵，是纵横排列的二维数据表格（图 3-5），由 19 世纪英国的数学家凯利首先提出。由于矩阵采用二维列表形式表示数学解的集合，具有表述简捷、易于理解、逻辑关系清晰等特点，因此被广泛应用于科学研究、生产制造、经营管理领域及日常生活当中。

$$\begin{pmatrix} a_{11} & a_{12} & \cdots & a_{1n} \\ a_{21} & a_{22} & \cdots & a_{2n} \\ \vdots & & & \vdots \\ a_{m1} & a_{m2} & \cdots & a_{mn} \end{pmatrix}$$

图 3-5 矩阵表

#### 3.HSE 培训矩阵

HSE 培训矩阵是 HSE 培训需求矩阵的简称，是建立在以需求分析为基础，以主动适应需求为目标的矩阵，是为了满足特定岗位实际需要而必须完成的培训内容，是支撑 HSE 培训的一种方法。《HSE 培训管理规范》（Q/SY 1234）中 HSE 培训需求矩阵定义为：将培训需求与有关岗位列入同一个表中，以明确说明各岗位需要接受的培训内容、掌握程度、培训频率等，这样的表称为培训需求矩阵（表 3-9）。

表 3-9 HSE 培训矩阵示例

| 培训项目 \ 岗位 | 厂长 | …… | 操作人员 | …… | 培训周期 |
|---|---|---|---|---|---|
| HSE 领导力 | √ | …… |  | …… | 每年培训一次 |
| 操作规程 |  | …… | √ | …… | 每三年培训一次 |
| 应急处置 | √ | …… | √ | …… | 每年培训一次 |
| …… | … | … | … | … | …… |

注："√"表示该岗位应培训。

## （二）基层岗位 HSE 培训矩阵基本结构

基层岗位 HSE 培训矩阵由名称、培训项目等一系列要素组成,每个要素起着不同的作用,构成培训矩阵整体。

### 1. 基层岗位 HSE 培训矩阵名称

基层岗位 HSE 培训矩阵名称是矩阵的主题,是矩阵核心内容体现和高度概括。HSE 培训矩阵的名称由引导要素、主题要素和补充要素构成。在确定 HSE 培训矩阵名称时,应首先确定"基层岗位 HSE 培训矩阵"这一主题要素,然后根据涵盖领域或范围确定引导要素,加在主题要素前面,如在"基层岗位 HSE 培训矩阵"前加"炼化装置"则变成"炼化装置基层岗位 HSE 培训矩阵",表明是炼化装置的基层岗位 HSE 培训矩阵,适用于炼化装置。若需要对"炼化装置基层岗位 HSE 培训矩阵"再进行限定,可在"炼化装置基层岗位 HSE 培训矩阵"后面加上补充要素,完整地表述出矩阵的名称、适用范围和属性,同时便于检索。为突出补充要素的地位,也可将限定词语加在引导要素与主题要素之间,如为了突出培训矩阵的"岗位"属性,可在"炼化装置层岗位"与"HSE 培训矩阵"之间加"（××岗）",变成"装置基层岗位（××岗）HSE 培训矩阵"。

### 2. 基层岗位 HSE 培训矩阵主要要素

基层岗位 HSE 培训与其他培训一样,应当具备接受培训的对象、拟培训的内容（或科目）、培训的课时、实施培训的周期、应当采取的培训方式、培训预期达到的目标、指定的授课人等主要要素。这些要素也是 HSE 培训矩阵的主要要素,归纳起来可分为以下内容：

（1）培训对象。

（2）培训项目。

（3）培训课时。

（4）培训周期。

（5）培训方式。

（6）培训效果。

（7）授课人。

上述七项内容可以作为 HSE 培训矩阵的主要项目。除此以外,培训资金、培训场地、培训时间等对 HSE 培训也非常重要,但考虑其对培训的作用和不确定性,在编制矩阵时可不列为主要要素,而作为编制培训计划的主要内容予以考虑。

### 3. 基层岗位 HSE 培训矩阵格式和表述

基层岗位 HSE 培训矩阵格式有表格形式、非表格形式,一般多采用二维表格形式,以达到简洁、明了、易懂的效果。基层岗位 HSE 培训矩阵表格的纵向核心要素为培训项目,一般包括通用 HSE 知识、岗位基本操作技能、生产受控管理流程、HSE 理念、方法与工具四部分，横向要素为培训要点，HSE 培训矩阵内容表述应当力求准确清晰、简明扼要、通俗易懂、统一规范，尽可能应用术语和通用符号表述，避免产生歧义。其中："序号"可用阿拉伯数字、中文数字、英文字母表述或几种形式混合表述；"培训项目""培训方式""培训效果""授课人"尽可能用中文表述，用数字或字母表述时应当提供说明；"培训课时""培训周期"尽可能应用阿拉伯数字表述，既明了又可统计计算。

某炼化企业联合车间（常减压外操岗）的 HSE 培训矩阵格式和表述示例见表 3-10。

表 3-10　炼化装置基层岗位 HSE 培训矩阵示例

| 序号 | 培训项目 | 培训课时 | 培训周期 | 培训方式 | 培训效果 | 培训师资 | 备注 |
|---|---|---|---|---|---|---|---|
| … | …… | …… | …… | …… | …… | …… | |
| 2.1 | 开停工操作 | …… | …… | …… | …… | …… | |
| 2.1.1 | 开停工统筹 | 1 | 1年 | 课堂 | 掌握 | 培训师 | |
| 2.1.2 | 开停工操作纲要 | 1 | 1年 | 课堂 | 掌握 | 培训师 | |
| … | …… | …… | …… | …… | …… | …… | |

编写人：　　　　　　　　　审查人：　　　　　　　　　批准人：

## （三）HSE 培训矩阵的建立

基层岗位 HSE 培训矩阵的建立主要包括以下步骤。

**1. 基层 HSE 培训基本需求调查分析**

基层岗位 HSE 培训矩阵建立前应进行调查分析，确保所建立的矩阵符合有关要求和生产工作实际，需求调查分析包括：

（1）法律法规、标准规范、规章制度调查分析。

（2）管理单元和操作项目调查分析。

（3）基层 HSE 培训现状调查。

（4）基层 HSE 培训基本需求分析。

**2. 基层 HSE 培训项目确定**

基层 HSE 培训项目是基层岗位培训矩阵纵向的要素，包括通用 HSE 知识、本岗位操作技能、生产受控管理流程、HSE 理念和方法与工具四方面，是基层岗位 HSE 培训矩阵的核心，主要包括：

（1）通用 HSE 知识的确定。

（2）本岗位基本操作技能。

岗位基本操作技能是基层岗位 HSE 培训矩阵的个性化部分,是针对某一岗位涉及的操作而需要培训的项目,培训的重点是操作过程中的危害因素辨识和风险控制方法、操作技术要求和应急处置程序。基本操作技能培训项目应当根据不同岗位、不同操作项目确定。

（3）生产受控管理流程确定。

生产受控管理流程是基层岗位员工应当了解或掌握的内容,是根据受控管理需要培训的项目,目的是让岗位员工了解企业有关受控管理要求,掌握本岗位涉及的受控管理内容和管理制度,并应用到 HSE 管理中。

（4）HSE 理念、方法与工具。

HSE 理念、方法与工具是根据企业 HSE 体系建设推进需要而设定的培训项目,通过培训使岗位员工了解国家、行业、企业有关 HSE 要求,熟悉并能够应用 HSE 管理方法与工具开展日常 HSE 管理工作。HSE 理念、方法与工具培训项目主要包括但不限于以下内容:

① HSE 职责、权力、义务、责任。

② HSE 管理原则。

③ 属地管理。

④ 安全行为观察与沟通。

⑤ 目视化管理。

⑥ 工作前安全分析。

⑦ 工艺安全分析等。

3. 基层 HSE 培训要求确定

基层 HSE 培训要求是基层岗位 HSE 培训矩阵的横向要素,包括培训课时、培训周期、培训方式、培训效果、培训师资五个方面,是对基层岗位员工培训的基本要求。

4. 基层岗位 HSE 培训矩阵的形成和审批、发布

基层岗位 HSE 培训矩阵应根据确定的培训项目和要求编制形成,经过审批并发布。

1）基层岗位 HSE 培训矩阵形成

通过开展基层 HSE 培训基本需求调查分析,调查分析法律法规、标准规范、规章制度等要求,划分管理单元,梳理管理内容,分解操作项目,将操作项目对应到具体岗位,确定 HSE 培训项目,按照培训项目与安全操作的关系和培训实施难易程度确定培训要求,编制基层岗位 HSE 培训矩阵已经具备条件。

为便于基层岗位 HSE 培训矩阵管理,统筹策划基层岗位 HSE 培训工作,可根据需要将各岗位 HSE 培训矩阵汇总成基层岗位 HSE 培训矩阵汇总表。

2）基层岗位 HSE 培训矩阵审批

由于基层岗位 HSE 培训矩阵直接关系到岗位员工能力需要、培训项目和培训要求，具有重要的权威性、指导性，已编制完成的 HSE 培训矩阵应当经过相应的评审和审批。HSE 培训矩阵审批应当坚持"谁应用谁评审、谁主管谁审批"原则。HSE 培训矩阵编制完成后，应当由编制组组织基层站队管理人员、涉及的岗位员工进行评审，征求意见和建议，通过评审后报有关专业部门审查确认，报主管培训部门批准。负责审查、批准的部门应当认真审批，对 HSE 培训矩阵审批负责。

3）基层岗位 HSE 培训矩阵发布

作为基层岗位 HSE 培训的重要规范，经过批准的 HSE 培训矩阵应当在本单位范围内发布，印制成文件发放到涉及的岗位员工、基层站队、有关部门和领导，或者应用网络传递等方式告知。基层站队应当对岗位员工了解掌握本岗位 HSE 培训矩阵情况进行验证，确保岗位员工人人掌握本岗位的 HSE 培训矩阵。

4）基层岗位 HSE 培训矩阵备案

基层岗位 HSE 培训矩阵与其他文件一样需要查阅、追踪，做好 HSE 培训矩阵备案工作，有助于 HSE 培训矩阵的管理应用。已发布的 HSE 培训矩阵，应当报培训主管部门和安全管理部门备案，按照受控文件进行登记、存档。

（四）基层岗位 HSE 培训矩阵的应用

1. 员工 HSE 基本能力评估实施

基层岗位员工的 HSE 基本能力是实现安全生产、清洁生产的重要基础，岗位员工是否具备 HSE 基本能力，应当通过有效的评估进行确认。员工能力包括执行能力、操作能力。其中：执行能力包括通用 HSE 知识、生产受控管理流程和 HSE 理念、方法与工具；操作能力包括危害辨识和风险控制能力、本岗位基本操作技能、应急处置能力等，是员工 HSE 能力的核心。

（1）建立 HSE 基本能力评估标准。以员工所在岗位的 HSE 培训矩阵为能力评估标准，其中 HSE 培训矩阵中的各项"培训项目"即是能力评估的项目，与"培训项目"对应的"培训效果"即是能力评估标尺，以培训项目中的风险控制点、操作动作和应急处置关键环节为评估的采分点，设计 HSE 基本能力评估表。

（2）制订评估管理制度，明确主管部门归口管理、基层站队长全面负责、直线领导或责任人评估，规定评估程序、评估方法、评估周期、评估监督考核及连带责任追究等，有效规范 HSE 基本能力评估操作行为。

（3）落实评估制度，确保评估工作有效实施，提高评估质量。

2. 基层 HSE 培训计划编制

1）基层 HSE 培训计划编制依据

培训计划是指结合基层 HSE 培训实际，合理而具体地排列组合培训对象、培训项目、培训方式、师资、时间、地点等培训要素，从而为基层 HSE 培训制订高效可行的操作方案。基层 HSE 培训计划编制的主要依据有：

（1）基层岗位 HSE 培训矩阵。

（2）员工 HSE 基本能力评估结果。

（3）因工艺、技术等发生变更而增加的 HSE 培训需求。

2）培训计划主要内容

培训计划主要包括培训项目、培训对象、培训目标、培训方式、培训师资、培训日期和培训地点等内容。

（1）培训项目。按照基层岗位 HSE 培训矩阵中培训项目的培训周期及员工 HSE 基本能力评估结果，确定年度或阶段时间内应当进行的培训项目。

（2）培训对象。按照 HSE 培训矩阵中规定的培训项目、培训周期，确定应当进行培训的岗位，分岗位统计应培训的员工数量，作为 HSE 培训计划中的培训对象，达到分岗位培训。

（3）培训目标。培训目标可以是最终的或者阶段的目标，对于基层岗位 HSE 培训矩阵规定的培训项目，培训目标应按培训矩阵规定的培训效果设定。

（4）培训方式。以 HSE 培训矩阵中规定的培训方式为主，结合培训对象接受的能力和习惯、培训的预期效果、生产工作运行实际来灵活地确定培训方式，尽可能有益于员工接受。

（5）培训日期与培训课时。培训时间应当根据培训项目、培训对象、培训方式结合企业季节生产特点确定，在尽可能不影响生产的情况下组织培训。培训课时可在符合基层岗位 HSE 培训矩阵规定的条件下，结合员工野外施工作业、倒班生产等实际进行确定，可实行分次培训、课时累加，充分利用班前会、工作间休息、施工作业现场或倒班串班等时间和场合开展培训。

（6）培训师资。培训师应当按照一级培训一级的原则确定，本站队（车间）主体专业范围内的培训项目应当由班组长或站队长负责授课，在班组长或站队长不具备培训能力的情况下，由专（兼）职培训师负责授课。非主体专业范围或特种作业人员取证的培训项目，报请培训主管部门组织培训。

（7）培训地点。根据培训对象、培训项目、培训形式的实际情况确定培训地点，有益于培训开展。属于课堂培训尽可能选择教室、会议室或办公室等能够集中培训的场所，属于现场操作培训尽可能选择生产岗位、施工现场或具有模拟现场操作功能的教室。

3）基层培训计划的编制与评审

基层 HSE 培训计划应由基层站队组织按年度或季度编制，上报本单位培训主管部门审查、汇总，纳入本单位总体培训计划，由基层站队组织实施。基层 HSE 培训计划可以采取文字或表格形式等表述，编制完成后应当进行评审，上报培训主管部门审查、确认后方可实施。

### （五）基层 HSE 培训师队伍建立

1. 基层 HSE 培训师基本条件

（1）熟悉国家有关法律法规，国家、行业及企业标准，以及本单位规章制度。

（2）掌握相关专业技术和 HSE 知识。

（3）具有相应的专业技术等级和较丰富的生产工作阅历、实践经验。

（4）HSE 培训师应具有初级及以上专业技术职称或者中级工及以上技术等级。

（5）具有较强的语言表达、组织协调、沟通交流能力。

（6）热爱并关注 HSE 工作。

（7）取得相应的 HSE 培训师培训合格证书。

2. 基层 HSE 培训师选拔与聘用

基层站队应当根据 HSE 培训矩阵的师资要求和有关制度，按照专业种类，结合生产实际设置 HSE 培训师，每个基层站队以设置 2 至 3 名 HSE 培训师为宜，由所在基层站队进行管理。HSE 培训师应实行公开选拔、择优聘用，可实行个人申报、班组（或站队）推荐、培训主管部门审查筛选，采取试讲、模拟操作等方法进行理论与实际操作考核，按拟聘数额和考核排序进行选拔。

经培训考核合格后的 HSE 培训师，可由单位向被聘用者发放 HSE 培训师证书，明确聘期，签订聘用协议，同时由所在单位以文件方式进行公示。

### （六）基层 HSE 培训实施

1. 培训组织

在培训组织工作中，横向上应当发挥培训、安全、技术、工艺、装备等部门与基层之间的协调作用，纵向上应当遵循一级培训一级、一级考核一级、一级对一级负责的原则，通过横纵两个方面落实 HSE 培训的策划、召集、管理和资源保障等直线责任，确保培训的顺利进行。

培训部门应在基层 HSE 培训的整体策划，培训设施、场地等资源方面给予保障；安全、技术、工艺、装备部门等应在教材开发、师资等方面给予相应支持。基层领导应当亲自组织开展培训工作,每次实施培训都应当进行策划,指定负责人,选择合适的培训师,给予培训时间保证。HSE 培训师应当认真、负责,做好授课准备,有效利用授课时间。培训负责人要安排好培训场地,检查确认设备设施,确保安全培训。

2. 培训授课

根据石油企业基层生产特点,HSE 培训应合理安排时间,新入厂、调换工种或岗位、复工员工培训应当安排在上岗前进行;接受新生产工作任务的员工培训应当在执行新的生产工作任务前进行;生产一线的基层员工培训应当尽可能选择生产工作相对空闲的时间进行。按培训师"安全提示、经验分享、内容介绍、授课实施、问题解答、授课总结"六步法授课,以实际操作培训为主、课堂讲授与现场辅导相结合、互动交流,保证有 1/3 以上时间用于答疑解惑和开展问题研讨,充分利用现有计算机、多媒体技术,增强授课效果,坚持"分岗位、小范围、短课时、多形式"培训。

3. HSE 培训教材(课件)选择和开发

作为 HSE 培训实施的重要载体,HSE 培训教材应围绕 HSE 培训矩阵中"通用安全知识""本岗位基本操作技能""生产受控管理流程""HSE 理念、方法与工具"四个方面的培训项目进行选择和开发。

用于基层员工 HSE 培训的教材应当根据培训需求选择,没有适用教材时应自行编制。选择和开发教材应遵循"准确、简明、通俗、实用、风险受控"的原则,充分考虑与本专业的关联性、与培训项目的符合性、与实际工作的适用性。为便于基层开展培训,安全环保管理部门应当组织搞好培训矩阵中通用安全知识培训教材(包括课件)的开发;各专业部门应当组织搞好专业技术教材的开发;基层站队在课件开发上要充分发挥技术和生产骨干的作用,联系员工生产工作实际,使课件开发与岗位操作实际、风险控制及事故案例相结合,并要用员工的话、员工的事来培训员工,易于员工接受。

各级部门及基层站队在选择和开发操作技能教材时,要与操作规程相对照,保持与现行操作规程一致性,防止教材与实际操作脱节。

选择或新编的 HSE 培训教材应当经过评审、审批。

4. 培训效果验证

培训效果是培训的第一要务,培训是否达到预期目标应当通过有效的方法验证。培训验证可以通过各级直线部门,按照直线责任对培训组织、培训授课与效果、教材选择和开发进行验证,从而为改进基层 HSE 培训,提升培训效果提供依据。培训效果验证应重点考虑以下方面。

1）培训组织方面

从培训计划制订，培训班筹备（课件和师资选择、讲义审查、培训时间、地点、设施等），培训报名与召集,后勤准备等组织方面进行效果验证。

2）培训实施方面

通过现场和有关记录,从开班授课、后勤支持、现场考勤等实施方面进行效果验证。

3）培训反馈方面

从培训后员工操作能力变化、单位 HSE 业绩变化、培训工作持续改进等反馈情况进行效果验证。

5. 信息管理

1）培训档案建立

根据 HSE 培训矩阵培训项目,结合以往员工培训档案,建立以员工 HSE 培训过程、能力评估结果为主要内容的 HSE 培训档案,实行动态管理。

2）信息登记

每次培训都应有相应的记载,记录培训对象、培训项目、培训方式、培训课时与培训日期、授课人、培训地点等信息,用于追溯。

## 第五节　承包商管理

承包商是指包括承担工程建设的总承包和咨询、勘察、设计、施工、监理、检测及维检修等活动的承包商和服务商。

纵观石油化工行业事故发生的原因,多数都是由承包商违章作业造成的。因此,加强工程建设及检维修承包商安全管理,监督施工作业过程,督促落实安全措施,能有效避免事故发生。

### 一、承包商管理要求

在承包商管理方面,集团公司实行准入制度,建立统一的承包商资源库,管理遵循以下原则:统一标准、严格准入,规范选商、择优使用,过程控制、动态管理,严格监督、落实责任。

申请准入的承包商必须具备相应的基本条件,包括:一是具有独立法人资格和相应的资质、资格证明文件;二是具有国家有关部门、行业颁发的生产经营、安全生产许可证;三是建立并实施质量、环境、安全、职业健康管理体系且运行有效;四是近三年内未发生一般 A 级以上工业安全生产事故、严重环境事件和较大及以上质量事故;五是具有与资质、资格等级相适应的生产经营能力、良好业绩及社会信誉。

按照承包商的资质、资格及业务不同，集团公司将承包商划分为一类承包商、二类承包商、三类承包商和检维修类承包商。一类承包商的准入由集团公司领导小组审批，二类承包商的准入则由专业分公司审批，三类承包商及检维修类承包商的准入由所属企业负责审批。当专业分公司确实因实际工作需要，可将二类承包商的准入授权所属企业进行审批。

对于不同层级批准准入的承包商，使用范围存在差异。领导小组批准的可在集团公司范围内使用；专业分公司批准的，由其确定在本专业内的使用范围；而所属企业批准的，只能在本企业范围内使用。

## 二、承包商安全监督管理要求

为加强承包商安全监督管理工作，防止和减少承包商事故发生，集团公司对承包商的准入、选择、使用、评价以及考核奖惩等方面都做出了安全监督管理要求，实行总部监督、专业分公司监管、建设单位负责的体制，并遵循以下原则：

（1）安全第一、预防为主。

（2）统一领导、分级负责，直线责任、属地管理。

（3）谁发包、谁监管，谁用工、谁负责。

（4）建设单位安全生产责任不可替代。

这里说的建设单位也称业主或者甲方，是承包商的安全监管责任主体。在雇佣承包商期间，建设单位应当严把承包商的单位资质关、HSE业绩关、队伍素质关、施工监督关和现场管理关，做到统一制度、统一标准、文化融合，承包商相对固定。

建设单位安全管理部门应按要求执行集团公司承包商准入安全资质审查制度，积极审查进入本单位市场的承包商安全资质。审查主要内容包括承包商的安全生产许可证、安全监督管理机构设置、HSE或者职业健康安全管理体系、安全生产资源保障和主要负责人、项目负责人、安全监督管理人员、特种作业人员安全资格证书，以及近三年安全生产业绩证明等有关资料，对于安全资质审查不合格的承包商禁止办理准入。

建设单位与承包商签订安全生产（HSE）合同，合同中至少约定以下内容：

（1）工程概况：对项目作业内容、要求及其危害进行基本描述。

（2）建设单位安全生产权利和义务。

（3）承包商安全生产权利和义务。

（4）双方安全生产违约责任与处理。

（5）合同争议的处理。

（6）合同的效力。

（7）其他有关安全生产方面的事宜。

当有两个及以上承包商在同一作业区域内进行施工作业，可能危及对方生产安全的，在施工开始前建设单位应当组织区域内承包商互相签订安全生产（HSE）合同，明确各自的安全管理职责和应当采取的安全措施，并指定专职安全监督管理人员进行安全检查与协调。

对于实行总承包的项目，建设单位应当在与总承包单位签订的合同中明确分包单位的安全资质，分包单位的安全资质应当经建设单位认可；总承包单位与分包单位签订工程服务合同的同时，应当签订安全生产（HSE）合同，约定双方在安全生产方面的权利和义务，并报送建设单位备案。

## 三、主要监督事项

建设单位安全监督人员在开展安全监督检查工作时，主要监督下列事项：

（1）审查施工、工程监理、工程监督等有关单位资质、人员资格、安全生产（HSE）合同、安全生产规章制度建立和安全组织机构设立、安全监管人员配备等情况。

（2）检查项目安全技术措施和HSE"两书一表"，以及人员安全培训、施工设备、安全设施、技术交底、开工证明和基本安全生产条件、作业环境等。

（3）检查现场施工过程中安全技术措施落实、规章制度与操作规程执行、作业许可办理、计划与人员变更等情况。

（4）检查有关单位事故隐患整改、违章行为查处、安全生产施工保护费用使用、安全事故（事件）报告及处理等情况。

（5）其他需要监督的内容。

## 四、承包商员工管理

承包商员工存在下列情形之一的，由建设单位项目管理部门按照有关规定清出施工现场，并收回入厂（场）许可证：

（1）未按规定佩戴劳动防护用品和用具的。

（2）未按规定持有效资格证上岗操作的。

（3）在易燃、易爆、禁烟区域内吸烟或携带火种进入禁烟区、禁火区及重点防火区的。

（4）在易燃、易爆区域接打手机的。

（5）机动车辆未经批准进入爆炸危险区域的。

（6）私自使用易燃品清洗物品、擦拭设备的。

（7）违反操作规程操作的。

（8）脱岗、睡岗和酒后上岗的。

（9）未对动火、进入有限空间、挖掘、高处作业、吊装、管线打开、临时用电及其他危险作业进行风险辨识的。

（10）无票证从事动火、进入有限空间、挖掘、高处作业、吊装、管线打开、临时用电及其他危险作业的。

（11）未进行可燃、有毒有害气体、氧含量分析，擅自动火、进入有限空间作业的。

（12）危险作业时间、地点、人员发生变更，未履行变更手续的。

（13）擅自拆除、挪用安全防护设施、设备、器材的。

（14）擅自动用未经检查、验收、移交或者查封的设备的。

（15）违反规定运输民爆物品、放射源和危险化学品。

（16）未正确履行安全职责，对生产过程中发现的事故隐患、危险情况不报告、不采取有效措施积极处理的。

（17）按有关要求应当履行监护职责而未履行监护职责，或者履行监护职责不到位的。

（18）未对已发生的事故采取有效处置措施，致使事故扩大或者发生次生事故的。

（19）违章指挥、强令他人违章作业、代签作业票证的。

（20）其他违反安全生产规定应当清出施工现场的行为。

## 五、承包商监督检查要点

承包商的监督内容和监督细则见表 3-11。

表 3-11　承包商监督检查要点表

| 监督内容 | 监督细则 |
| --- | --- |
| 一、承包商资质 HSE 管理要求 | 1. 法人代表、项目负责人、安全管理人员应持市级以上政府主管部门颁发的资格证；向属地单位提供项目安全负责人、安全管理人员名单和安全组织机构网络图 |
| | 2. HSE 专职管理人员配备比例为 1∶50。特种作业人员均应持证上岗作业 |
| | 3. 制订 HSE 管理制度 |
| | 4. 内部要进行三级(班组、队、单位)安全教育，考试记录交属地单位工程或检修主管部门备案 |
| 二、承包商入厂前 HSE 管理要求 | 5. 进入现场作业前应签订"HSE 合同"和"HSE 承诺书" |
| | 6. 员工入厂前应进行健康体检，体检合格者接受公司级安全教育，合格后办理"临时入厂通行证"和"安全教育证" |
| | 7. 员工进入厂区后，到施工所在属地单位进行厂级和车间级安全教育，合格后方可从事现场作业 |

续表

| 监督内容 | 监督细则 |
|---|---|
| 三、承包商职业防护HSE管理要求 | 8. 员工的安全帽要统一规范、统一式样、统一颜色并标注承包商名称,且必须在有效使用期内。员工的工装要统一规范、统一式样、统一颜色,工装上要有单位名称或标识。不准佩戴××公司员工正在使用或淘汰的安全帽。不准穿着××公司工装。特种作业人员的安全帽标签执行公司人员目视化管理规定,着适合该工种工装。<br>集团公司系统内的承包商员工工装及安全帽执行集团公司的统一标准 |
| 四、承包商安全设施配备HSE管理要求 | 9. 进入受限空间作业时,应配备合格的便携式可燃气体检测报警仪、氧气检测报警仪。每1处作业配备仪器各1台 |
| | 10. 在有毒、有害作业场所作业,作业人员应佩戴合格的防护用具,高处作业时应佩戴五点式的安全带 |
| | 11. 未经允许不得动用属地单位安全消防设施 |
| 五、承包商作业HSE管理要求 | 12. 作业前要制订HSE作业指导书和计划书;编写HSE人员网络图及通信电话,HSE专职人员必须到位,并向现场对口属地管理人员报到 |
| | 13. 每天作业(包括上午、下午)前,每名检修人员必须参加以班为单位的工前五分钟安全活动,每人必须在活动记录表中亲笔签名。凡未参加工前五分钟活动或未签名者,不能参加当天施工作业。要通过工前五分钟活动,使每名员工知道今天干什么活、有什么危险、要带什么工具、需要什么劳动防护用品、有什么注意事项 |
| | 14. 现场搭设各项临时设施必须经过属地单位批准。临时工具板房、工作间等应进行挂牌管理,并注明单位名称 |
| | 15. 设备、机具入厂前要进行检查,并填写设备自查表。由属地单位工程或检修主管部门检查合格签字后发给设备使用"合格证",粘贴在设备上。设备机具包括各种电气设备(电动工具、电源箱、电焊、切割杭、砂轮机、冲击钻、电锯等)及起重工具(手动葫机芦、吊带、吊索、卸扣、卷扬机等) |
| | 16. 动火、临时用电、高处作业、受限空间、挖掘作业、起重作业、射线探伤等危险作业,应按照公司规定办理相关作业许可,并落实好作业许可中的各项安全措施,指定监护人,监护人实行人员目视化管理,佩戴明显标志 |
| | 17. 进入厂区的各种机动车辆必须安装合格的阻火器,自备合格灭火器,按指定路线行驶,不得随意停放。未经批准,各种机动车辆严禁进入罐区、危险化学品装卸栈台和炼油、化工生产装置区内 |
| | 18. 现场文明施工安全要求:(1)暂时在现场存放的物件材料等须按指定位置统一摆放,在四周设安全警示围挡,不得堵、占消防通道,保持施工现场道路畅通;(2)装置内的施工作业区域实行目视化警示管理。其作业项目包括动火、挖掘、拆卸、保温、刷油、搭架子等,作业时根据现场具体情况采用醒目的警示带或围挡;(3)不准以工艺管线作为搭设安全通道的基础,不准以工艺管线作为起重吊装的支点或支架;(4)拆除篦子板后的孔洞要布置警示和围栏,防止人员坠落,工作结束要立即恢复。作业现场的坑、井等危险区域必须设置围挡,夜间要设红灯警示,必要时设专人监护 |

# 第六节 特种设备管理

## 一、特种设备管理概述

### (一)特种设备定义

《中华人民共和国特种设备安全法》(中华人民共和国主席令〔2013〕第4号)所称的特种设备是指对人身和财产安全有较大危险性的锅炉、压力容器(含气瓶)、压力管道、电梯、起重机械、客运索道、大型游乐设施、场(厂)内专用机动车辆,以及法律、行政法规规定适用本法的其他特种设备。

### (二)特种设备分类

依据《中华人民共和国特种设备安全法》规定,国家对特种设备实行目录管理,特种设备目录由国务院负责特种设备安全监督管理的部门制定,报国务院批准后执行。在2014年10月30日质检总局公布的《特种设备目录》中列出的特种设备共10个种类48个类别99个品种,详见《特种设备目录》(2015版),其中炼化企业涉及的特种设备主要包括:

1. 锅炉

锅炉,是指利用各种燃料、电或者其他能源,将所盛装的液体加热到一定的参数,并通过对外输出介质的形式提供热能的设备,其范围规定为设计正常水位容积大于或等于30L,且额定蒸汽压力大于或等于0.1MPa(表压)的承压蒸汽锅炉;出口水压大于或等于0.1MPa(表压),且额定功率大于或等于0.1MW的承压热水锅炉;额定功率大于或等于0.1MW的有机热载体锅炉。

2. 压力容器

压力容器,是指盛装气体或者液体,承载一定压力的密闭设备,其范围规定为最高工作压力大于或等于0.1MPa(表压)的气体、液化气体和最高工作温度高于或等于标准沸点的液体、容积大于或等于30L且内直径(非圆形截面指截面内边界最大几何尺寸)大于或等于150mm的固定式容器和移动式容器;盛装公称工作压力大于或等于0.2MPa(表压),且压力与容积的乘积大于或等于1.0MPa·L的气体、液化气体和标准沸点低于或等于60℃液体的气瓶。

关于气瓶,应注意以下两点:

(1)气瓶,不含仅在灭火时承受压力、储存时不承受压力的灭火用气瓶。

（2）关于气瓶及气瓶阀门制造许可。手提式干粉灭火器、手提式水基型灭火器按照《关于部分消防产品实施强制性产品认证的公告》（2014年第12号）规定管理，制造其焊接结构的筒体不需要取得气瓶制造许可。制造其他消防灭火用气瓶仍需取得气瓶制造许可。

3. 压力管道及压力管道元件

压力管道，是指利用一定的压力，用于输送气体或者液体的管状设备，其范围规定为最高工作压力大于或等于0.1MPa（表压），介质为气体、液化气体、蒸气或者可燃、易爆、有毒、有腐蚀性、最高工作温度高于或者等于标准沸点的液体，且公称直径大于或者等于50mm的管道。公称直径小于150mm，且其最高工作压力小于1.6MPa（表压）的输送无毒、不可燃、无腐蚀性气体的管道和设备本体所属管道除外。其中，石油天然气管道的安全监督管理还应按照《中华人民共和国安全生产法》《中华人民共和国石油天然气管道保护法》等法律法规实施。

压力管道定义中"公称直径小于150mm，且其最高工作压力小于1.6MPa（表压）的输送无毒、不可燃、无腐蚀性气体的管道"所指的无毒、不可燃、无腐蚀性气体，不包括液化气体、蒸气和氧气。

压力管道元件包括压力管道管子、压力管道管件、压力管道阀门、压力管道法兰、压力管道补偿器、压力管道密封元件、压力管道特种元件（防腐管道元件、元件组合装置）等。

压力管道元件公称直径均应大于或等于50mm。

4. 起重机械

起重机械，是指用于垂直升降或者垂直升降并水平移动重物的机电设备，其范围规定为额定起重量大于或等于0.5t的升降机；额定起重量大于或等于3t（或额定起重力矩大于或等于40t·m的塔式起重机，或生产率大于或等于300t/h的装卸桥），且提升高度大于或等于2m的起重机；层数大于或等于2层的机械式停车设备。

5. 场（厂）内专用机动车辆

场（厂）内专用机动车辆，是指除道路交通、农用车辆以外，仅在工厂厂区、旅游景区、游乐场所等特定区域使用的专用机动车辆。

企业所涉及的场（厂）内专用机动车辆为叉车。

6. 电梯

电梯，是指动力驱动，利用沿刚性导轨运行的箱体或者沿固定线路运行的梯级（踏步），进行升降或者平行运送人、货物的机电设备，包括载人（货）电梯、自动扶梯、自动人行道等。非公共场所安装且仅供单一家庭使用的电梯除外。

7. 安全附件

安全附件包括安全阀、爆破片装置、紧急切断阀、气瓶阀门。

## 二、特种设备监督管理

《中华人民共和国特种设备安全法》(中华人民共和国主席令〔2013〕第4号)第三十三条规定:"特种设备使用单位应当在特种设备投入使用前或者投入使用后三十日内,向负责特种设备安全监督管理的部门办理使用登记,取得使用登记证书"。

《中国石油天然气集团公司特种设备安全管理办法》(中油安〔2013〕459号)第二十九条规定:"特种设备使用单位应当在开工前十五个工作日内按规定向本企业安全监督机构办理备案,施工单位应当到企业特种设备管理部门办理施工审批手续。审批合格后,施工单位应当书面告知所在地直辖市或者设区的市的特种设备安全监督管理部门"。

《中国石油天然气集团公司特种设备安全管理办法》(中油安〔2013〕459号)第三十一条规定:"所属企业锅炉、压力容器、压力管道元件等特种设备的制造过程和锅炉、压力容器、压力管道、电梯、起重机械、大型游乐设施的安装、改造、重大修理过程,应当经特种设备检验机构进行监督检验。特种设备进行改造、修理,按照规定需要变更使用登记的,特种设备使用单位应当办理变更登记"。

《中国石油天然气集团公司特种设备安全管理办法》(中油安〔2013〕459号)第三十三条规定:"特种设备使用单位应当在合同中提出,从事特种设备安装、改造、修理的施工单位在验收合格后十五个工作日内将相关技术资料和文件移交特种设备使用单位,由特种设备使用单位存入该特种设备的安全技术档案"。

《中国石油天然气集团公司特种设备安全管理办法》(中油安〔2013〕459号)第三十七条规定:"特种设备使用单位应当在特种设备投入使用前或者投入使用后三十日内按规定办理使用登记,取得使用登记证书;建筑起重机械安装验收合格之日起三十日内,使用单位应当到工程所在地县级以上地方人民政府建设主管部门办理使用登记。登记标志应当置于该特种设备的显著位置"。

### (一)一般要求

(1)特种设备在投入使用前或者投入使用后三十日内,使用单位应当向特种设备所在地的直辖市或者设区所在的市的特种设备安全监督管理的部门申请办理使用登记,办理使用登记的直辖市或者设区所在的市的特种设备安全监督管理的部门,可以委托其下一级特种设备安全监管部门办理使用登记;对于整机出厂的特种设备,一般应当在投入使用前办理使用登记;登记标志应当置于该特种设备的显著位置。

（2）流动作业的特种设备，向产权单位所在地的登记机关申请办理使用登记。

（3）移动式大型游乐设施每次重新安装后、投入使用前，使用单位应当向使用地的登记机关申请办理使用登记。

（4）车用气瓶应当在投入使用前，向产权单位所在地的登记机关申请办理使用登记。

（5）国家明令淘汰或者已经报废的特种设备，不符合安全性能或者能效指标要求的特种设备，不予办理使用登记。

## （二）登记方式

### 1. 按台（套）办理使用登记的特种设备

锅炉、压力容器（气瓶除外）、电梯、起重机械、客运索道、大型游乐设施和场（厂）内专用机动车辆应当按台（套）向登记机关办理使用登记，车用气瓶以车为单位进行使用登记。

### 2. 按单位办理使用登记的特种设备

气瓶（车用气瓶除外）、工业管道应当以使用单位为对象向登记机关办理使用登记。

## （三）不需要办理使用登记的特种设备

使用单位应当参照本规则及有关安全技术规范中使用管理的相应规定，对不需要办理使用登记的锅炉、压力容器实施安全管理：

（1）D级锅炉。

（2）压力容器：

① 深冷装置中非独立的压力容器、直燃型吸收式制冷装置中的压力容器、铝制板翅式热交换器、过程装置中冷箱内的压力容器。

② 盛装第二组介质的无壳体的套管热交换器。

③ 超高压管式反应器。

④ 移动式空气压缩机的储气罐。

⑤ 水力自动补气气压给水（无塔上水）装置中的气压罐，消防装置中的气体或者气压给水（泡沫）压力罐。

⑥ 水处理设备中的离子交换或者过滤用压力容器、热水锅炉用膨胀水箱。

⑦ 蓄能器承压壳体。

⑧ 简单压力容器。

⑨ 消防灭火用气瓶、呼吸器用气瓶、非重复充装气瓶。

## （四）变更登记

按台（套）登记的特种设备改造、移装、变更使用单位或者使用单位更名、达到设计使年限继续使用的,按单位登记的特种设备变更使用单位或者使用单位更名的,相关单位应当向登记机关申请变更登记。办理特种设备变更登记时,如果特种设备产品数据表中的有关数据发生变化,使用单位应当重新填写产品数据表。变更登记后的特种设备,其设备代码保持不变。

特种设备检测检验监督管理如下:

(1)《中国石油天然气集团公司特种设备安全管理办法》(中油安〔2013〕459号)。

---

《中国石油天然气集团公司特种设备安全管理办法》(中油安〔2013〕459号):

第五十五条 所属企业特种设备管理部门应当制订特种设备年度检验计划,特种设备使用单位在检验合格有效期届满前1个月向特种设备检验机构提出定期检验要求,并向检验机构及其检验人员提供特种设备相关资料和必要的检验条件。

空气呼吸器使用单位应当对空气呼吸器每月至少检查一次,每年进行一次定期技术检测;空气呼吸器气瓶应当按规定要求进行检验,使用过程中发现异常情况应当提前检验,库存或者停用时间超过一个检验周期时,启用前应当进行检验。

第五十六条 所属企业设置的特种设备检验机构,应当配齐检验设备和人员,依照核准的检验范围和有关国家标准开展检验工作,对检验结果、鉴定结论负责。

第五十七条 所属企业应当优先选用集团公司内部检验机构承担特种设备检验、安全附件校验任务,特种设备管理部门应当对承担检验工作的检验机构进行资质、能力审查,经审查合格的方可允许其开展检验、校验工作,并对其检验过程进行监督。

第五十八条 特种设备检验机构应当在规定时间内出具检验报告。对检验发现影响安全运行的问题和隐患,及时告知特种设备使用单位和所属企业特种设备管理部门。

第五十九条 特种设备使用单位应当对在用特种设备的安全附件、安全保护装置进行定期校验、检修,并做记录。

第六十条 所属企业特种设备检验机构及其检验人员对检验过程中知悉的商业秘密,负有保密义务。不得从事有关特种设备的生产、经营活动,不得推荐或者监制、监销特种设备。

---

(2)特种设备检验周期(表3-12)。

表3-12 特种设备检验周期表

| 序号 | 设备种类 | 检验周期 | |
|---|---|---|---|
| 1 | 锅炉 | 外部检验 | 一般每年一次 |
| | | 内部检验 | 一般每2年一次 |
| | | 水压试验 | 一般每6年一次 |

续表

| 序号 | 设备种类 | | | 检验周期 |
|---|---|---|---|---|
| 2 | 压力容器 | 固定式 | 年度检验 | 每年至少一次 |
| | | | 全面检验 | 首检周期不超过三年；安全状况等级为1.2级的，每6年至少一次；安全状况等级为3级，每3年至少一次 |
| | | | 水压试验 | 每两次全面检验期间内至少进行一次 |
| | | 移动式 | 汽车罐车、铁路罐车、罐式集装箱 年度检验 | 每年至少一次 |
| | | | 全面检验 | 新罐车首次检验1年；安全状况等级为1.2级的，汽车罐车每5年至少一次，铁路罐车每4年至少一次，罐式集装箱每5年至少一次；安全状况等级为3级，汽车罐车每3年至少一次，铁路罐车每2年至少一次，罐式集装箱每2.5年至少一次 |
| | | | 水压试验 | 每6年至少进行一次 |
| | | | 气瓶 | 盛装腐蚀性气体的气瓶，每2年检验一次 |
| | | | | 盛装一般气体的气瓶，每3年检验一次 |
| | | | | 盛装惰性气体的气瓶，每5年检验一次 |
| | | | | 盛装液化石油气钢瓶，对YSP-0.5型、YSP-2.0型、YSP-5.0型、YSP-10型和YSP-15型，自制造日期起，第一次至第三次检验的检验周期均为4年，第四次检验有效期为3年；对YSP-50型，每3年检验一次 |
| | | | | 车用液化石油气钢瓶，每5年检验一次 |
| | | | | 车用压缩天然气钢瓶，首次检验和第二次检验为每3年进行一次，第二次检验后每两年进行一次；对出租车用压缩天然气钢瓶的检验每两年进行一次，第二次检验的有效期为一年 |
| 3 | 压力管道 | 工业管道 | 在线检验 | 每年至少检验一次 |
| | | | 全面检验 | 首检周期不超过三年；安全状况等级为1级和2级的检验周期一般不超过6年；安全状况等级为3级的，检验周期一般不超过3年；安全状况等级为4级的，应判废 |
| 4 | 电梯 | | | 定期检验周期为1年 |
| 5 | 起重机械 | | | 轻小型起重设备、桥式起重机、门式起重机、门座起重机、缆索起重机、桅杆起重机、铁路起重机、旋臂起重机、机械式停车设备每2年1次，其中吊运熔融金属和炽热金属的起重机每年1次；塔式起重机、升降机、流动式起重机每年1次 |
| 6 | 客运索道 | | | 年度检验每年一次，全面检验三年一次 |
| 7 | 大型游乐设施 | | | 定期检验周期为1年 |
| 8 | 厂内机动车辆 | | | 定期检验周期为1年 |

续表

| 序号 | 设备种类 | | 检验周期 |
|---|---|---|---|
| 9 | 主要安全附件及安全保护装置 | 安全阀 | 每年至少校验一次；特殊情况按相应的技术规范规定执行 |
| 10 | | 压力表 | 每年至少校验一次；装设在锅炉上的压力表应每半年至少校验一次 |
| 11 | | 爆破片 | 根据厂家设计确定（一般 2~3 年内更换），在苛刻条件下使用的应每年更换 |
| 12 | | 限速器 | 每两年应进行限速器动作速度校验一次 |
| 13 | | 防坠安全器 | 每两年应进行安全器动作速度校验一次 |

（3）《特种设备使用管理规则》中规定：

① 使用单位应当在特种设备定期检验有效期届满的一个月以前，向特种设备检验机构提出定期检验申请，并且做好相关的准备工作。

② 移动式（流动式）台账设备，如果无法返回使用登记地进行定期检验的，可以在异地（指不再使用登记地）进行，检验后，使用单位应当在收到检验报告之日起 30 日内将检验报告（复印件）报送使用登记机关。

③ 定期检验完成后，使用单位应当组织进行特种设备管路连接、密封、附件（含零部件、安全附件、安全保护装置、仪器仪表等）和内件安装、试运行等工作，并且对其安全性负责。

④ 检验结论为合格时，使用单位应当按照检验结论确定的参数使用特种设备。

(五) 特种设备使用监督管理

（1）《中华人民共和国特种设备安全法》（中华人民共和国主席令〔2013〕第 4 号）。

> 《中华人民共和国特种设备安全法》（中华人民共和国主席令〔2013〕第 4 号）：
> 
> 第三十二条　特种设备使用单位应当使用取得许可生产并经检验合格的特种设备。
> 
> 禁止使用国家明令淘汰和已经报废的特种设备。
> 
> 第三十六条　电梯、客运索道、大型游乐设施等为公众提供服务的特种设备的运营使用单位，应当对特种设备的使用安全负责，设置特种设备安全管理机构或者配备专职的特种设备安全管理人员；其他特种设备使用单位，应当根据情况设置特种设备安全管理机构或者配备专职、兼职的特种设备安全管理人员。
> 
> 第三十七条　特种设备的使用应当具有规定的安全距离、安全防护措施。
> 
> 与特种设备安全相关的建筑物、附属设施，应当符合有关法律、行政法规的规定。
> 
> 第三十八条　特种设备属于共有的，共有人可以委托物业服务单位或者其他管理

人管理特种设备,受托人履行本法规定的特种设备使用单位的义务,承担相应责任。共有人未委托的,由共有人或者实际管理人履行管理义务,承担相应责任。

第三十九条 特种设备使用单位应当对其使用的特种设备进行经常性维护保养和定期自行检查,并做记录。

特种设备使用单位应当对其使用的特种设备的安全附件、安全保护装置进行定期校验、检修,并做记录。

第四十条 特种设备使用单位应当按照安全技术规范的要求,在检验合格有效期届满前一个月向特种设备检验机构提出定期检验要求。

特种设备检验机构接到定期检验要求后,应当按照安全技术规范的要求及时进行安全性能检验。特种设备使用单位应当将定期检验标志置于该特种设备的显著位置。

未经定期检验或者检验不合格的特种设备,不得继续使用。

第四十三条 客运索道、大型游乐设施在每日投入使用前,其运营使用单位应当进行试运行和例行安全检查,并对安全附件和安全保护装置进行检查确认。

电梯、客运索道、大型游乐设施的运营使用单位应当将电梯、客运索道、大型游乐设施的安全使用说明、安全注意事项和警示标志置于易于为乘客注意的显著位置。

公众乘坐或者操作电梯、客运索道、大型游乐设施,应当遵守安全使用说明和安全注意事项的要求,服从有关工作人员的管理和指挥;遇有运行不正常时,应当按照安全指引,有序撤离。

第四十七条 特种设备进行改造、修理,按照规定需要变更使用登记的,应当办理变更登记,方可继续使用。

第四十八条 特种设备存在严重事故隐患,无改造、修理价值,或者达到安全技术规范规定的其他报废条件的,特种设备使用单位应当依法履行报废义务,采取必要措施消除该特种设备的使用功能,并向原登记的负责特种设备安全监督管理的部门办理使用登记证书注销手续。

前款规定报废条件以外的特种设备,达到设计使用年限可以继续使用的,应当按照安全技术规范的要求通过检验或者安全评估,并办理使用登记证书变更,方可继续使用。允许继续使用的,应当采取加强检验、检测和维护保养等措施,确保使用安全。

第四十九条 移动式压力容器、气瓶充装单位,应当具备下列条件,并经负责特种设备安全监督管理的部门许可,方可从事充装活动:

(一)有与充装和管理相适应的管理人员和技术人员。

(二)有与充装和管理相适应的充装设备、检测手段、场地厂房、器具、安全设施。

(三)有健全的充装管理制度、责任制度、处理措施。

充装单位应当建立充装前后的检查、记录制度,禁止对不符合安全技术规范要求的移动式压力容器和气瓶进行充装。

气瓶充装单位应当向气体使用者提供符合安全技术规范要求的气瓶,对气体使用者进行气瓶安全使用指导,并按照安全技术规范的要求办理气瓶使用登记,及时申报定期检验。

(2)《中国石油天然气集团公司特种设备安全管理办法》(中油安〔2013〕459号)规定:

第三十七条 特种设备使用单位应当在特种设备投入使用前或者投入使用后三十日内按规定办理使用登记,取得使用登记证书;建筑起重机械安装验收合格之日起三十日内,使用单位应当到工程所在地县级以上地方人民政府建设主管部门办理使用登记。登记标志应当置于该特种设备的显著位置。

第三十八条 锅炉使用单位应当按照安全技术规范的要求进行锅炉水(介)质处理,并进行定期检验。锅炉清洗过程应当接受监督检验。

第三十九条 电梯使用单位应当委托电梯制造单位或者依法取得许可的安装、改造、修理单位承担本单位电梯的维护保养工作,至少每半个月进行一次清洁、润滑、调整和检查。

第四十二条 特种设备使用单位应当建立岗位责任、隐患治理、应急救援等安全管理制度,并明确特种设备使用管理要求,主要内容包括:特种设备采购、安装、注册登记、维护保养、日常检查、定期检验、改造、修理、停用报废、安全技术档案、教育培训、安全资金投入、事故报告与处理等。

第四十三条 所属企业应当建立健全特种设备操作规程,明确特种设备安全操作要求,至少包括以下内容:

(一)特种设备操作工艺参数(最高工作压力、最高或者最低工作温度、最大起重量、介质等)。

(二)特种设备操作方法(开车、停车操作程序和注意事项等)。

(三)特种设备运行中应当重点检查的项目和部位,运行中可能出现的异常情况和纠正预防措施,以及紧急情况的应急处置措施和报告程序等。

(四)特种设备停用及日常维护保养方法。

第四十四条 所属企业应当分级建立特种设备管理台账,特种设备使用单位应当建立健全安全技术档案。安全技术档案应当包括以下内容：

（一）特种设备的设计文件、产品质量合格证明、安装及使用维护保养说明、监督检验证明等相关技术资料和文件。

（二）特种设备的定期检验和定期自行检查记录。

（三）特种设备的日常使用状况记录。

（四）特种设备及其附属仪器仪表的维护保养记录。

（五）特种设备的运行故障和事故记录。

第四十五条　所属企业特种设备安全管理人员应当对特种设备使用状况进行经常性检查，发现问题应当立即处理；情况紧急时，可以决定停止使用特种设备并及时报告本单位有关负责人。

第四十六条　特种设备出现故障或者发生异常情况，特种设备使用单位应当对其进行全面检查，消除事故隐患后，方可继续使用。

第四十七条　特种设备使用单位应当制订事故应急专项预案，并定期进行培训及演练。

压力容器、压力管道发生爆炸或者泄漏，在抢险救援时应当区分介质特性，严格按照相关预案规定程序处理，防止次生事故。

第四十八条　所属企业下属移动式压力容器、气瓶充装单位应当按规定取得许可，方可从事充装活动。

充装单位应当建立充装前后的检查、记录制度，向气体使用者提供符合安全技术规范要求的气瓶，对气体使用者进行气瓶安全使用指导，并按照安全技术规范的要求办理气瓶使用登记，及时申报定期检验。

第四十九条　所属企业下属特种设备承租单位应当租用取得许可生产、按照安全技术规范要求进行维护保养并经检验合格的特种设备，禁止租用国家明令淘汰和已经报废的特种设备。

所属企业下属气瓶使用单位应当租用已取得气瓶充装许可单位提供的符合安全技术规范要求的气瓶，并严格按照有关规定正确使用、运输、储存气瓶。

第五十条　特种设备使用单位应当确保特种设备使用环境符合有关规定，特种设备的使用应当具有规定的安全距离、安全防护措施。与特种设备安全相关的建筑物、附属设施，应当符合有关法律、行政法规的规定。

安全警示标识齐全，现场特种设备与管理台账应当一致，并及时将特种设备使用登记、检验检测、停用报废等信息录入集团公司 HSE 信息系统。

# 第七节 作业许可

## 一、作业许可制度的重要性

（1）作业许可制度是炼化装置检维修和安装作业安全管理中的一项重要措施，它可有效避免联合作业中、高风险区域施工中存在的信息交流不畅、工作协调不得利、危险识别不充分、防范措施不到位、工作环境不检查、各项安全制度不落实等安全问题，以有效的保障施工作业中人和物的安全。

（2）作业许可制度的目的是在检维修现场规定一套安全的工作系统，用以监视、控制、管理特殊区域及特殊工作的活动过程，通过这些工作，可在工作之前要求相关负责人对工作中的预防措施和安全注意事项、工作环境等进行检查，确保工作是在安全的条件下进行、并能以安全的工作方式完成特定的任务。

## 二、装置检维修现场通常使用的作业许可种类

在炼化企业常用的作业许可管理规定中，作业许可总的为作业许可和专项作业许可。

### （一）作业许可的范围

依据《作业许可管理规定》〔油炼化〔2011〕11号（2018修订）〕，作业许可的范围包括：
（1）非计划性维修工作（未列入日常维护计划或无规程指导的维修工作）。
（2）承包商作业。
（3）偏离安全标准、规则、程序要求的工作。
（4）交叉作业。
（5）在承包商区域进行的工作。
（6）缺乏安全程序的工作。
（7）对不能确定是否需要办理许可证的其他工作。

### （二）专项作业许可

（1）进入受限空间。
（2）挖掘作业。
（3）高处作业。
（4）吊装作业。
（5）管线或设备打开。

（6）临时用电。

（7）动火作业。

（8）放射性作业。

（9）其他有明确要求的作业。

### 三、作业许可管理流程

依据《中国石油天然气股份有限公司作业许可管理规定》[油炼化〔2011〕11号（2018修订）]，作业许可办理流程主要分为作业申请、作业审批、作业设施和作业关闭四个步骤。

### 四、重要原则

（1）工作许可证必须要有签发时间和有效期，超期可在签发人处进行延期或使之失效重新签发。

（2）工作许可证只在施工人员的当班时间有效，如果工作需要跨班完成时，必须重新进行申请。

（3）任何人如果认为工作中存在不安全的因素，都有权即时使工作许可证失效并将施工现场的工作许可证交回到签发人。

# 第八节 变更管理

近年来，国内化工事故频频发生，化工工艺安全也被提到了一个新的高度。国家安监总局颁布了一系列导则和标准，为企业实施工艺安全管理提供指导和参考，其中变更管理为规定要素之一。变更管理至关重要，英国Flixborough事故是由于变更管理失效引发的典型事故。

1974年6月1日，英国Flixborough环己烷氧化装置发生泄漏，泄漏物料形成蒸气云发生爆炸，引发火灾。大火燃烧了10d才扑灭，导致工厂28人死亡，36人受伤，社区数百人受伤。爆炸摧毁了工厂的控制室及附近的工艺装置。

该事故源于管道的临时变更未有效执行变更管理，未对发生变更的工艺系统进行适当审查，也无人监督和授权该变更，没有人能识别出该变更可能造成的严重后果，导致了事故的发生。

### 一、变更管理定义

要理解变更管理，首先需要清楚"变更"的定义。"变更"通常指那些可能带来危害、影响工艺安全的针对化学品、技术、设备、设施、操作程序和人员（组织机构）的改变。由此可见，变更是一种特殊的改变。

变更管理（Management of change，MOC）是工艺安全管理PSM体系的一个重要要素，是一个即时风险评估控制系统。不同标准和规范对变更管理有不同的定义。

（1）《变更工艺管理导则》（美国化学工程师学会化工工艺控制中心（CCPS）出版）中定义："变更管理是在'变更'实施前，针对装置设计，操作，组织构架及其他活动所进行的评估和控制过程，以确保在变更实施过程中不会引入新的危害，并保证当前已存在的危害，对员工、公众及周边环境的影响不会在不了解的情况下增加。"

（2）《石油化工企业安全管理体系实施导则》（AQ/T 3012—2008）中定义："变更管理是指对人员、工作过程、工作程序、技术、设施等永久性或暂时性的变化进行有计划的控制，确保变更带来的危害得到充分识别，风险得到有效控制。"

## 二、变更的类型

（1）《石油化工企业安全管理体系实施导则》（AQ/T 3012—2008）中变更的类型：

该导则所述变更按照内容分为工艺技术变更、设备设施变更和管理变更等。工艺控制范围内的调整、设备设施维护或更换同类型设备不属于变更管理的范围。

① 工艺技术变更：如工艺技术的改进、新项目的实施、原料及介质改变、操作条件或步骤变化等。

② 设备设施变更：如更换与原设备不同的设备和配件，设备材料代用变更，临时性的电气设备变更等。

③ 管理变更：如政策法规和标准的变更，人员和机构的变更，安全管理体系的变更等。

（2）集团公司《工艺和设备变更管理规范》（Q/SY 1237—2009）和炼化专业分公司《工艺、设备和人员变更管理规定》[油炼化〔2011〕11号（2018修订）]中变更的类型：

在规范和规定中，变更类型分为工艺变更、设备变更和人员变更。其中，工艺设备变更的基本类型包括工艺设备变更、微小变更和同类替换，同时规定，工艺设备变更和微小变更管理执行变更管理流程，同类替换不执行变更管理流程。

① 工艺设备变更：涉及工艺技术、设备设施、工艺参数等超出现有设计范围的改变（如压力等级改变、压力报警值改变等）。

② 微小变更：影响较小，不造成任何工艺、设计参数等的改变，但又不是同类替换的变更，即"在现有设计范围内的改变"。

③ 同类替换：符合原设计规格的更换。

④ 人员变更：员工岗位发生变化，包括永久变动和临时承担有关工作。表现形式有调离、调入、转岗、替岗等。

## 三、变更管理要求

### (一)基本要求

(1)企业应建立变更管理程序,以确定变更的类型、等级、实施步骤等,确保人身、财产安全,不破坏环境,不损害企业的声誉。

(2)企业应确定永久变更和临时变更的标准,临时变更应明确期限的要求。

(3)企业应制定、管理和维护本单位的工艺、设备和人员变更管理实施细则,各相关职能部门按照"谁主管、谁负责"的原则执行本规定,并提供培训、监督与考核。

### (二)工艺设备变更要求

(1)工艺设备变更应确定变更级别,实施分级管理。

(2)变更应充分考虑健康安全环境影响。

(3)按照变更的类型、级别确定审批权限。

(4)变更设计的所有材料以及操作规程应确保得到适当的审查、修改或更新。

(5)完成变更的工艺、设备在投用前,应对变更影响或涉及的人员进行培训或沟通,培训内容包括变更的目的、作用、程序、变更内容、变更中可能的风险和影响及同类事故案例。

(6)变更所在区域或单位应建立变更工作文件、记录,以便做好变更过程的信息沟通。工作文件、记录包括变更管理程序、变更申请审批表、风险评估记录、变更登记表及变更结项报告等。

(7)变更实施完成后,应对变更是否符合规定内容,达到预期目的进行验证,提交变更结项报告。

### (三)人员变更要求

(1)企业根据集团公司装置定员相关标准,明确生产单元或装置员工配置的最低要求,包括岗位设置、员工的数量等。

(2)人员变更应按"持证上岗、同岗替代、备员补充"的原则安排上(替)岗,以满足安全生产最低标准。

(3)企业根据风险控制的要求组织对关键岗位进行辨识。关键岗位人员变更前,基层单位主要领导及相关部门应评估人员变更对现岗位安全生产的影响。

(4)企业应明确关键岗位人员任职的知识、技能、资质与特定经验的最低要求。

(5)企业对上(替)岗人员要进行技能考评,高风险作业项目的考评应包括现场模拟操作演示。

（6）替岗应经属地单位主管领导审批核准后执行；调离、调入、转岗经双方单位领导同意，人事主管领导批准后执行。

（7）关键岗位变更人选不能满足知识、技能、经验最低要求，须停止变更。

（8）关键岗位人员变更应填写"关键岗位人员变更申请审批表"（见附录），所涉及的文件、资料应及时归档。

## 四、变更管理范围

集团公司《工艺和设备变更管理规范》（Q/SY 1237—2009）和炼化专业分公司《工艺、设备和人员变更管理规定》[油炼化〔2011〕11号（2018修订）]规定：

1. 工艺设备变更范围

（1）生产能力的改变。

（2）物料的改变（包括成分比例的变化）。

（3）化学药剂和催化剂的改变。

（4）设备、设施负荷的改变。

（5）工艺设备设计依据的改变。

（6）设备和工具的改变或改进。

（7）工艺参数的改变（如温度、流量、压力等）。

（8）安全报警设定值的改变。

（9）仪表控制系统及逻辑的改变。

（10）软件系统的改变。

（11）安全装置及安全联锁的改变。

（12）非标准的（或临时性的）维修。

（13）操作规程的改变。

（14）试验及测试操作。

（15）设备、原材料供货商的改变。

（16）运输路线的改变。

（17）装置布局的改变。

（18）产品质量的改变。

（19）设计和安装过程的改变。

（20）其他。

2. 人员变更

人员变更是指员工岗位发生变化，包括永久变动和临时承担有关工作。表现形式有调离、调入、转岗、替岗等。

3. 关键岗位

关键岗位是指与风险控制直接相关的管理、操作、检维修作业等重要岗位。此类岗位会因人员的变动而造成岗位经验缺失、岗位操作熟练程度降低，可能导致人员伤亡或不可逆的健康伤害、重大财产损失、严重环境影响等事故。

关键岗位包括但不限于：

（1）工艺危害分析结果认定的高风险作业的岗位。

（2）国家法规规定的特种作业岗位。

（3）实施风险管理和危害分析的岗位。

（4）从事关键设备检测、检维修的岗位。

（5）审批作业许可的岗位。

（6）对关键岗位人员进行考评与提供培训的岗位。

（7）管理和监督承包商作业的岗位。

（8）环境、职业卫生监测岗位。

## 五、变更管理流程

依据集团公司和炼化专业分公司规定，工艺设备变更和微小变更执行变更管理流程（见附录），同类替换不执行变更管理流程（见附录二同类替换范例）。

# 第九节 职业健康管理

## 一、基本概念

### （一）职业健康

是对工作场所内产生或存在的职业性有害因素及其健康损害进行识别、评估、预测和控制的一门科学。其目的是预防和保护劳动者免受职业性有害因素所致的健康影响和危险，使工作适应劳动者，促进和保障劳动者在职业活动中身心健康和社会福利。职业健康是研究并预防因工作导致的疾病，防止原有疾病的恶化。主要表现为工作中因环境及接触有害因素引起人体生理机能的变化。职业健康应以促进并维持各行业职工的生理及社会处在最好状态为目的；并防止职工的健康受工作环境影响；保护职工不受健康危害因素伤害；并将职工安排在适合他们的生理和心理的工作环境中。

## （二）职业病防护设施

是指消除或者降低工作场所的职业病危害因素的浓度或者强度，预防和减少职业病危害因素对劳动者健康的损害或者影响，保护劳动者健康的设备、设施、装置、构（建）筑物等的总称。

## （三）职业病

是指劳动者在职业活动中，因接触粉尘、放射性物质和其他有毒、有害因素而引起的疾病。

## （四）职业病危害

是指对从事职业活动的劳动者可能导致职业病的各种危害。职业病危害因素包括职业活动中存在的各种有害的化学、物理、生物因素，以及在作业过程中产生的其他职业有害因素。

## （五）职业禁忌

是指劳动者从事特定职业或者接触特定职业病危害因素时，比一般职业人群更易于遭受职业病危害和罹患职业病或者可能导致原有自身疾病病情加重，或者在从事作业过程中诱发可能导致对他人生命健康构成危险的疾病的个人特殊生理或者病理状态。

## （六）企业职业卫生档案

是指企业在职业病危害防治和职业卫生管理活动中形成的，能够准确、完整反映本单位职业卫生工作全过程的文字、图纸、照片、报表、音像资料、电子文档等文件材料。

# 二、职业卫生机构及人员配备

根据国家安全监管总局令第47号《工作场所职业卫生监督管理规定》，职业病危害严重的用人单位，应当设置或者指定职业卫生管理机构或者组织，配备专职职业卫生管理人员。其他存在职业病危害的用人单位，劳动者超过100人的，应当设置或者指定职业卫生管理机构或者组织，配备专职职业卫生管理人员；劳动者在100人以下的，应当配备专职或者兼职的职业卫生管理人员，负责本单位的职业病防治工作。

用人单位的主要负责人和职业卫生管理人员应当具备与本单位所从事的生产经营活动相适应的职业卫生知识和管理能力，并接受职业卫生培训。

用人单位主要负责人、职业卫生管理人员的职业卫生培训，应当包括下列主要内容：

（1）职业卫生相关法律、法规、规章和国家职业卫生标准。

（2）职业病危害预防和控制的基本知识。

（3）职业卫生管理相关知识。

（4）国家安全生产监督管理总局规定的其他内容。

用人单位应对劳动者进行上岗前的职业卫生培训和在岗期间的定期职业卫生培训,普及职业卫生知识,督促劳动者遵守职业病防治的法律、法规、规章、国家职业卫生标准和操作规程。

用人单位应当对职业病危害严重的岗位的劳动者,进行专门的职业卫生培训,经培训合格后方可上岗作业。

因变更工艺、技术、设备、材料,或者岗位调整导致劳动者接触的职业病危害因素发生变化的,用人单位应当重新对劳动者进行上岗前的职业卫生培训。

## 三、建设项目职业卫生"三同时"监督管理

依据《建设项目职业病防护设施"三同时"监督管理办法》（国家安全生产监督管理总局令第90号）,建设项目职业病防护设施必须与主体工程同时设计、同时施工、同时投入生产和使用。

建设项目职业病防护设施"三同时"工作可以与安全设施"三同时"工作一并进行。建设单位可以将建设项目职业病危害预评价和安全预评价、职业病防护设施设计和安全设施设计、职业病危害控制效果评价和安全验收评价合并出具报告或者设计,并对职业病防护设施与安全设施一并组织验收。

### （一）职业病危害预评价

对可能产生职业病危害的建设项目,建设单位应当在建设项目可行性论证阶段委托具有相应资质的职业卫生技术服务机构进行职业病危害预评价,编制预评价报告。职业病危害预评价报告编制完成后,建设单位应当组织有关职业卫生专家,对职业病危害预评价报告进行评审。建设项目职业病危害预评价报告经安全生产监督管理部门备案或者审核同意后,建设项目的选址、生产规模、工艺或者职业病危害因素的种类、职业病防护设施等发生重大变更的,建设单位应当对变更内容重新进行职业病危害预评价,办理相应的备案或审核手续。建设单位未提交建设项目职业病危害预评价报告,或建设项目职业病危害预评价报告未经安全生产监督管理部门备案、审核同意的,有关部门不得批准该建设项目。

### （二）职业病防护设施设计

存在职业病危害的建设项目,建设单位应当委托具有相应资质的设计单位编制职业病防护设施设计专篇。设计单位应当按照国家有关职业卫生法律法规和标准的要求,编制建

设项目职业病防护设施设计专篇。建设单位在职业病防护设施设计专篇编制完成后,应当组织有关职业卫生专家,对职业病防护设施设计专篇进行评审。建设单位应当会同设计单位对职业病防护设施设计专篇进行完善,并对其真实性、合法性和实用性负责。对职业病危害性一般和职业病危害性较重的建设项目,建设单位应当在完成职业病防护设施设计专篇评审后,按照有关规定组织职业病防护设施的施工。对职业病危害性严重的建设项目,建设单位在完成职业病防护设施设计专篇评审后,向安全生产监督管理部门提出建设项目职业病防护设施设计审查的申请。分期建设、分期投入生产或者使用的建设项目,其配套的职业病防护设施应当分期与建设项目同步进行验收。建设项目职业病防护设施竣工后未经安全生产监督管理部门备案同意或者验收合格的,不得投入生产或者使用。

## 四、职业健康监测与防护

依据《中国石油天然气集团公司工作场所职业病危害因素检测管理规定》(质安〔2017〕68号)工作场所职业病危害因素检测包括日常监测和定期检测。

职业病危害因素日常监测是指企业根据其工作场所存在的职业病危害因素,通过购买监测技术服务或配备检测仪器以及安设实时监测设备等方式组织对工作场所职业病危害因素的周期性监测。职业病危害因素定期检测指企业定期委托具备资质的职业卫生技术服务机构对其产生职业病危害的工作场所进行的检测。

### (一)工作场所划分原则

根据生产规模、工艺及作业人员等情况划分:

(1)一种生产作业如同时产生多种职业病危害因素,以主要职业病危害因素来确定场所种类。

(2)在同一厂房(空间)内,存在同一性质的职业病危害因素,作业采取流水方式,且每道工序的作业点及作业人员相对固定,每道工序为一个工作场所。

(3)在同一厂房(空间)内,存在同一性质的职业病危害因素,生产规模较小,或作业员工同时完成多道工序作业,则以整个厂房(空间)为一个工作场所。

(4)凡能产生职业病危害因素的设备,一般以单台划分场所,多台设备产生同一性质的职业病危害因素而又互相影响时,可划为一个工作场所。

(5)野外作业或作业地点不固定,有相对固定的设备,按职业病危害因素发生源划分场所;没有相对固定的设备,按作业单位划分工作场所。

### (二)检测点设置原则

职业病危害工作场所必须设检测点,检测点设置应当选择有代表性的工作地点,其中必须包括空气中待测物浓度最高、员工接触时间最长的工作地点。同时,要考虑职业病危害因素种类、性质、尘毒逸散情况、员工接触方式、接触时间、职业病防护技术措施等因素。

(1)同一工作场所(岗位),同一有害因素,同一工种、同类设备或相同操作,至少设1个检测点;同一工作场所(岗位),同一有害因素,不同工种、不同设备、不同工序,须分别设检测点。有多台同类设备时,一般3台以下设1个检测点,4至10台设2个检测点,10台以上至少设3个检测点;同一工作场所(岗位)、不同有害因素,须分别设检测点;仪表控制室或员工休息场所,至少设置1个检测点。

(2)移动式有尘毒危害作业,可按经常移动范围长度,10m以下设1个检测点,10m以上设2个检测点,依次类推;皮带输送机应当在机头、机尾各设1个检测点,长度在10m以上的,在中部增加1个检测点。

(3)高温检测点确定:工作场所无生产性热源,选择3个检(监)测点,取平均值;存在生产性热源的工作场所,选择3至5个检测点,取平均值;工作场所被隔离为不同热环境或通风环境,每个区域设置2个检测点,取平均值。

(4)噪声检测点确定:工作场所声场分布均匀,选择3个检(监)测点,取平均值;工作场所声场分布不均匀时,应当将其划分若干声级区,同一声级区内声级差小于3dB(A),每个区域内,应当设置2个监测点,取平均值。

(5)在不影响员工工作的情况下,检测点应选择员工巡检地点或操作位,化学有害物质、粉尘检测点应在呼吸带采样;噪声检测应在员工耳部高度进行测量。

职业病危害因素工作场所和检(监)测点的确定、变动或取消,经所在单位职业卫生管理部门认可,并到所属企业职业卫生管理部门备案。

### (三)日常监测

企业应当指定专门人员负责职业病危害因素日常监测工作,并根据《工作场所空气中有害物质监测的采样规范》(GBZ 159)要求,制订日常监测工作方案,明确监测周期、监测地点、监测岗位、监测时段等内容。企业职业病危害因素监测人员应当接受相应的专业技术培训,确保能够胜任日常监测工作。

常监测所用仪器设备应当经过计量检定或校准,定期进行维护、保养和更新,确保其性能可靠,能够正常使用。工作场所存在爆炸风险的,日常监测仪器、设备应当满足防爆要求。放射线、硫化氢、一氧化碳、氨、苯等高毒物质,高噪声等主要职业病危害因素应当作为重点进行日常监测。日常监测结果应当定期报告相关负责人,并在工作场所职业病危害告知卡或公告栏公布。

企业发现工作场所职业病危害因素强度或浓度超过国家职业接触限值标准的,应当立即组织采取相应的治理措施。涉及高毒作业超标场所,应当立即停止相关作业,撤离有关人员,经整改符合要求后,方可恢复作业。对超标情况的处理,应当有明确的处理记录,并存入职业卫生档案备查。

### (四)定期检测

企业每年应当委托有资质的职业卫生技术服务机构按照国家和地方政府规定的要求,对所有工作场所进行全面的职业病危害因素检测。

企业应当全面告知职业卫生技术服务机构生产工艺、原辅材料种类或成分、设备设施、劳动工作制度等与检测有关的情况。配合做好采样前的现场调查工作,确保在正常生产情况下开展现场调查和采样。

采样必须在正常工作状态和环境下进行,避免人为因素的影响。在工作周内,应当将空气中职业病危害因素浓度最高的工作日选择为重点采样日;在工作日内,应当将空气中职业病危害因素浓度最高的时段选择为重点采样时段。

职业病危害因素现场采样的频次应当满足《工作场所空气中有害物质监测的采样规范》(GBZ 159)要求,物理因素现场应当至少测量1个工作日。

定期检测结果及时报告相关负责人,并在工作场所职业病危害告知栏公布;发现工作场所职业病危害因素强度或浓度超过国家职业卫生接触限值标准的,应当立即采取相应的治理措施;涉及高毒作业超标场所,应当立即停止相关作业,撤离有关人员,经整改符合要求后,方可恢复作业;对超标情况的处理,应当有明确的处理记录并存入职业卫生档案备查。

### (五)检(监)测周期与方法

企业工作场所职业病危害因素检(监)测周期和方法应当符合国家相关标准或规定。定期检测每年至少进行一次,日常监测按规定和企业实际情况进行。

炼油化工企业职业病危害因素日常监测周期如下:

(1)高毒危害因素,每月至少监测1次;其他毒物危害因素,每季度至少监测1次。

(2)粉尘类检测周期:游离二氧化硅含量大于50%的粉尘、石棉尘,每月至少监测1次;游离二氧化硅含量为10%~50%的粉尘、滑石粉,每两月至少监测1次;游离二氧化硅含量在10%以下的粉尘及其他粉尘每季度至少监测1次。

(3)物理因素类监测周期:噪声检测,连续稳态噪声测A声级;非稳态或间断噪声测等效连续A声级。根据实际需要每季度至少测1次。设备噪声,首次检测时应当作频谱分析,寻找噪声频率特性,指导防护设施和个人防护用品配备,数据可作长期参考。工艺设备及防护措施发生变更时,应当随时重新检测。

① 其他物理因素监测,按照实际需要每季度至少监测 1 次。

② 工作场所日常监测一年内检测结果均在最低检出浓度内或连续 3 次检测暴露剂量水平 <1/2 职业接触限值的岗位,监测周期可以延长,至少半年监测 1 次。

③ 毒物或粉尘浓度超过国家职业接触限值时,应当及时整改复测。一般毒物、粉尘每月至少 1 次;高毒物质随时监测,直至符合国家职业卫生标准。

(六)职业病危害因素告知

依据《中国石油天然气集团公司职业卫生管理办法》(中油安〔2016〕192 号),产生职业病危害的企业,应当在醒目位置设置公告栏,公布有关职业卫生的规章制度、操作规程、职业病危害事故应急救援措施和工作场所职业病危害因素检测结果。

对产生严重职业病危害的作业岗位,企业应当在其醒目位置,按照规定设置警示标志、中文警示说明和职业病危害告知卡。告知卡应当标明职业病危害因素名称、理化特性、健康危害、接触限值、防护措施、应急处理及急救电话、职业病危害因素检测结果及检测时间等。

企业应当在可能发生急性职业病损伤的有毒、有害工作场所,设置报警装置,配置现场急救用品、冲洗设备、应急撤离通道和必要的泄险区,并在醒目位置设置清晰的标志。需要进入存在高毒物品的设备、容器或者受限空间场所作业,必须严格采取作业审批制度和执行规定流程。

放射性工作场所应当依据国家相关放射卫生防护标准划为控制区及管理区,设置明显的放射性标志,指定专人负责对放射性作业的辐射源、作业场所、作业人员及操作过程进行专业管理。

生产、销售、使用、贮存放射性同位素和射线装置的场所,应设置安全和防护设施,以及必要的防护安全联锁、报警装置或者工作信号,并保证可能接触放射线的工作人员佩戴个人剂量计。

企业不得生产、经营、进口和使用国家明令禁止的可能产生职业病危害的设备和材料。生产、使用和引进与职业病危害有关的危险化学品,必须具备毒性鉴定资料,收集齐全的化学品安全技术说明书(MSDS)。

企业应当对供应商提出书面要求,对可能产生职业病危害的设备、技术、工艺和材料包装要提供中文说明书,提供主要原材料化学品安全技术说明书(MSDS)。在选择主导原材料供应商时,应当要求主导原材料供应商提供职业卫生承诺文件。

企业应当实施由专人负责职业病危害因素日常监测,对使用现场固定检测仪的,应当确保监测系统处于正常运行状态;企业监测机构按检测方法标准进行自主监测的,监测结果应当在工作场所公布。

### (七)劳动防护用品

企业应当依据《个体防护装备选用规范》(GB 11651—2008)和国家颁发的劳动防护用品配备标准以及《员工个人劳动防护用品管理及配备规范》(Q/SY 178—2009)等规定,根据本企业安全生产和防止职业病危害的需要,按照不同工种、不同劳动环境和条件,或同种工种、不同劳动环境和条件,为员工配发具有不同防护功能的用品,并组织对员工劳动防护用品正确佩戴和使用进行培训,督促员工正确佩戴和使用劳动防护用品。

企业应当安排用于配备劳动防护用品的专项经费,不应缩小配发范围和降低配发标准,不得以货币或者其他物品替代应当按规定配备的劳动防护用品。配发的护品质量应符合产品标准的要求,防护服款式应以符合安全要求为主,区别不同专业、工种,兼顾穿戴方便、合体美观、色泽明显、不影响员工上岗操作。

企业采购的特种劳动护品,应具有国家主管部门颁发的"全国工业产品生产许可证"和"特种劳动护品安全标识",企业应当建立、健全劳动防护用品的采购、验收、保管、发放、使用、报废等管理制度,为员工提供的劳动防护用品,必须符合国家标准或者行业标准,不得超过使用期限。

劳动防护用品分类:

根据国家安全生产监督管理总局令第1号《劳动防护用品安全监督管理规定》分为特种劳动防护用品和一般劳动防护用品。

特种劳动防护用品包括头部防护用品类、呼吸护具类、眼(面)部护具类、听觉器官防护类、防护服装类、手足防护类、防坠落类和经劳动部确定的其他特种劳动防护用品。

**1. 头部防护用品类**

头部防护用品是为了防御头部不受外来物体打击和其他因素危害而配备的个人防护装备。根据防护功能要求,目前主要有一般防护帽、防尘帽、防水帽、防寒帽、安全帽、防静电帽、防高温帽、防电磁辐射帽、防昆虫帽九类产品。在工伤、交通死亡事故中,因头部受伤致死的比例最高,大约占死亡总数的35.5%,其中,以因坠落物撞击致死的为首,其次是交通事故。使用头部防护用品能够避免或减轻上述伤害。

对人体头部受外力伤害起防护作用的帽子为安全帽,它由帽壳、帽衬、下颏带、后箍等组成。安全帽分为通用型、乘车型、特殊安全帽、军用钢盔、军用保护帽和运动员用保护帽六类。其中,通用型和特殊型安全帽属于劳动保护用品。

(1)通用型安全帽:这类帽子有只防顶部的,既防顶部又防侧向冲击的两种。具有耐穿刺的特点,用于建筑运输等行业。有火源场所使用的通用型安全帽耐燃

（2）特殊型安全帽：

① 电业用安全帽：帽壳绝缘性能很好，电气安装、高电压作业等行业使用的较多。

② 防静电安全帽：帽壳和帽衬材料中加有抗静电剂，用于有可燃气体或蒸汽及其他爆炸性物品的场所，其指《爆炸危险场所电气安全规程》规定的 0 区、1 区，可燃物的最小引燃能量在 0.02mJ 以上。

③ 防寒安全帽：其保温特性较好，利用棉布、皮毛等保暖材料作面料，在温度不低于 -20℃ 的环境中使用。

④ 耐高温、辐射热安全帽：其热稳定性和化学稳定性较好，在消防、冶炼等有辐射热源的场所里使用。

⑤ 抗侧压安全帽：其机械强度高，抗弯曲，用于林业、地下工程、井下采煤等行业。

⑥ 带有附件的安全帽：为了满足某项使用要求而带附件的安全帽。

2. 呼吸器官防护用品类

呼吸器官防护用品是为防御有害气体、蒸气、粉尘、烟、雾从呼吸道吸入，直接向使用者提供氧气与或清洁空气，保证尘、毒污染或缺氧环境中作业人员正常呼吸的防护用品。它包括过滤式防毒面具、滤毒罐（盒）、简易式防尘口罩（不包括纱布口罩）、复式防尘口罩、过滤式防微粒口罩、长管面具、正压式空气呼吸器等。

3. 眼面部防护用品类

预防烟雾、尘粒、金属火花和飞屑、热、电磁辐射、激光、化学飞溅等伤害眼睛或面部的个人防护用品称为眼面部防护用品，包括电焊面罩、焊接镜片及护目镜、炉窑面具、炉窑目镜、防冲击眼护具等，根据防护功能，大致可分为防尘、防水、防冲击、防高温、防电磁辐射、防射线、防化学飞溅、防风沙、防强光九类功能。

4. 听觉器官防护用品类

能够防止过量的声能侵入外耳道，使人耳避免噪声的过度刺激，减少听力损失，预防由噪声对人身引起不良影响的个体防护用品，称为听觉器官防护用品。听觉器官防护用品主要有耳塞、耳罩和防噪声头盔三类。

5. 防护服装类

包括防静电工作服，防酸碱工作服（除丝、毛面料外，材质必须经过特殊处理），涉水工作服，防水工作服，阻燃防护服。

6. 手足防护类

手部防护用品按照防护功能分为十二类，即一般防护手套、防水手套、防寒手套、防毒手套、防静电手套、防高温手套、防 X 射线手套、防酸碱手套、防油手套、防振手套、防切割手套、绝缘手套。每类手套按照材料又能细分为许多种。

脚部防护用品分为八类,包括保护足趾安全鞋、防静电鞋、导电鞋、防刺穿鞋、胶面防砸安全靴、电绝缘鞋、耐酸碱皮鞋、耐酸碱胶靴、耐酸碱塑料模压靴。

#### 7. 防坠落类

包括安全带(含速差式自控器与缓冲器)、安全网、安全绳。

#### 8. 经劳动部确定的其他特种劳动防护用品

除上述特种劳动防护用品外,其他为一般防护用品。

## 五、职业健康监护

### (一)开展职业健康监护的职业病危害因素的界定原则

职业病危害因素是指在职业活动中产生和(或)存在的、可能对职业人群健康、安全和作业能力造成不良影响的因素或条件,包括化学、物理、生物等因素。根据《职业健康监护技术规范》(GBZ 188—2014)在岗期间定期职业健康检查分为强制性和推荐性两种,除在各种职业病危害因素相应的项目标明为推荐性健康检查外,其余均为强制性。

国家颁布的职业病危害因素分类目录中的危害因素,符合以下条件者应实行强制性职业健康监护:

(1)该危害因素有确定的慢性毒性作用,并能引起慢性职业病或慢性健康损害;或有确定的致癌性,在暴露人群中所引起的职业性癌症有一定的发病率。

(2)该因素对人的慢性毒性作用和健康损害或致癌作用尚不能肯定,但有动物实验或流行病学调查的证据,有可靠的技术方法,通过系统地健康监护可以提供进一步明确的证据。

(3)有一定数量的暴露人群。

国家颁布的职业病危害因素分类目录中的危害因素,只有急性毒性作用的及对人体只有急性健康损害但有确定的职业禁忌证的,上岗前执行强制性健康监护,在岗期间执行推荐性健康监护。

如需对其他职业病危害因素开展健康监护,需通过专家评估后确定,评估内容包括:

(1)这种物质在国内正在使用或准备使用,且有一定量的暴露人群。

(2)有文献资料,主要是毒理学研究资料,确定其是否符合国家规定的有害化学物质的分类标准及其对健康损害的特点和类型。

(3)查阅流行病学资料及临床资料,有证据表明其存在损害劳动者健康的可能性或有理由怀疑在预期的使用情况下会损害劳动者健康。

（4）对这种物质可能引起的健康损害，是否有开展健康监护的正确、有效、可信的方法，需要确定其敏感性、特异性和阳性预计值。

（5）健康监护能够对个体或群体的健康产生有利的结果。对个体而言，可早期发现健康损害并采取有效的预防或治疗措施；对群体健康状况的评价可以预测危害程度和发展趋势，采取有效的干预措施。

（6）健康检查的方法是劳动者可以接受的，且检查结果有明确的解释。

（7）符合医学伦理道德规范。

有特殊健康要求的特殊作业人群应实行强制性健康监护。

### （二）职业健康监护人群的界定原则

（1）接触需要开展强制性健康监护的职业病危害因素的人群，都应接受职业健康监护。

（2）在岗期间定期开展健康检查，检查推荐性的职业病危害因素，原则上可根据用人单位的安排接受健康监护。

（3）虽不是直接从事接触需要开展职业健康监护的职业病危害因素的作业，但在工作环境中受到与直接接触人员同样的或几乎同样的接触，应视同职业性接触，需和直接接触人员一样接受健康监护。

（4）根据不同职业病危害因素暴露和发病的特点及剂量与效应关系，主要根据工作场所有害因素的浓度或强度，以及个体累计暴露的时间长度和工种，确定需要开展健康监护的人群。

（5）离岗后健康检查的时间，主要根据有害因素致病的流行病学及临床特点、劳动者从事该作业的时间长短、工作场所有害因素的浓度等因素综合考虑确定。

### （三）职业健康检查的种类

职业健康检查分为上岗前职业健康检查、在岗期间职业健康检查和离岗时职业健康检查。

**1. 上岗前职业健康检查**

上岗前职业健康检查的主要目的是发现有无职业禁忌证，建立接触职业病危害因素人员的基础健康档案。上岗前职业健康检查均为强制性职业健康检查，应在开始从事有害作业前完成。下列人员应进行上岗前职业健康检查：

（1）拟从事接触职业病危害因素作业的新录用人员，包括转岗到该种作业岗位的人员。

（2）拟从事有特殊健康要求作业的人员，如高处作业、电工作业、职业机动车驾驶作业等。

**2. 在岗期间职业健康检查**

长期从事规定的需要开展健康监护的职业病危害因素作业的劳动者，应进行在岗期间的定期健康检查。定期健康检查的目的主要是在早期发现职业病病人或疑似职业病病人或劳动者的其他健康异常改变；及时发现有职业病禁忌的劳动者；通过动态观察劳动者群体健康变化，评价工作场所职业病危害因素的控制效果。定期健康检查的周期应根据不同职业病危害因素的性质、工作场所有害因素的浓度或强度、目标疾病的潜伏期和防护措施等因素决定。

3. 离岗时职业健康检查

劳动者在准备调离或脱离所从事的职业病危害作业或岗位前，应在离岗时进行职业健康检查；主要目的是确定其在停止接触职业病危害因素时的健康状况。如最后一次在岗期间的健康检查是在离岗前的90日内，可视为离岗时职业健康检查。

### （四）离岗后的健康检查

下列情况劳动者需进行离岗后的健康检查：

（1）劳动者接触的职业病危害因素具有慢性健康影响，所致职业病或职业肿瘤常有较长的潜伏期，故脱离接触后仍有可能发生职业病。

（2）离岗后健康检查时间的长短应根据有害因素致病的流行病学及临床特点、劳动者从事该作业的时间长短、工作场所有害因素的浓度等因素综合考虑确定。

### （五）应急健康检查

（1）当发生急性职业病危害事故时，根据事故处理的要求，对遭受或者可能遭受急性职业病危害的劳动者，应及时组织健康检查。依据检查结果和现场劳动卫生学调查，确定危害因素，为急救和治疗提供依据，控制职业病危害的继续蔓延和发展。应急健康检查应在事故发生后立即开始。

（2）从事可能产生职业性传染病作业的劳动者，在疫情流行期或近期密切接触传染源者，应及时开展应急健康检查，随时监测疫情动态。

## 六、职业卫生档案管理

### （一）职业卫生档案内容

依据国家安全监管总局办公厅安监总厅安健〔2013〕171号《职业卫生档案管理规范》，企业应建立健全职业卫生档案，包括以下主要内容：

（1）建设项目职业卫生"三同时"档案。

（2）职业卫生管理档案。

（3）职业卫生宣传培训档案。

（4）职业病危害因素监测与检测评价档案。

（5）企业职业健康监护管理档案。

（6）劳动者个人职业健康监护档案。

（7）法律、行政法规、规章要求的其他资料文件。

## （二）职业卫生档案管理要求

（1）企业可根据工作实际对职业卫生档案的样表做适当调整，但主要内容不能删减。

（2）涉及项目及人员较多的，可参照样表予以补充。

（3）职业卫生档案中某项档案材料较多或者与其他档案交叉的，可在档案中注明其保存地点。

（4）企业应设立档案室或指定专门的区域存放职业卫生档案，并指定专门机构和专（兼）职人员负责管理。

（5）企业应做好职业卫生档案的归档工作，按年度或建设项目进行案卷归档，及时编号登记，入库保管。

（6）企业要严格职业卫生档案的日常管理，防止出现遗失。

（7）职业卫生监管部门查阅或者复制职业卫生档案材料时，企业必须如实提供。

（8）劳动者离开企业时，有权索取本人职业健康监护档案复印件，企业应如实、无偿地提供，并在所提供的复印件上签章。

（9）劳动者在申请职业病诊断、鉴定时，企业应如实提供职业病诊断、鉴定所需的劳动者职业病危害接触史、工作场所职业病危害因素检测结果等资料。

（10）企业发生分立、合并、解散、破产等情形的，职业卫生档案应按照国家档案管理的有关规定移交保管。

## 七、女职工劳动保护特别规定

（1）用人单位应当加强女职工劳动保护，采取措施改善女职工劳动安全卫生条件，对女职工进行劳动安全卫生知识培训。

（2）用人单位应当遵守女职工禁忌从事的劳动范围的规定。用人单位应当将本单位属于女职工禁忌从事的劳动范围的岗位以书面形式告知女职工。

（3）用人单位不得因女职工怀孕、生育、哺乳，而降低其工资、予以辞退、与其解除劳动或者聘用合同。

（4）女职工在孕期不能适应原岗位劳动的，用人单位应当根据医疗机构的证明，予以减轻劳动量或者安排其他能够适应的劳动。对怀孕7个月以上的女职工，用人单位不得延长劳动时间或安排夜班,并应当在劳动时间内安排一定的休息时间。

(5)怀孕女职工在劳动时间内进行产前检查,所需时间计入劳动时间。

(6)女职工生育享受 98 天产假,其中,产前可以休假 15 天;难产的情况,增加产假 15 天;生育多胞胎的情况或每多生育 1 个婴儿,增加产假 15 天。女职工怀孕未满 4 个月流产的,享受 15 天产假;怀孕满 4 个月流产的,享受 42 天产假。

(7)女职工产假期间的生育津贴,对已经参加生育保险的,按照用人单位上年度职工月平均工资的标准由生育保险基金支付;对未参加生育保险的,按照女职工产假前的工资标准由用人单位支付。女职工生育或者流产的医疗费用,按照生育保险规定的项目和标准,对已经参加生育保险的,由生育保险基金支付;对未参加生育保险的,由用人单位支付。

(8)对哺乳未满 1 周岁婴儿的女职工,用人单位不得延长劳动时间或者安排夜班。用人单位应当在每天的劳动时间内为哺乳期女职工安排 1 小时的哺乳时间;女职工生育多胞胎的,每多哺乳 1 个婴儿,每天增加 1 小时哺乳时间。

(9)女职工比较多的用人单位应当根据女职工的需要,建立女职工卫生室、孕妇休息室、哺乳室等设施,妥善解决女职工在生理卫生和哺乳方面的困难。

## 八、工作场所基本卫生要求

### (一)防尘、防毒

(1)优先采用先进的生产工艺、技术和无毒(害)或低毒(害)的原材料,消除或减少尘、毒职业性有害因素;对于工艺、技术和原材料达不到要求的,应根据生产工艺和粉尘、毒物特性,参照《工作场所防止职业中毒卫生工程防护措施规范》(GBZ/T 194)的规定设计相应的防尘、防毒通风控制措施,使劳动者活动的工作场所有害物质浓度符合《工作场所有害因素职业接触限值》(GBZ 2.1)要求;如预期劳动者接触浓度不符合要求的,应根据实际接触情况,参照《有机溶剂作业场所个人职业病防护用品使用规范》(GBZ/T 195)和《呼吸防护用品的选择、使用与维护》(GB/T 18664)的要求同时设计有效的个人防护措施。

① 原材料选择应遵循无毒物质代替有毒物质,低毒物质代替高毒物质的原则。

② 对产生粉尘、毒物的生产过程和设备(含露天作业的工艺设备),应优先采用机械化和自动化,避免直接人工操作。为防止物料跑、冒、滴、漏,其设备和管道应采取有效的密闭措施,密闭形式应根据工艺流程、设备特点、生产工艺、安全要求及便于操作、维修等因素确定,并应结合生产工艺采取通风和净化措施。对移动的扬尘和逸散毒物的作业,应与主体工程同时设计移动式、轻便的防尘和排毒设备。

③ 对于逸散粉尘的生产过程,应对产尘设备采取密闭措施;设置适宜的局部排风除尘

设施对尘源进行控制;生产工艺和粉尘性质可采取湿式作业的,应采取湿法抑尘。当湿式作业仍不能满足卫生要求时,应采用其他通风、除尘方式。

(2)产生或可能存在毒物或酸碱等强腐蚀性物质的工作场所应设冲洗设施;高毒物质工作场所墙壁、顶棚和地面等内部结构和表面应采用耐腐蚀、不吸收、不吸附毒物的材料,必要时加设保护层;车间地面应平整防滑,易于冲洗清扫;可能产生积液的地面应做防渗透处理,并采用坡向排水系统,其废水纳入工业废水处理系统。

(3)贮存酸、碱及高危液体物质贮罐区周围应设置泄险沟(堰)。

(4)工作场所粉尘、毒物的发生源应布置在工作地点的自然通风或进风口的下风侧;放散不同有毒物质的生产过程所涉及的设施布置在同一建筑物内时,使用或产生高毒物质的工作场所应与其他工作场所隔离。

(5)防尘和防毒设施应依据车间自然通风风向、扬尘和逸散毒物的性质、作业点的位置和数量及作业方式等进行设计。经常有人来往的通道(地道、通廊),应有自然通风或机械通风,并不宜敷设有毒液体或有毒气体的管道。

① 通风、除尘、排毒设计应遵循相应的防尘、防毒技术规范和规程的要求。

(a)当数种溶剂(苯及其同系物、醇类或醋酸酯类)蒸气或数种刺激性气体同时放散于空气中时,应按各种气体分别稀释至规定的接触限值所需要的空气量的总和计算全面通风换气量。除上述有害气体及蒸气外,其他有害物质同时放散于空气中时,通风量仅按需要空气量最大的有害物质计算。

(b)通风系统的组成及其布置应合理,能满足防尘、防毒的要求。容易凝结蒸气和聚积粉尘的通风管道、几种物质混合能引起爆炸、燃烧或形成危害更大的物质的通风管道,应设单独通风系统,不得相互连通。

(c)采用热风采暖、空气调节和机械通风装置的车间,其进风口应设置在室外空气清洁区并低于排风口,对有防火、防爆要求的通风系统,其进风口应设在不可能有火花溅落的安全地点,排风口应设在室外安全处。相邻工作场所的进气和排气装置,应合理布置,以避免气流短路。

(d)进风口的风量,应按防止粉尘或有害气体逸散至室内的原则通过计算确定。有条件时,应在投入运行前以实测数据或经验数值进行实际调整。

(e)供给工作场所的空气一般直接送至工作地点。放散气体的排出应根据工作场所的具体条件及气体密度合理设置排出区域及排风量。

(f)确定密闭罩进风口的位置、结构和风速时,应使罩内负压均匀,防止粉尘外逸并不至于把物料带走。

(g)下列三种情况不宜采用循环空气:

——空气中含有燃烧或爆炸危险的粉尘、纤维,含尘浓度大于或等于其爆炸下限的25%时。

——对于局部通风除尘、排毒系统,在排风经净化后,循环空气中粉尘、有害气体浓度大于或等于其职业接触限值的30%时。

——空气中含有病原体、恶臭物质及有害物质浓度可能突然增高的工作场所。

(h)局部机械排风系统各类型排气罩应参照《排风罩的分类及技术条件》(GB/T 16758)的要求,遵循形式适宜、位置正确、风量适中、强度足够、检修方便的设计原则,罩口风速或控制点风速应足以将发生源产生的粉尘、有毒气体吸入罩内,确保达到高捕集效率。局部排风罩不能采用密闭形式时,应根据不同的工艺操作要求和技术经济条件选择适宜的伞形排风装置。

(i)输送含尘气体的风管宜垂直或倾斜敷设,倾斜敷设时,与水平面的夹角应大于45°。如必须设置水平管道时,管道不应过长,并应在适当位置设置清扫孔,方便清除积尘,防止管道堵塞。

(j)按照粉尘类别不同,通风管道内应保证达到最低经济流速。为便于除尘系统的测试,设计时应在除尘器的进出口处设可开闭式的测试孔,测试孔的位置应选在气流稳定的直管段,测试孔在不测试时应可以关闭。在有爆炸性粉尘及有毒、有害气体净化系统中,宜设置连续自动检测装置。

(k)为减少对厂区及周边地区人员的危害及环境污染,散发有毒有害气体的设备所排出的尾气及由局部排气装置排出的浓度较高的有害气体应通过净化处理设备后排出;直接排入大气的,应根据排放气体的落地浓度确定引出高度,使工作场所劳动者接触的落点浓度符合《工作场所有害因素职业接触限值》(GBZ 2.1)的要求,还应符合《大气污染物综合排放标准》(GB 16297)和《环境空气质量标准》(GB 3095)等相应环保标准的规定。

② 含有剧毒、高毒物质或难闻气味物质的局部排风系统,或含有较高浓度的爆炸危险性物质的局部排风系统所排出的气体,应排至建筑物外空气动力阴影区和正压区之外。

③ 在生产中可能突然逸出大量有害物质或易造成急性中毒或易燃易爆的化学物质的室内作业场所,应设置事故通风装置及与事故排风系统相连锁的泄漏报警装置。

(a)事故通风宜由经常使用的通风系统和事故通风系统共同保证,但在发生事故时,必须保证能提供足够的通风量。事故通风的风量宜根据工艺设计要求通过计算确定,但换气次数不宜少于每小时12次。

(b)事故通风通风机的控制开关应分别设置在室内、室外便于操作的地点。

(c)事故排风的进风口,应设在有害气体或有爆炸危险的物质放散量可能最大或聚集最多的地点。对事故排风的死角处,应采取导流措施。

（d）事故排风装置排风口的设置应尽可能避免对人员的影响：

——事故排风装置的排风口应设在安全处，远离门、窗及进风口和人员经常停留或经常通行的地点；

——排风口不得朝向室外空气动力阴影区和正压区。

④ 在放散有爆炸危险的可燃气体、粉尘或气溶胶等物质的工作场所，应设置防爆通风系统或事故排风系统。

（6）应结合生产工艺和毒物特性，在有可能发生急性职业中毒的工作场所，根据自动报警装置技术发展水平设计自动报警或检测装置。

① 检测报警点应根据《锡矿山工作场所放射卫生防护标准》（GBZ/T 233）的要求，设在存在、生产或使用有毒气体的工作地点，包括可能释放高毒、剧毒气体的作业场所，可能大量释放或容易聚集的其他有毒气体的工作地点也应设置检测报警点。

② 应设置有毒气体检测报警仪的工作地点，宜采用固定式，当不具备设置固定式的条件时，应配置便携式检测报警仪。

③ 毒物报警值应根据有毒气体毒性和现场实际情况至少设警报值和高报值。预报值为 MAC 或 PC-STEL 的 1/2、无 PC-STEL 的化学物质，警报值可设在相应超限倍数值的 1/2；警报值为 MAC 或 PC-STEL 值、无 PC-STEL 的化学物质，警报值可设在相应的超限倍数值；高报值应综合考虑有毒气体毒性、作业人员情况、事故后果、工艺设备等各种因素后设定。

（7）可能存在或产生有毒物质的工作场所应根据有毒物质的理化特性和危害特点配备现场急救用品，设置冲洗喷淋设备、应急撤离通道、必要的泄险区及风向标。泄险区应低位设置且有防透水层，泄漏物质和冲洗水应集中纳入工业废水处理系统。

## （二）防暑、防寒

### 1. 防暑

（1）应优先采用先进的生产工艺、技术和原材料，工艺流程的设计宜使操作人员远离热源，同时根据其具体条件采取必要的隔热、通风、降温等措施，消除高温职业危害。

（2）对于工艺、技术和原材料达不到要求的，应根据生产工艺、技术、原材料特性及自然条件，通过采取工程控制措施和必要的组织措施，如减少生产过程中的热和水蒸气释放，屏蔽热辐射源、加强通风、减少劳动时间、改善作业方式等，使室内和露天作业地点 WBGT 指数符合《工业场所有害因素职业接触限值》（GBZ 2.2）的要求。对于劳动者室内和露天作业 WBGT 指数不符合标准要求的，应根据实际接触情况采取有效的个人防护措施。

（3）应根据夏季主导风向设计高温作业厂房的朝向，使厂房能形成穿堂风或能增加自然通风的风压。高温作业厂房平面布置呈"L"型、"Ⅱ"型或"Ⅲ"型的，其开口部分宜位于夏季主导风向的迎风面。

（4）高温作业厂房宜设有避风的天窗,天窗和侧窗宜便于开关和清扫。

（5）夏季自然通风用的进气窗的下端距地面不宜大于1.2m,以便空气直接吹向工作地点；冬季需要自然通风时,应对通风设计方案进行技术经济比较,并根据热平衡的原则合理确定热风补偿系统容量,进气窗下端一般不宜小于4m；若小于4m时,宜采取防止冷风吹向工作地点的有效措施。

（6）以自然通风为主的高温作业厂房应有足够的进、排风面积。产生大量热、湿气、有害气体的单层厂房的附属建筑物占用该厂房外墙的长度不得超过外墙全长的30%,且不宜设在厂房的迎风面。

（7）产生大量热或逸出有害物质的车间,在平面布置上应以其最长边作为外墙。若四周均为内墙时,应采取向室内送入清洁空气的措施。

（8）热源应尽量布置在车间外面；采用热压为主的自然通风时,热源应尽量布置在天窗的下方；采用穿堂风为主的自然通风时,热源应尽量布置在夏季主导风向的下风侧；热源布置应便于采用各种有效的隔热及降温措施。

（9）车间内发热设备设置应按车间气流具体情况确定,一般宜在操作岗位夏季主导风向的下风侧、车间天窗下方的部位。

（10）高温、强热辐射作业,应根据工艺、供水和室内微小气候等条件采用有效的隔热措施,如水幕、隔热水箱或隔热屏等。工作人员经常停留或靠近的高温地面或高温壁板,其表面平均温度不应大于40℃,瞬间最高温度也不宜大于60℃。

（11）当高温作业时间较长,工作地点的热环境参数达不到卫生要求时,应采取降温措施。

① 采用局部送风降温措施时,气流达到工作地点的风速控制设计应符合以下要求：

（a）带有水雾的气流风速为3～5m/s,雾滴直径应小于100μm。

（b）不带水雾的气流风速,劳动强度Ⅰ级的应控制在2～3m/s,Ⅱ级的控制在3～5m/s,Ⅲ级的控制在4～6m/s。

② 设置系统式局部送风时,工作地点的温度和平均风速应符合表3-13的规定。

表3-13 工作地点的温度和平均风速

| 热辐射强度,W/m² | 冬季 | | 夏季 | |
| --- | --- | --- | --- | --- |
| | 温度,℃ | 风速,m/s | 温度,℃ | 风速,m/s |
| 350～700 | 20～25 | 1～2 | 26～31 | 1.5～3 |
| 701～1400 | 20～25 | 1～3 | 26～30 | 2～4 |

续表

| 热辐射强度,W/m² | 冬季 | | 夏季 | |
|---|---|---|---|---|
| | 温度,℃ | 风速,m/s | 温度,℃ | 风速,m/s |
| 1401～2100 | 18～22 | 2～3 | 25～29 | 3～5 |
| 2101～2800 | 18～22 | 3～4 | 24～28 | 4～6 |

注：① 轻度强度作业时,温度宜采用表中较高值,风速宜采用较低值；重强度作业时,温度宜采用较低值,风速宜采用较高值；中度强度作业时其数据可按插入法确定。
② 对于夏热冬冷（或冬暖）地区,表中夏季工作地点的温度,可提高2℃。
③ 当局部送风系统的空气需要冷却或加热处理时,其室外计算参数,夏季应采用通风室外计算温度及相对湿度；冬季应采用采暖室外计算温度。

工艺上以湿度为主要要求的空气调节车间,除工艺有特殊要求或已有规定者外,不同湿度条件下的空气温度应符合表3-14的规定。

表3-14　空气调节厂房内不同湿度下的温度要求（上限值）

| 相对湿度,% | ＜55 | ＜65 | ＜75 | ＜85 | ≥85 |
|---|---|---|---|---|---|
| 温度,℃ | 30 | 29 | 28 | 27 | 26 |

（12）高温作业车间应设有工间休息室。休息室应远离热源,采取通风、降温、隔热等措施,使温度小于或等于30℃；设有空气调节的休息室室内气温应保持在24～28℃。对于可以脱离高温作业点的,可设观察（休息）室。

（13）特殊高温作业,如高温车间桥式起重机驾驶室、车间内的监控室、操作室、炼焦车间拦焦车驾驶室等应有良好的隔热措施,热辐射强度应小于700W/m²,室内气温不应大于28℃。

（14）当作业地点日最高气温高于或等于35℃时,应采取局部降温和综合防暑措施,并应减少高温作业时间。

2. 防寒

（1）凡近十年每年最冷月平均气温低于或等于8℃的月数大于或等于3个月的地区应设集中采暖设施,少于2个月的地区应设局部采暖设施。当工作地点不固定,需要持续低温作业时,应在工作场所附近设置取暖室。

（2）冬季寒冷环境工作地点采暖温度应符合表3-15要求。

表3-15　冬季工作地点的采暖温度（干球温度）

| 体力劳动强度级别 | 采暖温度,℃ |
|---|---|
| Ⅰ | ≥18 |
| Ⅱ | ≥16 |

续表

| 体力劳动强度级别 | 采暖温度，℃ |
|---|---|
| Ⅲ | ≥14 |
| Ⅳ | ≥12 |

注：① 体力劳动强度分级见《工业场所有害因素职业接触限值》（GBZ 2.2），其中Ⅰ级代表轻劳动，Ⅱ级代表中等劳动，Ⅲ级代表重劳动，Ⅳ级代表极重劳动。

② 当作业地点劳动者人均占用较大面积（50～100m³）、劳动强度Ⅰ级时，其冬季工作地点采暖温度可低至10℃，Ⅱ级时可低至7℃，Ⅲ级时可低至5℃。

③ 当室内散热量小于23W/m³时，风速不宜大于0.3m/s；当室内散热量大于或等于23W/m³时，风速不宜大于0.5m/s。

（3）采暖地区的生产辅助用室冬季室温宜符合表3-16中的规定。

表3-16 生产辅助用室的冬季温度

| 辅助用室名称 | 气温，℃ |
|---|---|
| 办公室、休息室、就餐场所 | ≥18 |
| 浴室、更衣室、妇女卫生室 | ≥25 |
| 厕所、盥洗室 | ≥14 |

注：工业企业辅助建筑，风速不宜大于0.3m/s。

（4）工业建筑采暖的设置、采暖方式的选择应按照《采暖通风与空气调节设计规范》（GB 50019），根据建筑物规模、所在地区气象条件、能源状况、能源及环保政策等要求，采用技术可行、经济合理的原则确定。

（5）冬季采暖室外计算温度小于或等于-20℃的地区，为防止车间大门长时间或频繁开放而受冷空气的侵袭，应根据具体情况设置门斗、外室或热空气幕。

（6）设计热风采暖时，应防止强烈气流直接对人产生不良影响，送风的最高温度不得超过70℃，送风宜避免直接面向人，室内气流一般应为0.1～0.3m/s。

（7）产生较多或大量湿气的车间，应设计必要的除湿排水防潮设施。

（8）车间围护结构应防止雨水渗透，冬季需要采暖的车间，围护结构内表面（不包括门窗）应防止凝结水气，特殊潮湿车间工艺上允许在墙上凝结水汽的除外。

（三）防噪声与振动

1. 防噪声

（1）工业企业噪声控制应按《工业企业噪声控制设计规范》（GBJ 87）设计，对生产工艺、操作维修、降噪效果进行综合分析，采用行之有效的新技术、新材料、新工艺、新方法。

对于生产过程和设备产生的噪声,应首先从声源上进行控制,使噪声作业劳动者接触噪声声级符合《工业场所有害因素职业接触限值》(GBZ 2.2)的要求。采用工程控制技术措施仍达不到《工业场所有害因素职业接触限值》(GBZ 2.2)要求的,应根据实际情况合理设计劳动作息时间,并采取适宜的个人防护措施。

(2)产生噪声的车间与非噪声作业车间、高噪声车间与低噪声车间应分开布置。

(3)工业企业设计中的设备选择,宜选用噪声较低的设备。

(4)在满足工艺流程要求的前提下,宜将高噪声设备相对集中,并采取相应的隔声、吸声、消声、减振等控制措施。

(5)为减少噪声的传播,宜设置隔声室。隔声室的天棚、墙体、门窗均应符合隔声、吸声的要求。

(6)产生噪声的车间,应在控制噪声发生源的基础上,对厂房的建筑设计采取减轻噪声影响的措施,注意增加隔声、吸声措施。

(7)非噪声工作地点的噪声声级的设计要求应符合表3-17的规定设计要求。

表3-17 非噪声工作地点噪声声级设计要求

| 地点名称 | 噪声声级,dB(A) | 工效限值,dB(A) |
| --- | --- | --- |
| 噪声车间观察(值班)室 | ≤75 | |
| 非噪声车间办公室、会议室 | ≤60 | ≤55 |
| 主控室、精密加工室 | ≤70 | |

2. 防振动

(1)采用新技术、新工艺、新方法避免振动对健康的影响,应首先控制振动源,使手传振动接振强度符合《工业场所有害因素职业接触限值》(GBZ 2.2)的要求,全身振动强度不超过表3-18规定的卫生限值。采用工程控制技术措施仍达不到要求的,应根据实际情况合理设计劳动作息时间,并采取适宜的个人防护措施。

表3-18 全身振动强度卫生限值

| 工作日接触时间 $t$,h | 卫生限值,$m/s^2$ |
| --- | --- |
| $4 < t \leq 8$ | 0.62 |
| $2.5 < t \leq 4$ | 1.10 |
| $1.0 < t \leq 2.5$ | 1.40 |
| $0.5 < t \leq 1.0$ | 2.40 |
| $t \leq 0.5$ | 3.60 |

（2）工业企业设计中振动设备的选择，宜选用振动较小的设备。

（3）产生振动的车间，应在控制振动发生源的基础上，对厂房的建筑设计采取减轻振动影响的措施。对产生强烈振动的车间应采取相应的减振措施，对振幅、功率大的设备应设计减振基础。

（4）受振动（1～80Hz）影响的辅助用室（如办公室、会议室、计算机房、电话室、精密仪器室等），其垂直或水平振动强度不应超过表3-19中规定的设计要求。

表3-19　辅助用室垂直或水平振动强度卫生限值

| 接触时间 $t$,h | 卫生限值，$m/s^2$ | 工效限值，$m/s^2$ |
| --- | --- | --- |
| $4 < t \leqslant 8$ | 0.31 | 0.098 |
| $2.5 < t \leqslant 4$ | 0.53 | 0.17 |
| $1.0 < t \leqslant 2.5$ | 0.71 | 0.23 |
| $0.5 < t \leqslant 1.0$ | 1.12 | 0.37 |
| $t \leqslant 0.5$ | 1.8 | 0.57 |

（四）防非电离辐射与电离辐射

（1）产生工频电磁场的设备安装地址（位置）的选择应与居住区、学校、医院、幼儿园等保持一定的距离，使上述区域电场强度最高容许接触水平控制在4kV/m以内。

（2）对有可能危及电力设施安全的建筑物、构筑物进行设计时，应遵循国家有关法律、法规要求。

（3）在选择极低频电磁场发射源和电力设备时，应综合考虑安全性、可靠性以及经济社会效益；新建电力设施时，应在不影响健康、社会效益及技术经济可行性的前提下，采取合理、有效的措施以降低极低频电磁场辐射的接触水平。

（4）对于在生产过程中有可能产生非电离辐射的设备，应制订非电离辐射防护规划，采取有效的屏蔽、接地、吸收等工程技术措施及自动化或半自动化远距离操作，如预期不能屏蔽的应设计反射性隔离或吸收性隔离措施，使劳动者非电离辐射作业的接触水平符合《工业场所有害因素职业接触限值》（GBZ 2.2）的要求。

（5）设计劳动定员时应考虑电磁辐射环境对装有心脏起搏器的病人等特殊人群的健康影响。

（6）电离辐射防护应按《电离辐射防护与辐射源安全基本标准》（GB 18871）及相关国家标准执行。

## （五）采光和照明

（1）工作场所采光设计按《建筑采光设计标准》（GB/T 50033）执行。

（2）工作场所照明设计按《建筑照明设计标准》（GB 50034）执行。

（3）照明设计宜避免眩光，充分利用自然光，选择适合目视工作的背景，光源位置选择宜避免产生阴影。

① 照明设计宜采取相应措施减少来自窗户眩光，如工作台方向设计宜使劳动者侧对或背对窗户，采用百叶窗、窗帘、遮盖布或树木或半透明窗户等。

② 应减少裸光照射或使用深颜色灯罩，以完全遮蔽眩光或确保眩光在视野之外，避免来自灯泡眩光的影响。

③ 应采取避免间接眩光（反射眩光）的措施，如合理设置光源位置，降低光源亮度，调整工作场所背景颜色。

④ 在流水线从事关键技术工作岗位间的隔板不应影响光线或照明。

⑤ 应使设备和照明配套，避免孤立的亮光光区，提高能见度及适宜光线方向。

（4）应根据工作场所的环境条件，选用适宜的符合现行节能标准的灯具。

① 在潮湿的工作场所，宜采用防水灯具或带防水灯头的开敞式灯具。

② 在有腐蚀性气体或蒸气的工作场所，宜采用防腐蚀密闭式灯具。若采用开敞式灯具，各部分应有防腐蚀或防水措施。

③ 在高温工作场所，宜采用散热性能好、耐高温的灯具。

④ 在粉尘工作场所，应按粉尘性质和生产特点，选择防水、防高温、防尘、防爆炸的适宜灯具。

⑤ 在装有锻锤、大型桥式吊车等振动、摆动较大的工作场所使用的灯具，应有防振和防脱落措施。

⑥ 在需防止紫外线照射的工作场所，应采用隔紫外线灯具或无紫外线光源。

⑦ 在含有可燃易爆气体及粉尘的工作场所，应采用防爆灯具和防爆开关。

## （六）工作场所微小气候

（1）工作场所的新风应来自室外，新风口应设置在空气清洁区，新风量应满足下列要求：非空调工作场所人均占用容积小于 20m³ 的车间，应保证人均新风量大于或等于 30m³/h；如所占容积大于 20m³ 时，应保证人均新风量大于或等于 20m³/h。采用空气调节的车间，应保证人均新风量大于或等于 30m³/h。洁净室的人均新风量应大于或等于 40m³/h。

（2）封闭式车间人均新风量宜设计为 30～50m³/h。微小气候的设计宜符合表 3-20 的要求。

表 3-20　封闭式车间微小气候设计要求

| 参数 | 冬季 | 夏季 |
| --- | --- | --- |
| 温度，℃ | 20～24 | 25～28 |
| 风速，m/s | ≤0.2 | ≤0.3 |
| 相对湿度，% | 30～60 | 40～60 |

注：过渡季节微小气候计算参数取冬季、夏季差值。

# 第十节　事故事件报告与分析

## 一、事件报告与分析

（一）事件的定义

此处所指事件主要是炼油与化工企业发生的生产安全事件，指在生产经营活动中发生的严重程度未达到所规定事故等级的人身伤害、健康损害或经济损失等情况。

生产安全事件管理应坚持实事求是、预防为主、全员参与、直线责任和属地管理的原则。

（二）事件的分类与分级

1. 事件的分类

生产安全事件分为工业生产安全事件、道路交通事件、火灾事件和其他事件四类：

（1）工业生产安全事件是指在生产场所内从事生产经营活动过程中发生的造成企业员工和企业外人员轻伤以下或直接经济损失小于1000元的情况。

（2）道路交通事件是指企业车辆在道路上因过错或者意外造成的人员轻伤以下或直接经济损失小于1000元的情况。

（3）火灾事件是指在企业生产、办公及生产辅助场所发生的意外燃烧或燃爆现象，造成人员轻伤以下或直接经济损失小于1000元的情况。

（4）其他事件是指上述三类事件以外的，造成人员轻伤以下或直接经济损失小于1000元的情况。

2. 事件的分级

生产安全事件分为限工事件、医疗处置事件、急救箱事件、经济损失事件和未遂事件五级。

（1）限工事件是指人员受伤后下一工作日仍能工作，但不能在整个班次完成所在岗位全部工作，或临时转岗后可在整个班次完成所转岗位全部工作的情况。

（2）医疗处置事件是指人员受伤需要专业医护人员进行治疗，且不影响下一班次工作的情况。

（3）急救箱事件是指人员受伤仅需一般性处理，不需要专业医护人员进行治疗，且不影响下一班次工作的情况。

（4）经济损失事件是指没有造成人员伤害，但导致直接经济损失小于1000元的情况。

（5）未遂事件是指已经发生但没有造成人员伤害或直接经济损失的情况。

### （三）事件的报告

发生生产安全事件时，当事人或有关人员应视现场实际情况及时处置，防止事件扩大，并立即向属地主管口头初报，随后书面报告。公司所属二级单位或车间应组织对书面的《生产安全事件报告单》进行审核确认。

生产安全事件报告单主要包括以下内容：

（1）报告人。

（2）报告时间。

（3）发生单位或承包商名称。

（4）发生时间。

（5）发生地点。

（6）分析人员单位、姓名。

（7）事件经过描述。

（8）确定事件的性质：限工、医疗、急救（箱）、经济损失或未遂。

（9）受伤人员基本信息：姓名、性别、电话、出生日期、工种、从事目前岗位年限、聘用日期、受伤部位及治疗情况简述。

（10）直接经济损失。

（11）原因分析。

（12）防范措施。

（13）审核意见。

（14）事件单位负责人签字。

### （四）事件的分析

发生生产安全事件后，应认真组织原因分析。通常优先由当班班长组织员工进行初步原因分析，然后由属地车间主管领导组织各专业工程技术人员深入分析事件原因。当该事件在原因分析过程中需要上一级管理层介入时,可将该事件由各生产厂家或直属单位组织相关技术专家进行原因分析。

在进行原因分析过程中主要考虑人的因素、物的因素、环境因素和管理因素。

1. 人的因素

1) 身体条件

身体条件问题是指身体自身存在的且短时间内难以克服的固有缺陷或疾病。主要包括:

(1) 视力缺陷。

(2) 听力缺陷。

(3) 其他器官缺陷。

(4) 肢体残疾。

(5) 呼吸功能衰退。

(6) 间歇发作且具有突发性质的身体疾病。

(7) 身材矮小。

(8) 力量不足。

(9) 学习能力低(智力障碍)。

(10) 对物质敏感。

(11) 因长期服用毒品、药物或酒精导致的能力下降。

(12) 其他因素。

2) 身体状况

身体状况问题是指身体因自身因素或外界环境因素导致的短期的或暂时性的不适、身体障碍或能力下降。主要包括:

(1) 以前的伤病发作。

(2) 暂时性身体障碍。

(3) 疲劳。

(4) 能力(体能、大脑反应速度及准确性)下降。

(5) 血糖过低。

(6) 因使用毒品、药物或酒精致使身体能力短期内或暂时性的下降。

(7) 其他因素。

3) 精神状态

精神状态问题是指对事故的发生有着直接影响的意识、思维、情感、意志等心理活动。主要包括:

(1) 注意力不集中。

（2）高度紧张、慌张、焦虑、恐惧等致使反应迟钝、判断失误或指挥不当。

（3）忘记正确的做法。

（4）情绪波动（生气、发怒、消极怠工、厌倦等）。

（5）遭受挫折。

（6）受到毒品、药物或酒精的影响。

（7）精神高度集中以致忽略了周围不安全因素。

（8）轻视工作或工作中漫不经心。

（9）其他。

4）行为

行为问题是指导致事故发生的当事人、指挥者及管理者的行为。主要包括：

（1）不当的操作。

（2）操作过程出现偏差。

（3）关键行为实施不力。

（4）习惯性的错误做法。

（5）冒险蛮干。

（6）违章操作。

（7）不采取安全防范措施而进行危险操作。

（8）不听从指挥。

（9）偷工减料。

（10）擅自离岗。

（11）擅自改变工作进程。

（12）未经授权而操作设备。

（13）未经许可进入危险区域。

（14）指挥者违章指挥。

（15）指挥者不当的指挥或暗示。

（16）指挥者不当的激励或处罚。

（17）误操作。

（18）其他因素。

5）知识技能水平

问题主要在于对事故的发生和危险危害因素的处置有着直接影响的知识技能水平。主要包括：

（1）缺乏对作业环境危险危害的认识。

（2）没有识别出关键的安全行为要点。

（3）技能掌握不够。

（4）技能实践不足。

（5）其他因素。

6）工具、设备、车辆、材料的储存、堆放、使用

问题主要在于工具、设备、车辆、材料的使用过程中人的不当行为。主要包括：

（1）工具、设备、车辆、材料使用不当。

（2）工具、设备、车辆、材料选择有误。

（3）明知工具、设备、车辆、材料有缺陷仍使用。

（4）工具、设备、车辆、材料放置或停靠的位置不当。

（5）工具、设备、车辆、材料储存、堆放或停靠的方式不正确。

（6）工具、设备、车辆、材料的使用超出了其使用范围。

（7）工具、设备、车辆、材料由未经培训合格的人员使用。

（8）使用已报废或超出使用寿命期限的工具、设备、车辆、材料。

（9）其他因素。

7）安全防护技术、方法、设施的运用

问题主要在于安全防护技术、方法、设施的运用过程中人的不当行为。主要包括：

（1）安全防护技术、方法运用不当。

（2）安全防护设施、个体防护用品使用不当。

（3）个体防护用品选择不当。

（4）未使用个体防护用品。

（5）明知安全防护设施、个体防护用品有缺陷仍使用。

（6）安全防护设施、个体防护用品放置位置不当、使用超出了其使用范围、由未经培训合格的人员使用。

（7）其他因素。

8）信息交流

信息交流问题主要包括：

（1）同事间横向、上下级间纵向、不同部门间、班组间沟通不够。

（2）作业小组间、工作交接沟通不足。

（3）沟通方式、方法不妥。

（4）没有沟通工具或沟通工具不起作用。

（5）信息太长、被干扰、没有被传达、表达不准确。

（6）指令不明确、没有使用标准的专业术语、没有"确认/重复"验证。

（7）其他因素。

2. 物的因素

物的因素问题是指因设计、制造、施工、安装、维护、检修以及设备、材料自身原因所导致的各种事故原因。

1）保护系统

问题主要包括：

（1）防护或保护设施不足、缺失、存在缺陷或失效、被解除或拆除、设置不当。

（2）个体防护用品不足、缺失、存在缺陷或失效、配备不当。

（3）报警不充分、系统存在缺陷或失效、被解除或报警系统被拆除、系统设置不当、无报警系统。

（4）其他因素。

2）工具、设备及车辆

问题主要包括：

（1）设备有缺陷、不够用、未准备就绪、故障。

（2）工具有缺陷、不够用、未准备就绪、故障。

（3）车辆有缺陷、不符合使用要求、未准备就绪、故障。

（4）工具、设备、车辆超期服役。

（5）工具和设备的不当，拆除或不当替代。

（6）其他因素。

3）工程设计、制造、安装、试运行

问题主要包括：

（1）设计缺陷：设计基础或依据过时、不正确，无设计基础或依据，凭经验设计或随意篡改设计基础，设计计算错误，未经核准的技术变更，设计成果未经独立的设计审查，设计有遗漏，技术不成熟，设备选型不对，设备部件标准或规格不合适，人机工程设计不完善，对潜在危险性评估不足，材料选用不当或设备选型不当，因资金原因删减安全投入或降低安全标准及其他因素。

（2）制造缺陷：未执行或未严格执行设计文件，制造技术不成熟，制造工艺有缺陷、未被严格执行，材质、焊接缺陷及其他因素。

（3）施工安装缺陷：施工安装设计图纸未被严格执行，施工安装工艺有缺陷、未被严格执行，施工监督不到位，强力安装，设备未固定或安装不牢靠，焊接缺陷及其他因素。

（4）开工方案有缺陷。

（5）运行准备情况评估不充分。

（6）初期运行监督不到位。

（7）对新技术、新工艺、新装备不熟悉或不适应。

（8）其他因素。

3. 环境因素

1）工作质量受到外在不良环境的影响

问题主要包括：

（1）火灾或爆炸。

（2）作业环境中存在有毒有害气体、蒸气或粉尘。

（3）噪声。

（4）辐射。

（5）极限温度。

（6）作业时自然环境恶劣：风沙、雨水、雷电、蚊虫、野兽、地形、地势。

（7）自然灾害。

（8）地面湿滑。

（9）高处作业。

（10）维护运行中的带能量设备。

（11）其他因素。

2）工作环境自身存在不安全因素

问题主要包括：

（1）拥挤或身体活动范围受到限制。

（2）照明不足或过度。

（3）通风不足。

（4）脏、乱。

（5）作业环境中有毒有害气体或蒸气浓度超标。

（6）设备厂房布局不合理。

（7）安全间距不足。

（8）疏散通道、消防通道设置不合理。

（9）疏散指引标识缺失、设置不合理。

（10）安全警示标志等安全信息缺失、设置不合理。

（11）安全控制设施设置位置不合理，难于操作。

（12）作业位置不在监护的视野或触及范围内。

（13）其他因素。

4. 管理因素

1）知识传递和技能培训

问题主要包括：

（1）知识传递不到位：教员资质不合格、培训设备不合格或数量不足、信息表达不清、信息被误解。

（2）没有记住培训内容：培训内容未能在工作中强化，再培训频度不够。

（3）培训达不到要求：培训课程设计不当，新员工、新岗位培训不够，评价考核标准不能满足要求。

（4）未经培训。

（5）其他因素。

2）管理层的领导能力

（1）职责矛盾：报告关系不清楚、矛盾，职责分工不清、矛盾，授权不当或不足。

（2）领导不力：无业绩考核评估标准，权责不对等，业绩反馈不足或不当，对专业技术掌握不够，对政策、规章、制度、标准、规程执行不力，能力不足。

（3）管理松懈：明知管理有漏洞而放任之，放任违章违纪行为而不制止，规章制度不落实，处罚力度太轻而不足以遏制违章违纪行为，缺乏监督检查。

（4）对作业场所存在的危险危害因素识别不充分。

（5）对作业场所存在的事故隐患排查不充分或者发现不及时、不能及时整改或防范。

（6）作业组织不合理。

（7）频繁的人事变更或岗位变更。

（8）不当的人事安排或岗位安排。

（9）组织机构、监管机制、奖罚机制不健全。

（10）责任制未建立或责任不明确。

（11）国家有关安全法规得不到贯彻执行。

（12）上级或企业自身的安全会议决定或精神得不到贯彻执行。

（13）消极管理。

（14）其他因素。

3）承包商的选择与监督

问题主要包括：

（1）没有进行承包商资格审查。

（2）资格审查不充分。

（3）承包商选择不妥。

（4）使用未经批准的承包商。

（5）没与承包商签订安全管理协议。

（6）承包商进入危险区域作业前未对其进行安全技术交底。

（7）未对承包商的安全技术措施进行审核。

（8）缺乏作业监管。

（9）监管不到位。

（10）其他因素。

4）采购、材料处理和材料控制

问题主要包括：

（1）下错订单

（2）接收不符合订单要求的物件。

（3）未经核准的订单变更。

（4）未进行验收确认。

（5）产品验收不严。

（6）材料包装、运输方式不妥。

（7）材料搬运、材料储存、材料装填、废物处理不当。

（8）材料过了保存期。

（9）对物料的危险危害性识别不充分。

（10）其他因素。

5）设备维护保养和检修

问题主要包括：

（1）未按设备使用说明书进行维护保养。

（2）无相应的检修规程或参考资料。

（3）无检修经验或经验不足。

（4）检维修质量差：评估不充分，计划不充分，技术不过关，与使用单位沟通不够，缺乏责任心，未严格执行检修规程。

（5）未按检修计划进行定期检修。

（6）无检修、维护计划。

（7）检修过程缺少监护。

（8）未与相关单位协调一致。

（9）用工不当。

（10）其他因素。

6）工作守则、政策、标准、规程

问题主要包括：

（1）没有作业规程。

（2）错误的、过时的作业规程或其修订版本。

（3）作业规程不完善：缺乏作业过程的安全分析，作业过程安全分析不充分，与工艺（设备）设计、使用方没有充分协调，编制过程中没有一线员工参加，作业规程有缺项或漏洞，形式、内容不方便使用和操作。

（4）作业规程传达不到位：没有分发到作业班组，语言表达难于理解，没有充分翻译组织成合适的语言，作业规程编制或修订完成后没有及时对员工进行培训。

（5）作业规程实施不力：执行监督不力，岗位职责不清，员工技能与岗位要求不符，内容可操作性差、混淆不清，执行步骤繁杂，技术错误或步骤遗漏，执行过程中的参考项过多，奖罚措施不足，矫正措施不及时。

（6）其他因素。

以上这些事件原因分析考虑的因素和具体问题往往就是安全监督需要关注的重点。

各车间应建立生产安全事件管理的台账，及时完善相关记录，并将事件信息录入 HSE 信息系统，需整改验证的应在整改工作完成后及时补录。公司、各生产厂家或直属单位应建立对应的生产安全事件管理台账，做好及时统计、动态管理。

各生产厂家和直属单位通常每月应组织对本单位上报的生产安全事件进行综合统计分析，公司定期组织对所有生产安全事件进行综合统计分析，研究事件发生的规律，提出预防措施。

## 二、事故报告与分析

### （一）事故的定义

此处所指事故主要是炼油与化工企业发生的生产安全事故，指在生产经营活动中发生的造成人身伤亡或者直接经济损失的事故，不包括环境污染事故、辐射事故等其他事故。

事故的报告、应急、调查、处理和统计工作，必须坚持实事求是、尊重科学的原则，任何单位和个人不得迟报、漏报、谎报、瞒报各类事故，不得伪造、篡改统计资料。

### （二）事故的分类与分级

1. 事故的分类

生产安全事故分为工业生产安全事故、道路交通事故和火灾事故三类。

（1）工业生产安全事故：是指在生产场所内从事生产经营活动中发生的造成企业员工和企业外人员人身伤亡、急性中毒或直接经济损失的事故，不包括火灾事故和交通事故。

（2）道路交通事故：是指企业车辆在道路上因过错或者意外造成的人身伤亡或财产损失的事件。

（3）火灾事故：是指失去控制并对财物和人身造成损害的燃烧现象。

以下情况也列入火灾统计范围：民用爆炸物品爆炸引起的火灾；易燃可燃液体、可燃气体、蒸气、粉尘以及其他化学易燃易爆物品爆炸和爆炸引起的火灾；机电设备因内部故障导致外部明火燃烧需要组织扑灭的事故，或者引起其他物件燃烧的事故；车辆、船舶及其他交通工具发生的燃烧事故，或者由此引起的其他物件燃烧的事故。

2. 事故的分级

根据事故造成的人员伤亡或者直接经济损失，事故分为以下等级：

（1）特别重大事故：是指造成30人以上死亡，或者100人以上重伤(包括急性工业中毒，下同)，或者1亿元以上直接经济损失的事故。

（2）重大事故：是指造成10人以上、30人以下死亡，或者50人以上、100人以下重伤，或者直接经济损失在5000万元以上、1亿元以下的事故。

（3）较大事故：是指造成3人以上、10人以下死亡，或者10人以上、50人以下重伤，或者直接经济损失在1000万元以上、5000万元以下的事故。

（4）一般事故：是指造成3人以下死亡，或者10人以下重伤，或者直接经济损失在1000万元以下的事故。具体细分为三级：

① 一般事故A级，是指造成3人以下死亡，或者3人以上、10人以下重伤，或者10人以上轻伤，或者直接经济损失在100万元以上、1000万元以下的事故。

② 一般事故B级，是指造成3人以下重伤，或者3人以上、10人以下轻伤，或者直接经济损失在10万元以上、100万元以下的事故。

③ 一般事故C级，是指造成3人以下轻伤，或者直接经济损失在10万元以下、1000元以上的事故。

注：本条所称的"以上"包括本数，所称的"以下"不包括本数。

(三)事故的报告

1. 事故报告的程序

事故发生后，事故现场有关人员应当立即向基层单位负责人报告，基层单位负责人应当立即向上一级安全主管部门报告，安全主管部门逐级上报直至公司安全主管部门，由安全主管部门向本单位领导报告。较大及以上事故公司安全主管部门应当向公司办公室通报。情况紧急时,事故现场有关人员可以直接向公司安全主管部门报告。

公司接到不同级别的事故报告后,应当按以下要求向集团公司总部机关有关部门报告:

(1)一般事故 C 级、B 级,在事故发生后 1h 之内由公司安全主管部门向集团公司安全主管部门报告。

(2)一般事故 A 级,在事故发生后 1h 之内由公司安全主管部门向集团公司安全主管部门报告。集团公司安全主管部门应当立即向集团公司分管安全工作的副总经理报告。

(3)较大事故,在事故发生后 1h 之内由发生事故的公司办公室向集团公司办公厅和安全主管部门报告。

(4)重大及以上事故,在事故发生后 30min 之内由发生事故的公司办公室向集团公司办公厅和安全主管部门报告。

承包商发生的生产安全事故,同样按照上述流程进行报告。发生事故后,公司在上报集团公司的同时,应当于 1 小时内向事故发生地的县级以上人民政府安全生产监督管理部门和负有安全生产监督管理职责的有关部门报告。

事故情况发生变化的,应当及时续报。自事故发生之日起 30 日内,事故造成的伤亡人数发生变化的,应当及时补报。交通事故、火灾事故自发生之日起 7 日内,事故造成的伤亡人数发生变化的,应当及时补报。

2. 书面事故报告内容

发生事故,应当以书面形式报告,情况特别紧急时,可用电话口头初报,随后做书面报告。书面报告应至少包括以下内容:

(1)事故发生单位概况。

(2)事故发生的时间、地点及事故现场情况。

(3)事故的简要经过。

(4)事故已经造成或者可能造成的伤亡人数(包括下落不明的人数)和初步估计的直接经济损失。

(5)已经采取的措施。

(6)其他应当报告的情况。

(四)事故的调查分析

1. 事故调查程序

生产安全事故调查一般工作程序:

(1)成立事故调查组。

(2)勘查事故现场。

(3)询问相关人员。

(4)开展技术鉴定。

(5)进行事故分析。

(6)提出防范措施。

(7)编制调查报告。

(8)资料归档。

**2. 事故调查组及职责**

事故发生后,企业应当积极配合政府和其授权或委托有关部门组织的事故调查组进行事故调查。对于政府委托企业调查的事故,企业应当组成事故调查组,调查组成员应当由安全、生产、技术、设备、人事劳资、监察、工会等有关职能部门人员组成。事故调查组有权向有关单位和个人了解事故有关情况,并要求其提供相关文件、资料,有关单位和个人不得拒绝。

事故调查组应当履行下列职责:

(1)查明事故发生的经过、原因、人员伤亡情况及直接经济损失。

(2)认定事故的性质和事故责任。

(3)提出对事故责任者的处理建议。

(4)总结事故教训,提出防范和整改措施。

(5)提交事故调查报告。

**3. 勘查现场**

事故现场勘查工作内容包括:

(1)现场物证:破损部件、碎片、残留物、致害物及位置等。在现场搜集到的所有物件应贴上标签,注明地点、时间、管理者;所有物件应保持原样,不准冲洗、擦拭;对健康有危害的物件,应采取不损坏原始证据的安全防护措施,明确保管人和保管地点。

(2)事故单位及相关人员情况:事故发生的单位、地点、时间;事故单位的合规性资料;事故现场人员的姓名、性别、年龄、文化程度、健康状况、岗位、技术等级、工龄、本工种工龄、用工方式;事故相关人员岗位资质和接受教育培训情况;事故当天,事故相关人员开始工作时间、工作内容、工作量、作业程序、操作时的动作(或位置)、个人防护状况。

(3)事故发生的证实性资料:事故发生前设备、设施的性能和合规状况;事故现场气候、照明、湿度、温度、通风、声响、色彩度、道路、工作面状况、有毒有害物质取样分析记录及其他可能与事故致因有关的细节或因素;有关设计和工艺方面的技术文件;规章制度、体系文件、操作规程、施工方案、工作指令、作业许可、工艺卡片、应急预案等资料及执行情况;施工记录、运行记录、交接班记录、巡检记录、监督监理记录、相关会议记录等证实性材料;有关合同及其他与事故相关的文件。

(4)图像证据材料:显示物证和伤亡人员位置、可能被清除或践踏的痕迹、反映事故现场全貌的所有照片或影像资料;事故现场示意图、流程图、现场人员位置图等。地方政府调查组在现场取走的物证,事故企业应留有相应的影像资料和纸质复印件等证据材料。

4. 人员询问

事故现场应急处置结束后,应开展对有关人员的询问工作。

(1)根据事故情况确定询问对象,主要包括现场操作人员、当事人、目击者、知情人、管理人员,事故涉及的建设单位、总承包商,以及设计、采购、施工、安装、监督、监理等单位的相关人员。询问对象可根据情况进行调整。

(2)根据询问的目的和对象,拟定询问提纲,内容一般包括询问对象的基本情况、事故发生过程、现场目击状况、现场人员情况、异常变化情况、应急处置情况及与事故有关的其他情况。

(3)询问应当由两名及以上调查人员进行。询问前,调查人员应向询问对象告知其有提供有关情况的义务,并对其所提供情况的真实性负责。询问过程中,应做好相应笔录。

5. 技术鉴定

事故现场痕迹和物品要进行分析鉴定。现场调查不能完全确定事故原因或性质时,可委托有资质单位对使用的材料、介质、相关产品等进行物理性能、化学性能实验分析或质量性能鉴定,也可委托开展模拟试验,通过技术鉴定进行深入的技术分析。

6. 原因分析

在现场勘查、人员询问、技术鉴定的基础上,从人、物、环境、管理四个方面对事故中暴露出的问题进行分析和归纳,确定造成事故的直接原因、间接原因和管理原因。事故原因因素分析与生产安全事件原因分析内容保持一致。

(1)直接原因:是指由于人的不安全行为、物的不安全状态而导致能量失控的直接因素。

(2)间接原因:是指导致事故直接原因产生或存在的因素。如技术和设计上有缺陷,如工业构件、建筑物、机械设备、仪器仪表、工艺过程、操作方法、维修检验等的设计、施工和材料使用中存在问题,作业现场环境不良等。

(3)管理原因:是指由于管理上存在问题导致事故发生的间接因素。如未建立组织机构或不健全,职责分工不清,劳动组织不合理,安全生产投入不足,未制订相关规章制度、操作规程或不健全,个人劳动防护用品、用具缺乏或有缺陷,员工不具备上岗条件、缺乏安全操作技能和知识,没有或不认真实施安全防范措施,对现场工作缺乏检查等。

7. 事故调查报告

事故调查组依据事故原因分析结论,认定事故性质,提出改进建议。现场调查结束后,调查组组长组织召开会议,在事故原因分析、性质认定的基础上,形成事故调查报告。事故调查报告一般包括下列内容:

(1)事故简要概述:发生时间、地点、单位名称、事故类型、人员伤亡状况、直接经济损失等。

(2)事故单位及其他相关单位概况:成立时间、注册地址、所有制性质、隶属关系、经营范围、证照情况、生产能力、劳动组织情况等,以及事故单位与其他相关单位的关联关系。

(3)事故相关生产工艺流程,主要设备、设施及生产运行状况。

(4)事故发生经过和事故救援情况。

(5)事故造成的人员伤亡和直接经济损失。

(6)事故原因分析及性质认定。

(7)事故责任的认定以及对事故责任者的处理建议。

(8)事故防范和整改措施建议。

(9)附件:与事故直接相关的痕迹和物件的照片,事故现场示意图、工艺流程图、技术鉴定结论、直接经济损失统计表,与事故调查报告有关的其他重要材料。

事故调查组成员应当在事故调查报告上签名。

8. 资料归档

所有事故处理结案后,必须建立事故档案,并分级保存。事故调查归档资料一般包括以下内容:

(1)事故信息快报。

(2)事故调查组织工作的有关材料。

(3)事故调查报告书及附件。

(4)现场勘查过程中形成的材料。

(5)伤亡人员名单及相关证明。

(6)调查取证、询问笔录等。

(7)事故调查工作有关的会议记录或纪要。

(8)政府部门事故处理批复或结案通知。

(9)对事故责任单位和责任人的责任追究落实情况的材料。

9. 事故的预防和监督

发生事故的单位应当按照HSE管理体系要素要求,组织召开事故分析会,深入查找管理方面存在的问题,一般A级及以上事故和升级管理的事故应制作事故案例专题片,开展事故案例教育活动,认真汲取事故教训,做好事故资源共享,举一反三落实防范和整改措施,避免同类事故重复发生。公司业务主管部门和安全主管部门应当对事故发生单位落实防范和整改措施的情况进行监督检查,同时工会和员工应当对事故防范和整改措施的落实情况进行监督。

# 第十一节　危险化学品管理

## 一、危化品生产、使用监督管理

（一）危险化学品风险因素识别与评价

1. 化学品与危险化学品基本概念

1）化学品的概念

美国GE（通用电气）对化学品的定义:"所谓化学品,是指那些正常使用条件下,可能引起健康或(和)身体的危害,或者向环境中释放出有毒物质的气体、液体、固体或粉料。它包括生产过程中产生的任何物质,既包括中间体、副产品,又包括产生的废物;可以是直接的,也可以是间接材料。"

中国现有标准对化学品的定义:"是指各种元素组成的纯净物和混合物,无论是天然的还是人造的,都属于化学品。"

2）危险化学品概念

联合国对危险化学品的定义:"会危及健康、安全、环境及财产的物品或物质,以及在（国家或组织规定的）危险化学品清单内或按照法规分类为危险化学品的物质"

美国GE对危险化学品的定义:"危险化学品,在正常使用的情况下,会导致对身体或健康的危害,或向环境释放有毒有害物质。"

中国《危险化学品重大危险源辨识》（GB 18218—2009）对危险化学品的定义:"具有易燃、易爆、有毒等特性,会对人员、设施、环境造成伤害或损害的化学品。"

中国现行《危险化学品安全管理条例》（2013修正）和《危险化学品名录》（2015版）中对危险化学品的定义:"是指具有毒害、腐蚀、爆炸、燃烧、助燃等性质,对人体、设施、环境具有危害的剧毒化学品和其他化学品。"

危险化学品目录,由国务院安全生产监督管理部门会同国务院工业和信息化、公安、环境保护、卫生、质量监督检验检疫、交通运输、铁路、民用航空、农业主管部门,根据化学品危险特性的鉴别和分类标准确定、公布,并适时调整。

2. 化学品与危险化学品区别

1) 概念上的区别

化学品的定义表明,无论是天然的,还是人造的,都属于化学品,其定义范围几乎囊括世界上的所有物质。

危险化学品是指具有毒害、腐蚀、爆炸、燃烧、助燃等性质,对人体、设施、环境具有危害的化学品,其概念具有特指性。

2) 危害特性的区别

化学品不一定具有危害性,如人类及动植物生存所必需的水,是化学品,但不具备危害性;而危险化学品具有毒害、腐蚀、爆炸、燃烧、助燃等性质,对人体、设施、环境具有危害性。

3) 界定范围不同

化学品所指范围无所不有,据美国化学文摘登录,目前全世界已有的化学品多达700万种,其中,已作为商品上市的有10万余种,经常使用的有7万余种,现在每年全世界新出现化学品有1000多种。2010年5月1日实行的新标准《化学品分类和危险性公示通则》(GB 13690—2009)按物理危险、健康危险和环境危险将化学品分为3类28项,其中:

按物理危险分类包括爆炸物、易燃气体、气溶胶、氧化性气体、加压气体、易燃液体、易燃固体、自反应物质和混合物、自燃液体、自燃固体、自热物质和混合物、遇水放出易燃气体的物质和混合物、氧化性液体、氧化性固体、有机过氧化物、金属腐蚀物16项。

按健康危险分类包括急性毒性、皮肤腐蚀刺激、严重眼损伤(眼刺激)、呼吸道或皮肤过敏、生殖细胞致突变性、致癌性、生殖毒性、特异性靶器官毒性(一次接触)、特异性靶器官毒性(反复接触)、吸入危险10项。

按环境危险分类包括:对水生环境的危害、对臭氧层的危害2项。

3. 危险化学品主要风险防控

1) 危险化学品操作控制

控制工业场所中有害化学品的总目标是消除化学品危害或者尽可能降低其危害程度,以免危害工人、污染环境,引发火灾和爆炸。

危险化学品工作场所中存在的危害,可用多种不同的方法来控制,但最好的控制方法通常是针对加工程序而设计的方法。

2) 个体防护

个体防护用品是指劳动者在生产过程中为免遭或减轻事故伤害和职业危害的个人随身穿(佩)戴的用品,简称劳动防护用品。

使用个体防护用品,通常采取阻隔、封闭、吸收、分散、悬浮等手段,能起到保护人体局部或全身免受外来侵害的作用。个体防护用品必须严格保证质量、安全可靠,且穿戴起来要舒适方便、经济耐用。

3)管理控制

管理措施是至通过管理手段,按照国家法律和标准建立起来的管理制度和措施,是预防作业场所中化学品危害的一个重要方面。如对作业场所进行危害识别、张贴标签;在化学品包装上粘贴安全标签;化学品运输、经营过程中附化学品安全技术说明书,安全储存、安全传送、安全处理与使用原则,废物处理方法等;从业人员的安全培训和资质认定;采取接触检测、医学监督等措施均可达到管理控制的目的。

4. 危险化学品事故预防控制措施

危险化学品事故预防控制采取的主要措施是替代、变更工艺、隔离与屏蔽、通风、个体防护和保持清洁卫生。

1)替代

控制、预防化学品危害最理想的方法是不使用有毒、有害和易燃、易爆的化学品,但这很难做到,通常的做法是选用无毒或低毒的化学品替代已有的有毒有害化学品。

2)变更工艺

通过变更工艺消除或降低化学品危害性。

3)隔离与屏蔽

隔离操作就是把生产设备与操作室隔开。屏蔽是通过缝隙、设置屏障等措施,避免作业人员直接暴露于有害环境中。

4)通风

通风是控制作业场所中有害气体、蒸汽或粉尘最有效的措施之一,借助有效的通风,是作业场所空气中会有害气体、蒸汽或粉尘的浓度低于规定浓度,保证作业人员的身体健康,放置火灾、爆炸事故的发生。通风分为局部通风和全面通风两种。

5)个体防护

当作业场所有害化学品的浓度超标时,作业人员就必须使用合适的个体防护用品,防护用品是个体防护的最后一道防线,防护用品不能被视为控制危害的主要手段,只能作为一种辅助性措施。

(二)危险化学品生产、使用监督管理

1. 安全生产许可证办理

(1)企业应当依照《危险化学品生产企业安全生产许可证实施办法》的规定取得危险化

学品安全生产许可证。未取得安全生产许可证的企业,不得从事危险化学品的生产活动。

（2）企业涉及使用有毒物品的,除安全生产许可证外,还应当依法取得职业卫生安全许可证。

（3）安全生产许可证的颁发管理工作实行企业申请、两级发证、属地监管的原则。

（4）新建企业安全生产许可证的申请,应当在危险化学品生产建设项目安全设施竣工验收通过后10个工作日内提出。

（5）企业在安全生产许可证有效期内变更主要负责人、企业名称或者注册地址的,应当自工商营业执照或隶属关系变更之日起10个工作日内向实施机关提出变更申请。

（6）企业在安全生产许可证有效期内,当原生产装置新增产品或者改变工艺技术对企业的安全生产产生重大影响时,应当对该生产装置或工艺技术进行专项安全评价,并对安全评价报告中提出的问题进行整改;在整改完成后,向原实施机关提出变更申请,提交安全评价报告。实施机关按照本办法第三十条的规定办理变更手续。

（7）企业在安全生产许可证有效期内,有危险化学品新建、改建、扩建建设项目(以下简称建设项目)的,应当在建设项目安全设施竣工验收合格之日起10个工作日内向原实施机关提出变更申请,并提交建设项目安全设施竣工验收意见书等相关文件、资料。

（8）安全生产许可证有效期为3年。企业安全生产许可证有效期届满后继续生产危险化学品的,应当在安全生产许可证有效期届满前3个月提出延期申请。

（9）企业不得出租、出借、买卖或以其他形式转让其取得的安全生产许可证,或者冒用他人取得的安全生产许可证,使用伪造的安全生产许可证。

使用危险化学品的单位,其使用条件(包括工艺)应当符合法律、行政法规的规定和国家标准、行业标准的要求,并根据所使用的危险化学品的种类、危险特性及使用量和使用方式,建立、健全使用危险化学品的安全管理规章制度和安全操作规程,保证危险化学品的安全使用。

2. 安全使用许可

企业应当依照《危险化学品安全使用许可证实施办法》的规定取得危险化学品安全使用许可证。

新建企业安全使用许可证的申请,应当在建设项目安全设施竣工验收通过之日起10个工作日内提出。

企业在安全使用许可证有效期内变更主要负责人、企业名称或者注册地址的,应当自工商营业执照变更之日起10个工作日内提出变更申请。

安全使用许可证有效期为3年。企业安全使用许可证有效期届满后需要继续使用危险化学品从事生产、且达到危险化学品使用量的数量标准规定的,应当在安全使用许可证有效期届满前3个月提出延期申请。

企业不得伪造、变造安全使用许可证,或者出租、出借、转让其取得的安全使用许可证,或者使用伪造、变造的安全使用许可证。

3. 经营许可

国家对危险化学品经营实行许可制度。经营危险化学品的企业,应当依照本办法取得危险化学品经营许可证。未取得经营许可证,任何单位和个人不得经营危险化学品。

从事危险化学品经营的单位(以下统称申请人)应当依法登记注册为企业,并具备下列基本条件:

(1)经营和储存场所、设施、建筑物符合《建筑设计防火规范》(GB 50016)、《石油化工企业设计防火规范》(GB 50160)、《汽车加油加气站设计与施工规范》(GB 50156)、《石油库设计规范》(GB 50074)等相关国家标准、行业标准的规定。

(2)企业主要负责人和安全生产管理人员具备与本企业危险化学品经营活动相适应的安全生产知识和管理能力,经专门的安全生产培训和安全生产监督管理部门考核合格,取得相应安全资格证书;特种作业人员经专门的安全作业培训,取得特种作业操作证书;其他从业人员依照有关规定经安全生产教育和专业技术培训合格。

(3)有健全的安全生产规章制度和岗位操作规程。

(4)有符合国家规定的危险化学品事故应急预案,并配备必要的应急救援器材、设备。

(5)法律、法规和国家标准或者行业标准规定的其他安全生产条件。

申请人经营剧毒化学品的,除符合本办法第六条规定的条件外,还应当建立剧毒化学品双人验收、双人保管、双人发货、双把锁、双本账等管理制度。

申请人带有储存设施经营危险化学品的,除符合上述规定的条件外,还应当具备下列条件:

(1)新设立的专门从事危险化学品仓储经营的,其储存设施建立在地方人民政府规划的用于危险化学品储存的专门区域内。

(2)储存设施与相关场所、设施、区域的距离符合有关法律、法规、规章和标准的规定。

(3)依照有关规定进行安全评价,安全评价报告符合《危险化学品经营企业安全评价细则》的要求。

(4)专职安全生产管理人员具备国民教育化工化学类或者安全工程类中等职业教育以上学历,或者化工化学类中级以上专业技术职称,或者危险物品安全类注册安全工程师资格。

(5)符合《危险化学品安全管理条例》《危险化学品重大危险源监督管理暂行规定》《常用危险化学品贮存通则》(GB 15603)的相关规定。

申请人储存易燃、易爆、有毒、易扩散危险化学品的,还应当符合《石油化工可燃气体和有毒气体检测报警设计规范》(GB 50493)的规定。

已取得经营许可证的企业变更企业名称、主要负责人、注册地址或者危险化学品储存设施及其监控措施的,应当自变更之日起20个工作日内,向发证机关提出书面变更申请。已取得经营许可证的企业有新建、改建、扩建危险化学品储存设施建设项目的,应当自建设项目安全设施竣工验收合格之日起20个工作日内,向规定的发证机关提出变更申请,并提交危险化学品建设项目安全设施竣工验收意见书(复印件)等相关文件、资料。

经营许可证的有效期为3年。有效期满后,企业需要继续从事危险化学品经营活动的,应当在经营许可证有效期满3个月前提出经营许可证的延期申请。

4. 危险化学品登记管理

中国对危险化学品的管理实行目录管理制度,列入《危险化学品目录》的危险化学品将依据国家的有关法律法规采取危险化学品登记、行政许可管理。

《危险化学品安全管理条例》(中华人民共和国国务院令第645号)第六十六条规定:"国家实行危险化学品登记制度,为危险化学品安全管理以及危险化学品事故预防和应急救援提供技术、信息支持。"第六十七条规定:"危险化学品生产企业、进口企业,应当向国务院安全生产监督管理部门负责危险化学品登记的机构(以下简称危险化学品登记机构)办理危险化学品登记。"

《危险化学品登记管理办法》(安监总局〔2012〕第53号)规定:

本办法适用于危险化学品生产企业、进口企业(以下统称登记企业)生产或者进口《危险化学品目录》所列危险化学品的登记和管理工作。国家实行危险化学品登记制度。危险化学品登记实行企业申请、两级审核、统一发证、分级管理的原则。危险化学品登记证的有效期为3年。

1) 危险化学品登记范围

《危险化学品安全管理条例》(中华人民共和国国务院令第645号)第六十七条:"危险化学品生产企业、进口企业,应当向国务院安全生产监督管理部门负责危险化学品登记的机构(以下简称危险化学品登记机构)办理危险化学品登记。"《危险化学品登记管理办法》(安监总局〔2012〕第53号)第二条规定:"本办法适用于危险化学品生产企业、进口企业(以下统称登记企业)生产或者进口《危险化学品目录》所列危险化学品的登记和管理工作。"由此界定,需要办理危险化学品登记的企业为生产或进口危险化学品的企业,同时按照《危险化学品登记管理办法》(安监总局〔2012〕第53号)规定,需要登记的危险化学品为《危险化学品目录》所列危险化学品。此外,在《危险化学品安全管理条例》(中华人民共和国国务院令第645号)第六十七条中对同一企业生产、进口的同一品种的危险化学品登记管理及危险化学品的变更管理做出如下规定:"对同一企业生产、进口的同一品种的危险化学品,不进行重复登记。危险化学品生产企业、进口企业发现其生产、进口的危险化学品有新的危险特性的,应当及时向危险化学品登记机构办理登记内容变更手续。"

2)危险化学品登记管理部门

《危险化学品安全管理条例》(中华人民共和国国务院令第645号)规定:"国家实行危险化学品登记制度,为危险化学品安全管理以及危险化学品事故预防和应急救援提供技术、信息支持。"

《危险化学品登记管理办法》(安监总局〔2012〕第53号)第五条规定:"国家安全生产监督管理总局化学品登记中心(以下简称登记中心),承办全国危险化学品登记的具体工作和技术管理工作;省、自治区、直辖市人民政府安全生产监督管理部门设立危险化学品登记办公室或者危险化学品登记中心(以下简称登记办公室),承办本行政区域内危险化学品登记的具体工作和技术管理工作。"

3)危险化学品登记的内容和程序

(1)危险化学品登记内容。

《危险化学品登记管理办法》(安监总局〔2012〕第53号)第十二条:危险化学品登记应当包括下列内容:

① 分类和标签信息,包括危险化学品的危险性类别、象形图、警示词、危险性说明、防范说明等。

② 物理、化学性质,包括危险化学品的外观与性状、溶解性、熔点、沸点等物理性质,闪点、爆炸极限、自燃温度、分解温度等化学性质。

③ 主要用途,包括企业推荐的产品合法用途、禁止或者限制的用途等。

④ 危险特性,包括危险化学品的物理危险性、环境危害性和毒理特性。

⑤ 储存、使用、运输的安全要求,其中,储存的安全要求包括对建筑条件、库房条件、安全条件、环境卫生条件、温度和湿度条件的要求,使用的安全要求包括使用时的操作条件、作业人员防护措施、使用现场危害控制措施等,运输的安全要求包括对运输或者输送方式的要求、危害信息向有关运输人员的传递手段、装卸及运输过程中的安全措施等。

⑥ 出现危险情况的应急处置措施,包括危险化学品在生产、使用、储存、运输过程中发生火灾、爆炸、泄漏、中毒、窒息、灼伤等化学品事故时的应急处理方法,应急咨询服务电话等。

(2)危险化学品登记程序。

《危险化学品登记管理办法》(安监总局〔2012〕第53号)第十三条:危险化学品登记按照下列程序办理:

① 登记企业通过登记系统提出申请。

② 登记办公室在3个工作日内对登记企业提出的申请进行初步审查,符合条件的,通过登记系统通知登记企业办理登记手续。

③ 登记企业接到登记办公室通知后,按照有关要求在登记系统中如实填写登记内容,并向登记办公室提交有关纸质登记材料。

④ 登记办公室在收到登记企业的登记材料之日起20个工作日内,对登记材料和登记内容逐项进行审查,必要时可进行现场核查,符合要求的,将登记材料提交给登记中心;不符合要求的,通过登记系统告知登记企业并说明理由。

⑤ 登记中心在收到登记办公室提交的登记材料之日起15个工作日内,对登记材料和登记内容进行审核,符合要求的,通过登记办公室向登记企业发放危险化学品登记证;不符合要求的,通过登记系统告知登记办公室、登记企业并说明理由。

⑥ 登记企业修改登记材料和整改问题所需时间,不计算在前款规定的期限内。

(3) 危险化学品登记证变更。

《危险化学品登记管理办法》(安监总局〔2012〕第53号)第十五条:登记企业在危险化学品登记证有效期内,企业名称、注册地址、登记品种、应急咨询服务电话发生变化,或者发现其生产、进口的危险化学品有新的危险特性的,应当在15个工作日内向登记办公室提出变更申请,并按照下列程序办理登记内容变更手续:

① 通过登记系统填写危险化学品登记变更申请表,并向登记办公室提交涉及变更事项的证明材料1份。

② 登记办公室初步审查登记企业的登记变更申请,符合条件的,通知登记企业提交变更后的登记材料.并对登记材料进行审查,符合要求的,提交给登记中心;不符合要求的,通过登记系统告知登记企业并说明理由。

③ 登记中心对登记办公室提交的登记材料进行审核,符合要求且属于危险化学品登记证载明事项的,通过登记办公室向登记企业发放登记变更后的危险化学品登记证并收回原证;符合要求但不属于危险化学品登记证载明事项的,通过登记办公室向登记企业提供书面证明文件。

(4) 危险化学品登记证延期。

《危险化学品登记管理办法》(安监总局〔2012〕第53号)第十六条:危险化学品登记证有效期为3年。登记证有效期满后,登记企业继续从事危险化学品生产或者进口的,应当在登记证有效期届满前3个月提出复核换证申请,并按下列程序办理复核换证:

① 通过登记系统填写危险化学品复核换证申请表。

② 登记办公室审查登记企业的复核换证申请,符合条件的,通过登记系统告知登记企业提

交本规定第十四条规定的登记材料；不符合条件的，通过登记系统告知登记企业并说明理由。

③按照本办法第十三条第一款第三项、第四项、第五项规定的程序办理复核换证手续。

5. 危险化学品使用许可、延期、登记备案

依据《中华人民共和国安全生产法》《危险化学品安全管理条例》《安全生产许可证条例》等相关法律法规规定，国家对危险化学品的生产、使用、运输、经营实行行政许可管理。

1）危险化学品生产安全许可

《危险化学品安全管理条例》（2003年修正）规定：危险化学品生产企业进行生产前，应当依照《安全生产许可证条例》的规定，取得危险化学品安全生产许可证。

生产列入国家实行生产许可证制度的工业产品目录的危险化学品的企业，应当依照《中华人民共和国工业产品生产许可证管理条例》的规定，取得工业产品生产许可证。

《安全生产许可证条例》（2014年修正本）规定：国家对矿山企业、建筑施工企业和危险化学品、烟花爆竹、民用爆炸物品生产企业（以下统称企业）实行安全生产许可制度。

《危险化学品生产企业安全生产许可证实施办法》规定：本办法所称危险化学品生产企业（以下简称企业），是指依法设立且取得工商营业执照或者工商核准文件从事生产最终产品或者中间产品列入《危险化学品目录》的企业。

企业应当依照本办法的规定取得危险化学品安全生产许可证（以下简称安全生产许可证）。未取得安全生产许可证的企业，不得从事危险化学品的生产活动。

企业涉及使用有毒物品的，除安全生产许可证外，还应当依法取得职业卫生安全许可证。

危险化学品安全生产许可证的申请、变更、取消及延期等，依据《安全生产许可证条例》第三条、第六条，《危险化学品生产企业安全生产许可证实施办法》第二章、第三章、第四章相关规定执行。

2）危险化学安全使用许可

2012年11月16日，国家安全生产监督管理总局令第57号公布了《危险化学品安全使用许可证实施办法》，并于2013年5月1日起施行，在《国家安全生产监督管理总局公告》（2013年第3号）发布的《危险化学品安全使用许可适用行业目录》（2013年版）中，国家安全监管总局确定了适用于《危险化学品安全使用许可证实施办法》的四大类25小类的化工行业。

2015年5月27日，国家安全监管总局令第79号对《危险化学品安全使用许可证实施办法》进行修正发布。

《危险化学品安全使用许可证实施办法》第二条："本办法适用于列入危险化学品安全使用许可适用行业目录、使用危险化学品从事生产并且达到危险化学品使用量的数量标准的化工企业（危险化学品生产企业除外，以下简称企业）；使用危险化学品作为燃料的企业

不适用本办法。"

《危险化学品安全使用许可证实施办法》第四条：安全使用许可证的颁发管理工作实行企业申请、市级发证、属地监管的原则。

《危险化学品安全使用许可证实施办法》第五条：国家安全生产监督管理总局负责指导、监督全国安全使用许可证的颁发管理工作。

申请安全使用许可证的条件、程序、颁发、变更及延期等具体规定参见危险化学品安全使用许可证实施办法》（安监总局令〔2012〕第57号）。

3）危险化学品安全经营许可

原《危险化学品经营许可证管理办法》由原国家经济贸易委员会于2002年10月8日公布实施，2012年5月21日，国家安全生产监督管理总局局长办公会议审议通过修正后的《危险化学品经营许可证管理办法》自2012年9月1日起施行，2015年5月27日，国家安全监管总局令第79号对《危险化学品经营许可证管理办法》进行再次修正。

《危险化学品经营许可证管理办法》（安监总局〔2015〕第79号）第三条规定，"国家对危险化学品经营实行许可制度……"

同时该条款进一步明确规定："从事下列危险化学品经营活动，不需要取得经营许可证：（1）依法取得危险化学品安全生产许可证的危险化学品生产企业在其厂区范围内销售本企业生产的危险化学品的；（2）依法取得港口经营许可证的港口经营人在港区内从事危险化学品仓储经营的。"

同时，2000年12月5日发布2001年5月1日实施的《危险化学品经营企业开业条件和技术要求》（GB 18265—2000）对从事危险化学品交易和配送的经营企业进行了规范。

危险化学品安全经营许可证的办理程序及条件等具体规定参照《危险化学品经营许可证管理办法》（安监总局〔2015〕第79号）和危险化学品经营企业开业条件和技术要求》（GB 18265—2000）执行。

生产、使用危险化学品的单位，应编制相应的安全操作规程，设置工艺控制卡片。

剧毒化学品生产装置每年应进行一次安全评价；其他危险化学品生产装置每两年应进行一次安全评价，评价应聘请国家认可资质的中介机构完成。

审查后的安全评价报告，分别报集团公司主管部门和所在地安全生产监督管理机构备案。企业应根据安全评价报告及时修订HSE"两书一表"。

4）重点监管的危险化学品

重点监管的危险化学品是指列入《危险化学品名录》的危险化学品，以及在温度20℃和标准大气压101.3kPa条件下属于以下类别的危险化学品：

（1）易燃气体类别1（爆炸下限小于或等于13%或爆炸极限范围大于或等于12%的

气体）。

（2）易燃液体类别1（闭杯闪点小于23℃并初沸点小于或等于35℃的液体）。

（3）自燃液体类别1（与空气接触不到5min便燃烧的液体）。

（4）自燃固体类别1（与空气接触不到5min便燃烧的固体）。

（5）遇水放出易燃气体的物质类别1（在环境温度下与水剧烈反应所产生的气体通常显示自燃的倾向，或释放易燃气体的速度等于或大于每公斤物质在任何1min内释放10L的任何物质或混合物）。

（6）三光气等光气类化学品。

5）重点监管的危险化学品名录

2011年，国家安全监管总局在综合考虑2002年以来国内发生的化学品事故情况、国内化学品生产情况、国内外重点监管化学品品种、化学品固有危险特性和近四十年来国内外重特大化学品事故等因素的基础上，国家安全监管总局组织对《危险化学品名录》（2002版）中的3800余种危险化学品进行了筛选、编制、发布了《首批重点监管的危险化学品名录》。

2013年，国家安全监管总局在分析国内危险化学品生产情况和近年来国内发生的危险化学品事故情况、国内外重点监管化学品品种、化学品固有危险特性及国内外重特大化学品事故等因素的基础上，研究确定、公布了《第二批重点监管的危险化学品名录》，同时公布了《第二批重点监管的危险化学品安全措施和应急处置原则》。

6）重点监管危险化学品管控要求

《国家安全监管总局关于公布首批重点监管的危险化学品名录的通知》（安监总管三〔2011〕95号）要求：

涉及重点监管的危险化学品的生产、储存装置，原则上须由具有甲级资质的化工行业设计单位进行设计。

地方各级安全监管部门应当将生产、储存、使用、经营重点监管的危险化学品的企业，优先纳入年度执法检查计划，实施重点监管。

生产、储存重点监管的危险化学品的企业，应根据本企业工艺特点，装备功能完善的自动化控制系统，严格工艺、设备管理。对使用重点监管的危险化学品数量构成重大危险源的企业的生产储存装置，应装备自动化控制系统，实现对温度、压力、液位等重要参数的实时监测。

生产重点监管的危险化学品的企业，应针对产品特性，按照有关规定编制完善的、可操作性强的危险化学品事故应急预案，配备必要的应急救援器材、设备，加强应急演练，提高应急处置能力。

各省级安全监管部门可根据本辖区危险化学品安全生产状况，补充和确定本辖区内实施重点监管的危险化学品类项及具体品种。在安全监管工作中如发现重点监管的危险化学品存在问题，应认真研究并提出处理意见，并及时报告国家安全监管总局。

地方各级安全监管部门在做好危险化学品重点监管工作的同时，要全面推进本地区危险化学品安全生产工作，督促企业落实安全生产主体责任，切实提高企业本质安全水平，有效防范和坚决遏制危险化学品重特大事故发生，促进全国危险化学品安全生产形势持续稳定好转。

《国家安全监管总局关于公布第二批重点监管危险化学品名录的通知》（安监总管三〔2013〕12号）提出：

生产、储存、使用重点监管的危险化学品的企业，应当积极开展涉及重点监管危险化学品的生产、储存设施自动化监控系统改造提升工作，高度危险和大型装置要依法装备安全仪表系统（紧急停车或安全联锁），并确保于2014年年底前完成。

地方各级安全监管部门应当按照有关法律法规和本通知的要求，对生产、储存、使用、经营重点监管的危险化学品的企业实施重点监管。

各省级安全监管部门可以根据本辖区危险化学品安全生产状况，补充和确定本辖区内实施重点监管的危险化学品类项及具体品种。

7）重点监管的危险化工工艺

国家安监总局公布的18类重点监管的危险化工工艺，包括典型工艺、设计加工能力、工艺简介及装置构成、安全控制措施、主要设备等相关信息。

《首批重点监管的危险化工工艺目录》（安监总管三〔2009〕116号）：

（1）光气及光气化工艺。

（2）电解工艺（氯碱）。

（3）氯化工艺。

（4）硝化工艺。

（5）合成氨工艺。

（6）裂解（裂化）工艺。

（7）氟化工艺。

（8）加氢工艺。

（9）重氮化工艺。

（10）氧化工艺。

（11）过氧化工艺。

（12）胺基化工艺。

（13）磺化工艺。

(14)聚合工艺。

(15)烷基化工艺。

《关于公布第二批重点监管危险化工工艺目录和调整首批重点监管危险化工工艺中部分典型工艺的通知》(安监总管三〔2013〕3号):

(1)新型煤化工工艺:煤制油(甲醇制汽油、费-托合成油)、煤制烯烃(甲醇制烯烃)、煤制二甲醚、煤制乙二醇(合成气制乙二醇)、煤制甲烷气(煤气甲烷化)、煤制甲醇、甲醇制醋酸等工艺。

(2)电石生产工艺。

(3)偶氮化工艺。

8)重点监管的危险化工工艺监控要求

《国家安全监管总局关于公布首批重点监管的危险化工工艺目录的通知》(安监总管三〔2009〕116号)要求:

化工企业要按照《首批重点监管的危险化工工艺目录》《首批重点监管的危险化工工艺安全控制要求、重点监控参数及推荐的控制方案》要求,对照本企业采用的危险化工工艺及其特点,确定重点监控的工艺参数,装备和完善自动控制系统,大型装置和高度危险化工装置要按照推荐的控制方案装备紧急停车系统。今后,采用危险化工工艺的新建生产装置原则上要由具甲级资质化工设计单位进行设计。

在涉及危险化工工艺的生产装置自动化改造过程中,各有关单位如果发现《首批重点监管的危险化工工艺目录》和《首批重点监管的危险化工工艺安全控制要求、重点监控参数及推荐的控制方案》存在问题,请认真研究提出处理意见,并及时反馈国家安全监管总局(安全监督管理三司)。各地安全监管部门也可根据当地化工产业和安全生产的特点,补充和确定本辖区重点监管的危险化工工艺目录。

(三)危险化学品应急处置

1.全面提升危险化学品应急处置能力。

(1)开展应急管理量化审核和专项检查,提升危险化学品应急管理能力。

各专业公司要结合HSE管理体系量化审核,加大企业危险化学品应急管理工作的量化审核力度,加强企业应急能力评估,强化短板提升和问题整改,推动企业应急保障能力提升。

(2)加强应急预案管理,提高基层危险化学品事故前期应急处置能力。

要针对泄漏、火灾、爆炸、中毒、窒息等事故特点,全面评估应急预案的针对性和可操作性,特别是要针对危险化学品泄漏事故制订科学完善的应急预案和岗位应急处置程序,确保危险化学品泄漏事故在第一时间得到及时有效处置;要加强危险化学品应急处置物资配置和专兼职应急救援队伍建设。

要严格执行集团公司应急处置五项规定,全面落实"一案一卡"制度,危险化学品重点岗位必须100%严格保证持卡上岗。

(3)强化危险化学品应急演练和应急培训,确保事发现场应急处置科学安全有序有效。

要严格按照规定要求开展危险化学品应急演练和培训工作。针对不同层级应急演练需求,开展实战实演、桌面推演、增加双盲演练、联动演练频次,严格评估评价应急演练效果,评价预案的充分性、有效性;要加大和强化各类现场处置预案的培训力度和演练频次,分解和细化现场处置程序、处置方法、技术措施、处置手段,加强化学品危险特性和紧急处置方法等培训内容,涉及危险化学品的岗位操作人员必须全面掌握,培训率100%,持证上岗率100%。

2. 危险化学品事故应急处置

1)事故报警

事故报警的及时与准确是能否及时控制事故的关键环节。

2)出动应急救援队伍

各主管部门在接到事故报警后,应迅速组织应急救援专职队赶赴现场。

3)紧急疏散

建立警戒区域,迅速将事故应急处理无关的人员撤离,将相邻的危险化学品疏散。

4)现场急救

现场急救注意选择有利地形设置急救点;做好个体防护;防止发生继发性损害;应至少2至3人为一组行动;所用的救援器材具备防爆功能。

3. 危险化学品泄漏事故处置

1)隔离、疏散

设定初始隔离区,封闭事故现场,紧急疏散转移隔离区内所有无关人员,实行交通管制。在发生毒物泄露时,一个首要的任务是向外界报警并建议政府主管部门采取行动保护公众。

撤离现场的注意事项:

(1)做好防护再撤离。

(2)迅速判明上风方向。

(3)防止继发伤害。

(4)应在安全区域进行急救。

(5)进行自救和互救,发扬互帮互助精神。

2）工程抢险

以控制泄漏源，防止次生灾害发生为处置原则，应急人员应佩戴个人防护用品进入事故现场，实时监测空气中有毒物质的浓度，及时调整隔离区的范围，转移受伤人员，控制泄漏源，实施堵漏，回收或处理泄漏物质。

针对不同化学灾害事故，处置方式有关阀断源、倒罐转移、应急堵漏、冷却防爆、注水排险、喷雾稀释、引火点燃、回收。在处置的同时，坚持先救人。

（1）喷雾稀释（降毒）。以泄漏点中心，在储罐、容器的四周设置水幕或用喷雾状水进行稀释降毒，使用雾状射流形成水幕墙，防止泄漏物向重要目标或危险源扩散，但不宜使用直流水。

（2）关阀断源。生产装置发生泄漏，消防队员积极配合事故单位有关技术人员和业务技术熟练的工人在严密防护措施的前提下，断绝物料供应，切断事故源。消防队员负责开花或喷雾水枪掩护。

（3）倒罐转移。储罐、容器壁发生泄漏，无法堵漏时，可采取倒罐技术倒入其他容器或储罐两种方法。利用罐内压力差倒罐，即液面高、压力大的罐向空罐导流，用开启烃泵倒罐，输转到其他罐，倒罐不能使用压缩机。压缩机会使泄漏容器压力增加，加剧泄漏。

（4）实施堵漏。根据现场泄漏情况，研究制订堵漏方案，并严格按照堵漏方案实施，若易燃气体泄漏，所有堵漏行动必须采取防爆措施。管道壁发生泄漏，可使用不同形状的堵漏垫、堵漏袋等器具实施封堵。根据泄漏对象对非溶于水的液化气体，可向罐内注入适量水，抬高液位，形成水垫层，缓解险情，配合堵漏。

（5）引火点燃。采取点燃的措施，应具备安全条件和严密的防范措施，必须周全考虑，在技术人员协同下谨慎进行。根据现场情况，无法实施堵漏，不点燃会带来更严重的灾难性后果，在人员密集区泄漏，无法转移，而点燃则导致稳定燃烧。点燃前需确认危险区域内人员撤离，冷却、灭火、掩护等防范措施准备就绪。泄漏周围经检测没有高浓度混合可燃气体。如2003年12月23日，重庆市开县高桥镇气矿天然气发生"井喷"，死亡233人，后通过点火控制险情。

（6）回收。盛装危化品的容器不大且仍在泄漏，可将盛装化危品的容器转移到安全容器中，交有关部门处置。对已泄漏的化危品采取药剂中和或用输转泵收集起来，清除污染。

3）医疗救护

应急救援人员必须佩戴个人防护用品迅速进入现场危险区，沿逆风方向将患者转移至空气新鲜处，根据受伤情况进行现场急救，并视实际情况迅速将受伤、中毒人员送往医院抢救，组织有可能受到危险化学品（含剧毒品）伤害的周边群众进行体检。

4）洗消

设立洗消站，对中毒人员、现场医务人员、抢险应急人员、抢险器材等进行洗消，严格控制洗消污水排放，防止次生灾害。

5）危害信息宣传

宣传中毒化学品的危害信息和应急急救措施。

6）防火防爆

对于易燃、易爆物质泄漏时，应使用防爆工具，及时分散和稀释泄漏物，防止形成爆炸空间，引发次生灾害。

7）危害监测

对事故危害状况，要不断检测，直至符合国家环保标准。

**4. 危险化学品事故应急救援预案**

1）危险化学品事故应急救援的定义

危险化学品事故应急救援是指危险化学品由于各种原因造成或可能造成众多人员伤亡及其他较大社会危害时，为及时控制危险源、抢救受害人员、指导群众防护和组织撤离、清除危害后果而组织的救援活动。

2）危险化学品事故应急救援的基本任务

（1）控制危险源。

（2）抢救受害人员。

（3）指导群众防护，组织群众撤离。

（4）排除现场灾患，消除危害后果。

3）危险化学品事故应急救援的基本形式

危险化学品事故应急救援按事故波及范围及其危害程度，可采取单位自救和社会救援两种形式。

（1）单位自救：

《中华人民共和国安全生产法》（2014年8月31日第二次修正）第七十九条规定：危险化学品的经营单位应当建立应急救援组织，生产经营规模较小的应当指定兼职的应急救援人员；

《危险化学品安全管理条例》（中华人民共和国国务院令第645号）第七十条规定：危险化学品单位应当制订本单位事故应急救援预案，配备应急救援人员和必要的应急救援器材、设备，并定期组织演练。

危险化学品单位应当将其危险化学品事故应急救援预案报所在地设区的市级人民政府负安全监督管理部门备案。

《危险化学品安全管理条例》（中华人民共和国国务院令第645号）第七十一条：发生危险化学品事故，事故单位主要负责人应当立即按照本单位危险化学品应急预案组织救援，并向当地安全生产监督管理部门和环境保护、公安、卫生主管部门报告；道路运输、水路运输过程中发生危险化学品事故的，驾驶人员、船员或者押运人员还应当向事故发生地交通运输主管部门报告。

（2）社会救援：

《危险化学品安全管理条例》（中华人民共和国国务院令第645号）第六十九条规定：县级以上地方人民政府安全生产监督管理部门应当会同工业和信息化、环境保护、公安、卫生、交通运输、铁路、质量监督检验检疫等部门，根据本地区实际情况，制订危险化学品事故应急预案，报本级人民政府审批。

《危险化学品安全管理条例》（中华人民共和国国务院令第645号）第七十二条：发生危险化学品事故，有关地方应当立即组织安全生产监督管理、环境保护、公安、卫生、交通运输等有关部门，按照本地区危险化学品事故应急预案组织实施救援，不得拖延、推诿。

《危险化学品安全管理条例》（中华人民共和国国务院令第645号）第七十三条：有关危险化学品单位应当为危化学品事故应急救援提供技术指导和必要的协助。

4）危险化学品事故应急预案要求

（1）总体要求及原则。

危险化学品单位应当制订本单位事故应急救援预案，配备应急救援人员和必要的应急救援器材、设备，并定期组织演练。危险化学品事故应急救援预案应当报设区的市级人民政府负责危险化学品安全监督管理综合工作的部门备案。发生危险化学品事故，单位主要负责人应当按照本单位制订的应急救援预案，立即组织救援，并立即报告当地负责危险化学品的安全监督管理综合工作的部门和公安、环境保护、质检部门。危险化学品生产企业必须为危险事故应急救援提供技术指导和必要的协助。

生产、经营、储存、运输和使用危险化学品的单位应向周边单位和居民宣传有关危险化学品的防护知识，告知发生事故的应急措施。

从事生产、经营、储存、运输和使用危险化学品的单位应建立化学事故应急体系，制订应急预案，配备应急处置救援人员和必要的应急救援器材、设备，并定期组织演练。应急预案要报所在地的安全生产监督管理部门备案。

企业要制订处置突发事件的应急管理制度，应急管理要贯彻"以人为本"的理念，坚持"安全第一、预防为主"的基本方针，做到"早发现、早报告、早处置"。健全重大事故应急救援组织，建立专业化应急救援队伍，提高救援装备水平，配备必要的应急救援储备物资。加强与当地政府、周边相关方的沟通，建立起预警、接警、救援和恢复的联动机制，增强应对各类突发事件和重大事故的应急抢险救援能力。对重大突发事件要坚持"企业负责、区域联动、属地管理、分级落实"的原则，自觉接受当地政府主管部门的监督管理和检查。发生生产安全事故后，要迅速采取有效措施组织抢救，防止事故扩大，努力减少人员伤亡和财产损失，并按规定立即报告当地政府、安全生产监督管理机构和有关主管部门。处置突发事件要做到"反应迅捷、职责明确、指挥统一、救人优先",把事故造成的危害性降至最低限度。

（2）危险化学品事故应急救援预案编制的基本要求。

① 根据实际情况,按事故的性质、类型、影响范围、严重后果等分等级地制订相应的预案。一般要制订出不同类型的应急预案,如火灾型、爆炸型、泄漏型等。一个单位的不同类型的应急预案要形成统一整体,救援力量要统筹安排。

② 预案要有实用性,要根据本单位的实际条件制订,使预案便于操作。

③ 预案要有权威性,各级应急救援组织应职责明确,通力协作。

④ 预案要定期演习和复查,要根据实际情况定期检查和修正。

⑤ 应急救援队伍要进行专业培训,并要有培训记录和档案。应急救援人员要通过考核证实确能胜任所担负的应急任务后,才能上岗。

⑥ 各应急救援专职队平时就要组建落实并配有相应器材。

⑦ 应急救援的器材要定期检查,保证设备性能完好。

5）危险化学品事故应急救援预案的主要内容

事故应急救援预案应覆盖事故发生后应急救援各阶段的计划,即预案的启动、应急、救援、事后监测与处置等各阶段。以下是最基本的内容(情况)：

（1）可能事故及其危险、危害程度(范围)的预测。

（2）应急救援的组织和职责。

（3）报警与通信。

（4）现场抢险。

（5）条件保障。

（6）培训和演练。

## （四）危险化学品"一书一签"

### 1. 安全技术说明书（MSDS）

1）化学品安全技术说明书

化学品安全技术说明书(safety data sheet for chemical products,SDS)提供了化学品(物质或混合物)在安全、健康和环境保护等方面的信息,推荐了防护措施和紧急情况下的应对措施。在一些国家,化学品安全技术说明书又被称为物质安全技术说明书(material safety data sheet,MSDS)。

SDS是化学品的供应商向下游用户传递化学品基本危害信息(包括运输、操作处置、储存和应急行动信息)的一种载体。同时化学品安全技术说明书还可以向公共机构、服务机构和其他涉及该化学品的相关方传递这些信息。供应商应向下游用户提供完整的SDS,以提供与安全、健康和环境有关的信息。供应商有责任对 SDS 进行更新,并向下游用户提供最新版本的 SDS。SDS 下游用户在使用 SDS 时,还应充分考虑化学品在具体使用条件下的风险评估结果,采取必要的预防措施。SDS 的下游用户应通过合适的途径将危险信息传递给不同作业场所的使用者,当为工作场所提出具体要求时,下游用户应考虑有关的 SDS 的综合性建议。安全技术说明书采用"一个品种一卡"的方式编写,同类物、同系物的安全技术说明书不能互相替代。

2)化学品安全技术说明书使用要求

(1)化学品安全技术说明书由化学品的生产供应企业编印刷,在交付商品时提供给用户。

(2)化学品的用户在接收使用时,要认真阅读,了解和掌握化学品的危险性。

(3)化学品的用户要根据说明书制订安全操作规程。

3)危险化学品经营单位对安全技术说明书的使用和管理

(1)向供货方索取并向用户提供安全技术说明书。保证经营的危险化学品必须有化学品安全技术说明书和化学品安全标签。

(2)建立经营危险化学品的化学品安全技术说明书档案。

(3)按照安全技术说明书的规定,掌握商品的危险性,制订购销管理规定及安全操作规程,培训作业人员。

(4)按照安全技术说明书提供的商品的危险性安排适当的储存仓库和储存方式。

(5)按照安全技术说明书研究确定商品养护措施。

(6)按照安全技术说明书安排适当的运输方式。

(7)按照安全技术说明书制订消防措施。

(8)按照安全技术说明书制订安全防护措施。

(9)按照安全技术说明书制订急救措施。

2. 危险化学品安全标签

1)化学品安全标签

化学品安全标签是向作业人员传递安全信息的一种载体,危险化学品安全标签是用文字、图形符号和编码的组合形式表示化学品所具有的危险性和安全注意事项,以警示作业人员进行安全操作和处置;它可粘贴、挂拴或喷印在化学品的外包装或容器上。

《化学品安全标签编写规定》(GB 15258—2009)规定了化学品安全标签的术语和定义、标签内容、制作和使用要求。

标签要素包括化学品标识、象形图、信号词、危险性说明、防范说明、应急咨询电话、供应商标识、资料参阅提示语等。对于小于或等于 100mL 的化学品小包装,安全标签要素可以简化,包括化学品标识、象形图、信号词、危险性说明、应急咨询电话、供应商标识、资料参阅提示语等。

具体编写内容及方法可参考《化学品分类和标签规范》（GB 30000.2～30000.29—2013）、《化学品安全标签编写规定》（GB 15258—2009）。

2）化学品安全标签的使用

（1）标签应粘贴、拴挂在化学品包装或容器的明显位置。采用多层包装运输,原则上要求内外包装都应加贴安全标签,但若外包装上已加贴安全标签,内包装是外包装的衬里,内包装上可免贴安全标签;外包装为透明物,内包装的安全标签可清楚地透过外包装,外包装可免加标签。

（2）标签的位置要求：桶、瓶形包装：位于桶、瓶侧身；箱状包装：位于包装端面或侧面明显处；袋、捆包装：位于包装明显处；集装箱、成组货物：位于四个侧面。

（3）标签的粘贴、拴挂、喷印应牢固,保证在运输、储存期间不脱落、不损坏。

（4）标签应由生产企业在货物出厂前粘贴、拴挂、喷印。若要改换包装,则由改换单位重新粘贴、拴挂、喷印标签。

（5）盛装危险化学品的容器或包装,在经过处理并确认其危险性完全消失后,方可撕下标签。

① 危险化学品的包装物、容器,必须由省、自治区、直辖市人民政府经济贸易管理部门审查合格的专业生产企业定点生产,并经国务院质检部门认可的专业检测、检验机构检测、检验合格,方可使用。

② 重复使用的危险化学品包装物、容器在使用前,应当进行检查,并做出记录；检查记录应当至少保存2年。

3）危险化学品安全标志

安全标志时通过图案、文字说明、颜色等信息鲜明、简洁地表示危险化学品危险特性和类别,向作业人员传递安全信息的警示性资料。危险化学品的安全标志有主标志和副标志。当一种危险化学品具有一种以上危险特性时,用主安全标志表示其主要危险性类别,副安全标志表示重要的其他危险性类别。副标志中没有危险性类别号,即副标志为其对应的主标志下角取出其数字即可。

依据《常用危险化学品标志》（2015版）,根据常用危险化学品的危险特性和类别,设主标志16种、副标志11种,并对标志图形、标志的尺寸、标志的使用等进行规范。

（五）危化品单位职业健康监督管理

1. 职业健康危害因素检测、评价

企业应当实施由专人负责职业病危害因素日常监测,对使用现场固定检测仪的,应当确保监测系统处于正常运行状态；所属企业监测机构按检测方法标准进行自主监测的,监测结果应当在工作场所公布。

企业应当按照有关规定要求,对工作场所进行职业病危害因素检测、评价：

（1）应当委托具有相应资质的职业卫生技术服务机构,每年至少进行一次职业病危害因素检测；职业病危害严重的所属企业,除每年进行规定的检测外,每三年还必须进行一次职业病危害现状评价。

（2）工作场所职业病危害因素不符合国家职业卫生标准和卫生要求时,应当立即采取相应治理和综合防护措施；仍然不能达标的,必须停止作业,治理评估达标后方可重新作业。

（3）落实职业病危害因素检测评价报告中提出的建议和措施,并将检测、评价报告及整改情况存入所属企业职业卫生档案,定期向所在地安全生产监督管理部门报告并向员工公布。

（4）对达不到国家卫生标准的应采取措施进行治理,不断改善工作条件,减少职业病危害因素的产生。对可能产生职业病危害因素的新建、改建、扩建工程项目,开工前应进行职业病危害预评价,竣工验收前应进行职业病危害因素控制效果评价。

（5）用人单位应当对职业病防护设备、应急救援设施进行经常性的维护、检修和保养,定期检测其性能和效果,确保其处于正常状态,不得擅自拆除或停止使用。

（6）企业应对从事接触职业病危害因素作业和特种作业的人员,按规定的检查项目和周期,进行上岗前、在岗期间及离岗时的职业健康检查。不得安排未经上岗前职业健康检查的人员从事接触职业病危害因素的作业,不得安排有职业禁忌症的人员从事其所禁忌的作业。

（7）开展施工作业健康管理,进行健康风险识别及评价。改善施工作业中医疗健康保障条件,严格饮食、饮用水、环境卫生管理,做好传染病、地方病等疾病预防。

（8）对产生职业病危害因素的作业场所,应在醒目位置设置公告栏,公布有关职业病防治规章制度和职业病危害因素检测结果；在职业病危害工作场所,设置警示标牌、操作规程及发生职业病危害事故应急救援措施。

（9）生产、使用单位对工作场所的危险化学品的危害因素应进行定期监测和评估,对接触人员定期组织职业健康体检,建立监测评估和人员健康监护档案。

2. 设备设施要求

（1）生产、使用危险化学品的场所,应配备相应的消防设施、防护器材和应急处理的工具和装备,生产、使用剧毒化学品的场所还应配备急救药品。

（2）根据生产特点和危险化学品的种类、特性,在生产作业场所设置监测、通风、防晒、调温、防火、灭火、防爆、泄压、防毒、消毒、中和、防潮、防雷、防静电、防腐、防渗漏、防护围堤或者隔离操作等安全设施和设备。

（3）生产和使用危险化学品的装置、场所，其各类设备、报警和联锁保护系统等安全设施，应符合国家标准和行业规范规定，并定期进行维护、维修、检测，保持完好和安全可靠。生产装置中控制工艺参数的设备、设施应完好、可靠。生产过程的供电、供气（汽）、供水等公用工程系统及紧急停车系统（ESD）应保持完好可靠。生产装置正常排放和事故排放的可燃物或有毒物应经过回收、燃烧或中和处理，严禁直接排放。

## 二、危化品储存管理

构成重大危险源的危险化学品生产、储存场所，应按有关规定进行登记建档，定期检测、评估、监控，制订应急预案，并报地方安全监管部门备案。

### （一）构成重大危险源辨识、监控

1. 危险化学品重大危险源

《危险化学品重大危险源辨识》（GB 18218—2009）中对危险化学品重大危险源的定义为："是指按照标准辨识确定，生产、储存、使用或者搬运危险化学品的数量等于或超过临界量的单元（包括场所和设施）。"重大危险源企业要全面落实监控管理的主体责任，企业是安全生产的主体，也是重大危险源管理监督控制的主体，在重大危险源管理与控制中负有重要责任，其主要负责人对本单位的重大危险源安全管理工作负责，并保证重大危险源安全生产所必需的安全投入。应绘制本单位重大危险源分布图，要在重大危险源现场设置明显的安全警示标志，标志中应简单列出相关的基本安全资料和防护措施并加强管理。编制重大危险源专项预案，做到重大危险源"一源一案"，并纳入各自的应急预案体系中进行管理。

2. 重大危险源辨识与评估

危险化学品单位应当按照《危险化学品重大危险源辨识》标准，对本单位的危险化学品生产、经营、储存和使用装置、设施或者场所进行重大危险源辨识，并记录辨识过程与结果。

危险化学品单位应当对重大危险源进行安全评估并确定重大危险源等级。危险化学品单位可以组织本单位的注册安全工程师、技术人员或者聘请有关专家进行安全评估，也可以委托具有相应资质的安全评价机构进行安全评估。

依照法律、行政法规的规定，危险化学品单位需要进行安全评价的，重大危险源安全评估可以与本单位的安全评价一起进行，以安全评价报告代替安全评估报告，也可以单独进行重大危险源安全评估。重大危险源评估为每三年一次。

3. 重大危险源安全管理

危险化学品单位应当建立完善重大危险源安全管理规章制度和安全操作规程，并采取有效措施保证其得以执行。

危险化学品单位应当根据构成重大危险源的危险化学品种类、数量、生产、使用工艺（方式）或者相关设备、设施等实际情况，按照下列要求建立健全安全监测监控体系，完善控制措施：

（1）重大危险源配备温度、压力、液位、流量、组分等信息的不间断采集和监测系统，以及可燃气体和有毒有害气体泄漏检测报警装置，并具备信息远传、连续记录、事故预警、信息存储等功能；一级或者二级重大危险源，具备紧急停车功能。记录的电子数据的保存时间不少于30日。

（2）重大危险源的化工生产装置装备满足安全生产要求的自动化控制系统；一级或者二级重大危险源，装备紧急停车系统。

（3）对重大危险源中的毒性气体、剧毒液体和易燃气体等重点设施，设置紧急切断装置；毒性气体的设施，设置泄漏物紧急处置装置。涉及毒性气体、液化气体、剧毒液体的一级或者二级重大危险源，配备独立的安全仪表系统（SIS）。

（4）重大危险源中储存剧毒物质的场所或者设施，设置视频监控系统。

（5）安全监测监控系统符合国家标准或者行业标准的规定。

通过定量风险评价确定的重大危险源的个人和社会风险值，不得超过《危险化学品重大危险源辨识》规定的个人和社会可容许风险限值标准。超过个人和社会可容许风险限值标准的，危险化学品单位应当采取相应的降低风险措施。

危险化学品单位应当按照国家有关规定，定期对重大危险源的安全设施和安全监测监控系统进行检测、检验，并进行经常性的维护、保养，保证重大危险源的安全设施和安全监测监控系统有效、可靠运行。维护、保养、检测应当做好记录，并由有关人员签字。

危险化学品单位应当明确重大危险源中关键装置、重点部位的责任人或者责任机构，并对重大危险源的安全生产状况进行定期检查，及时采取措施消除事故隐患。事故隐患难以立即排除的，应当及时制订治理方案，落实整改措施、责任、资金、时限和预案。

危险化学品单位应当对重大危险源的管理和操作岗位人员进行安全操作技能培训，使其了解重大危险源的危险特性，熟悉重大危险源安全管理规章制度和安全操作规程，掌握本岗位的安全操作技能和应急措施。

危险化学品单位应当在重大危险源所在场所设置明显的安全警示标志，写明紧急情况下的应急处置办法。将重大危险源可能发生的事故后果和应急措施等信息，以适当方式告知可能受影响的单位、区域及人员。

危险化学品单位应当依法制订重大危险源事故应急预案，建立应急救援组织或者配备应急救援人员，配备必要的防护装备及应急救援器材、设备、物资，并保障其完好和方便使用，并按照下列要求进行事故应急预案演练：

(1)对重大危险源专项应急预案,每年至少进行一次。

(2)对重大危险源现场处置方案,每半年至少进行一次。

应急预案演练结束后,危险化学品单位应当对应急预案演练效果进行评估,撰写应急预案演练评估报告,分析存在的问题,对应急预案提出修订意见,并及时修订完善。

危险化学品单位应当对辨识确认的重大危险源及时、逐项地进行登记建档。

4. 重大危险源分级

重大危险源根据其危险程度,分为一级、二级、三级和四级,一级为最高级别。

1)重大危险源的分级指标

采用单元内各种危险化学品实际存在(在线)量与其在《危险化学品重大危险源辨识》(GB 18218—2009)中规定的临界量比值,经校正系数校正后的比值之和 $R$ 作为分级指标。

2)$R$ 的计算方法

$R$ 按式(3-1)计算:

$$R = \alpha \left( \beta_1 \frac{q_1}{Q_1} + \beta_2 \frac{q_2}{Q_2} + \cdots + \beta_n \frac{q_n}{Q_n} \right) \quad (3-1)$$

式中 $q_1, q_2, \cdots, q_n$——每种危险化学品实际存在(在线)量,t;

$Q_1, Q_2, \cdots, Q_n$——与各危险化学品相对应的临界量,t;

$\beta_1, \beta_2, \cdots, \beta_n$——与各危险化学品相对应的校正系数;

$\alpha$——该危险化学品重大危险源厂区外暴露人员的校正系数。

3)校正系数 $\beta$ 的取值

根据单元内危险化学品的类别不同,设定校正系数 $\beta$ 值,见表3-21和表3-22。

表3-21 校正系数 $\beta$ 取值表

| 危险化学品类别 | 毒性气体 | 爆炸品 | 易燃气体 | 其他类危险化学品 |
|---|---|---|---|---|
| $\beta$ | 见表3-22 | 2 | 1.5 | 1 |

注:危险化学品类别依据《危险货物品名表》中分类标准确定。

表3-22 常见毒性气体校正系数 $\beta$ 值取值表

| 毒性气体名称 | 一氧化碳 | 二氧化硫 | 氨 | 环氧乙烷 | 氯化氢 | 溴甲烷 | 氯 |
|---|---|---|---|---|---|---|---|
| $\beta$ | 2 | 2 | 2 | 2 | 3 | 3 | 4 |
| 毒性气体名称 | 硫化氢 | 氟化氢 | 二氧化氮 | 氰化氢 | 碳酰氯 | 磷化氢 | 异氰酸甲酯 |
| $\beta$ | 5 | 5 | 10 | 10 | 20 | 20 | 20 |

注:未在表中列出的有毒气体可按 $\beta=2$ 取值,剧毒气体可按 $\beta=4$ 取值。

4）校正系数 α 的取值

根据重大危险源的厂区边界向外扩展500m范围内常住人口数量,设定厂外暴露人员校正系数 α 值,见表3-23。

表3-23　校正系数 α 取值表

| 厂外可能暴露人员数量 | α |
|---|---|
| 100人以上 | 2.0 |
| 50～99人 | 1.5 |
| 30～49人 | 1.2 |
| 1～29人 | 1.0 |
| 0人 | 0.5 |

5）分级标准

根据计算出来的 R 值,按表3-24确定危险化学品重大危险源的级别。

表3-24　危险化学品重大危险源级别和 R 值的对应关系

| 危险化学品重大危险源级别 | R 值 |
|---|---|
| 一级 | $R \geqslant 100$ |
| 二级 | $100 > R \geqslant 50$ |
| 三级 | $50 > R \geqslant 10$ |
| 四级 | $R < 10$ |

5. 重大危险源监控

1）相关法规文件要求

2015年5月27日发布国家安全监管总局令第79号对《危险化学品重大危险源监督管理暂行规定》（国家安全生产监督管理总局令〔2011〕第40号）进行修正,修正后的暂行规定：

（1）危险化学品单位是本单位重大危险源安全管理的责任主体。

（2）重大危险源的安全监督管理实行属地监管与分级管理相结合的原则。

（3）危险化学品单位应当对重大危险源进行安全评估并确定重大危险源等级。

（4）危险化学品单位应当根据构成重大危险源的危险化学品种类、数量、生产、使用工艺（方式）或者相关设备、设施等实际情况,按照下列要求建立健全安全监测监控体系,完善控制措施。

（5）危险化学品单位应当按照国家有关规定,定期对重大危险源的安全设施和安全监测监控系统进行检测、检验,并进行经常性的维护、保养,保证重大危险源的安全设施和安全监测监控系统有效、可靠运行。

（6）危险化学品单位应当在重大危险源所在场所设置明显的安全警示标志,写明紧急情况下的应急处置办法。

（7）危险化学品单位应当将重大危险源可能发生的事故后果和应急措施等信息,以适当方式告知可能受影响的单位、区域及人员。

（8）危险化学品单位应当依法制订重大危险源事故应急预案,建立应急救援组织或者配备应急救援人员,配备必要的防护装备及应急救援器材、设备、物资,并保障其完好性和方便使用;配合地方人民政府安全生产监督管理部门制订所在地区涉及本单位的危险化学品事故应急预案。

（9）危险化学品单位应当对辨识确认的重大危险源及时、逐项地进行登记建档。

（10）危险化学品单位在完成重大危险源安全评估报告或者安全评价报告后,应当填写重大危险源备案申请表,连同,重大危险源档案材料,报送所在地县级人民政府安全生产监督管理部门备案。

2）危险化学品重大危险源监控技术

依据《危险化学品重大危险源监督管理暂行规定》（国家安全生产监督管理总局令〔2011〕第40号）规定要求:

（1）重大危险源配备温度、压力、液位、流量、组分等信息的不间断采集和监测系统以及可燃气体和有毒有害气体泄漏检测报警装置,并具备信息远传、连续记录、事故预警、信息存储等功能;一级或者二级重大危险源,具备紧急停车功能。记录的电子数据的保存时间不少于30日。

（2）重大危险源的化工生产装置装备满足安全生产要求的自动化控制系统;一级或者二级重大危险源,装备紧急停车系统。

（3）对重大危险源中的毒性气体、剧毒液体和易燃气体等重点设施,设置紧急切断装置;毒性气体的设施,设置泄漏物紧急处置装置。涉及毒性气体、液化气体、剧毒液体的一级或者二级重大危险源,配备独立的安全仪表系统（SIS）。

（4）重大危险源中储存剧毒物质的场所或者设施,设置视频监控系统。

（5）安全监测监控系统符合国家标准或者行业标准的规定。

同时危险化学品重大危险源监控应满足《危险化学品重大危险源安全监控通用技术规范》（AQ 3035—2010）及《危险化学品重大危险源 罐区 现场安全监控装备设置规范（送审稿）》（AQ 3036—2010）相关技术要求。

## （二）危险化学品储存管理

### 1. 储存的安全管理

危险化学品应按其化学性质分类、分区存放,并有明显的标志,堆垛之间应留有足够的垛距、墙距、顶距和安全通道。

相互接触能引起燃烧、爆炸或灭火方法等不同的危险化学品,不得同库储存,应设专用仓库、场地或专用储存室,存储易爆品库房应有足够的泄压面积和良好的通风设施。

对于禁冻、禁晒的危险化学品,应有防冻、防晒设施;对储存温度要求较低的危险化学品,储存设施应有降温设施;对储存遇湿易溶解、燃烧、爆炸的物品,应有防潮、防雨措施。

危险化学品仓库应符合安全和消防要求,通道、出入口和通向消防设施的道路应保持畅通,设置明显标志,并建立、健全岗位防火责任制、用大用电管理、岗位巡检、门卫值班等制度,严格执行防火、防洪(汛)、防盗等各项措施。

剧毒化学品储存应设置危险等级和注意事项的标志牌,专库(柜)保管,实行双人双锁管理,并报当地公安部门和负责危险化学品安全监督管理的机构备案。

严格执行危险化学品出入库管理制度,设专人管理,定期对库存危险化学品进行检查,严格核对、检验进出库物品的规格、质量、数量,并登记和做好记录。对无产地、无安全标签、无安全技术说明书和检验合格证的物品不得入库。

储存场所的安全设备和消防设施应按规定进行检测、检验,过期、报废以及不合格的禁止使用。

库房、储罐区的建筑设计应符合《建筑设计防火规范》《常用化学危险品贮存通则》等标准的规定。设置明显标志,并纳入要害部位管理。

危险化学品的储存应严格执行危险化学品的装配规定,对不可配装的危险化学品应严格隔离:

(1)剧毒物品不能与其他危险化学品同存于同一仓库。

(2)氧化剂或具有氧化性的酸类物质不能与易燃物品同存于同一仓库。

(3)盛装性质相抵触气体的气瓶不可同存在同一仓库。

(4)危险化学品与普通物品同存一仓库时,应保持一定距离。

(5)遇水燃烧、易燃、自燃及液化气体等危险化学品不可在低洼、潮湿仓库或露天场地堆放。

储存易燃和可燃化学品的仓库、露天堆垛附近,不准进行试验、分装、封焊、维修、动火等作业。如因特殊需要,应按规定办理审批手续方可作业。

甲、乙类化学品的包装容器应当牢固、密封,发现破损、残缺、变形和物品变质、分解等情况时,应按规定及时处理。

储罐应符合国家有关规定,安全附件应齐全完好。

甲、乙类化学品库房内不得与员工宿舍在同一座建筑物内,并应当与员工宿舍保持安全距离;且不得设办公室、休息室。

闪点低于28℃、沸点低于85℃的易燃液体储罐,应有绝热措施或冷水喷淋设施。

罐区防大堤(墙)的排水管应当设置隔油池或水封井,并在出口管上设置切断阀。

储罐的防雷、防静电接地装置,应符合设计规范和安全管理要求。

应按规定为仓库保管人员配备符合要求的防护用品、器具。

生产装置尽可能采用露天、半露天,应选择最小频率风上风方向布置。装置在室内的应有足够的通风量,应根据气体相对密度,确定通风设施位置。生产厂房、设备、储罐、仓库、装卸设施应远离各种火源和生活区、办公室。

2. 危险化学品储存安全管理要求

化学品仓库是储存易燃、易爆、有毒、有害等危险化学品的场所,仓库选址必须适当,建筑物必须符合规范要求,做到科学管理,确保其储存、保管安全,要把安全放在首位。

1)有关法律法规规定

(1)《中华人民共和国安全生产法》(2014年8月31日第二次修正)规定:

① 用于生产、储存、装卸危险物品的建设项目,应当按照国家有关规定进行安全评价。

② 用于生产、储存、装卸危险物品的建设项目的安全设施设计应当按照国家有关规定报经有关部门审查。

③ 用于生产、储存危险物品的建设项目竣工投入生产或者使用前,应当由建设单位负责组织对安全设施进行验收;验收合格后,方可投入生产和使用。

④ 生产经营单位使用的危险物品的容器、运输工具,以及涉及人身安全、危险性较大的海洋石油开采特种设备和矿山井下特种设备,必须按照国家有关规定,由专业生产单位生产,并经具有专业资质的检测、检验机构检测、检验合格,取得安全使用证或者安全标志,方可投入使用。

⑤ 生产、经营、储存、使用危险物品的车间、商店、仓库不得与员工宿舍在同一座建筑物内,并应当与员工宿舍保持安全距离。

(2)《危险化学品安全管理条例》(中华人民共和国国务院令第645号)规定:

① 新建、改建、扩建生产、储存危险化学品的建设项目(以下简称建设项目),应当由安全生产监督管理部门进行安全条件审查。

② 生产、储存危险化学品的单位,应当对其铺设的危险化学品管道设置明显标志,并对危险化学品管道定期检查、检测。

③ 危险化学品生产装置或者储存数量构成重大危险源的危险化学品储存设施(运输工具加油站、加气站除外),本条例规定的场所、设施、区域的距离应当符合国家有关规定,储存数量构成重大危险源的危险化学品储存设施的选址,应当避开地震活动断层和容易发生洪灾、地质灾害的区域。

④ 生产、储存危险化学品的单位，应当根据其生产、储存的危险化学品的种类和危险特性，在作业场所设置相应的监测、监控、通风、防晒、调温、防火、灭火、防爆、泄压、防毒、中和、防潮、防雷、防静电、防腐、防泄漏以及防护围堤或者隔离操作等安全设施、设备，并按照国家标准、行业标准或者国家有关规定对安全设施、设备进行经常性维护、保养，保证安全设施、设备的正常使用，生产、储存危险化学品的单位，应当在其作业场所和安全设施、设备上设置明显的安全警示标志。

⑤ 生产、储存危险化学品的单位，应当在其作业场所设置通信、报警装置，并保证处于适用状态。

⑥ 生产、储存危险化学品的企业，应当委托具备国家规定的资质条件的机构，对本企业的安全生产条件每3年进行一次安全评价，提出安全评价报告。安全评价报告的内容应当包括对安全生产条件存在的问题进行整改的方案。

⑦ 生产、储存危险化学品的企业，应当将安全评价报告及整改方案的落实情况报所在地县级人民政府安全生产监督管理部门备案。在港区内储存危险化学品的企业，应当将安全评价报告及整改方案的落实情况报港口行政管理部门备案。

⑧ 生产、储存剧毒化学品或者国务院公安部门规定的可用于制造爆炸物品的危险化学品（以下简称易制爆危险化学品）的单位，应当如实记录其生产、储存的剧毒化学品、易制爆危险化学品的数量、流向，并采取必要的安全防范措施，防止剧毒化学品、易制爆危险化学品丢失或者被盗；发现剧毒化学品、易制爆危险化学品丢失或被盗的，应当立即向当地公安机关报告。

⑨ 生产、储存剧毒化学品、易制爆危险化学品的单位，应当设置治安保卫机构，配备专职治安保卫人员。

⑩ 危险化学品应当储存在专用仓库、专用场地或者专用储存室（以下统称专用仓库）内，并由专人负责管理；剧毒化学品及储存数量构成重大危险源的其他危险化学品，应当在专用仓库内单独存放，并实行双人收发、双人保管制度。

⑪ 危险化学品的储存方式、方法及储存数量应当符合国家标准或者国家有关规定。

⑫ 储存危险化学品的单位应当建立危险化学品出入库核查、登记制度。对剧毒化学品及储存数量构成重大危险源的其他危险化学品，储存单位应当将其储存数量、储存地点及管理人员的情况，报所在地县级人民政府安全生产监督管理部门（在港区内储存的，报港口行政管理部门）和公安机关备案。

⑬ 危险化学品专用仓库应当符合国家标准、行业标准的要求，并设置明显的标志。储存剧毒化学品、易制爆危险化学品的专用仓库，应当按照国家有关规定设置相应的技术防范设施。储存危险化学品的单位应当对其危险化学品专用仓库的安全设施、设备定期进行检

测、检验。

⑭ 生产、储存危险化学品的单位转产、停产、停业或者解散的,应当采取有效措施,及时、妥善处置其危险化学品生产装置、储存设施以及库存的危险化学品,不得丢弃危险化学品;处置方案应当报所在地县级人民政府安全生产监督管理部门、工业和信息化主管部门、环境保护主管部门和公安机关备案。

2)危险化学品储存条件的要求

(1)《危险化学品经营许可证管理办法》(国家安全监管总局令〔2015〕第79号修正)规定:

① 从事危险化学品经营的单位的经营和储存场所、设施、建筑物符合《建筑设计防火规范》(GB 50016)、《石油化工企业设计防火规范》(GB 50160)、《汽车加油加气站设计与施工规范》(GB 50156)、《石油库设计规范》(GB 50074)等相关国家标准、行业标准的规定。

② 有储存设施经营危险化学品的经营单位,新设立的专门从事危险化学品仓储经营的,其储存设施建立在地方人民政府规划的用于危险化学品储存的专门区域内。

③ 储存设施与相关场所、设施、区域的距离符合有关法律、法规、规章和标准的规定。

④ 依照有关规定进行安全评价,安全评价报告符合《危险化学品经营企业安全评价细则》的要求。

⑤ 专职安全生产管理人员具备国民教育化工化学类或者安全工程类中等职业教育以上学历,或者化工化学类中级以上专业技术职称,或者危险物品安全类注册安全工程师资格。

⑥ 符合《危险化学品安全管理条例》(2013年修订本)、《危险化学品重大危险源监督管理暂行规定》、《常用危险化学品贮存通则》(GB 15603)的相关规定。

申请人储存易燃、易爆、有毒、易扩散危险化学品的,除符合本条第一款规定的条件外,还应当符合《石油化工可燃气体和有毒气体检测报警设计规范》(GB 50493)的规定。

(2)《危险化学品经营企业开业条件和技术要求》(GB 18265—2000),对危险化学品的储存,提出了具体明确的要求。

① 仓储地点设置的要求。

危险化学品仓库按其使用性质和经营规模分为三种类型:大型仓库(库房或货场总面积大于9000$m^2$);中型仓库(库房或货场总面积在550~9000$m^2$之间)、小型仓库(库房或货场总面积小于550$m^2$)。

大中型危险化学品仓库应选址在远离市区和居民区的当地主导风向的下风方向和河流下游的地域。大中型危险化学品仓库应与周围公共建筑物、交通干线(公路、铁路、水路)、工矿企业等距离至少保持100m。大中型危险化学品仓库内应设库区和生活区,两区之间应有高2m以上的实体围墙,围墙与库区内建筑的距离不宜小于5m,并应满足围墙两侧建筑物之间的防火距离要求。

小型仓库应符合零售业务店面的有关规定。

危险化学品专用仓库应向县级以上（含县级）公安、消防部门申领消防安全储存许可证。

② 对仓储建筑结构的要求。

危险化学品的库房应符合《建筑设计防火规范》第 4 章的要求。

危险化学品仓库的建筑屋架应根据所存危险化学品的类别和危险等级采用木结构、钢结构或装配式钢筋混凝土结构。砌砖墙、石墙、混凝土墙及钢筋混凝土墙。

库房门应为铁门或木质外包铁皮，采用外开式。设置高侧窗（剧毒物品仓库的窗户应加设铁护栏）。

毒害性、腐蚀性危险化学品库房的耐火等级不得低于二级。易燃易爆性危险化学品库房的耐火等级不得低于三级。爆炸品应储存于一级轻顶耐火建筑内，低闪点、中闪点液体、一级易燃固体，自燃物品，压缩气体和液化气体类应储存于一级耐火建筑的库房内。

③ 对储存管理的要求。

危险化学品仓库储存的危险化学品应符合《常用化学危险品贮存通则》《易燃易爆性商品储藏养护技术条件》《腐蚀性商品储藏养护技术条件》《毒害性商品储藏养护技术条件》的规定。

入库的危险化学品应符合产品标准。收货保管员应严格按《危险货物包装标志》的规定验收内、外标志，包装，容器等，并做到账、货、卡相符。

库存危险化学品应根据其化学性质分区、分类、分库储存，禁忌物料不能混存。灭火方法不同的危险化学品不能同库储存（见《常用危险化学品储存禁忌物配存表》）。

库存危险化学品应保持相应的垛距、墙距、柱距。垛与垛间距不小于 0.8m，垛与墙、柱的间距不小于 0.3m。主要通道的宽度不小于 1.8m。

危险化学品仓库的保管员应经过岗前和定期培训，持证上岗，做到一日两检，并做好检查记录。检查中发现危险化学品存在质量变质、包装破损、渗漏等问题，应及时通知货主或有关部门，采取应急措施解决。危险化学品仓库应设有专职或兼职的危险化学品养护员，负责危险化学品的技术养护、管理和监测工作。

各类危险化学品均应按其性质储存在适宜的温湿度内。

3. 储存的安全保证

1）安全设施

（1）危险化学品仓库应根据经营规模的大小设置、配备足够的消防设施和器材，应有消防水池、消防管网和消防栓等消防水源设施。大型危险物品仓库应设有专职消防队，并配有消防车。消防器材应当设置在明显和便于取用的地点，周围不准放物品和杂物。仓库的消防设施、器材应当有专人管理，负责检查、保养、更新和添置，确保完好、有效。对于各种消防设施、器材严禁圈占、埋压和挪用。

（2）危险化学品仓库应设有避雷设施,并至少每年检测一次,使之安全、有效。

（3）对于易产生粉尘、腐蚀性气体的库房,应使用密闭的防护措施,有爆炸危险的库房应当使用防爆型电气设备。剧毒物品的库房还应安装机械通风排毒设备。

（4）危险化学品仓库应设有消防、治安报警装置。有供对外报警、联络的通信设备。

2）安全组织

危险化学品经营企业应设有安全保卫组织。危险化学品仓库应有专职或义务消防、警卫队伍。无论专职还是义务消防、警卫队伍,都应制订灭火预案并经常进行消防演练。

3）安全制度

（1）危险化学品仓库应有完善的安全管理制度和逐级安全检查制度,对查出的安全隐患应及时整改。

（2）进入危险化学品库区的机动车辆应安装防火罩。机动车装卸货物后,不准在库区、库房、货场内停放和修理。

（3）汽车、拖拉机不准进入甲、乙、丙类物品库房。进入甲、乙类物品库房的电瓶车、铲车应是防爆型的;进入丙类物品库房的电瓶车、铲车,应装有防止火花溅出的安全装置。

（4）对剧毒物品的管理应执行"五双"制度,即双人验收、双人保管、双人发货、双把锁、双本账。

（5）储存危险化学品的建筑物、区域内严禁吸烟和使用明火。

4）安全操作

（1）装卸毒害品人员应具有操作毒品的一般知识。操作时轻拿轻放,不得碰撞、倒置,防止包装破损、商品外溢。作业人员应佩戴手套和相应的防毒口罩或面具,穿防护服。作业时不得饮食,不得用手擦嘴、脸、眼睛。每次作业完毕,应及时用肥皂(或专用洗涤剂)洗净面部、手部,用清水漱口,防护用具应及时清洗,并集中存放。

（2）装卸易燃易爆品人员应穿工作服,戴手套、口罩等必需的防护用具,操作中轻搬轻放,防止摩擦和撞击。各项操作不得使用能产生火花的工具,作业现场应远离热源和火源。装卸易燃液体须穿防静电工作服,禁止穿钉鞋。大桶及桶装各种氧化剂不得在水泥地面滚动。

（3）装卸腐蚀品人员应穿工作服,戴护目镜、胶皮手套、胶皮围裙等必需的防护用具。操作时,应轻搬轻放,严禁背负肩扛,防止摩擦、振动和撞击。不能使用沾染异物和能产生火花的机具,作业现场须远离热源和火源。

（4）各类危险化学品分装、改装、开箱(桶)检查等应在库房外进行。

（5）在操作各类危险化学品时,企业应在经营店面和仓库,针对各类危险化学品的性质,准备相应的急救药品和制订急救预案。

## 4. 危险化学品分类储存

1）爆炸性物质储存

爆炸性物质的储存按公安等部门关于《爆炸物品管理规则》的规定办理。

（1）爆炸性物质必须存放在专用仓库内。储存爆炸性物质的仓库禁止设在城镇、市区和居民聚居的地方，并且应当与周围建筑、交通要道、输电线路等保持一定的安全距离。

（2）存放爆炸性物质的仓库，不得同时存放相抵触的爆炸物质，并不得超过规定的贮存数量；如雷管不得与其他炸药混合储存。

（3）一切爆炸性物质不得与酸、碱、盐类，以及某些金属、氧化剂等同库储存。

（4）为了通风、装卸和便于出入检查，爆炸性物质堆放时，堆垛不应过高、过密。

（5）爆炸性物资仓库的温度、湿度应加强控制和调节。

2）压缩气体和液化气体储存的安全要求

（1）压缩气体和液化气体不得与其他物质共同储存；易燃气体不得与助燃气体、剧毒气体共同储存；易燃气体和剧毒气体不得与腐蚀性物质混合储存；氧气不得与油脂混合储存。

（2）液化石油气储罐区的安全要求。液化石油气储罐区应布置在通风良好且远离明火或散发火花的露天地带。不宜与易燃、可燃液体储罐同组布置，更不应设在一个土堤内。压力卧式液化气罐的纵轴，不宜对着重要建筑物、重要设备、交通要道及人员集中的场所。

（3）液化石油气储存、装卸执行《中国石油天然气股份有限公司炼油与化工分公司液化石油气三十条安全规定》（油炼化〔2016〕82号）。

（4）液化烃储罐必须按照《液化烃储罐应急技术规范》（Q/SY 1719—2014）设置紧急切断阀、防泄漏注水设施、消防喷雾（喷淋）设施、视频监控、可燃气体和有毒气体检测报警系统、火灾自动报警系统等设施。

（5）对气瓶储存的安全要求。储存气瓶的仓库应为单层建筑，设置易揭开的轻质屋顶，地坪可用沥青砂浆混凝土铺设，门窗都向外开启，玻璃涂成白色。库温不宜超过35℃，有通风、降温措施。瓶库应用防火墙分隔为若干单独分间，每一分间有安全出入口。气瓶仓库的最大储存量应按有关规定执行。

3）易燃液体储存的安全要求

（1）易燃液体应储存于通风阴凉处，并与明火保持一定的距离，在一定区域内严禁烟火。

（2）沸点低于或接近夏季气温的易燃液体，应储存于有降温设施的库房或储罐内。盛装易燃液体的容器应保留不少于5%容积的空隙，夏季不可暴晒。易燃液体的包装应无渗漏，封口要严密。铁桶包装不宜堆放太高，防止发生碰撞、摩擦而产生火花。

（3）闪点较低的易燃液体，应注意控制库温。气温较低时容易凝结成块的易燃液体，受冻后易使容器胀裂，故应注意防冻。

（4）易燃、可燃液体储罐分地上、半地上和地下三种类型。地上储罐不应与地下或半地下储罐布置在同一储罐组内；且不宜与液化石油气储罐布置在同一储罐组内。储罐组内储罐的布置不应超过两排。在地上和半地下的易燃、可燃液体储罐的四周应设置防火堤。

（5）储罐高度超过17m时，应设置固定的冷却和灭火设备；低于17m时，可采用移动式灭火设备。

（6）闪点低、沸点低的易燃液体储罐应设置安全阀并有冷却降温设施。

（7）储罐的进料管应从罐体下部接入，以防止液体冲击飞溅产生静电火花引起爆炸。储罐及其有关设施必须设有防雷击、防静电设施，并采用防爆电气设备。

（8）易燃、可燃液体桶装库应设计为单层仓库，可采用钢筋混凝土排架结构，设防火墙分隔数间，每间应有安全出口。桶装的易燃液体不宜露天堆放。

4）易燃固体储存的安全要求

（1）贮存易燃固体的仓库要求阴凉、干燥，要有隔热措施，忌阳光照射，易挥发、易燃固体应密封堆放，仓库要求严格防潮。

（2）易燃固体多属于还原剂，应与氧和氧化剂分开储存。有很多易燃固体有毒，故储存中应注意防毒。

5）自燃物质储存的安全要求

（1）自燃物质不能与易燃的液体、固体，遇湿燃烧物质混放储存，也不能与腐蚀性物质混放储存。

（2）自燃物质在储存中，对温度、湿度的要求比较严格，必须储存于阴凉、通风干燥的仓库中，并注意做好防火、防毒工作。

6）遇湿燃烧物质储存的安全要求

（1）遇湿燃烧物质的储存应选用地势较高的地方，在夏季暴雨季节保证不进水，堆垛时要用干燥的枕木或垫板。

（2）储存遇湿燃烧物质的库房要求干燥，要严防雨雪的侵袭。库房的门窗可以密封。库房的相对湿度一般保持在75%以下，最高不超过80%。

（3）钾、钠等应储存于不含水分的矿物油或石蜡油中。

（4）遇湿易燃物品的储存场所必须配置干砂、干粉灭火系统等适合灭火器具，严禁使用水、蒸汽等进行火灾扑救。

7）氧化剂储存的安全要求

（1）一级无机氧化剂与有机氧化剂不能混放储存，不能与其他弱氧化剂混放储存，不能与压缩气体、液化气体混放储存；氧化剂与有毒物质不得混放储存。有机氧化剂不能与溴、过氧化氢、硝酸等酸性物质混放储存。硝酸盐与硫酸、发烟硫酸、氯磺酸接触时都会发生化学反应,不能混放储存。

(2)储存氧化剂应严格控制温度、湿度。可以采取整库密封、分垛密封与自然通风相结合的方法。在不能通风的情况下,可以采用吸潮和人工降温的方法。

8)有毒物质储存的安全要求

(1)有毒物质应储存在阴凉通风的干燥场所,要避免露天存放,不能与酸类物质接触。

(2)严禁与食品同存一库。

(3)包装封口必须严密,无论是瓶装、盒装、箱装或其他包装,外面均应贴(印)有明显名称和标志。

(4)工作人员应按规定穿戴防毒用具,禁止用手直接接触有毒物质。储存有毒物质的仓库应有中毒急救、清洗、中和、消毒用的药物等备用。

9)腐蚀性物质储存的安全要求

(1)腐蚀性物质均须储存在冬暖夏凉的库房里,保持通风、干燥、防潮、防热。

(2)腐蚀性物质不能与易燃物质混合储存,可用墙分隔同库储存不同的腐蚀性物质。

(3)采用相应的耐腐蚀容器盛装腐蚀性物质,且包装封口要严密。

(4)储存中应注意控制腐蚀性物质的储存温度,防止受热或受冻造成容器胀裂。

### (三)剧毒化学品管理

#### 1. 剧毒化学品管理规定

危险化学品专用仓库应当符合国家标准、行业标准的要求,并设置明显的标志。储存剧毒化学品、易制爆危险化学品的专用仓库,应当按照国家有关规定设置相应的技术防范设施。

对重大危险源中的毒性气体、剧毒液体和易燃气体等重点设施,设置紧急切断装置;毒性气体的设施,设置泄漏物紧急处置装置。涉及毒性气体、液化气体、剧毒液体的一级或者二级重大危险源,配备独立的安全仪表系统(SIS)。

重大危险源中储存剧毒物质的场所或者设施,设置视频监控系统;储存危险化学品的单位应当对其危险化学品专用仓库的安全设施、设备定期进行检测、检验;库房门应为铁门或木质外包铁皮,采用外开式。设置高侧窗(剧毒物品仓库的窗户应加设铁护栏)。剧毒物品的库房还应安装机械通风排毒设备。

压缩气体和液化气体不得与其他物质共同储存;易燃气体不得与助燃气体、剧毒气体共同储存;易燃气体和剧毒气体不得与腐蚀性物质混合储存;氧气不得与油脂混合储存;一级和二级重大危险源、液化气体及剧毒化学品等危险化学品储罐必须设置紧急切断系统。

从事剧毒化学品、易制爆危险化学品经营的企业,应当向所在地设区的市级人民政府安全生产监督管理部门提出申请。生产、储存剧毒化学品或者国务院公安部门规定的可用于制造爆炸物品的危险化学品(以下简称易制爆危险化学品)的单位,应当如实记录其生产、储存的剧毒化学品、易制爆危险化学品的数量、流向,并采取必要的安全防范措施,防止剧毒化学品、易制爆危险化学品丢失或被盗;发现剧毒化学品、易制爆危险化学品丢失或被盗的,应当立即向当地公安机关报告。

对剧毒化学品及储存数量构成重大危险源的其他危险化学品,储存单位应当将其储存数量、储存地点及管理人员的情况,报所在地县级人民政府安全生产监督管理部门(在港区内储存的,报港口行政管理部门)和公安机关备案。

储存危险化学品的单位应当建立危险化学品出入库核查、登记制度。生产、储存剧毒化学品、易制爆危险化学品的单位,应当设置治安保卫机构,配备专职治安保卫人员。

对剧毒物品的管理应执行"五双"制度,即双人验收、双人保管、双人发货、双把锁、双本账。

2. 剧毒化学品的定义和判定界限

定义:具有剧烈急性毒性危害的化学品,包括人工合成的化学品及其混合物和天然毒素,还包括具有急性毒性易造成公共安全危害的化学品。

剧烈急性毒性判定界限:急性毒性类别1,即满足下列条件之一:大鼠实验,经口 LD50 小于或等于 5mg/kg,经皮 LD50 小于或等于 50mg/kg,吸入(4h)LC50 小于或等于 100mL/m$^3$(气体)或 0.5mg/L(蒸气)或 0.05mg/L(尘、雾)。经皮 LD50 的实验数据,也可使用兔实验数据。

3. 职业病防护设施配备

危险化学品单位应当在重大危险源所在场所设置明显的安全警示标志,写明紧急情况下的应急处置办法。

对存在吸入性有毒、有害气体的重大危险源,危险化学品单位应当配备便携式浓度检测设备、空气呼吸器、化学防护服、堵漏器材等应急器材和设备;涉及剧毒气体的重大危险源,还应当配备两套以上(含两套)气密型化学防护服;涉及易燃易爆气体或者易燃液体蒸气的重大危险源,还应当配备一定数量的便携式可燃气体检测设备。

生产、储存和使用氯气、氨气、光气、硫化氢等吸入性有毒有害气体的企业,除应按照国家有关规定编制危险化学品事故应急预案并报有关部门备案外,还应当配备至少两套以上全封闭防化服;构成重大危险源的,还应当设立气体防护站(组)。

(四)工作场所职业卫生防护与管理

企业的工作场所应符合防尘、防毒、防暑、防寒、防噪声与振动、防电离辐射等要求,并做到:

（1）生产布局合理，有害作业与无害作业分开。

（2）工作场所与生活场所分开。

（3）有与职业病防治工作相适应的有效防护设施。

（4）职业病危害因素强度或浓度符合国家职业卫生标准。

（5）有配套的更衣间、洗浴间、孕妇休息间等卫生设施。

（6）设备、工具、用具等设施符合保护员工生理、心理健康的要求。

（7）符合国家法律法规和职业卫生标准的其他规定。

用人单位应根据岗位接触的职业病危害因素种类、分布、危害程度，制订岗位职业卫生操作规程，明确各岗位存在职业危害场所的危害因素、产生原因、防护措施、应急处置措施、本岗位安全操作程序和维护注意事项等。

用人单位应当对产生职业病危害的工作场所配备齐全、有效的职业病防护设施、应急救援设施，并进行经常性的维护、检修和保养，定期检测其性能和效果，确保其处于正常状态，不得擅自拆除或停止使用。应当为员工提供符合国家职业卫生标准的职业病防护用品，并督促、指导员工正确佩戴、使用。组织对职业病防护用品进行经常性的维护、保养，确保防护用品有效，不得使用不符合国家职业卫生标准或已失效的职业病防护用品，不得发放钱物替代发放职业病防护用品。优先采用有利于防治职业病和保护员工健康的新技术、新工艺、新设备、新材料，逐步替代职业病危害严重的技术、工艺、设备、材料。

产生职业病危害的所属企业，应当照《工作场所职业病危害警示标识》（GBZ 158）的规定，在醒目位置设置公告栏，公布有关职业卫生的规章制度、操作规程、职业病危害事故应急救援措施和工作场所职业病危害因素检测结果。对产生严重职业病危害的作业岗位，所属企业应当在其醒目位置，按照规定设置警示标识、中文警示说明和职业病危害告知卡。警示说明应当载明产生职业病危害的种类、后果、预防和应急处置措施等内容。存在或产生高毒物品的作业岗位，应当按照《高毒物品作业岗位职业病危害告知规范》（GBZ/T 203）的规定，在醒目位置设置高毒物品告知卡，告知卡应当记载明确高毒物品的名称、理化特性、健康危害、防护措施及应急处理等告知内容与警示标识。在可能发生急性职业病损伤的有毒、有害工作场所，用人单位应当设置报警装置，配置现场急救用品、冲洗设备、应急撤离通道和必要的泄险区。

用人单位应当在可能发生急性职业损伤的有毒、有害工作场所，设置报警装置，配置现场急救用品、冲洗设备、应急撤离通道和必要的泄险区，并在醒目位置设置清晰的标识。需要进入存在高毒物品的设备、容器或者受限空间场所作业，必须严格采取作业审批制度和执行规定流程。在可能突然泄漏或者溢出大量有害物质的密闭或者半密闭工作场所，用人单位还应当安装事故通风装置及与事故排风系统相连锁的泄漏报警装置。

生产、销售、使用、贮存放射性同位素和射线装置的场所,应当按照国家有关规定设置明显的放射性标志,其入口处应当按照国家有关安全和防护标准的要求,设置安全和防护设施及必要的防护安全联锁、报警装置或者工作信号。放射性装置的生产调试和使用场所,应当具有防止误操作及工作人员受到意外照射的安全措施。用人单位必须配备与辐射类型和辐射水平相适应的防护用品和监测仪器,包括个人剂量测量报警、固定式和便携式辐射监测、表面污染监测、流出物监测等设备,并保证可能接触放射线的工作人员佩戴个人剂量计。

用人单位不得将产生职业病危害的作业转移给不具备职业病防护条件的单位(承包商)和个人,不具备职业病防护条件的单位和个人不得接受可产生职业病危害的作业。

工作场所和员工宿舍应设有符合国家相关规定,达到紧急疏散要求、标志明显、通畅的安全通道;生产、经营、储存及使用危险物品的车间、商店、仓库不得与员工宿舍在同一建筑物内,并保持安全距离;在有较大危险的生产场所和有关设施、设备上,设置明显的安全警示标志。

工作场所和员工宿舍应保持清洁卫生,并有防潮、防寒、防热辐射和消毒等设施。其道路、采光照明、饮用水和排污道均应符合国家规定,并根据需求设置卫生辅助设施。

按照国家及上级有关规定,为上岗员工提供满足安全生产要求的劳动防护用品,劳动防护服装应符合集团公司的"四统一"要求(统一性能、款式、颜色、标识)。

企业必须做好女工特殊劳动保护工作。

企业必须依法参加工伤社会保险,为从业人员缴纳工伤保险。

对存在吸入性有毒、有害气体的重大危险源,危险化学品单位应当配备便携式浓度检测设备、空气呼吸器、化学防护服、堵漏器材等应急器材和设备;涉及剧毒气体的重大危险源,还应当配备两套以上(含两套)气密型化学防护服;涉及易燃、易爆气体或者易燃液体蒸气的重大危险源,还应当配备一定数量的便携式可燃气体检测设备。

(五)特殊储存方式的物质的储存管理

1. 危险化学品储存禁忌和要求

(1)危险化学品应根据物化特性按照隔离贮存、隔开贮存和分离贮存三种方式分区、分类、分库、分垛、限额贮存。

(2)遇火、遇热、遇潮能引起燃烧、爆炸或发生化学反应,产生有毒气体的危险化学品不得在露天环境或在潮湿、积水的仓库中贮存。

(3)受日光照射能发生化学反应引起燃烧、爆炸、分解、化合或能产生有毒气体的危险化学品应贮存在一级建筑物中,其包装应采取避光措施。

(4)易自燃或者遇水分解的物质,必须在温度较低、通风良好和空气干燥的场所储存,并安装专用仪器定时检测,严格控制湿度与温度。

(5)压缩气体和液化气体必须与爆炸性物质、氧化剂、易燃物质、自燃物质、腐蚀性物质隔离贮存。

(6)易燃气体不得与助燃气体、剧毒气体同贮,氧气不得与油脂混合贮存。

(7)盛装液化气体的容器属压力容器的必须有压力表、安全阀、紧急切断装置并定期检查,不得超装。

(8)易燃液体和固体、遇湿易燃物质不得与氧化剂混合贮存;具有还原性的氧化剂应单独存放。

(9)甲、乙类物质和一般物质,以及容易相互发生化学反应或者灭火方法不同的物质,必须分间、分库储存,并在醒目处标明储存物质的名称、性质和灭火方法。

(10)乙类桶装液体,不宜露天存放。

(11)有毒物质应贮存在阴凉通风干燥的场所,不宜露天存放,勿接近酸类物质。

(12)腐蚀性物质包装必须严密,不允许泄漏,严禁与液化气体和其他物质共存。

(13)剧毒、易制毒、易制爆类化学品,应储存在单独的库房、防盗毒品柜内,设置双锁管理和视频监控设施。

(14)化验室应根据生产需求,定期、定额领取危险化学品。暂存在化验室内的化学品应满足以下要求:

① 储存化学品的房间应干燥、通风良好、严禁明火、避免阳光照射。

② 化学品应隔离、隔开和分离的方式分类储存在相应试剂柜内。

③ 腐蚀性化学品应储存在防腐蚀材料试剂柜内。

④ 挥发性化学品应储存在带排风试剂柜内。散发腐蚀性物质的化学品,试剂柜排风管道应为防腐蚀材料;散发易燃易爆性物质的化学品,应设置防爆通风系统。

⑤ 易燃、易爆化学品应储存在防爆安全试剂柜内。

⑥ 危险化学品宜根据分析频次核算的试剂量按天领取,不宜超额领取。

⑦ 不在危险化学品名录内化学品宜根据分析频次核算的试剂量按周领取,不宜超额领取。

(15)化验室用储存易燃易爆气体的钢瓶间,设置应满足以下要求:

① 宜设置在化验室旁的安全区域,并采取遮阳防晒措施,当钢瓶间与建筑物建为一体时,隔墙应为钢筋混凝土防爆墙。

② 通风良好,宜自然通风;并应具有足够泄爆面积,室内地面应有防火花、防静电措施。

③ 泄压设施的设置应避开人员密集场所和主要交通道路。

④ 气瓶应分类、隔开、隔离存储,并设置标签。

⑤ 应设置防爆灯具、防爆开关。

⑥ 储存可燃、爆炸性气体的钢瓶间应设避雷装置。

⑦ 气瓶应直立存储，用栏杆或支架加以固定或扎牢，不应利用气瓶的瓶阀或头部来固定气瓶。支架或扎牢应采用阻燃的材料，同时应保护气瓶的底部免受腐蚀。

# 第十二节 消防安技装备

## 一、灭火器

### (一) 常用灭火器

灭火器是由筒体、器头、喷嘴等部件组成，借助驱动压力可将所充装的灭火剂喷出，以达到灭火的目的。灭火器由于结构简单、操作方便、轻便灵活、使用广泛，是扑救各类初期火灾的重要消防器材。

灭火器的种类很多，按其移动方式可分为手提式和推车式；按驱动灭火剂的动力来源可分为储气瓶式、储压式、化学反应式；按所充装的灭火剂则又可分为泡沫灭火器、干粉灭火器、二氧化碳灭火器、酸碱灭火器、清水灭火器等。中国灭火器的型号编制是由类、组、特征代号和主参数四部分组成。

类、组和特征代号用汉语拼音表示具有代表性的字头。主参数是灭火剂的充装量。其型号编制方法见表3-25。

表3-25 各种灭火器的型号编制方法

| 组 | | 代号 | 特征 | 代号含义 | 主参数 | |
|---|---|---|---|---|---|---|
| | | | | | 名称 | 单位 |
| 灭火器（M） | 水（S） | MS<br>MSQ | 酸碱<br>清水(Q) | 手提式酸碱灭火器<br>手提式清水灭火器 | 灭火器额定充装量 | L |
| | 泡沫（P） | MP<br>MPZ<br>MPT | 手提式<br>舟车式(Z)<br>推车式(T) | 手提式泡沫灭火器<br>舟车式泡沫灭火器<br>推车式泡沫灭火器 | | L |
| | 干粉（F） | MF<br>MFB<br>MFT | 手提式<br>背负式(B)<br>推车式(T) | 手提式干粉灭火器<br>背负干粉灭火器<br>推车式干粉灭火器 | | kg |
| | 二氧化碳（T） | MT<br>MTZ<br>MTT | 手提式<br>鸭嘴式(Z)<br>推车式(T) | 手提式二氧化碳灭火器<br>鸭嘴式二氧化碳灭火器<br>推车式二氧化碳灭火器 | | kg |

## （二）炼化装置常见火灾类型及常用灭火器

### 1. 炼化装置常见火灾类型

由于炼化生产装置原料及工艺特性，炼化装置易发火灾类型包括石油类固体产品火灾（A类）、可燃液体火灾（B类）、可燃气体火灾（C类）、可燃性金属火灾（D类）和电气火灾（E类）共5类火灾。

### 2. 炼化装置常用灭火器

炼化装置常用灭火器主要有手提贮压式（ABC型）干粉灭火器，分为1kg、2kg、5kg、8kg和10kg五种；推车贮压式（ABC型）干粉灭火器，分为25kg、35kg、50kg、70kg和100kg五种；手提式二氧化碳灭火器，分为2kg、3kg、5kg和7kg四种；推车式二氧化碳灭火器，分为12kg和24kg两种；手提式泡沫灭火器，分为3L、6L和9L三种。

### 3. 灭火器的最大保护距离

灭火器的保护距离是指配置场所任意着火点到最近灭火器设置点的行走距离。设置在A（B）类配置场所的灭火器，最大保护距离见表3-26。

**表3-26　A（B）类配置场所灭火器的最大保护距离**

| 危险等级 | 手提式灭火器 | 推车式灭火器 |
| --- | --- | --- |
| 严重危险级 | 15（9）m | 30（18）m |
| 中度危险级 | 20（12）m | 40（24）m |
| 轻度危险级 | 25（15）m | 50（30）m |

## （三）干粉灭火器适用火灾类型

干粉灭火剂适用于灭火的干燥且易于流动的微细粉末，由具有灭火效能的无机盐和少量的添加剂经干燥、粉碎、混合而成的微细固体粉末组成。干粉灭火剂主要通过在加压气体作用下喷出的粉雾与火焰接触、混合时发生的物理、化学作用灭火。

除扑救金属火灾的专用干粉化学灭火剂外，干粉灭火剂一般分为BC型干粉灭火剂和ABC型干粉灭火剂两大类，如碳酸氢钠干粉、改性钠盐干粉、钾盐干粉、磷酸二氢铵干粉、磷酸氢二铵干粉、磷酸干粉和氨基干粉灭火剂。

炼化装置通常选用的干粉灭火器的为ABC型干粉灭火器，其中，碳酸氢钠干粉灭火器适用于易燃、可燃液体、气体及带电设备的初起火灾，即适用于B、C类火灾和电气火灾；磷酸铵盐干粉灭火器除可用于上述几类火灾外，还可扑救固体类物质的初起火灾，即适用于A、B、C类火灾和电气火灾；但都不能扑救金属燃烧火灾。

## （四）手提式干粉灭火器

**1. 检查内容**

（1）筒体无明显腐蚀、形变，灭火器专有标识清晰。

（2）灭火器铅封、保险销、压把完好。

（3）喷管连接可靠，无龟裂、折断等影响使用的损伤。

（4）查看灭火器压力表，压力表指针在绿色区域内，证明压力符合要求，灭火器可以使用；压力表指针在红色区域内，说明灭火器压力不足，不得使用，需及时回收充装或报废；压力表指针在黄色区域内，说明灭火器压力高，可以使用，但应注意安全。

（5）灭火器使用年限在有效期范围内（推车式干粉灭火器自出厂之日起筒体有效期10年，灭火剂有效期5年）。

（6）晃动筒体，感觉内部灭火剂无明显结块。

**2. 注意事项**

（1）拔保险销是不能紧握把手，否则保险销无法拔出。

（2）灭火时，距离着火点不应超过灭火器的有效射程。

（3）室外灭火时站在下风方向灭火，喷射的干粉容易遮挡视线，火灾热辐射伤害还能使人员受到伤害。

（4）扑救容器内液体火灾时，应沿容器器壁喷扫，以使干粉能够覆盖整个容器开口表面，切不可将灭火剂直接冲击液面，以防将可燃液体冲出容器，造成火势扩大。

（5）扑救地面流淌火时，应由近及远向前平推，左右横扫，防止火焰回窜。

（6）干粉灭火剂冷却作用甚微，灭火后要防止复燃。

（7）应将灭火器筒体向上直立，放置在清洁干燥的环境中，注意防潮，贮存温度为 $-10 \sim +45$℃，严禁在烈日下暴晒。

## （五）推车式干粉灭火器

**1. 检查内容**

（1）筒体无明显腐蚀、形变，灭火器专有标志清晰。

（2）灭火器铅封、保险销、压把完好。

（3）喷管连接可靠，无影响使用的损伤（折断等）。

（4）查看灭火器压力表指针在绿色区域内，证明压力符合要求，灭火器可以使用；压力表指针在红色区域内，说明灭火器压力不足，不得使用，需及时回收充装或报废；压力表指针在黄色区域内，说明灭火器压力高，可以使用，但应注意安全。

（5）灭火器使用年限在有效期范围内（推车式干粉灭火器自出厂之日起筒体有效期10年，灭火剂有效期5年）。

2. 注意事项

（1）拔保险销是不能紧握把手，否则保险销无法拔出。

（2）灭火时，距离着火点不应超过灭火器的有效射程。

（3）室外灭火时站在下风方向灭火，喷射的干粉容易遮挡视线，火灾热辐射伤害还可能使人员受到伤害。

（4）扑救容器内液体火灾时，应沿容器器壁喷扫，以使干粉能够覆盖整个容器开口表面，切不可将灭火剂直接冲击液面，以防将可燃液体冲出容器，造成火势扩大。

（5）扑救地面流淌火时，应由近及远向前平推，左右横扫，防止火焰回窜。

（6）干粉灭火剂冷却作用甚微，灭火后要防止复燃。

（7）应将灭火器筒体向上直立，放置在清洁干燥的环境中，注意防潮，贮存温度为 $-10 \sim +45℃$，严禁在烈日下暴晒。

## （六）二氧化碳灭火器适用火灾类型

二氧化碳灭火器适用于扑救电气设备、精密仪器仪表及图书档案火灾，不适于扑救金属钠、钾、镁、铝、金属氧化物及其在惰性介质中燃烧的物质（如硝酸纤维）的火灾。

## （七）手提式二氧化碳灭火器

检查内容

（1）灭火器铅封、保险销、压把完好。

（2）喷管及喷嘴连接可靠，无影响使用的损伤（裂纹、破损等）。

（3）筒体无明显腐蚀、形变；是否有防冻伤措施。

（4）灭火器使用年限在有效期范围内（手提式二氧化碳灭火器自出厂之日起有效期12年）。

## （八）泡沫灭火器

1. 泡沫灭火器原理及适用范围

泡沫灭火器内有两个容器，分别盛放两种液体，它们是硫酸铝和碳酸氢钠溶液，除了两种反应物外，灭火器中还加入了一些发泡剂。正常放置状态下，两种溶液互不接触，不发生任何化学反应，当需要泡沫灭火时，将灭火器倒立，两种溶液混合在一起，就会产生大量的二氧化碳气体，打开开关，泡沫从灭火器中喷出，覆盖在燃烧介质上，使燃烧的介质与空气隔离，并降低温度，达到灭火目的。

泡沫灭火器适用于扑救一般 B 类火灾,如油制品、油脂等火灾;也可适用于 A 类火灾,但不能扑救 B 类火灾中的水溶性可燃、易燃液体的火灾,如醇、酯、醚、酮等物质火灾;也不能扑救带电设备及 C 类和 D 类火灾。

2. 检查内容

(1)灭火器压力表的外表面不得有变形、损伤等缺陷,否则应更换压力表。

(2)压力表的指针是否指在绿区(绿区为设计工作压力值),否则应充装驱动气体。

(3)灭火器喷嘴是否有变形、开裂、损伤等缺陷,否则应予以更换。

(4)灭火器的压把、阀体等金属件不得有严重损伤、变形、锈蚀等影响使用的缺陷,否则必须更换。

(5)筒体严重变形的、筒体严重锈蚀(漆皮大面积脱落,锈蚀面积大于或等于筒体总面积的三分之一者),或连接部位、筒底严重锈蚀必须报废。

(6)灭火器的橡胶、塑料件不得变形、变色、老化或断裂,否则必须更换。

## 二、消火栓

消火栓是一种与供水管路连接,由阀、出水口和壳体等组成的固定的消防供水(或泡沫液)的装置,分为室外消火栓和室内消火栓。其主要作用是控制可燃物、隔绝助燃物、消除着火源。消火栓主要供消防车从室外消防给水网取水实施灭火,也可以直接连接水带、水枪出水灭火,是扑救火灾的重要消防设施之一。

(一)消火栓分类及适用范围

按照安装位置消火栓分为室内消火栓和室外消火栓。消火栓主要使用于以下火灾:

(1)适用于石油化工企业、储罐区、仓库、飞机库、车库、港口码头等场所。

(2)适用于一般固体可燃物火灾现场。

(3)不得用于扑救遇水发生化学反应而引起燃烧、爆炸的物质的火灾(如锂、钠、钾、烷基铝)。

(二)消火栓系统组成

消火栓系统主要由消火栓、消防水带、消防枪等组成。在灭火救援过程中,消火栓可以为消防车供水。

(三)室外消火栓

室外消火栓分为地上消火栓和地下消火栓。

1. 室外消火栓系统检查内容

（1）检查栓体有无锈蚀，有无裂纹，帽盖有无松动。

（2）检查消火栓接口管牙是否完好。

（3）管牙接口与水带连接是否牢靠，以免供水后水带与接口脱开伤人。

（4）消防水带是否破损、水带衬里是否起层、脱落或老化。

（5）检查消防水带管牙接口是否完好，接口胶圈是否完好，管牙接口卡扣钢圈是否脱扣。

（6）检查消防水枪接口是否有破损、接口胶圈是否完好，旋转式"喷雾—直流"喷嘴调整是否灵活。

2. 注意事项

（1）消火栓使用操作必须由两个人同时进行，且操作消防水带人员的身体条件适合。

（2）消火栓开启前要确认非在用出水口闭合有效，水带与消火栓连接牢固可靠。

（3）展开消防水带时，注意不要扭折。

（4）要缓慢开启消火栓供水阀门逐渐提高供水压力，以免水流反冲击作用力过大，造成人员受伤。

（5）消防水带使用后必须放在阴凉处晾干，收卷存放，寒冷地带使用消防水带时，使用后要及时控干消防水带内积水，以免冻结。

（6）消防水带使用时严禁在尖锐物体上拖拽，在过道处做好防护。

（7）停用消火栓时，应缓慢关闭供水阀门直至不再出水，切不可野蛮关阀，以免造成阀门损坏。

（8）消火栓使用后应能够自动泄水，寒冷地区应增加手动泄水阀，每次使用后及时将消火栓内的存水排净，以免发生消火栓冻裂。

（四）室内消火栓

1. 室内消火栓类型

室内消火栓是一种安装在室内的消火栓，按出水口型式可分为单出口室内消火栓和双出口室内消火栓；按栓阀数量可分为单栓阀（以下称单阀）室内消火栓，双栓阀（以下称双阀）室内消火栓，按结构型式可分为直角出口型室内消火栓、45°出口型室内消火栓、旋转型室内消火栓、减压型室内消火栓、旋转减压型室内消火栓、减压稳压型室内消火栓、旋转减压稳压型室内消火栓等。

2. 室内消火栓检查内容

（1）检查消火栓接口管牙是否完好。

(2)检查消防水带管牙接口是否完好,接口胶圈是否完好,管牙接口卡扣钢圈是否脱扣。

(3)管牙接口与水带连接是否牢靠,以免供水后造成人员受伤。

(4)消防水带是否破损,水带衬里是否起层、脱落或老化。

(5)检查消防水枪接口是否有破损、接口胶圈是否完好,旋转式"喷雾—直流"喷嘴调整是否灵活。

3. 注意事项

(1)消火栓使用操作必须由两个人同时进行,且操作消防水带人员的身体条件适合。

(2)消火栓开启前要确认非在用出水口闭合有效,水带与消火栓连接牢固可靠。

(3)展开消防水带时,注意不要扭折。

(4)要缓慢开启消火栓供水阀门逐渐提高供水压力,以免水流反冲击作用力过大,造成人员受伤。

(5)消防水带使用后必须放在阴凉处晾干,收卷存放,寒冷地带使用消防水带,使用后要及时控干消防水带内积水,以免冻结。

(6)消防水带使用时严禁在尖锐物体上拖拽,在过道处做好防护。

(7)停用消火栓时,应缓慢关闭供水阀门直至不再出水,不可野蛮关阀,以免造成阀门损坏。

## 三、消防水炮

消防水炮是一种能够将一定流量、一定压力的水通过能量转换,将势能(压力能)转化为动能,使水以非常高的速度从炮头出口喷出,形成射流,从而扑灭一定距离以外火灾的装置。

### (一)消防水炮类型

按照安装形式分为固定式消防水炮和移动式消防水炮,其中,固定式消防水炮是安装在固定支座上的消防水炮,也包括固定安装在消防车、消防艇等上的消防水炮,固定式消防水炮又分为手轮式消防水炮和手柄式消防水炮两种;移动式消防水炮是指安装在可移动支座上的消防水炮,移动式消防水炮又分为手抬式消防水炮和拖车式消防水炮两种。

按照控制方式分为手动消防水炮和远控消防水炮,其中远控消防水炮又分为由电动机控制的固定式消防水炮和移动式遥控消防水炮。

消防水炮主要部件由炮体、喷管、操作部件和入口部件等组成(表3-27)。相同的水炮主体对应不同的喷管部件,可实现不同的水流。配备不同的操作部件,可实现手柄式消防水炮、手轮式消防水炮和电动式消防水炮的互换。

表 3-27　消防水炮部件种类与特点

| 部件 | 种类 | 特点 |
| --- | --- | --- |
| 喷管 | 柱/雾状可调喷嘴 | 可将水进行柱（雾）状喷射 |
| | 柱状喷嘴 | 可将水进行柱状喷射 |
| 操作部件 | 手柄 | 手动操作方式，方便快捷 |
| | 手轮 | 手动操作方式，方便精确 |
| | 电动机 | 电动操作方式，可实现远程控制 |
| 入口部件 | 法兰连接 | 与底座固定连接 |
| | 弯管 | 与消防水带连接 |

**（二）消防水炮适用范围**

（1）适用于石油化工企业、储罐区、仓库、飞机库、车库、港口码头等场所。

（2）适用于一般固体可燃物火灾现场。

**（三）手柄式固定消防水炮**

1. 检查内容

（1）进水管线是否完好，入口法兰是否紧固，水炮炮体无损伤。

（2）进水球阀阀体有无裂纹等可见性损坏，阀门开关灵活。

（3）可调喷嘴配件齐全、完好，喷嘴旋转调节灵活，喷嘴出口无堵塞。

（4）压力表、俯仰调节阀、水平调节阀、操作手柄等附件完好。

（5）水炮水平转向操作、俯仰操作灵活。

2. 注意事项

（1）应经常检查炮的完好性和操作灵活性，发现故障及时维修。

（2）消防水炮应该在使用压力范围内使用，其供水压力不能低于工作压力，不能超过最大工作压力（1.6MPa）。

（3）喷射时，炮口下严禁站人，以免造成人员受伤。

（4）喷射操作时，应调整好炮口方向和角度，然后增大水量。

（5）每次使用后应将炮内余水排净，保持炮内干燥。

（6）非工作状态下，炮口应保持水平，锁紧俯仰手柄和水平手柄。

（7）扑救油品火灾，应注意炮体喷射角度。

## (四)手轮式固定消防水炮

1. 检查内容

(1)进水管线是否完好,入口法兰紧固是否,有无泄漏。

(2)进水球阀阀体有无裂纹等可见性损坏,阀门开关灵活。

(3)可调喷嘴配件齐全完好,喷嘴出口无堵塞(直流—水雾可调喷嘴,检查喷嘴旋转调节灵活性)。

(4)压力表、俯仰调节手轮、水平调节手轮、俯仰锁定装置等附件完好。

(5)水炮俯仰调节齿轮、水平调节齿轮润滑良好,水平转向操作、俯仰操作灵活。

2. 注意事项

(1)应经常检查炮的完好性,发现故障及时维修。

(2)检查水炮俯仰调节齿轮和水平转向调节齿轮润滑,确保俯仰调节和转向调节操作灵活。

(3)消防水炮应该在使用压力范围内使用,其供水压力不能低于工作压力,不能超过最大工作压力(1.6MPa)。

(4)喷射时,炮口下严禁站人,以免造成人员受伤。

(5)喷射操作时,应调整好炮口方向和角度,然后增大水量。

(6)每次使用后应将炮内余水排净,保持炮内干燥;冬季寒冷天气时做好防冻。

(7)非工作状态下,炮口应保持处于最大俯角限位状态,锁定俯仰限位装置和水平转向手轮。

(8)扑救油品火灾,应注意炮体喷射角度。

## (五)布利斯水炮

1. 布利斯水炮简介

布利斯水炮是一种结构简单、操作简便、轻巧灵活的便携移动式水炮,其最大的特点是在炮身上安装了安全关闭阀,能在水炮突然移动时关闭水流,从而降低水炮失控时对人员的伤害。

2. 注意事项

(1)在充水情况下移动水炮时,应关闭阀柄并锁定,以防止阀门突然打开。

(2)安全固定带固定时,水炮和固定点距离应尽量缩短,在水炮出水前将水炮固定并拉紧。

(3)水炮不要放置在任何物体上,防止迫使防滑钉脱离地面。

（4）自摆装置工作时，操作人员的手应远离转动水炮部位，避免被转动的齿轮夹住受到伤害。

（5）自摆装置工作时，应放置在结实容易固定的地面上。

（6）布利斯水炮时靠水压的推动实现自摆功能的，自摆时，水压必须达到0.5MPa以上，否则不能实现自摆。

（7）在需要出泡沫灭火时，应首先更换泡沫炮头。

### 四、消防水源

依据标准：《消防给水及消火栓系统技术规范》（GB 50974—2014）。

#### （一）一般规定

（1）在城乡规划区域范围内，市政消防给水应与市政给水管网同步规划、设计与实施。

（2）消防水源水质应满足水灭火设施的功能要求。

（3）消防水源应符合下列规定：

① 市政给水、消防水池、天然水源等可作为消防水源，并宜采用市政给水。

② 雨水清水池、中水清水池、水景和游泳池可作为备用消防水源。

（4）消防给水管道内平时所注入的pH值应为6.0～9.0。

（5）严寒、寒冷等冬季结冰地区的消防水池、水塔和高位消防水池等应采取防冻措施。

（6）雨水清水池、中水清水池、水景和游泳池必须作为消防水源时，应有保证在任何情况下均能满足消防给水系统所需的水量和水质的技术措施。

#### （二）市政给水

（1）当市政给水管网连续供水时，消防给水系统可采用市政给水管网直接供水。

（2）用作两路消防供水的市政给水管网应符合下列要求：

① 市政给水厂应至少两条输水干管向市政给水管网输水。

② 市政给水管网应为环状管网。

③ 应至少有两条不同的市政给水干管上不少于两条引入管向消防给水系统供水。

#### （三）消防水池

（1）符合下列规定之一时，应设置消防水池：

① 当生产、生活用水量达到最大时，市政给水管网或入户引入管不能满足室内、室外消防给水设计流量。

② 当采用一路消防供水或只有一条入户引入管，且室外消火栓设计流量大于20L/s或

建筑高度大于50m时。

③ 市政消防给水设计流量小于建筑室内外消防给水设计流量。

（2）消防水池有效容积的计算应符合下列规定：

① 当市政给水管网能保证室外消防给水设计流量时，消防水池的有效容积应满足在火灾延续时间内室内消防用水量的要求。

② 当市政给水管网不能保证室外消防给水设计流量时，消防水池的有效容积应满足火灾延续时间内室内消防用水量和室外消防用水量不足部分之和的要求。

（3）消防水池的给水管应根据其有效容积和补水时间确定，补水时间不宜大于48h，但当消防水池有效总容积大于2000m³时，不应大于96h。消防水池进水管管径应计算确定，且不应小于DN100。

（4）当消防水池采用两路消防供水且在火灾情况下连续补水能满足消防要求时，消防水池的有效容积应根据计算确定，但不应小于100m³；当仅设有消火栓系统时，不应小于50m³。

（5）火灾时消防水池连续补水应符合下列规定：

① 消防水池应采用两路消防给水。

② 火灾延续时间内的连续补水流量应按消防水池最不利进水管供水量计算。

③ 消防水池进水管管径和流量应根据市政给水管网或其他给水管网的压力、入户引入管管径、消防水池进水管管径，以及火灾时其他用水量等经水力计算确定，当计算条件不具备时，给水管的平均流速不宜大于1.5m/s。

（6）消防水池的总蓄水有效容积大于500m³时，宜设两格能独立使用的消防水池；当大于1000m³时，应设置能独立使用的两座消防水池。每格（座）消防水池应设置独立的出水管，并应设置满足最低有效水位的连通管，且其管径应能满足消防给水设计流量的要求。

（7）储存室外消防用水的消防水池或供消防车取水的消防水池，应符合下列规定：

① 消防水池应设置取水口（井），且吸水高度不应大于6.0m。

② 取水口（井）与建筑物（水泵房除外）的距离不宜小于15m。

③ 取水口（井）与甲、乙、丙类液体储罐等构筑物的距离不宜小于40m。

④ 取水口（井）与液化石油气储罐的距离不宜小于60m，当采取防止辐射热保护措施时，可为40m。

（8）消防用水与其他用水共用的水池，应采取确保消防用水量不作他用的技术措施。

（9）消防水池的出水、排水和水位应符合下列规定：

① 消防水池的出水管应保证消防水池的有效容积能被全部利用。

② 消防水池应设置就地水位显示装置,并应在消防控制中心或值班室等地点设置显示消防水池水位的装置,同时应有最高和最低报警水位。

③ 消防水池应设置溢流水管和排水设施,并应采用间接排水。

(10)消防水池的通气管和呼吸管等应符合下列规定:

① 消防水池应设置通气管。

② 消防水池通气管、呼吸管和溢流水管等应采取防止虫鼠等进入消防水池的技术措施。

(11)高位消防水池的最低有效水位应能满足其所服务的水灭火设施所需的工作压力和流量,且其有效容积应满足火灾延续时间内所需消防用水量,并应符合下列规定:

① 高位消防水池的有效容积、出水、排水和水位,应符合本规范第(8)条和第(9)条的规定。

② 高位消防水池的通气管和呼吸管等应符合本规范第(10)条的规定。

③ 除可一路消防供水的建筑物外,向高位消防水池供水的给水管不应少于两条。

④ 当高层民用建筑采用高位消防水池供水的高压消防给水系统时,高位消防水池储存室内消水用水量确有困难,但火灾时补水可靠,其总有效容积不应小于室内消防用水量的50%。

⑤ 高层民用建筑高压消防给水系统的高位消防水池的总有效容积大于200m³时,宜设置蓄水有效容积相等且可独立使用的两格;当建筑高度大于100m时,应设置独立的两座。每格(座)应有一条独立的出水管向消防给水系统供水。

⑥ 高位消防水池设置在建筑物内时,应采用耐火极限不低于2.00h的隔墙和1.50h的楼板与其他部位隔开,并应设甲级防火门;且消防水池及其支承框架与建筑构件应连接牢固。

### (四)天然水源及其他

(1)井水等地下水源可作为消防水源。

(2)井水作为消防水源向消防给水系统直接供水时,其最不利水位应满足水泵吸水要求,其最小出流量和水泵扬程应满足消防要求,且当需要两路消防供水时,水井不应少于两眼,每眼井的深井泵的供电均应采用一级供电负荷。

(3)江、河、湖、海、水库等天然水源的设计枯水流量保证率应根据城乡规模和工业项目的重要性、火灾危险性和经济合理性等综合因素确定,宜为90%~97%。但村镇的室外消防给水水源的设计枯水流量保证率可根据当地水源情况适当降低。

(4)当室外消防水源采用天然水源时,应采取防止冰凌、漂浮物、悬浮物等物质堵塞消防水泵的技术措施,并应采取确保安全取水的措施。

（5）当天然水源等作为消防水源时，应符合下列规定：

① 当地表水作为室外消防水源时，应采取确保消防车、固定和移动消防水泵在枯水位取水的技术措施；当消防车取水时，最大吸水高度不应超过6.0m。

② 当井水作为消防水源时，还应设置探测水井水位的水位测试装置。

（6）天然水源消防车取水口的设置位置和设施，应符合现行国家标准《室外给水设计规范》（GB 50013）中有关地表水取水的规定，且取水头部宜设置格栅，其栅条间距不宜小于50mm，也可采用过滤管。

（7）设有消防车取水口的天然水源，应设置消防车到达取水口的消防车道和消防车回车场或回车道。

## 五、防火服

防火服是消防员、现场紧急处置人员及高温作业人员近火作业时穿着的防护服装，用来对其上、下躯干、头部、手部和脚步进行隔热防护，具有防火、隔热、阻燃、反辐射热、耐磨、耐折等特性；分为轻便式防火服和重型防火服。

防火服套装包括防火上衣、防火裤、防火头罩、防火手套、防火脚套、防火靴及空气呼吸器背囊。

### （一）防火服检查内容

（1）防火服外部保护层（锡箔）完好，无破损、脱落。

（2）头罩视窗无妨碍视觉的磨损。

（3）防火靴完好，无断底、龟裂。

（4）防火手套完好，防护层（铝箔）无破损、脱落现象。

（5）防火服纽扣、收紧带齐全。

### （二）注意事项

（1）穿戴防火服要确保防火裤完全罩住防火靴。

（2）使用及存放时应尽可能避免接触强酸强碱性腐蚀物品，以免损坏防火服铝箔表面。

## 六、安全检测仪表

### （一）安全检测仪表使用场所

安全检测仪表广泛应用于石油、石化、煤矿、冶金、环保、消防应急、救援监测、城市公用事业安全检测、危险化学品物质泄漏及放射性等气体环境和伤害的场所的检测。

（1）可燃性气体检测仪主要用于危险场所易燃易爆可燃性气体的检测、救援监测及危险气体泄漏部位检测。

（2）有毒有害气体检测仪主要用于存在或可能存在硫化氢、一氧化碳、氨气、二氧化硫等有毒有害气体场所的检测。

（3）氧气检测报警仪主要用于空气中氧气含量的检测，塔、釜、罐、槽车、下水道等封闭半封闭，以及存在氮气环境或可能存在缺氧环境的氧含量检测和制氧、储氧及高压氧舱等环境的氧含量检测。

（4）射线检测仪主要用于存在辐射伤害的场所或作业。

（二）安全检测仪表的分类

气体检测仪按检测气体分类，有可燃性气体检测仪、有毒气体检测仪、常见气体检测仪、特殊气体检测仪；按使用场所分类，有常规型检测仪和防爆型检测仪；按功能分类，有单一检测仪和多功能检测仪；按使用安装方式分类，有便携式（手持式）检测仪和固定式（安装式、壁挂式）检测仪；按采样方式分类，有扩散式检测仪和泵吸式检测仪；按检测原理分类，可燃性气体检测仪有催化燃烧型检测仪、半导体型检测仪、热导型检测仪和红外线吸收型检测仪等；有毒气体检测仪有电化学型检测仪、半导体型检测仪等。射线检测仪也是安全检测仪表的一种。

## 七、安全带

高空作业安全带又称全身式安全带或五点式安全带，《安全带》（GB 6095—2009）规定材质需使用涤纶及更高强度的织带加工而成的。全身式安全带是高处作业人员预防坠落伤亡事故的个人防护用品。按使用工种、使用方法及结构分为围杆类作业带、防坠落安全带、五点式安全带等类型。

安全带标识符是采用汉语拼音字母依前后顺序来表示不同工种、不同使用方法和不同结构的安全带，使安全带品种系列化的一种标识方式（表3-28）。如DW1Y，即电工围杆单腰式安全带。

表3-28 安全带标识符

| 符号 | 代表含义 | 符号 | 代表含义 |
| --- | --- | --- | --- |
| D | 电工 | X | 悬挂作业 |
| Dx | 电信工 | P | 攀登作业 |
| J | 架子工 | Y | 单腰带式 |
| L | 铁路调车工 | F | 防下脱式 |

续表

| 符号 | 代表含义 | 符号 | 代表含义 |
| --- | --- | --- | --- |
| T | 通用（油工、造船、机修工等） | B | 双背带式 |
| W | 围杆作业 | S | 自锁式 |
| W1 | 围杆带式 | H | 活动式 |
| W2 | 围杆绳式 | G | 固定式 |

### （一）结构部件

高空作业安全带由带体、安全配绳、缓冲包和金属配件组成，总称坠落悬挂安全带。

### （二）使用方法

（1）检查安全带各部件是否齐全完好，织带无破损。

（2）查验标签，确认安全带类型、尺寸是否合适，满足作业要求。

（3）握住安全带的D形环，抖动安全带，使所有织带自然恢复。

（4）抓住安全带一边，像穿外套一样穿在身上。

（5）把肩带套在肩膀上，使D形环处于后背两肩中间位置，扣好胸带、腰带。

（6）从两腿间拉出腿带，一手从裆下向前送给另一只手，并同前端扣口扣好，用同样方式扣好另一条腿带。

（7）确认所有织带和带扣都扣好后，收紧所有带扣。

（8）将安全绳一段的挂钩挂在安全带D形环上（如安全绳与安全带一体则此操作省略），另一端系挂在生命线或脚手架横杆等上方固定锚点处。

### （三）注意事项：

（1）安全带系挂点下方要有一定净空。

（2）安全带要高挂低用，不得系挂在低于腰部位置。

（3）安全带不得系挂在尖锐有棱角部位。

（4）安全带应系挂在上方牢固构件上。

## 八、堵漏器具

### （一）带压密封专用工具

M70b型带压堵漏工具为注入式堵漏工具，广泛用于化工企业、油田、气库，以及各种可能会发生高温高压、易燃易爆、有毒有害介质泄漏的场所，可有效处置管道、阀门、法兰等部位的泄漏。

注入式堵漏工具可堵漏介质温度范围达 –2000 ～ 6500℃,承受泄漏介质压力达 30MPa 以上,适用介质品种几乎覆盖各种酸、碱、盐、水、油、气和多种化学溶剂。

1. 组成部件

注入式堵漏工具主要由手动泵、注胶枪、液压油管、旋塞阀、各种不同类型的注胶接头等部分组成。

2. 使用操作

(1)将做好的带压堵漏夹具安装到要进行堵漏作业的管道泄漏部位,并进行紧固。

(2)将堵漏密封胶装入填料自动复位注胶枪。

(3)连接带压密封专用工具。

(4)连接注胶枪头与打压堵漏卡具。

(5)按压高压手动泵,进行注胶操作。

(6)注胶操作完成后,取下注胶枪头,封堵注胶孔。

3. 注意事项

(1)带压堵漏现场施工作业人员,按照国家的相关规定,必须经带压堵漏专业技术培训,理论和实际操作考核合格,取得技术培训合格证书后,才能上岗进行带压堵漏作业。

(2)作业现场的专用工器具和防护用品必须满足国家安全规定的合格产品。使用前检查其是否完好、无损。

(3)作业前应完成堵漏工具和密封剂的准备工作。其中,卡具应参照泄漏部位的介质和工艺条件来选择材质,并依据泄漏部位的条件来设计堵漏用具的结构,使其具有足够的强度和刚度,在承受外力时不产生变形。

(4)施工作业人员在带压堵漏现场作业时,必须戴有面罩或防护眼镜的安全帽,穿专用防护服,戴防护手套,穿防护鞋。

(5)带压堵漏作业时应尽量避免泄漏介质直接飞溅、喷射到人身上;操作人员应站在上风口;可考虑用压缩空气或风机将泄漏介质吹散;作业时应迅速平稳,安装堵漏用具时不宜大力敲打;注射阀的导流方向不能对着人和设备及易燃、易爆物品。

(6)在可燃气体泄漏严重现场,要关闭手机,穿上防静电服和防静电鞋、靴,用喷雾器把头发喷湿并把喷雾器带到现场,夏天 25 ～ 40℃时每隔 5min 喷一次,春秋季节每隔 30min 喷一次,冬天佩带防静电帽并把头发扎在防静电帽内,取出防静电服口袋内的一切物品。

(7)为了保证带压堵漏过程中的安全,有下列情况之一者,不能进行带压堵漏或者需采取其他补救措施后,才能进行带压堵漏。

① 管道及设备器壁等主要受压元器件因裂纹泄漏又没有防止裂纹扩大措施时,不能进行带压堵漏。否则会因为堵漏掩盖了裂纹的继续扩大,而发生严重的破坏性事故。

② 透镜垫法兰泄漏时,不能用通常的在法兰付间隙中设计夹具注入密封剂的办法消除泄漏。否则会使法兰的密封由线密封变成面密封,极大地增加了螺栓力,以至破坏了原来密封结构,这是非常危险的。

③ 管道腐蚀、冲刷减薄状况(厚薄和面积大小)不清楚的泄漏点。如果管壁很薄、且面积较大,设计的夹具不能有效覆盖减薄部位,轻者堵漏不容易成功,可能出现这边堵好那边漏的情况。重者会使泄漏加重,甚至会出现断裂的事故。

④ 泄漏是极度剧毒介质时,如光气等,不能带压堵漏。主要考虑是安全防护问题。

⑤ 强氧化剂的泄漏,例如浓硝酸、温度很高的纯氧等,需特别慎重考虑是否进行带压堵漏;因为它们与周围的化合物,包括某些密封剂会起过剧的化学反应。

(8)带压堵漏作业前,施工作业人员根据现场泄漏的具体情况,制订切合实际的安全操作和防护措施实施细则,严格按安全操作法施工。

(9)防爆等级特别高和泄漏特别严重的带压堵漏现场,要有专人监控,制订严密详细防范措施,现场应有必要的消防器材、急救车辆和人员。

(二)内封式堵漏袋

KJ-15型内封式堵漏袋,是一种用机械方法制止泄露的有效器材,用于有害物质泄漏事故发生后,阻止有害液体污染排水沟渠、排水管道、地下水及河流,且能查出排水管道漏泄位置,为检修人员提供方便。该型号堵漏袋化学耐抗性中等,耐热性达90℃(短期)、85℃(长期),弹性极强。

1. 组成部件

该型号堵漏器材主要由内封式堵漏袋、脚踏气泵、和充气软管等部件组成。其中,堵漏袋有RDK10/20,RDK20/40,RDK30/60,RDK50/100四种不同规格,适用于不同管径堵漏需求。

2. 检查内容

(1)使用前先检查气动快速接头、压力表接头及阀门是否安装紧固,以防止在使用中漏气。

(2)由于堵漏袋与管壁接触的材质主要是橡胶,因此对管道的表面平整性有一定的要求。要求检查管道侧壁是否平整,不应有凸起的尖锐物,以防止刺破堵漏袋。

(3)在整个使用过程中均需要保持堵漏袋内的气压,否则,虽然会起到阻塞作用,但会有一定的位移。

(4)严禁将内封式堵漏袋用于强酸强碱等腐蚀性介质堵漏作业。

# 第十三节 储运罐区及重大危险源管理

## 一、液化烃储罐应急系统设置要求

依据《液化烃储罐应急技术规范》（Q/SY 1719—2014）规定，现介绍液化烃储罐应急系统。

### （一）切水系统

切水系统府符合以下条件：

（1）有切水作业的液化烃储罐应采用有防冻措施的切水系统。

（2）切水系统应符合与其相连接的液化烃储罐的压力等级设计。

（3）切水罐应世置平衡线或安全泄压装置，防止超压。

（4）排水线应设两道切断阀，排水应采用管道排入污水处理系统。

### （二）紧急切断阀

紧急切断阀相关要求如下：

（1）液化烃储罐出入口都应设置带远程控制的紧急闭断阀，位置应靠近储罐，其前后应设置手动切断阀，并宜安装带有手动切断阀的旁路。

（2）紧急切断阀宜采用球阀，且应满足如下要求：

① 球阀应符合 ANSI/API607 要求的火灾安全（fire-safe）型（FC 型），硬密封，在紧急状况或火灾时应能够手动操作。

② 阀门泄漏等级至少应符合 ANSI/FCI70-2 要求的 V 级。

（3）紧急切断阀的安装支架、轴承、键销、紧固件等配件应选用钢制材料；法兰接口应采用金属缠绕垫片，不宜采用石棉作为阀门垫片和填料材料。

（4）紧急切断阀应采用气动执行机构，选永电液执行机构或电动执行机构时，应满足一级负荷供电要求。

（5）位于火灾危险区内，并用于驱动和控制电动紧急切断阀的电源电缆和信号电缆选用应符合《阻燃和耐火电线电缆通则》（GB/T 19666）的要求或按其要求做电缆耐火保护。

（6）紧急切断阀控制系统的防爆性能应符合《防爆国家标准》（GB 3836—2010）和《爆炸危险环境电力装置设计规范》（GB 50058）的要求。

（7）紧急切断阀应与储罐高高液位联锁动作，并应符合《液化烃球形储罐安全设计规范》（SH 3136）的要求，联锁信号应引入控制室。

## （三）防泄漏注水措施

防泄漏注水措施包括如下方面：

（1）常温液化烃储罐应采用防止液化烃泄漏注水措施；注水口应靠近罐底，且在紧急切断阀与罐体之间设置，保证紧急切断阀关闭时能够向储罐内注水。

（2）注水阀应采用远程控制，且在储罐侧设置手动切断阀，以便于维修；为防止物料倒串，注水管路应设置单向阀，单向阀安装位置应在不影响检维修情况下尽可能靠近罐根部。

（3）遥控注水阀宜随采用球阀，其阀体、配件、执行机构、电源电缆的选用应符合对紧急切断阀的要求。

（4）注水水源可采用稳高压消防水；对于丙烯、丙烷等操作压力较高的储罐应有注水升压措施。

（5）注水管道宜采用半固定连接。

（6）寒降地区注水管路应采取必要的保温、伴热措施。

（7）存储温度低于水的冰点的液化烃（如乙烯）储罐，不应采用防泄漏注水措施。

## （四）消防水喷雾（淋）设施

消防水喷雾（淋）设施注意以下方面：

（1）液化烃储罐区的消防冷却总用水量计算应符合《石油化工企业设计防火规范》（GB 50160）规定。

（2）液化烃储罐的消防水喷雾设施应符合《石油化工企业设计防火规范》（GB 50160）规定。

（3）新建储罐的消防水喷雾系统宜固定在储罐表面，在用储罐新增的固定式水喷雾系统可固定在地面基础上。

（4）寒冷地区应考虑消防水喷雾系统及其水阀的防冻措施，在低点设置放净阀，环管底部设置泪孔。

（5）固定式消防冷喷雾系统可采用手动或遥控控制阀。当储罐容积大于或等于1000m³时，应采用遥控控制阀，控制阀应设在防火堤外，距被保护罐壁不宜小于15m。

## （五）视频监控

视频监控应符合以下要求：

（1）液化烃储罐区应设置视频监控系统，并符合《危险化学品重大危险源 罐区现场安全监控装置设置规范》（AQ 3036）的规定。

（2）视频监控摄像头的个数和位置应根据现场的实际情况确定，既要覆盖全面，也要重点考虑危险性较大的区域，同时注意以下两点；

① 摄像头的安装高度应确保可以有效监控到储罐顶部。

② 相应摄像头应可以监控储罐底部、机泵区及易产生泄漏点的部位。

（3）根据液化烃储罐区的现场情况，可安装红外摄像报警装备及时发现不安全因素。

（4）视频监控设备的选型和安装要符合相关技术标准，有防爆要求的应采用防爆摄像机或采取防保措施，并符合《防爆国家标准》（GB 3836）和《爆炸危险环境电力装置设计规范》（GB 50058）的要求。

（5）视频监控信号应引入控制室内的监视器，并具备上传功能。

### （六）可燃气体和有毒气体检测报警系统

可燃气体和有毒气体检测报警系统相关要求如下：

（1）液化烃储罐区防火堤内选用和设置可燃气体和有毒气体报警检测（探）器，应符合《石油化工可燃气体和有毒气体检测报警设计规范》（GB 50493）的要求。

（2）现场报警器应就近安装在检（探）测器所在区域；警示报警器应安装在有人值守的控制室、现场操作室；有消防控制室的，报警信号应接入消防控制室。

（3）报警系统的技术性能应符合《气体检测报警仪》（GB 12358）、《可燃气体探测器》（GB 15322.1）和《可燃气体报警控制器》（GB 16808）的要求。

（4）报警系统的防爆性能应符合《防爆国家标准》（GB 3638）和《爆炸危险环境电力装置设计规范》（GB 50058）的要求。

### （七）火灾自动报警系统

火灾自动报警系统相关要求如下：

（1）液化烃储罐区设置的区域性火灾自动报警系统应符合《火灾自动报警系统设计规范》（GB 50116）的要求。

（2）火灾自动报警系统的技术性能应符合《气体检测报警仪》（GB 12358）、《可燃气体探测器》（GB 15322.1）和《可燃气体报警控制器》（GB 16808）的要求。

（3）火灾自动报警系统的防爆性能应符合《防爆国家标准》（GB 3638）和《爆炸危险环境电力装置设计规范》（GB 50058—2014）的要求。

（4）火灾报警控制器应安装在该区域的控制室内；当该区域无控制室时，应设置在有人值班的场所，其全部信息应通过网络传输到中央控制室。

（5）罐组四周道路边应设置手动火灾报警按钮，其间距不宜大于100m。

### （八）安全阀

安全阀应符合以下条件：

（1）液化烃储罐设置安全阀应符合《石油化工储运系统罐区设计规范》（SH/T 3007）的要求。

（2）安全阀的规格、泄放量和泄放面积确定应符合《固定式压力容器安全监察规程》（TSG R0004）的要求。

（3）安全阀的开启压力（定压）不得大于储罐的设计压力。

### （九）其他措施

其他措施如下：

（1）应按照液化烃储罐出入口第一道法兰的结构和尺寸配备专用法兰卡具，并配备堵、漏工具及堵漏胶。

（2）应为操作和维修作业配备防爆工具。

（3）应配备必要的应急器具，如便携式可燃气体检测仪、防爆对讲机、空气呼吸器、防毒面具等。

（4）各类应急工具应就近放置，便于使用。

### （十）油罐组防火堤

油罐组防火堤的布置要求：

（1）当单罐容积小于或等于 $1000m^3$ 时，火灾危险性类别不同的常压储罐也可布置在同一防火堤内，但应设置隔堤将其分开。

（2）沸溢性油品不宜布置在同一罐组内。

（3）火灾危险性质不一样，事故性质和波及范围不一样，消防和扑救措施不相同的两种储罐，不能同组布置在一起。

（4）可燃液体的压力储罐可以与液化烃全压力储罐同组布置。

（5）可燃液体的低压储罐可与可燃液体的常压储罐同组布置。

（6）地上立式油罐、高位油罐、卧式油罐不宜同组布置。

（7）浮顶、内浮顶油罐的容积可折半计算。

（8）一个油罐组内，油罐座数越多发生火灾的机会就越多，单罐容量越大，火灾损失及危害也越大，为了控制火灾范围和灾后的损失，故根据油罐容量大小规定了罐组内油罐最多座数。由于丙B类油品油罐不易发生火灾，而罐容小于 $1000m^3$ 时，发生火灾容易扑救，因此，对这两种情况下油罐组内油罐数量不加限制。

（9）油罐在油罐组内的布置不允许超过两排，储存丙b类油品、单罐容量小于 $1000m^3$ 的油罐可以布置成不超过4排。

（10）油罐组之间应设置消防车道，当受地形条件限制时，两个罐组防火堤外侧坡脚线之间应留有不小于 7m 的空地。

（11）防火堤内有效容积不应小于罐组内最大一个储罐有效容量。

（12）防火堤内有效容积对应的计算液面是液体外溢的临界面，防火堤顶面应比计算液面高出 0.2m。防火堤的下限高度为 1.0m。

（13）防火堤有效容积：对于大部分地区，为了排除雨水或消防水，堤内地面一般要设置 0.5% 的设计地面坡度。在南方地区，四季常青，堤内种植草坪，既可降低地面温度，又可美化环境。

堤内设置巡检道是为了便于日常的维护与巡检作业。对土壤渗透性很强的地区堤内地面应采取防渗漏措施的要求。

（14）储罐区应设置安全可靠的截油排水设备、避免油流的外泄。对不存在环境污染的地段，在年累计降雨量不大于 200mm 或降雨在 24h 内可渗完的，可不设雨水排除设施。

（15）当地形条件允许时，宜采用储罐组内地坪下沉、堤外道路高路基的布置方式。

（16）进出储罐组的坡道，应从防火堤顶越过。

### （十一）液化石油气、天然气凝液、液化天然气及其他储罐组防火堤、防护墙的布置要求

液化石油气、天然气凝液、液化天然气及其他储罐组防火堤、防护墙的布置要求：

（1）全冷冻式液化烃储罐，防火堤内有效容积不应小于一个最大储罐的容积。

（2）全压力式、半冷冻式储罐组防护墙高度宜为 0.6m，隔墙高度宜为 0.3m。

（3）单防罐储罐罐壁至防火堤内堤脚线的距离，不应小于储罐最高液位高度与防火堤高度之差加上液面上气相当量压头之和。

（4）相邻液化石油气、天然气凝液及液化天然气储罐组的储罐之间应设置消防道路。

（5）规定储罐组总容量及储罐数量：储罐不应超过 2 排；全冷冻式储罐组内储罐数量不宜多于 2 座。

（6）防火堤、防护墙内的地面处理方式：

防火堤、防护墙内地面应予以铺砌。铺砌地面设置不小于 0.5% 的坡度。

储存酸、碱等腐蚀性介质的储罐组内的地面应做防腐蚀处理。

防火堤、防护墙内应设置集水设施及安全可靠的排水设施。

## 二、储运罐区及重大危险源管理监督要点

### （一）原油、成品油罐区及储罐的安全监督部位

原油的闪点范围比较宽，一般在 20～100℃ 之间，凝固点也高；加热和发生火灾时，热

波现象明显,容易产生突沸。轻质成品油因闪点低,易燃易爆;重质成品凝固点高,加热时,某些油品因含有水分,也能产生突沸,燃烧时也能发生热波现象,因此原油和成品油在储藏过程中危险因素较多。罐区和储罐是集中保管地区,是企业的关键部位。在设施设备、建筑物和构筑物及平时管理等方面,应充分考虑这些特点,加强维护、检查和监督工作。

1. 地坪

如果渗油、跑油就不能回收,并污染水源和农田。着火的油蔓延会危及临近设施。枯草是火源的媒介,它会增大火势,增加扑灭难度。较深的洼坑易积聚油气,易形成爆炸危险浓度等。

2. 水封井及排水闸

装置失去作用或不起作用时,跑、冒的油品回收困难。着火的油通过水封井及排水闸外流,扩大灾害范围。曾多次发生过此类事故,损失严重。

3. 消防道路

道路损坏、坑洼不平、堵塞,桥涵断裂坍塌等情况,将影响消防车通行,耽误救援。

4. 防火堤

防火堤和隔堤是阻止着火油品外溢,缩小灾害范围和回收部分跑、冒的油品的有效设施。如发生坍塌、孔洞和裂缝,枯草不及时清除,都会对安全构成威胁。

5. 油罐基础

严重下沉,尤其是不均匀下沉,将直接危及罐体的稳定,撕裂底板及壁板。

6. 罐体

变形过大影响强度,腐蚀过薄甚至穿孔,焊缝开裂浮盘倾斜、密封损坏等因素都是安全生产的重大隐患。

7. 储罐附件

储罐的安全使用,除罐体本身外,其附件是关键。如呼吸阀失灵,安全阀喷油或冷凝,阻火器阻火不力,放水栓或排污孔冻坏,加热盘管渗漏,罐壁连接件不严密,胀油管管理不善等,都会给油品的安全储存带来严重威胁,甚至着火爆炸。

8. 储罐防腐保温

防腐层局部受到破坏,个别地方腐蚀加剧,造成首先穿孔跑油;或形成裂缝,低温时,失稳扩张即产生冷脆。保温层破坏,失去保温作用,加大了热能消耗;破坏处容易进水,加快保温材料的溶解、粉化和老化。

9. 防雷及接地

防雷接地需要经常检查的主要是接闪器、引下线和接地装置,如发生断裂松脱,影响雷电通路,或土壤电阻增大,影响雷电流散,则可能在雷雨季节遭受雷击,引起着火爆炸事故。必须重视雷电的静电感应的破坏作用,因雷电云的主放电在附近建筑物上引起的静电感应能产生数千 kV 电位和 10kA 以上电流,是形成火花的根源。罐区管道、建筑物顶的钢筋混凝土内钢筋,还会因电磁感应产生高电位,故储罐的接地非常重要。

10. 安全监测设施

由于传感元件、安全监测特别是自动监护设施的,执行元件和有关设备本身与安装方面的原因,如精度不符合要求、防爆等级不够、动作失灵,不能起到可靠的监护作用,甚至"帮倒忙",曾多次发生过高液位不报警而冒顶跑油的事故。

(二)储罐区的水封井及排水阀监督要求

(1)罐区地坪排水处在防火堤外修建水封井,用来回收储罐跑、冒、漏油,并防止着火油品蔓延。

(2)水封井应不渗、不漏,水封层宜不小于 0.25m,沉淀层也不宜不小于 0.25m。经常检查水封井液面,发现浮油要查明原因,并及时抽出运走。

(3)排水阀要完好、可靠,每班都指定专人管理,平时关闭,下雨时开启,并列入交接班内容。

(4)寒冷地区油库的水封井和排水阀要有防冻措施。

(三)呼吸阀的监督要求

(1)每月检查不少于 2 次,气温低于 0℃时,每周至少检查一次。大风、暴雨、骤冷时应立即检查,不拖不等。

(2)阀盘平面与导杆保持垂直,允许偏差不大于 0.1mm,导杆与导孔径向间隙四周不大于 2mm,升降自由,不卡不涩。

(3)阀盘与阀座接触面积不小于 70%。用涂色法检查,印痕应呈环圈形,保证密封。

(4)平时尤其冬天要经常对阀盘、阀座和阀杆进行擦拭,防止锈蚀和水气冻结。

(5)整个阀盘因磨损和锈损减轻量不大于原质量的 5%。

(四)储罐及罐区的防雷及接地监督要求

(1)凡装设独立或罐顶接闪器的防雷接地设施,每年雷雨季节到来之前检查 1 次。要求安装牢固,引下线的断接卡接头应密贴无断裂和松动。

(2)引下线在距地面 2m 至地面下 0.3m 一段的保护设施要完好。

（3）从罐壁接地卡直接入地的引下线，要检查螺栓与连接件的表面有无松脱和锈蚀现象，如有，应及时擦拭紧固。

（4）无接闪器的储罐，要检查罐顶附件与罐顶金属有无绝缘连接，尤其是呼吸阀与阻火器、阻火器与连接短管之间的螺栓螺帽，有无少件、铁锈和松脱而影响雷电通路。

（5）每年检查2次浮顶及内浮顶储罐的浮盘和罐体之间的等电位连接装置是否完好，软铜导线有无断裂和缠绕。

（6）每年对接地电阻检测2次，其中雷雨季节到来之前必须测定1次，其独立电阻值不应大于10Ω，满足不了要求，或电阻增大过快时，应挖开检查，按不同情况进行处理，或补打接地极。

（7）对单纯的防感应电和静电接地，每年检测不少于1次，其电阻分别大于30Ω和100Ω，如不符合要求亦应作相应处理。

（8）罐区有地面和地下工程施工时，要加强对接地极的监护，如可能影响接地时，要进行检查测定。

### （五）液化气罐区及储罐监督要求

#### 1. 罐区及储罐

（1）液化石油气罐区及储罐必须符合等有关规范、规定的要求。

（2）实体防火围墙无开裂、倾斜。穿墙的套筒孔填塞完好。

（3）墙外排水阀启闭灵活、严密。水封井无沉渣淤泥，水封层不小于20cm。寒区的水封井上冻前应淘尽存水。

（4）罐区内的地坪要铺筑，无裂缝、洼坑，并定期拔除高棵植物和枯草。

（5）不论是常温压力储罐或低温常压储罐，都必须罐形完好，不凹不瘪，不渗不漏，罐座正立紧固，经压力容器管理部门检验合格。

（6）罐体、罐座如刷白色防火涂料或其他防腐油漆，应封闭无脱落。颜色发暗、有浮锈出现迹象时，应及时更新。

（7）储罐安全阀和放散管应通过阻火器、凝结液回收器后通向火炬，且做到以下几点：

① 火炬的点火装置要安全可靠。

② 火炬设有防"火雨"的安全装置。

③ 凝结液不准任意排放，或加热后送进火炬筒。

④ 检修、清洗储罐或遇其他事故时，液化石油气必须经火炬烧掉，不准直接排到大气中。

（8）储罐和与之相连的管道应设防雷设备和静电接地装置。防雷接地电阻不得大于

10Ω,防感应雷接地电阻不得大于30Ω,仅用于静电接地的电阻不得大于100Ω,如三种接地共用,以最小值为准。

（9）储罐的附件齐全,灵活、可靠,无变形泄漏。附件包括液相进口、气相进口、液相出口、气相出口、排污口、放空口、人孔、安全阀、压力表、液位计、温度计、回流口、各种阀门等。

校验合格的安全阀、压力表应加铅封。液位计的保护套要紧固可靠,禁止采用玻璃管液位计。

（10）大型液化石油气储罐、液化石油气储罐组,应尽可能采用压力、温度、液位、油气浓度等参数就地显示,还应能遥测显示和报警。罐区和罐上安置传感控制设备时,必须按爆炸危险场所电气设置的规定办理。

**2. 液化石油气管道**

（1）采用无缝钢管地面架设,尽量不埋设。一般情况下不用管沟;如条件限制,局部地方采用管沟时,要用净砂填实,或在管沟两端筑坎灌水,防止液化石油气在管沟积聚。

（2）管道连接采用焊接,为了检修拆换方便和安全,便于搬动移走,在适宜的地方增设法兰盘连接,DG20以下的管道可用管箍活接连接,捻缝密实。

（3）经常操作的、并联管道上的阀门可集中布置。

（4）凡属封闭型管道及两个关闭阀之间的管段要设安全阀,防止压力升高胀裂管道及管道上的附件。

（5）局部地方采用耐油高压橡胶软管时,其允许的耐压压力不应小于管道设计压力的4倍。

（6）距离不大于100mm的并列和交叉管道,要做感应电跨接,管道每隔50m设静电接地极1组,每年检查2次接地电阻。

（7）管道的最低处要设凝结液回收罐装置。

（8）管道的坡度要求坡向一致。

（9）每日巡查一次管道的连接件,如法兰、螺纹、焊缝、补偿器、阀门、垫片及填料等有无裂开、破损而发生泄漏的现象。

（10）每年检查1次管道的腐蚀情况,特别是弯头和连接处,用探针或测厚仪检查,如余厚小于原来的一半时应更新。个别管段虽未超标,但发现有生锈和蚀坑时,应重新刷防腐油。

**（六）油品泵房监督要求**

（1）各种设备和设施清洁、整齐,无尘土和油污。

（2）空气中油气含量不大于 300mg/m³。

（3）电气设备和关联设备物符合防爆等级要求。

（4）噪声等级不大于 90dB。

（5）通向室内的管沟，必须在室外 5m 以远阻断并填塞密实。

（6）安全操作规程、岗位责任制、巡回检查制、交接班制、工艺流程图等应齐全、正确，并张贴或挂在墙上。

（7）设有可靠的报警和联络设施。

（8）手提灭火器材和灭火工具应放在拿取方便的地方，并按下列标准配置：50m² 设 10l 泡沫或 8kg 干粉灭火器 1 只，砂箱、铁锹、钩斧可设在室外墙壁附近，大小、数量视泵房大小确定。

（9）操作通道和走台同安全通道结合考虑，应坚固畅通。

（10）室内不得存放无关物品，操作人员应穿戴防静电服装、鞋帽及棉手套，不准用化纤织物擦拭设备和地面。

### （七）管道监督要求

#### 1. 油品分组

石化产品的储藏运输的方式主要是输油管道，不论燃料油或润滑油都有合理分组的问题，否则会引起着火、中毒和混油变质事故。

#### 2. 管道铺设和连接

铺设方式不正确、挠度和坡度不符合要求、温度补偿不足等都是不安全因素，会导致灾情扩大。不能排空而混油，甚至积水冻裂，连接不严密而渗漏，缺少保护措施，发生突发性开焊或胀坏管件与垫片而跑油等。

#### 3. 管道的保温、防腐及接地

保温层脱落损坏，失去保温作用，或保温材料风化、老化，不起保温作用，造成能源浪费，甚至冻塞影响运行。防腐层损坏，电化学保护受到破坏或效果降低，致使管道局部或全部腐蚀加重，甚至蚀穿漏油，接地不良或接地断开，静电不能排除，使进入容器油品的静电位增高，遇有各种条件同时具备而产生静电放电，易引起着火、爆炸。

#### 4. 阀门

阀门是管道的重要附件，渗漏几乎是阀门的通病。胀裂和冷脆性冻裂、闸板脱落、丝杠变形、填料和垫片老化破损、关闭件和阀座腐蚀严重，维修时不分场地和用途随意选用等，造成漏油、跑油、混油，污染环境，酿成火灾。因此，阀门是管道监督的重点。

## （八）阀门安全监督要求

（1）按照用途、应用范围及场所、工作条件等因素，合理选用阀门。发现有不符合要求的情况时，应及时更换。

（2）每周检查1次阀体及附件是否清洗完好，填料和垫片有无损坏渗漏，丝杠润滑状况是否符合要求，有无尘土。

（3）阀门启闭灵活、无卡阻现象，不用借助其他工具。

（4）阀杆光洁垂直，直线偏差不大于0.1mm，锥度偏差不大于0.05mm，阀芯严密可靠，阀体无破损、砂眼、裂纹和严重锈蚀。阀件齐全完好。

（5）每2年试压1次，每5年大修1次。

（6）重要部位的阀门要加强检查防护，必要试加罩加锁，如罐区阀门、罐前阀门、罐上阀门，付油干管阀门和管组隔断阀门等。

（7）对长期不用的阻断阀，每月不带油启闭1次，检查阀体、阀件和垫片等情况。

（8）寒冷地区在上冻前，要排尽阀体积水，清除污垢和机械杂质。环境温度和油品温度低于0℃地区，要采取防冻措施，如上冻前阀槽有丝堵的，应拧开堵放去积水和去除锈渣，拧紧丝堵，必要时包缠防寒毡、石棉绳或加保温箱等。

（9）每年对安全阀的定压灵敏度、可靠性校检1次，调好后加铅封。

（10）对衬里阀、非金属阀、电动阀、电磁阀和气动阀的检查监督，要按介质性质、工作环境、适应的温度范围、本身结构特点等因素做出专门规定。

## （九）成品油储运生产中监督要求

### 1. 油品收发

成品油的接卸和分发是最容易发生火灾、跑、冒、混油等事故的作业部位。有资料统计，成品油库各区的火灾发生率：罐区为6.94%、接卸区为27.78%、发油区为36.11%，这三个区占71%，所以油品收发是安全监督的重点部位。

### 2. 储藏保管

不论是散装或整装油品，其储藏保管的油罐和桶装库都属要害部位，储藏保管的物质是易燃易爆类物品，很容易发生事故，且事故的后果又最为严重。因此，这个生产环节是安全监督的重点部位。

### 3. 油品计量

由于计量人员失职或失误，经常给成品油储运造成灾害，如加大损耗、发生混油、引起着火爆炸等。通过多次安全检查，都发现油品计量作业有忽视安全，甚至违背安全原则的作法。计量作业是储运生产中不可缺少的、经常进行的工作,又是在爆炸危险区接触油品,其安全操作是很重要的,不能有任何疏忽大意。

4. 油品化验

化验室要使用明火加温和在不同状况下测取某些参数,要使用一些有毒的试剂,本身会引起火灾和中毒、灼伤等事故。操作人员玩忽职守,会造成错收错发、混油和变质等重大事故。储运生产不能忽视这一环节。

5. 油罐清洗

油罐清洗是一件危险性很大的作业,曾发生过多次重大事故,甚至罐毁人亡。因为油罐清洗是为了消除沉积的锈渣杂物,除去铁锈,以便换储油品、进行内部防腐,或对损坏的钢板及附件进行修理和补焊。而罐内油气浓度经常处于爆炸范围之内,一面通风,一面还有残存在焊缝特别是搭接焊缝内的油品继续蒸发,若无可靠的监测手段,仅凭经验、感觉做出下道清洗工序的决定,或由于任务要求急、时间紧,违背了安全规则,不等油气浓度降到爆炸下限以下,就准许作业人员进罐打磨刮擦引起爆炸;或不等油气浓度降到卫生规定的标准以下,不戴防毒面具进罐清洗而引起中毒。总之,在能够产生油品蒸气的环境下从事生产操作,稍有失误就会发生意外后果。如工具不当、电气设备的设置和使用不合乎要求、穿戴能产生静电的服装鞋帽、错误的操作、不合时宜地带入了火源等,都会成为灾害的根源。因此应严格对油罐清洗作业进行监督。

6. 油品的调合与再生

根据市场对商品石油的需要,调合精制一些特殊油品,以废油进行再生,离不开炉、塔、罐、槽、釜、泵、阀和各种工艺管道。要根据不同情况进行加温、沉降、搅拌、蒸馏、压滤、冷却,使用水、汽、气、添加剂和各种基础油,每个过程都存在不安全因素,都可能发生着火、爆炸、中毒、伤人等事故,必须对主要方面做出规定,并进行监督。

# 第四章 炼油化工专业安全技术与方法

## 第一节 机械安全

### 一、机械伤害类型

(一)绞伤

外露的皮带轮、齿轮、丝杠直接将衣服、衣袖或裤脚、手套、围裙、长发绞入机器中,造成人身伤害。

(二)物体打击

旋转的机器零(部)件、卡不牢的零件、击打操作中飞出的工件造成人身伤害。

(三)压伤

冲床、压力机、剪床、锻锤造成的伤害。

(四)砸伤

高处的零(部)件、吊运的物体掉落造成的伤害。

(五)挤伤

人体或人体的某一部位被挤住造成的伤害。

(六)烫伤

高温物体对人体造成的伤害。如铁屑、焊渣、溶液等高温物体对人体的伤害。

(七)刺割伤

锋利物体尖端物体对人体的伤害。

### 二、机械伤害原因

(一)机械的不安全状态

防护、保险、信号装置缺乏或有缺陷,设备、设工具、附件有缺陷,个人防护用品、用具缺少或有缺陷,场地环境问题。

### (二)操作者的不安全行为

(1)忽视安全,操作错误。

(2)用手代替工具操作。

(3)使用无安全装置的设备或工具。

(4)违章操作。

(5)不按规定穿戴个人防护用品,使用工具。

(6)进入危险区域或部位。

### (三)管理上的因素

设计、制造、安装或维修上的缺陷或错误,领导对安全工作不重视,在组织管理方面存在缺陷,教育、培训不够,操作者业务素质差,缺乏安全知识和自我保护能力。

## 三、机械设备一般安全规定

安全规定是通过多年的总结和血的教训得出的,在生产过程中,只要遵守这些规定,就能及时消除隐患,避免事故的发生。

### (一)布局要求

机械设备的布局要合理,应便于操作人员装卸工件、清除杂物,同时也应能够便于维修人员的检修和维修。

### (二)强度、刚度的要求

机械设备的零(部)件的强度、刚度应符合安全要求,安装应牢固,不得经常发生故障。

### (三)安装必要的安全装置

机械设备必须装设合理、可靠,不影响操作的安全装置。

(1)对于做旋转运动的零(部)件,应装设防护罩或防护挡板、防护栏杆等安全防护装置,以防发生绞伤。

(2)对于超压、超载、超温、超时间、超行程等能发生危险事故的部件,应装设保险装置,如超负荷限制器、行程限制器、安全阀、温度限制器、时间断电器等,以防止事故的发生。

(3)对于某些情况需要对人们进行警告或提醒注意时,应安设信号装置或警告标志等。

(4)对于某些动作顺序不能搞颠倒的零(部)件,应装设联锁装置。

### （四）机械设备的电气装置的安全要求

（1）供电的导线必须正确安装，不得有任何破损的地方。

（2）电动机绝缘应良好，接线板应有盖板防护。

（3）开关、按钮应完好无损，其带电部分不得裸露在外。

（4）应有良好的接地或接零装置，导线连接牢固，不得有断开的地方。

（5）局部照明灯应使用36V的电压；禁用220V电压。

### （五）操作手柄及脚踏开关的要求

重要的手柄应有可靠的定位及锁定装置，同轴手柄应有明显的长短差别。脚踏开关应有防护罩藏入床身的凹入部分，以免掉下的零（部）件落到开关上，启动机械设备而伤人。

### （六）环境要求和操作要求

机械设备的作业现场要有良好的环境，即照度要适宜，噪声和振动要小，零件、工夹具等要摆放整齐。每台机械设备应根据其性能、操作顺序等制订出安全操作规程及检查、润滑、维护等制度，以便操作者遵守。

## 四、机械设备的基本安全要求

（1）机械设备的布局要合理，应便于操作人员装卸工件、加工观察和清除杂物；同时也应便于维修人员的检查和维修。

（2）机械设备的零（部）件的强度、刚度应符合安全要求，安装应牢固，不得经常发生故障。

（3）机械设备根据有关安全要求，必须装设合理、可靠、不影响操作的安全装置。例如：

① 对于做旋转运动的零（部）件应装设防护罩或防护挡板、防护栏杆等安全防护装置，以防发生绞伤。

② 对于超压、超载、超温度、超时间、超行程等能发生危险事故的零（部）件，应装设保险装置，如超负荷限制器、行程限制器、安全阀、温度继电器、时间断电器等，以便当发生危险情况时，由于保险装置的作用而排除险情，防止事故的发生。

③ 对于某些情况需要对人们进行警告或提醒注意时，应安设信号装置或警告牌等，如电铃、喇叭、蜂鸣器等声音信号，还有各种灯光信号、各种警告标志牌等都属于这类安全装置。

④ 对于某些动作顺序不能搞颠倒的零（部）件应装设联锁装置。即某一动作，必须在前一个动作完成之后，才能进行，否则就不可能动作。这样就保证了不致因动作顺序搞错而发生事故。

（4）机械设备的电气装置必须符合电气安全的要求，主要有以下几点：

① 供电的导线必须正确安装，不得有任何破损或露铜的地方。

② 电动机绝缘性能应良好，其接线板应有盖板防护，以防直接接触。

③ 开关、按钮等应完好无损，其带电部分不得裸露在外。

④ 应有良好的接地或接零装置，连接的导线要牢固，不得有断开的地方。

⑤ 局部照明灯应使用 36V 的电压，禁止使用 110V 或 220V 电压。

（5）机械设备的操纵手柄及脚踏开关等应符合如下要求：

① 重要的手柄应有可靠的定位及锁紧装置。同轴手柄应有明显的长短差别。

② 手轮在机动时能与转轴脱开，以防随轴转动打伤人员。

③ 脚踏开关应有防护罩或藏入床身的凹入部分内，以免掉下的零（部）件落到开关上，启动机械设备而伤人。

（6）机械设备的作业现场要有良好的环境，即照度要适宜，湿度与温度要适中，噪声和振动要小，零件、工夹具等要摆放整齐。因为这样能促使操作者心情舒畅、专心无误地工作。

（7）每台机械设备应根据其性能、操作顺序等制定出安全操作规程和检查、润滑、维护等制度，以便操作者遵守。

## 五、机械设备操作安全要求

（1）要保证机械设备不发生事故，不仅机械设备本身要符合安全要求，更重要的是要求操作者严格遵守安全操作规程。安全操作规程因设备不同而异，但基本安全守则大同小异。

（2）必须正确穿戴好个人防护用品和用具。

（3）操作前要对机械设备进行安全检查，要空车运转确认正常后，方可投入使用。

（4）机械设备严禁带故障运行，千万不能凑合使用，以防出事故。

（5）机械设备的安全装置必须按规定正确使用，更不准将其拆掉使用。

（6）机械设备使用的刀具、工夹具及加工的零件等一定要安装牢固，不得松动。

（7）机械设备在运转时，严禁用手调整，也不得用手测量零件，或进行润滑、清扫杂物等。

（8）机械设备在运转时，操作者不得离开岗位，以防发生问题时无人处置。

（9）工作结束后，应切断电源，把刀具和工件从工作位置退出，并整理好工作场地将零件、夹具等摆放整齐，打扫好机械设备的卫生。

## 六、机械加工车间常见的防护装置和作用

机械加工车间常见的防护装置有防护罩、防护挡板、防护栏杆和防护网等。在机械设备的传动带、明齿轮接近于地面的联轴节、转动轴、皮带轮、飞轮、砂轮和电锯等危险部分，

都要装设防护装置。对压力机、碾压机、压延机、电刨、剪板机等压力机械的旋压部分都要装设安全装置。防护罩用于隔离外露的旋转部分,如皮带轮、齿轮、链轮、旋转轴等。防护挡板、防护网有固定和活动两种形式,起隔离、遮挡金属切屑飞溅的作用。防护栏杆用于防止高空作业人员坠落或划定安全区域。总体来说,防护装置的形式主要有固定防护装置、联锁防护装置和自动防护装置。

## 七、机械设备操作人员的安全管理规定

### (一)机械设备的操作规程基本安全守则

(1)正确穿戴好个人防护用品。该穿戴的必须穿戴,不该穿戴的就一定不要穿戴。例如机械加工时,要求女工戴护帽,如果不戴就可能将头发绞进去。同时要求不得戴手套,如果戴了,机械的旋转部分可能将手套绞进去,将手绞伤。

(2)操作前要对机械设备进行安全检查,且要空车运转一下,确认正常后,方可投入运行。

(3)机械设备在运行中也要按规定进行安全检查。特别是查看紧固的物件是否由于振动而松动,如有松动应重新紧固。

(4)设备严禁带故障运行,千万不能凑合使用,以防出事故。

(5)机械安全装置必须按规定正确使用,绝不能将其拆掉不使用。

(6)机械设备使用的刀具、工夹具及加工的零件等一定要装卡牢固,不得松动。

(7)机械设备在运转时,严禁用手调整;也不得用手测量零件,或进行润滑、清扫杂物等。如必须进行时,则应首先关停机械设备。

(8)机械设备运转时,操作者不得离开工作岗位,以防发生问题时无人处置。

(9)工作结束后,应关闭开关,把刀具和工件从工作位置退出,并清理好工作场地,将零件、工夹具等摆放整齐,打扫好机械设备的卫生。

### (二)工艺操作人员在机泵运行中安全注意事项

(1)机泵运行时要检查电器设备、各种仪表及阀门等部件是否正常,否则不准启动,启动应按顺序进行。

(2)运行中应随时监视各种仪表指针变化情况,监听机泵声音,发现问题及时处理。

(3)机泵座上不准放置维修工具和任何物体。

(4)机泵在运行中不准靠近转动部分擦抹设备。

(5)保持电动机接地线完好,清扫时注意不要将水喷洒在电动机上。

## 八、车工应注意哪些安全事项

（1）穿紧身防护服，袖口不要敞开；要戴防护帽；在操作时，不能戴手套。

（2）在机床主轴上装卸卡盘要停机后进行，不可用电动机的力量来取卡盘。

（3）夹持工件的卡盘、拨盘、鸡心夹的凸出部分最好使用防护罩，以免绞住衣服或身体的其他部分；如无防护罩，操作时就注意离开，不要靠得太近。

（4）用顶尖装夹工件时，要注意顶尖与中心孔应完全一致，不能用破损或歪斜的顶尖，使用前应将顶尖、中心孔擦干净，后尾座顶尖要顶牢。

（5）车削细长工件时，为保证安全应采用中心架或跟刀架，长出车床部分应有标志。

（6）车削形状不规则的工件时，应装平衡块，并试转平衡后再切削。

（7）刀具装夹要牢靠，刀头伸出部分不要超出刀体高度的1.5倍，刀下垫片的形状、尺寸应与刀体形状、尺寸相一致，垫片应尽可能少且平。

（8）对切削下来的带状切屑、螺旋状长切屑，应用钩子及时清除，切忌用手拉。

（9）为防止崩碎切屑伤人，应在合适的位置上安装透明挡板。

（10）除车床上装有在运转中自动测量的量具外，均应停车测量工件，并将刀架移到安全位置。

（11）用砂布打磨工件表面时，要把刀具移到安全位置，并注意不要让手和衣服接触工件表面。

（12）磨内孔时，不可用手指支持砂纸，应用木棍代替，同时车速不宜太快。

（13）禁止把工具、夹具或工件放在车床床身上和主轴变速箱上。

## 九、钳工应注意哪些安全事项

（1）钳工所用的工具，在使用前必须进行检查。

（2）钳工工作台上应设置铁丝防护网，在錾凿时要注意对面工作人员的安全，严禁使用高速钢作錾子。

（3）用手锯锯割工件时，锯条应适当拉紧，以免锯条折断伤人。

（4）使用大锤时，必须注意前后、左右、上下的环境情况，在大锤运动范围内严禁站人，不允许使用大锤打小锤，也不允许使用小锤打大锤。

（5）在多层或交叉作业时，应注意戴安全帽，并听从统一指挥。

（6）检修设备完毕，要使所有的安全防护装置、安全阀及各种声光信号均恢复到其正常状态。

## 十、焊接生产中可能发生哪些伤害

在焊接过程中，焊工要经常接触易燃、易爆气体，有时要在高空、水下、狭小空间进行工作;焊接时产生有毒气体、有害粉尘、弧光辐射、噪声、高频电磁场等都会对人体造成伤害。焊接现场有可能发生爆炸、火灾、烫伤、中毒、触电和高空坠落等工伤事故。焊工在作业中也可能受到各种伤害,引起血液、眼、皮肤、肺等职业病。焊工属于特种作业人员,必须经过安全培训并考试合格后方允许独立上岗操作。

# 第二节 电气安全

## 一、爆炸危险环境划分、电气设备选型

在化学工业中,约有80%以上的生产车间属于爆炸性危险场所。实验表明,当可燃性物质与空气的混合浓度介于爆炸极限范围内时,遇点火源就会产生爆炸。众所周知,形成爆炸环境需要同时满足三个条件,即爆炸性物质、空气、点火源,三个条件缺一不可。针对爆炸的基本原理,控制爆炸产生的条件就可以达到防止爆炸的目的。但是在避免形成爆炸环境、消除可能的点火源、限制"三要素"中的几个因素,但是实践表明只有消除、排除可能的点火源是最为实际的方法。防爆电气设备就是针对消除由电气设备引起发热、产生火花而出现的产品。

(一)炼化企业电气设备的选择

防爆电气设备是指利用介质将可能产生火花、电弧或具有高温的零部件与外界隔绝,或者封闭在坚固的外壳内,对爆炸性混合物和火花进行限制和冷却的电气设备。防爆电气设备广泛应用于各种爆炸危险场所,是在防火、防爆工作中经常接触到的,在工作中应仔细对其进行检查。在石油炼化企业现场,最为常见的防爆形式是隔爆型电气设备。

依据《爆炸危险环境电力装置设计规范》(GB 50058—2014),防爆电气设备选型应与环境条件相适应,并根据环境的不同进行防护(按表4-1、表4-2选择)。其类型必须与爆炸危险场所的等级相适应(表4-3),其防爆性能必须与爆炸危险物质的危险性相适应,其结构形式及线路安装应符合环境条件的要求。Ⅱ类电气设备的温度组别、最高表面温度和气体、蒸气引燃温度之间的关系符合表4-4的规定。

表4-1 爆炸性环境内电气设备保护级别的选择

| 危险区域 | 设备保护级别(EPL) |
| --- | --- |
| 0区 | Ga |
| 1区 | Ga 或 Gb |
| 2区 | Ga、Gb 或 Gc |

续表

| 危险区域 | 设备保护级别(EPL) |
|---|---|
| 20区 | Da |
| 21区 | Da 或 Db |
| 22区 | Da、Db 或 Dc |

表4-2 电气设备保护级别(EPL)与电气设备防爆结构的关系

| 设备保护级别(EPL) | 电气设备防爆结构 | 防爆形式 |
|---|---|---|
| Ga | 本质安全型 | "ia" |
| | 浇封型 | "ma" |
| | 有两种独立的防爆类型组成的设备,每一种类型达到保护级别"Gb"的要求 | — |
| | 光辐射设备和传输系统的保护 | "op is" |
| Gb | 隔爆型 | "d" |
| | 增安型 | "e" |
| | 本质安全型 | "ib" |
| | 浇封型 | "mb" |
| | 油浸型 | "o" |
| | 正压型 | "px" "py" |
| | 充砂型 | "q" |
| | 本质安全现场总线概念(FISCO) | — |
| | 光辐射式设备和传输系统的保护 | "op pr" |
| Gc | 本质安全型 | "ic" |
| | 浇封型 | "mc" |
| | 无火花 | "n" "nA" |
| | 限制呼吸 | "nR" |
| | 限能 | "nL" |
| | 火花保护 | "nC" |
| | 正压型 | "pz" |
| | 非可燃现场总线概念(FNICO) | — |
| | 光辐射式设备和传输系统的保护 | "op sh" |

续表

| 设备保护级别（EPL） | 电气设备防爆结构 | 防爆形式 |
|---|---|---|
| Da | 本质安全型 | "iD" |
| Da | 浇封型 | "mD" |
| Da | 外壳保护型 | "lD" |
| Db | 本质安全型 | "iD" |
| Db | 浇封型 | "mD" |
| Db | 外壳保护型 | "tD" |
| Db | 正压型 | "PD" |
| Dc | 本质安全型 | "iD" |
| Dc | 浇封型 | "mD" |
| Dc | 外壳保护型 | "tD" |
| Dc | 正压型 | "pD" |

表 4-3 气体、蒸汽或粉尘分级与电气设备类别的关系

| 气体、蒸汽或粉尘 | 设备类别 |
|---|---|
| ⅡA | ⅡA、ⅡB或ⅡC |
| ⅡB | ⅡB或ⅡC |
| ⅡC | ⅡC |
| ⅢA | ⅢA、ⅢB或ⅢC |
| ⅢB | ⅢB或ⅢC |
| ⅢC | ⅢC |

表 4-4 Ⅱ类电气设备的温度组别、最高表面温度和气体、蒸气引燃温度之间的关系

| 电气设备温度组别 | 电气设备允许最高表面温度，℃ | 气体/蒸气的引燃温度，℃ | 适用的设备温度级别 |
|---|---|---|---|
| T1 | 450 | >450 | T1~T6 |
| T2 | 300 | >300 | T2~T6 |
| T3 | 200 | >200 | T3~T6 |
| T4 | 135 | >135 | T4~T6 |
| T5 | 100 | >100 | T5~T6 |
| T6 | 85 | >485 | T6 |

## (二)电气设备防爆检查

(1)防爆电气设备应采用由国家检验部门审定的合格产品,其铭牌上应标明国家检验单位签发的"防爆合格证"编号。

(2)防爆电气设备进线装置应完整牢靠、密封完好,接线处不得有松动或脱落,多余的进线口应封闭。过热表面应有防护措施,设备安装应固定牢靠,设备外壳要完整,不得有裂缝,无明显的腐蚀,各部位螺栓(钉)及垫圈应齐全,且无松动现象。

(3)防爆电气设备的线路安装要符合环境要求,应采用绝缘导线穿钢管明敷或暗敷、电缆明敷或电缆沟暗敷方式。线路负荷和电压正常,进线装置应密封可靠,线路穿过不同区域之间或楼板处的孔洞,应采用非燃烧的材料严密堵塞。

(4)在爆炸性粉尘危险场所必须选用粉尘防爆的电气设备,不可选用气体防爆的电气设备。

(5)设备的接地保护要完好,并且接地电阻应满足相关标准的要求。不能用输送可燃气体或液体的管道作为接地线。

(6)满足电气设备整体防爆的要求。电气整机防爆是指对设备制造、工程设计、安装使用和维修等各方面安全工作的全面要求,在中国爆炸危险场所中的电气设备和线路存在诸多不防爆环节:如主机防爆、附件不防爆、仪表不防爆;同类设备一部分防爆、另一部分不防爆;防爆设备型号不全,系统配置不合理;备件不配套及施工存在问题等,都是不满足电气整机防爆要求的表现,在监督检查中需要足够的重视度。

(7)临时用电的安全管理 石油化工企业具有高温、高压、有毒、有害、易燃、易爆的特点,并且随着产品市场的变化,装置现场不断有改造、检(维)修、设备维护等作业任务,临时电源的增多无疑又增加了石化企业的危险性,它不只威胁到了员工的人身安全,同时也可能给企业带来不必要的财产损失。实践证明,做好技术措施与组织措施可以做到临时用电的安全管理。

## 二、电气安全用电的技术措施

(1)停电:断开开关。

(2)验电:必须用电压等级相同而且合格的验电器。

(3)装设接地线:装设接地线必须先接接地端,后接导体端;拆接地线的顺序与此相反。接地线应用多股软裸铜线,其截面应符合短路电流的要求,但不得小于 25mm$^2$。

(4)悬挂标示牌和装设遮拦装置:在工作地点、施工设备和一经合闸即可送电到工作地点或施工设备的开关和刀闸的操作把手上,均应悬挂"禁止合闸,有人工作"的标志牌。

## 三、电气安全用电的组织措施

（1）建立临时用电施工组织设计和安全用电技术措施的编制、审批制度，并建立相应的技术档案。

（2）建立技术交底制度。向专业电工、各类用电人员介绍临时用电施工组织设计和安全用电技术措施的总体意图、技术内容和注意事项，并应在技术交底的文字资料上履行交底人和被交底人的签字手续，注明交底日期。

（3）建立安全检测制度。从临时用电工程竣工开始，定期对临时用电工程进行检测，主要内容是接地电阻值、电气设备绝缘电阻值、漏电保护器动作参数等，以监视临时用电工程是否安全可靠，并做好检测记录。

（4）建立电气维修制度。加强日常和定期维修工作，及时发现和消除隐患，并建立维修工作记录，记载维修时间、地点、设备、内容、技术措施、处理结果、维修人员、验收人员等。

（5）建立工程拆除制度。建筑工程竣工后，临时用电工程的拆除应有统一的组织和指挥，并规定拆除时间、人员、程序、方法、注意事项和防护措施等。

（6）建立安全检查和评估制度。施工管理部门和企业要按照《建筑施工安全检查评分标准》（JQ 59—1988）定期对现场用电安全情况进行检查评估。

（7）建立安全教育和培训制度。定期对专业电工和各类用电人员进行用电安全教育和培训，凡上岗人员必须持有劳动部门核发的上岗证书，严禁无证上岗。

（8）认真执行电业安全工作规程规定的工作票制度、工作许可制度、工作监护制度、工作间断、转移和终结制度。

（9）在使用临时用电前办理临时用电许可证，执行双方检查、确认程序。

（10）电气作业人员作业的安全管理。

① 电气作业人员必须经过培训取得专业资格证书，方可上岗操作。

② 检修人员需佩戴劳动保护用品，进入装置之前关闭手机。

③ 电气作业人员在作业过程中需遵守电力安全工作规程，办理电气工作作业票。在检（维）修之前必须停电，避免在检修过程中出现触电或产生火花等危险。

④ 在作业过程中，必须使用防爆工具，禁止野蛮作业。

（11）防雷、防静电接地管理。为了避免雷电、静电给石油炼化企业带来的危害，必须做好防雷防静电接地的管理。

① 户外杆塔上的避雷器必须每年检测一次。

② 装置区、罐区静电接地点必须每年做一次检测，接地电阻不应大于 $4\Omega$，并且检测标牌不能缺失。

③ 罐区、装置区管线静电跨接线不能断裂、丢失,罐体、大型金属构件接地螺栓不能松动、丢失。

## 四、施工作业现场临时用电的安全检查

### (一)保护接地

保护接地是指将电气设备不带电的金属外壳与接地极之间做可靠的电气连接(图4-1)。它的作用是当电气设备的金属外壳带电时,如果人体触及此外壳时,由于人体的电阻远大于接地体电阻,则大部分电流经接地体流入大地,流经人体的电流很小。这时只要适当控制接地电阻(一般不大于 $4\Omega$ ),就可减少触电事故的发生。但是在 TT 供电系统中,这种保护方式的设备外壳电压对人体来说还是相当危险的。因此这种保护方式只适用于 TT 供电系统的施工现场,按规定保护接地的电阻不大于 $4\Omega$ 。

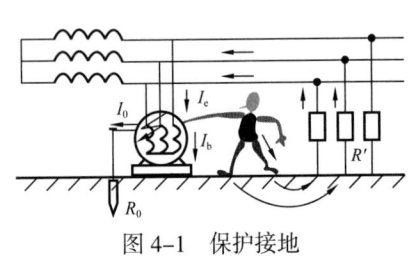

图 4-1　保护接地

### (二)保护接零

在电源中性点直接接地的低压电力系统中,将用电设备的金属外壳与供电系统中的零线或专用零线直接做电气连接,称为保护接零。它的作用是当电气设备的金属外壳带电时,短路电流经零线而成闭合电路,使其变成单相短路故障,因零线的阻抗很小,所以短路电流很大,一般大于额定电流的几倍甚至几十倍,这样大的单相短路将使保护装置迅速且准确地动作,切断事故电源,保证人身安全。其供电系统为接零保护系统,即 TN 系统。保护零线是否与工作零线分开,可将 TN 供电系统划分为 TN-C,TN-S 和 TN-C-S 三种供电系统。

#### 1. TN-C 供电系统

它的工作零线兼做接零保护线,这种供电系统就是平常所说的三相四线制(图4-2)。但是如果三相负荷不平衡时,零线上有不平衡电流,所以保护线所连接的电气设备金属外壳有一定电位。如果中性线断线,则保护接零的漏电设备外壳带电。因此这种供电系统存在一定的缺点。

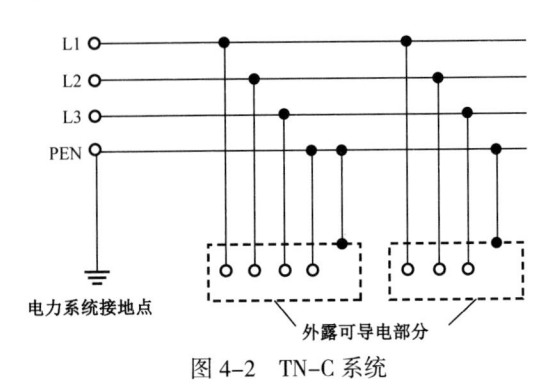

#### 2. TN-S 供电系统

它是把工作零线 N 和专用保护线 PE。在供电电源处严格分开的供电系统,也称三相五线制(图4-3)。它的优点是专用保护

图 4-2　TN-C 系统

线上无电流,此线专门承接故障电流,确保其保护装置动作。应该特别指出,PE线不许断线。在供电末端应将PE线做重复接地。

3. TN-C-S供电系统

在建筑施工现场如果与外单位共用一台变压器或本施工现场变压器中性点没有接出PE线,是三相四线制供电,而施工现场必须采用专用保护线PE时,可在施工现场总箱中零线做重复接地后引出一根专用PE线,这种系统就称为TN-C-S供电系统(图4-4)。施工时应注意:除了总箱处外,其他各处均不得把N线和PE线连接,PE线上不允许安装开关和熔断器,也不得把大地兼做PE线。PE线也不得进入漏电保护器,因为线路末端的漏电保护器动作,会使前级漏电保护器动作。

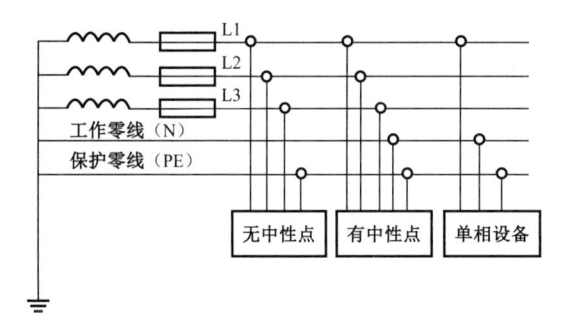

图4-3 TN-S系统

图4-4 TN-C-S系统

不管采用保护接地还是保护接零,必须注意:在同一系统中不允许对一部分设备采取接地,对另一部分采取接零。因为在同一系统中,如果有的设备采取接地,有的设备采取接零,则当采取接地的设备发生碰壳时,零线电位将升高,而使所有接零的设备外壳都带上危险的电压。

(三)施工现场的总配电箱和开关箱

依据《施工现场临时用电安全技术规范》(JGJ 46—2005),施工现场的总配电箱和开关箱应至少设置两级漏电保护器(图4-5),且两级漏电保护器的额定漏电动作电流和额定漏电动作时间应合理配合,使之具有分级保护的功能。

(1)开关箱中必须设置漏电保护器,施工现场所有用电设备,除做保护接零外,必须在设备负荷线的首端处安装漏电保护器。

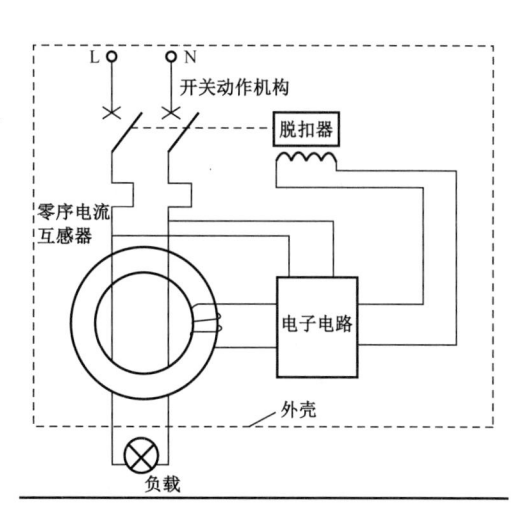

图4-5 漏电保护器原理图

（2）漏电保护器应装设在配电箱电源隔离开关的负荷侧和开关箱电源隔离开关的负荷侧。

（3）漏电保护器的选择应符合国家标准《漏电电流动作保护器（剩余电流动作保护器）》（GB 6829—2008）的要求，开关箱内的漏电保护器其额定漏电动作电流应不大于30mA，额定漏电动作时间应小于0.1s。在潮湿和有腐蚀介质场所的漏电保护器应采用防溅型产品。其额定漏电动作电流应不大于15mA，额定漏电动作时间应小于0.1s。

（4）安全电压。安全电压指不戴任何防护设备，接触时对人体各部位不造成任何损害的电压。国家标准《特低电压（ELV）限值》（GB/T 3805—2008）中规定，安全电压值的等级有42V、36V、24V、12V、6V五种。同时还规定：当电气设备采用了超过24V的电压时，必须采取防直接接触带电体的保护措施。辽阳石化公司临时用电管理规定在潮湿和易触及带电体场所的照明电源电压不得大于24V，在特别潮湿场所、导电性能良好的地面、锅炉或金属容器内的照明电源电压不得大于12V。

### （四）电气设备的设置

（1）配电系统应设置室内总配电屏和室外分配电箱或设置室外总配电箱和分配电箱，实行分级配电（图4-6）。

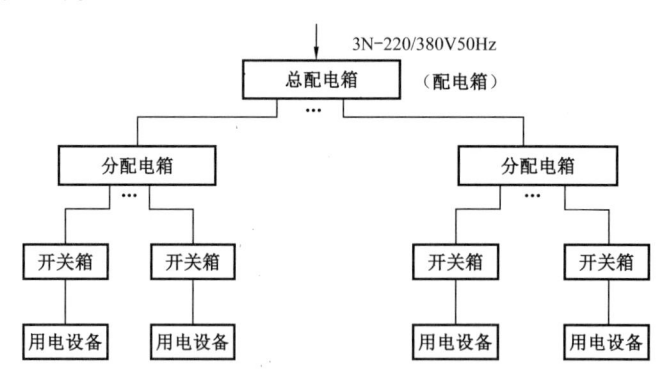

图4-6 三级配电系统结构型式示意图

（2）动力配电箱与照明配电箱宜分别设置，如合置在同一配电箱内，动力线路和照明线路应分路设置，照明线路接线宜接在动力开关的上侧。

（3）开关箱应由末级分配电箱配电。开关箱内应一机一闸，每台用电设备应有自己的开关箱，严禁用一个开关电器直接控制两台及以上的用电设备。

（4）总配电箱应装设在靠近电源的地方，分配电箱应装设在用电设备或负荷相对集中的地区。分配电箱与开关箱的距离不得超过30m，开关箱与其控制的固定式用电设备的水平距离不宜超过3m。

（5）配电箱、开关箱应装设在干燥、通风及常温场所。不得装设在有严重损伤作用的瓦斯、烟气、蒸汽、液体及其他有害介质中；也不得装设在易受外来固体物撞击、强烈振动、液体浸溅及热源烘烤的场所。

（6）使用手持电动工具应满足如下安全要求：

① 设备外观完好，标牌清晰，各种保护罩（板）齐全。

② 在一般作业场所，应使用Ⅱ类工具；若使用Ⅰ类工具时，应装设额定漏电动作电流不大于15mA、动作时间不大于0.1s的漏电保护器。

③ 在潮湿作业场所或金属构架上等导电性能良好的作业场所，应使用Ⅱ类或Ⅲ类工具。

④ 在狭窄场所，如锅炉、金属管道、受限空间内，应使用Ⅲ类工具。

⑤ Ⅲ类工具的安全隔离变压器，Ⅱ类工具的漏电保护器及Ⅱ类、Ⅲ类工具的控制箱和电源连接器等应放在容器外或作业点处，同时应有人监护（表4-5）。

表4-5 Ⅰ类、Ⅱ类、Ⅲ类设备区分标准

| 测试部位 | 绝缘电阻，MΩ |
| --- | --- |
| Ⅰ类电气设备带电部位与外壳间 | 2 |
| Ⅱ类电气设备带电部位与外壳间 | 7 |
| Ⅲ类电气设备带电部位与外壳间 | 10 |

⑥ 必须严格按操作规程使用移动式电气设备和手持电动工具，使用过程中需要移动或停止工作、人员离去或突然停电时，必须断开电源开关或拔掉电源插头。

（7）电气设备的安装

① 配电箱内的电器应首先安装在金属或非木质的绝缘电器安装板上，然后整体紧固在配电箱箱体内，金属板与配电箱体应做电气连接。

② 配电箱、开关箱内的各种电器应按规定的位置紧固在安装板上，不得歪斜和松动；并且电器设备之间、设备与板四周的距离应符合有关工艺标准的要求。

③ 配电箱、开关箱内的工作零线应通过接线端子板连接，并应与保护零线接线端子板分设。

④ 配电箱、开关箱内的连接线应采用绝缘导线，导线的型号及截面应严格执行临时用电图纸的标示截面。各种仪表之间的连接线应使用截面不小于$2.5mm^2$的绝缘铜芯导线，导线接头不得松动，不得有外露带电部分。

（8）电气设备的操作与维修人员必须符合以下要求：

① 施工现场内临时用电的施工和维修必须由经过培训后取得上岗证书的专业电工完成。

② 用电人员应做到：

（a）掌握安全用电的基本知识和所用设备的性能。

（b）使用设备前必须按规定穿戴和配备好相应的劳动防护用品；并检查电气装置和保护设施是否完好。严禁设备带"病"运转。

（c）停用的设备必须拉闸断电，锁好开关箱。

（d）负责保护所用设备的负荷线、保护零线和开关箱。发现问题，及时报告解决。

（e）搬迁或移动用电设备，必须经电工切断电源并做妥善处理后进行。

（9）电气设备的使用与维护。

① 配电箱（盘）、开关箱装设应端正、牢固。固定式配电箱（盘）、开关箱的中心点与地面的垂直距离应为 1.4~1.6m。移动式配电箱（盘）、开关箱应装设在坚固、稳定的支架上。其中心点与地面的垂直距离宜为 0.8~1.6m。施工现场的所有配电箱、开关箱应每月进行一次检查和维修。检查、维修人员必须是专业电工。工作时必须穿戴好绝缘用品，必须使用电工绝缘工具。

② 检查、维修配电箱、开关箱时，必须将其前一级相应的电源开关分闸断电，并悬挂停电标志牌，严禁带电作业。

③ 配电箱内盘面上应标明各回路的名称、用途、同时要做出分路标记。

④ 总配电箱、分配电箱的箱门应配锁，配电箱和开关箱应指定专人负责。施工现场停止作业 1h 以上时，应将动力开关箱上锁。

⑤ 各种电气箱内不允许放置任何杂物，并应保持清洁。箱内不得挂接其他临时用电设备。

⑥ 熔断器的熔体更换时，严禁用不符合原规格的熔体代替。

（10）施工现场的电缆线路。

① 电缆线路应采用穿管埋地或沿墙、电杆架空敷设，严禁沿地面明设。

② 电缆在室外直接埋地敷设的深度应不小于 0.7m，并应在电缆上下各均匀铺设不小于 50mm 厚的细砂，然后覆盖砖等硬质保护层。

③ 临时电缆沿墙或电杆敷设时应用绝缘子固定，严禁使用金属裸线绑扎。固定点间的距离应保证橡皮电缆能承受自重所带的荷重。临时电缆的最大弧垂距地面不得小于 2.5m，穿越机动车道不低于 5m。

④ 电缆的接头应牢固、可靠，绝缘包扎后的接头不能降低原来的绝缘强度，并不得承受张力。

⑤ 在穿越建筑物、构筑物、道路、易受机械损伤、介质腐蚀场所及引出地面从 2m 高到地下 0.2m 处，必须加设防护套管，防护套管内径不应小于电缆外径的 1.5 倍。

⑥ 埋地电缆的接头应设在地面上的接线盒内,接线盒应能防水、防尘、防机械损伤,并应远离易燃、易爆、易腐蚀场所,临时用电线路经过有高温、振动、腐蚀、积水、防爆区域及机械损伤等区域时,不得有接头,并应采取相应的保护措施。

石油炼化企业的电气安全是一个复杂的、有很强专业性的系统性工作,而装置现场的电气安全在整个电气安全中占据很大比例,因此做好现场电气安全的监督与管理对企业的安全生产有着重大的影响,需要每一个电气专业人员及安全监督管理人员共同的努力,希望此观点能为同行业者带来微薄的帮助。

## 第三节 防火防爆

### 一、术语

(一)石油化工企业

以石油、天然气及其产品为原料,生产、储运各种石油化工产品的炼油厂、石油化工厂、石油化纤厂或其联合组成的工厂。

(二)厂区

工厂围墙或边界内由生产区、公用区和辅助生产设施区及生产管理区组成的区域。

(三)生产区

由使用、产生可燃物质和可能散发可燃气体的工艺装置和(或)设施组成的区域。

(四)装置区

由一个或一个以上的独立石油化工装置或联合装置组成的区域。

(五)联合装置

由两个或两个以上独立装置集中紧凑布置,且装置间直接进料,无供大修设置的中间原料储罐,其开工或停工检修等均同步进行,可视为一套装置。

(六)装置

一个或一个以上相互关联的工艺单元的组合。

(七)装置内单元

按生产流程完成一个工艺操作过程的设备、管道及仪表等的组合体。

### (八)工艺设备

为实现工艺过程所需的反应器、塔、换热器、容器、加热炉、机泵等。

### (九)装置储罐(组)

在装置正常生产过程中,不直接参与工艺过程,但因工艺要求,为了平衡生产、产品质量检测或一次投入等又需要在装置内布置的储罐(组)。

### (十)罐组

布置在一个防火堤内的一个或多个储罐。

### (十一)罐区

一个或多个罐组构成的区域。

### (十二)火炬系统

通过燃烧方式处理排放可燃气体的一种设施,分高架火炬、地面火炬等。由排放管道、分液设备、阻火设备、火炬燃烧器、点火系统、火炬筒及其他部件等组成。

## 二、厂区内防火防爆的一般规定

### (一)厂内区域规划

(1)在进行区域规划时,应根据石油化工企业及其相邻工厂或设施的特点和火灾危险性,结合地形、风向等条件,合理布置。

(2)生产区域宜位于邻近城镇或居民区全年最小频率风向的上风侧。

(3)在山区或丘陵地区,生产区应避免布置在窝风地带。

(4)生产区域沿江河岸布置时,宜位于邻近江河的城镇、重要桥梁、大型锚地、船厂等重要建筑物或构筑物的下游。

(5)企业应采取防止泄漏的可燃液体和受污染的消防水排出厂外的措施。

(6)公路和地区架空电力线路严禁穿越生产区。架空线路与爆炸性气体环境的水平距离不应小于杆塔高度的1.5倍。

(7)当区域排洪沟通过厂区时:

① 不宜通过生产区。

② 应采取防止泄漏的可燃液体和受污染的消防水流入区域排洪沟的措施。

(8)地区输油(气)管道不应穿越厂区。

(9)石油化工企业与相邻工厂或设施的防火间距不应小于表4-6中的规定。

表 4-6  石油化工企业与相邻工厂或设施的防火间距

| 相邻工厂或设施 || 防火间距, m ||||| 
|---|---|---|---|---|---|---|
| ||| 液化烃罐组（罐外壁） | 甲、乙类液体罐组（罐外壁） | 可能携带可燃液体的高架火炬（火炬中心） | 甲、乙类工艺装置或设施（最外侧设备外缘或建筑物的最外轴线） | 全厂性或区域性重要设施（最外侧设备外缘或建筑物的最外轴线） |
| 居民区、公共福利设施、村庄 || 150 | 100 | 120 | 100 | 25 |
| 相邻工厂（围墙或用地边界线） || 120 | 70 | 120 | 50 | 70 |
| 厂外铁路 | 国家铁路线（中心线） | 55 | 45 | 80 | 35 | — |
| | 厂外企业铁路线（中心线） | 45 | 35 | 80 | 30 | — |
| 国家或工业区铁路编组站（铁路中心线或建筑物） || 55 | 45 | 80 | 35 | 25 |
| 厂外公路 | 高速公路、一级公路（路边） | 35 | 30 | 80 | 30 | — |
| | 其他公路（路边） | 25 | 20 | 60 | 20 | — |
| 变配电站（围墙） || 80 | 50 | 120 | 40 | 25 |
| 架空电力线路（中心线） || 1.5倍塔杆高度 | 1.5倍塔杆高度 | 80 | 1.5倍塔杆高度 | — |
| Ⅰ,Ⅱ国家架空通信线路（中心线） || 50 | 40 | 80 | 40 | — |
| 通航江、河、海岸边 || 25 | 25 | 80 | 20 | — |
| 地区埋地输油管道 | 原油及成品油（管道中心） | 30 | 30 | 60 | 30 | 30 |
| | 液化烃（管道中心） | 60 | 60 | 80 | 60 | 60 |
| 地区埋地输气管道（管道中心） || 30 | 30 | 60 | 30 | 30 |
| 装卸油品码头（码头前沿） || 70 | 60 | 120 | 60 | 60 |

注：① 本表中相邻工厂指除石油化工企业和油库以外的工厂。
② 括号内指防火间距起止点。
③ 当相邻设施为港区陆域、重要物品仓库和堆场、军事设施、机场等，对石油化工企业的安全距离有特殊要求时，应按相关规定执行。
④ 丙类可燃液体罐组的防火距离，可按甲、乙类可燃液体罐组的规定减少25%。
⑤ 丙类工艺装置或设施的防火距离，可按甲、乙类工艺装置或设施的规定减少25%。
⑥ 地面敷设的地区输油(气)管道的防火距离，可按地区埋地输油(气)管道的规定增加50%。
⑦ 当相邻工厂围墙内为非火灾危险性设施时，其与全厂性或区域性重要设施防火间距最小值可为25m。
⑧ 表中"—"表示无防火间距要求或执行相关规范。

（10）石油化工企业与同类企业及油库的防火间距不应小于表4-7中的规定。

表4-7　石油化工企业与同类企业及油库的防火间距

| 项目 | 防火间距，m ||||||
|---|---|---|---|---|---|
| | 液化烃罐组（罐外壁） | 甲、乙类液体罐组（罐外壁） | 可能携带可燃液体的高架火炬（火炬中心） | 甲、乙类工艺装置或设施(最外侧设备外缘或建筑物的最外轴线) | 全厂性或区域性重要设施(最外侧设备外缘或建筑物的最外轴线) |
| 液化烃罐组(罐外壁) | 60 | 60 | 90 | 70 | 90 |
| 甲、乙类液体罐组(罐外壁) | 60 | 1.5D，见注② | 90 | 50 | 60 |
| 可能携带可燃液体的高架火炬（火炬中心） | 90 | 90 | 见注④ | 90 | 90 |
| 甲、乙类工艺装置或设施(最外侧设备外缘或建筑物的最外轴线) | 70 | 50 | 90 | 40 | 40 |
| 全厂性或区域性重要设施(最外侧设备外缘或建筑物的最外轴线) | 90 | 60 | 90 | 40 | 20 |
| 明火地点 | 70 | 40 | 60 | 40 | 20 |

注：① 括号内指防火间距起止点。
　　② 表中 $D$ 为较大罐的直径。当1.5$D$ 小于30m时，取30m；当1.5$D$ 大于60m时，可取60m；当丙类可燃液体罐相邻布置时，防火间距可取30m。
　　③ 与散发火花地点的防火间距，可按与明火地点的防火间距减少50%，但散发火花地点应布置在火灾爆炸危险区域之外。
　　④ 辐射热不应影响相邻火炬的检修和运行。
　　⑤ 丙类工艺装置或设施的防火间距，可按甲、乙类工艺装置或设施的规定减少10m（火炬除外），但不应小于30m。
　　⑥ 石油化工工业园区内公用的输油(气)管道，可布置在石油化工企业围墙或用地边界线外。

（二）厂内总平面布置

（1）工厂总平面应根据工厂的生产流程及各组成部分的生产特点和火灾危险性，结合地形、风向等条件，按功能分区集中布置。

（2）可能散发可燃气体的工艺装置、罐组、装卸区或全厂性污水处理场等设施宜布置在人员集中场所及明火或散发火花地点的全年最小频率风向的上风侧。

（3）液化烃罐组或可燃液体罐组不应毗邻布置在高于工艺装置、全厂性重要设施或人员集中场所的阶梯上。但受条件限制或有工艺要求时，可燃液体原料储罐可毗邻布置在高于工艺装置的阶梯上，但应采取措施以防止泄漏的可燃液体流入工艺装置、全厂性重要设施或人员集中场所。

（4）液化烃罐组或可燃液体罐组不宜紧靠排洪沟布置。

（5）空分站应布置在空气清洁地段，并宜位于散发乙炔及其他可燃气体、粉尘等场所的全年最小频率风向的下风侧。

（6）全厂性的高架火炬宜位于生产区全年最小频率风向的上风侧。

（7）汽车装卸设施、液化烃灌装站及各类物品仓库等机动车辆频繁进出的设施应布置在厂区边缘或厂区外，并宜设围墙独立成区。

（8）罐区泡沫站应布置在罐组防火堤外的非防爆区，与可燃液体罐的防火间距不宜小于20m。

（9）采用架空电力线路进出厂区的总变电所应布置在厂区边缘。

（10）消防站（队）的位置应符合下列规定：

① 消防站（队）的服务范围应按行车路程计，行车路程不宜大于2.5km，并且接火警后消防车到达火场的时间不宜超过5min。对丁、戊类的局部场所，消防站的服务范围可加大到4km。

② 应便于消防车迅速通往工艺装置区和罐区。

③ 宜避开工厂主要人流道路。

④ 宜远离噪声场所。

⑤ 宜位于生产区全年最小频率风向的下风侧。

（11）厂区的绿化应符合下列规定：

① 生产区不应种植含油脂较多的树种，宜选择含水分较多的树种。

② 工艺装置或可燃气体、液化烃、可燃液体的罐组与周围消防车道之间不宜种植绿篱或茂密的灌木丛。

③ 在可燃液体罐组防火堤内可种植生长高度不超过15cm、含水分多的四季常青的草皮。

④ 液化烃罐组防火堤内严禁绿化。

⑤ 厂区的绿化不应妨碍消防操作。

(三) 厂内道路

（1）工厂主要出入口不应少于两个，并宜位于不同方位。

（2）两条或两条以上的工厂主要出入口的道路应避免与同一条铁路线平交；确需平交时，其中至少有两条道路的间距不应小于所通过的最长列车的长度；若小于所通过的最长列车的长度，应另设消防车道。

（3）厂内主干道宜避免与调车频繁的厂内铁路线平交。

（4）装置或联合装置、液化烃罐组、总容积大于或等于120000m³的可燃液体罐组、总容积大于或等于120000m³的两个及以上可燃液体罐组应设环形消防车道。可燃液体储罐区、可燃气体储罐区、装卸区及化学危险品仓库区应设环形消防车道，当受地形条件限制时，也可设有回车场的尽头式消防车道。消防车道的路面宽度不应小于6m，路面内缘转弯半径不宜小于12m，路面上净空高度不应低于5m。

（5）液化烃、可燃液体、可燃气体的罐区内，任何储罐的中心距至少两条消防车道的距离均不应大于120m；当不能满足此要求时，任何储罐中心与最近的消防车道之间的距离不应大于80m，且最近消防车道的路面宽度不应小于9m。

（6）在液化烃、可燃液体的铁路装卸区应设与铁路线平行的消防车道，并符合下列规定：

① 若一侧设消防车道，车道至最远的铁路线的距离不应大于80m。

② 若两侧设消防车道，车道之间的距离不应大于200m；超过200m时，其间尚应增设消防车道。

（7）当道路路面高出附近地面2.5m以上、且在距道路边缘15m范围内，有工艺装置或可燃气体、液化烃、可燃液体的储罐及管道时，应在该段道路的边缘设护墩、矮墙等防护设施。

（8）管架支柱（边缘）、照明电杆、行道树或标志杆等距道路路面边缘不应小于0.5m。

### （四）厂内铁路

（1）厂内铁路宜集中布置在厂区边缘。

（2）工艺装置的固体产品铁路装卸线可布置在该装置的仓库或储存场（池）的边缘。

（3）当液化烃装卸栈台与可燃液体装卸栈台布置在同一装卸区时，液化烃装卸栈台应布置在装卸区的一侧。

（4）在液化烃、可燃液体的铁路装卸区内，内燃机车至另一栈台鹤管的距离应符合下列规定：

① 甲、乙类液体鹤管不应小于12m；甲B、乙类液体采用密闭装卸时，其防火间距可减少25%。

② 丙类液体鹤管不应小于8m。

（5）当液化烃、可燃液体或甲、乙类固体的铁路装卸线为尽头线时，其车档至最后车位的距离不应小于20m。

（6）液化烃、可燃液体的铁路装卸线不得兼作行走线。

（7）液化烃、可燃液体或甲、乙类固体的铁路装卸线停放车辆的线段应为平直段。当受地形条件限制时，可设在半径不小于500m的平坡曲线上。

（8）在液化烃、可燃液体的铁路装卸区内，两相邻栈台鹤管之间的距离应符合下列规定：

① 甲、乙类液体的栈台鹤管与相邻栈台鹤管之间的距离不应小于10m；甲B、乙类液体采用密闭装卸时，其防火间距可减少25%。

② 丙类液体的两相邻栈台鹤管之间的距离不应小于7m。

③ 甲、乙类厂房（仓库）内不应设置铁路线。

## 三、生产装置防火防爆的一般规定

### （一）装置内布置

（1）以甲B、乙A类液体为溶剂的溶液法聚合液所用的总容积大于800m³的掺合储罐与相邻的设备、建筑物的防火间距不宜小于7.5m；总容积小于或等于800m³时，其防火间距不限。

（2）布置在爆炸危险区的在线分析仪表间内设备为非防爆型时，在线分析仪表间应正压通风。

（3）联合装置视为同一个装置，其设备、建筑物的防火间距应按相邻设备、建筑物的防火间距确定。

（4）同一座厂房或厂房的任一防火分区内有不同火灾危险性生产时，厂房或防火分区内的生产火灾危险性类别应按火灾危险性较大的部分确定。

（5）甲类厂房与重要公共建筑的防火间距不应小于50m，与明火或散发火花地点的防火间距不应小于30m。

（6）有爆炸危险的厂房或厂房内有爆炸危险的部位应设置泄压设施。

（7）装置内消防道路的设置应符合下列规定：

① 装置内应设贯通式道路，道路应有不少于两个出入口，且两个出入口宜位于不同方位。当装置外两侧消防道路间距不大于120m时，装置内可不设贯通式道路。

② 道路的路面宽度不应小于4m，路面上的净空高度不应小于4.5m；路面内缘转弯半径不宜小于6m。

（8）在甲、乙类装置内部的设备，建筑物区的设置应符合下列规定：

① 应用道路将装置分割成为占地面积不大于10000 m²的设备、建筑物区。

②当大型石油化工装置的设备、建筑物区占地面积大于10000 ㎡小于20000 ㎡时，在设备、建筑物区四周应设环形道路，道路路面宽度不应小于6m，设备、建筑物区的宽度不应大于120m，相邻两设备、建筑物区的防火间距不应小于15m，并应加强安全措施。

（9）明火加热炉宜集中布置在装置的边缘，且宜位于可燃气体、液化烃和甲B、乙A类设备的全年最小频率风向的下风侧。当在明火加热炉与露天布置的液化烃设备或甲类气体压缩机之间设置不燃烧材料实体墙时，其距离不得小于15m。实体墙的高度不宜小于3m，距加热炉的距离不宜大于5m，实体墙的长度应满足由露天布置的液化烃设备或甲类气体压缩机经实体墙至加热炉的折线距离不小于22.5m。当封闭式液化烃设备的厂房或甲类气体压缩机房面向明火加热炉一面为无门窗洞口的不燃烧材料实体墙时，加热炉与厂房的防火间距可小于表4-6的规定，但不得小于15m。明火加热炉附属的燃料气分液罐、燃料气加热器等与炉体的防火间距不应小于6m。

（10）当同一建筑物内分隔为不同火灾危险性类别的房间时，中间的隔墙应为防火墙。人员集中的房间应布置在火灾危险性较小的建筑物一端。

（11）有爆炸危险的甲、乙类厂房的总控制室应独立设置。

（12）装置的控制室、机柜间、变配电所、化验室、办公室等不得与设有甲、乙A类设备的房间布置在同一建筑物内。装置的控制室与其他建筑物合建时，应设置独立的防火分区。

（13）装置的控制室、化验室、办公室等宜布置在装置外，并宜全厂性或区域性统一设置。当装置的控制室、机柜间、变配电所、化验室、办公室等布置在装置内时，应布置在装置的一侧，位于爆炸危险区范围以外，并宜位于可燃气体、液化烃和甲B、乙A类设备全年最小频率风向的下风侧。

（14）布置在装置内的控制室、机柜间、变配电所、化验室、办公室等的布置应符合下列规定：

① 控制室宜设在建筑物的底层。

② 平面布置位于附加2区的办公室、化验室室内地面及控制室、机柜间、变配电所的设备层地面应高于室外地面，且高差不应小于0.6m。

③ 控制室、机柜间面向有火灾危险性设备侧的外墙应为无门窗洞口、耐火极限不低于3h的不燃烧材料实体墙。

④ 化验室、办公室等面向有火灾危险性设备侧的外墙宜为无门窗洞口、不燃烧材料实体墙。当确需设置门窗时，应采用防火门窗。

⑤ 控制室或化验室的室内不得安装可燃气体、液化烃和可燃液体的在线分析仪器。

（15）高压和超高压的压力设备宜布置在装置的一端或一侧；有爆炸危险的超高压反应设备宜布置在防爆构筑物内。

(16)装置的可燃气体、液化烃和可燃液体设备采用多层构架布置时,除工艺要求外,其构架不宜超过四层。

(17)空气冷却器不宜布置在操作温度等于或高于自燃点的可燃液体设备上方;若布置在其上方,应用不燃烧材料的隔板隔离保护。

(18)装置储罐(组)的布置应符合下列规定:

① 液化烃罐总容积小于或等于100m³、可燃气体或可燃液体罐总容积小于或等于1000m³时,可布置在装置内。

② 液化烃罐总容积大于100m³小于或等于500m³、可燃液体罐或可燃气体罐总容积大于1000m³小于或等于5000m³时,应成组集中布置在装置边缘;但液化烃单罐容积不应大于300m³,可燃液体单罐容积不应大于3000m³。

(19)甲、乙类物品仓库不应布置在装置内。若因工艺需要,储量不大于5t的乙类物品储存间和丙类物品仓库可布置在装置内,并位于装置边缘。

(20)可燃气体和助燃气体的钢瓶(含实瓶和空瓶),应分别存放在位于装置边缘的敞棚内。可燃气体的钢瓶距明火或操作温度等于或高于自燃点的设备防火间距不应小于15m。分析专用的钢瓶储存间可靠近分析室布置,钢瓶储存间的建筑设计应满足泄压要求。

(21)建筑物的安全疏散门应向外开启。甲、乙、丙类房间的安全疏散门不应少于两个;面积小于或等于100m²的房间可只设1个。

(22)设备的构架或平台的安全疏散通道应符合下列规定:

① 可燃气体、液化烃和可燃液体的塔区平台或其他设备的构架平台应设置不少于两个通往地面的梯子,作为安全疏散通道,但长度不大于8m的甲类气体和甲、乙A类液体设备的平台或长度不大于15m的乙B、丙类液体设备的平台,可只设一个梯子。

② 相邻的构架、平台宜用走桥连通,与相邻平台连通的走桥可作为一个安全疏散通道。

③ 相邻安全疏散通道之间的距离不应大于50m。

(23)装置内地坪竖向和排污系统的设计应减少可能泄漏的可燃液体在工艺设备附近的滞留时间和扩散范围。火灾事故状态下,受污染的消防水应有效收集并排放。

(24)凡在开(停)工、检修过程中,可能有可燃液体泄漏、漫流的设备区周围应设置不低于150mm的围堰和导液设施。

(25)散发比空气轻的可燃气体、可燃蒸气的甲类厂房,宜采用轻质屋面板作为泄压面积。顶棚应尽量平整,且无死角,厂房上部空间通风性应良好。

(26)散发比空气重的可燃气体、可燃蒸气的甲类厂房和有粉尘、纤维爆炸危险的乙类厂房,应符合下列规定:

① 应采用不发火花的地面。采用绝缘材料作整体面层时,应采取防静电措施。

②散发可燃粉尘、纤维的厂房,其内表面应平整、光滑,并易于清扫。

③厂房内不宜设置地沟,确需设置时,其盖板应严密,地沟应采取防止可燃气体、可燃蒸气和粉尘、纤维在地沟积聚的有效措施,且应在与相邻厂房连通处采用防火材料密封。

(27)厂房内每个防火分区或一个防火分区内的每个楼层,其安全出口的数量应经计算确定,且不应少于两个。

### (二)泵和压缩机

(1)可燃气体压缩机的布置及其厂房的设计应符合下列规定:

① 可燃气体压缩机宜布置在敞开或半敞开式厂房内。

② 单机驱动功率等于或大于150kW的甲类气体压缩机厂房不宜与其他甲、乙和丙类房间共用一幢建筑物。

③ 压缩机的上方不得布置甲、乙和丙类工艺设备,但自用的高位润滑油箱不受此限。

④ 比空气轻的可燃气体压缩机半敞开式或封闭式厂房的顶部应采取通风措施。

⑤ 比空气轻的可燃气体压缩机厂房的楼板宜部分采用钢格板。

⑥ 比空气重的可燃气体压缩机厂房的地面不宜设地坑或地沟;厂房内应有防止可燃气体积聚的措施。

(2)液化烃泵、可燃液体泵宜露天或半露天布置。液化烃、操作温度等于或高于自燃点的可燃液体的泵上方,不宜布置甲、乙、丙类工艺设备;若在其上方布置甲、乙、丙类工艺设备,应用不燃烧材料的隔板隔离保护。

(3)液化烃泵、可燃液体泵在泵房内布置时,其设计应符合下列规定:

① 液化烃泵、操作温度高于或等于自燃点的可燃液体泵、操作温度低于自燃点的可燃液体泵应分别布置在不同房间内,各房间之间的隔墙应为防火墙。

② 操作温度高于或等于自燃点的可燃液体泵房的门窗与操作温度低于自燃点的甲B、乙A类液体泵房的门窗或液化烃泵房的门窗的距离不应小于4.5m。

③ 甲、乙A类液体泵房的地面不宜设地坑或地沟,泵房内应有防止可燃气体积聚的措施。

④ 在液化烃、操作温度高于或等于自燃点的可燃液体泵房的上方,不宜布置甲、乙、丙类工艺设备。

⑤ 液化烃泵不超过两台时,可与操作温度低于自燃点的可燃液体泵同房间布置。

(4)气柜或全冷冻式液化烃储存设施内,泵和压缩机等旋转设备或其房间与储罐的防火间距不应小于15m。

(5)罐组的专用泵区应布置在防火堤外,与储罐的防火间距应符合下列规定:

① 距甲 A 类储罐不应小于 15m。

② 距甲 B、乙类固定顶储罐不应小于 12m,距小于或等于 500m³ 的甲 B、乙类固定顶储罐不应小于 10m。

③ 距浮顶及内浮顶储罐、丙 A 类固定顶储罐不应小于 10m,距小于或等于 500m³ 的内浮顶储罐、丙 A 类固定顶储罐不应小于 8m。

(6) 除甲 A 类以外的可燃液体储罐的专用泵单独布置时,应布置在防火堤外,与可燃液体储罐的防火间距不限。

(7) 压缩机或泵等的专用控制室或不大于 10kV 的专用变配电所,可与该压缩机房或泵房等共用一幢建筑物,但专用控制室或变配电所的门窗应位于爆炸危险区范围之外,且专用控制室或变配电所与压缩机房或泵房等的中间隔墙应为无门窗洞口的防火墙。

(三) 污水处理场和循环水场

(1) 隔油池的保护高度不应小于 400mm。隔油池应设难燃烧材料的盖板。

(2) 隔油池的进出水管道应设水封。距隔油池池壁 5m 以内的水封井、检查井的井盖与盖座接缝处应密封,且井盖不得有孔洞。

(3) 循环水场冷却塔应采用阻燃型的填料、收水器和风筒,其氧指数不应小于 30。

(4) 污水处理场内的设备、建(构)筑物平面布置防火间距不应小于表 4-8 中的规定。

表 4-8　污水处理场内的设备、建(构)筑物平面布置的防火间距(m)

| 类别 | 变配电所、化验室、办公室等 | 含可燃液体的隔油池、污水池等 | 集中布置的水泵房 | 污油罐、含油污水调节罐 | 焚烧炉 | 污油泵房 |
|---|---|---|---|---|---|---|
| 变配电所、化验室、办公室等 | — | 15 | — | 15 | 15 | 15 |
| 含可燃液体的隔油池、污水池等 | 15 | — | 15 | 15 | 15 | — |
| 集中布置的水泵房 | — | 15 | — | 15 | — | — |
| 污油罐、含油污水调节罐 | 15 | 15 | 15 | — | 15 | — |
| 焚烧炉 | 15 | 15 | — | 15 | — | 15 |
| 污油泵房 | 15 | — | — | — | 15 | — |

(四) 泄压排放和火炬系统

(1) 在非正常条件下,可能超压的下列设备应设安全阀:

① 顶部最高操作压力大于或等于 0.1MPa 的压力容器。

② 顶部最高操作压力大于 0.03MPa 的蒸馏塔、蒸发塔和汽提塔（汽提塔顶蒸汽通入另一蒸馏塔者除外）。

③ 往复式压缩机各段出口或电动往复泵、齿轮泵、螺杆泵等容积式泵的出口（设备本身已有安全阀者除外）。

④ 凡与鼓风机、离心式压缩机、离心泵或蒸汽往复泵出口连接的设备不能承受其最高压力时，鼓风机、离心式压缩机、离心泵或蒸汽往复泵的出口。

⑤ 可燃气体或液体受热膨胀，可能超过设计压力的设备。

⑥ 顶部最高操作压力为 0.03～0.1MPa 的设备应根据工艺要求设置。

（2）单个安全阀的开启压力（定压），不应大于设备的设计压力。当一台设备上安装多个安全阀时，其中一个安全阀的开启压力（定压）不应大于设备的设计压力；其他安全阀的开启压力可以提高，但不应大于设备设计压力的 1.05 倍。

（3）可燃气体、可燃液体设备的安全阀出口连接应符合下列规定：

① 可燃液体设备的安全阀出口泄放管应接入储罐或其他容器，泵的安全阀出口泄放管宜接至泵的入口管道、塔或其他容器。

② 可燃气体设备的安全阀出口泄放管应接至火炬系统或其他安全泄放设施。

③ 泄放后可能立即燃烧的可燃气体或可燃液体应经冷却后接至放空设施。

④ 泄放可能携带液滴的可燃气体应经分液罐后接至火炬系统。

（4）有可能被物料堵塞或腐蚀的安全阀，在安全阀前应设爆破片或在其出入口管道上采取吹扫、加热或保温等防堵措施。

（5）两端阀门关闭且因外界影响可能造成介质压力升高的液化烃、甲 B、乙 A 类液体管道应采取泄压安全措施。

（6）甲、乙、丙类的设备应有事故紧急排放设施，并应符合下列规定：

① 对液化烃或可燃液体设备，应能将设备内的液化烃或可燃液体排放至安全地点，剩余的液化烃应排入火炬。

② 对可燃气体设备，应能将设备内的可燃气体排入火炬或安全放空系统。

（7）常减压蒸馏装置的初馏塔顶、常压塔顶、减压塔顶的不凝气不应直接排入大气。较高浓度环氧乙烷设备的安全阀前应设爆破片。爆破片入口管道应设氮封，且安全阀的出口管道应充氮。氨的安全阀排放气应经处理后放空。

（8）因物料爆聚、分解造成超温、超压，可能引起火灾、爆炸的反应设备应设报警信号和泄压排放设施，以及自动或手动遥控的紧急切断进料设施。

（9）严禁将混合后可能发生化学反应并形成爆炸性混合气体的几种气体混合排放。

（10）可燃气体放空管道在接入火炬前，应设置分液和阻火等设备。可燃气体放空管道内的凝结液应密闭回收，不得随地排放。

（11）火炬应设长明灯和可靠的点火系统。装置内高架火炬的设置应符合下列规定：

① 严禁排入火炬的可燃气体携带可燃液体。

② 火炬的辐射热不应影响人身及设备的安全。

③ 距火炬筒 30m 范围内，不应设置可燃气体放空。

（12）液体、低热值可燃气体、含氧气或卤元素及其化合物的可燃气体、极度毒性和高度危害的可燃气体、惰性气体、酸性气体及其他腐蚀性气体不得排入全厂性火炬系统，应设独立的排放系统或处理系统。

（13）下列的工艺设备不宜设安全阀：

① 加热炉炉管。

② 在同一压力系统中，压力来源处已有安全阀，则其余设备可不设安全阀。

③ 对扫线蒸汽不宜作为压力来源。

（14）受工艺条件或介质特性所限，无法排入火炬或装置处理排放系统的可燃气体，当通过排气筒、放空管直接向大气排放时，排气筒、放空管的高度应符合下列规定：

① 连续排放的排气筒顶或放空管口应高出 20m 范围内的平台或建筑物顶 3.5m 以上，位于排放口水平 20m 以外斜上 45° 的范围内不宜布置平台或建筑物。

② 间歇排放的排气筒顶或放空管口应高出 10m 范围内的平台或建筑物顶 3.5m 以上，位于排放口水平 10m 以外斜上 45° 的范围内不宜布置平台或建筑物。

③ 安全阀排放管口不得朝向邻近设备或有人通过的地方，排放管口应高出 8m 范围内的平台或建筑物顶 3m 以上。

（15）有突然超压或发生瞬时分解爆炸危险物料的反应设备，如设安全阀不能满足要求时，应装爆破片或爆破片和导爆管，导爆管口的朝向必须是无火源的安全方向；必要时应采取防止二次爆炸、火灾的措施。

（16）液体、低热值可燃气体、含氧气或卤元素及其化合物的可燃气体、极度毒性和高度危害的可燃气体、惰性气体、酸性气体及其他腐蚀性气体不得排入全厂性火炬系统，应设独立的排放系统或处理系统。

（17）可燃气体放空管道内的凝结液应密闭回收，不得随地排放。

（18）携带可燃液体的低温可燃气体排放系统应设置气化器，低温火炬管道选材应考虑事故排放时可能出现的最低温度。

（19）装置的主要泄压排放设备宜采用适当的措施，以降低事故工况下可燃气体瞬间排放负荷。

（20）封闭式地面火炬的设置除按明火设备考虑外,还应符合下列规定：

① 排入火炬的可燃气体不应携带可燃液体。

② 火炬的辐射热不应影响人身及设备的安全。

③ 火炬应采取有效的消烟措施。

（21）火炬设施的附属设备可靠近火炬布置。

（五）钢结构耐火保护

（1）下列承重钢结构,应采取耐火保护措施：

① 单个容积大于或等于 $5m^3$ 的甲、乙 A 类液体设备的承重钢构架、支架、裙座。

② 在爆炸危险区范围内,且毒性为极度和高度危害的物料设备的承重钢构架、支架、裙座。

③ 操作温度高于或等于自燃点的单个容积等于或大于 $5m^3$ 的乙 B、丙类液体设备承重钢构架、支架、裙座。

④ 加热炉炉底钢支架。

⑤ 在爆炸危险区范围内的主管廊的钢管架。

⑥ 在爆炸危险区范围内的高径比大于或等于 8,且总质量大于或等于 25t 的非可燃介质设备的承重钢构架、支架和裙座。

（2）承重钢结构的下列部位应覆盖耐火层,覆盖耐火层的钢构件,其耐火极限不应低于 1.5h：

① 支承设备钢构架：单层构架的梁、柱；多层构架的楼板为透空的钢格板时,地面以上 10m 范围的梁、柱；多层构架的楼板为封闭式楼板时,地面至该层楼板面及其以上 10m 范围的梁、柱。

② 支承设备钢支架。

③ 钢裙座外侧未保温部分及直径大于 1.2m 的裙座内侧。

④ 钢管架：底层支撑管道的梁、柱；地面以上 4.5m 内的支撑管道的梁、柱；上部设有空气冷却器的管架,其全部梁、柱及承重斜撑；下部设有液化烃或可燃液体泵的管架,地面以上 10m 范围的梁、柱。

⑤ 加热炉从钢柱柱脚板到炉底板下表面 50mm 范围内的主要支撑构件应覆盖耐火层,与炉底板连续接触的横梁不覆盖耐火层。

⑥ 液化烃球罐支腿从地面到支腿与球体交叉处以下 0.2m 的部位。

（六）厂内管线综合

（1）管道不应环绕工艺装置或罐组布置,并不妨碍消防车的通行。

（2）管道及其桁架跨越厂内铁路线的净空高度不应小于5.5m；跨越厂内道路的净空高度不应小于5m。在跨越铁路或道路的可燃气体、液化烃和可燃液体管道上不应设置阀门及易发生泄漏的管道附件。

（3）可燃气体、液化烃、可燃液体的管道横穿铁路线或道路时应敷设在管涵或套管内。

（4）永久性的地上、地下管道不得穿越或跨越与其无关的工艺装置、系统单元或储罐组；在跨越罐区泵房的可燃气体、液化烃和可燃液体的管道上不应设置阀门及易发生泄漏的管道附件。

（5）距散发比空气重的可燃气体设备30m以内的管沟应采取防止可燃气体窜入和积聚的措施。

（6）各种工艺管道及含可燃液体的污水管道不应沿道路敷设在路面下或路肩上下。

（七）工艺及公用物料管道

（1）可燃气体、液化烃和可燃液体的金属管道除必须采用法兰连接外，均应采用焊接连接。公称直径等于或小于25mm的可燃气体、液化烃和可燃液体的金属管道和阀门采用锥管螺纹连接时，除能产生缝隙腐蚀的介质管道外，应在螺纹处采用密封焊。

（2）可燃气体、液化烃和可燃液体的管道不得穿过与其无关的建筑物。

（3）可燃气体、液化烃和可燃液体的采样管道不应引入化验室。

（4）可燃气体、液化烃和可燃液体的管道应架空或沿地敷设。必须采用管沟敷设时，应采取防止可燃气体、液化烃和可燃液体在管沟内积聚的措施，并在进出装置及厂房处密封隔断；管沟内的污水应经水封井排入生产污水管道。

（5）工艺和公用工程管道共架多层敷设时宜将介质操作温度高于或等于250℃的管道布置在上层，液化烃及腐蚀性介质管道布置在下层；必须布置在下层的介质操作温度高于或等于250℃的管道可布置在外侧，但不应与液化烃管道相邻。

（6）氧气管道与可燃气体、液化烃和可燃液体的管道共架敷设时应布置在一侧，且平行布置时净距不应小于500mm，交叉布置时净距不应小于250mm。氧气管道与可燃气体、液化烃和可燃液体管道之间宜用公用工程管道隔开。

（7）公用工程管道与可燃气体、液化烃和可燃液体的管道或设备连接时应符合下列规定：

① 连续使用的公用工程管道上应设止回阀，并在其根部设切断阀。

② 在间歇使用的公用工程管道上应设止回阀和一道切断阀或设两道切断阀，并在两道切断阀间设检查阀。

③ 仅在设备停用时使用的公用工程管道应设盲板或断开。

（8）连续操作的可燃气体管道的低点应设两道排液阀，排出的液体应排放至密闭系统；仅在开（停）工时使用的排液阀，可设一道阀门并加丝堵、管帽、盲板或法兰盖。

（9）甲、乙A类设备和管道应有惰性气体置换设施。

（10）可燃气体压缩机的吸入管道应有防止产生负压的措施。

（11）离心式可燃气体压缩机和可燃液体泵应在其出口管道上安装止回阀。

（12）加热炉燃料气调节阀前的管道压力小于或等于0.4MPa（表），且无低压自动保护仪表时，应在每个燃料气调节阀与加热炉之间设置阻火器。

（13）加热炉燃料气管道上的分液罐的凝液不应敞开排放。

（14）当可燃液体容器内可能存在空气时，其入口管应从容器下部接入；若必须从上部接入，宜延伸至距容器底200mm处。

（15）液化烃设备抽出管道应在靠近设备根部设置切断阀。容积超过50m³的液化烃设备与其抽出泵的间距小于15m时，该切断阀应为带手动功能的遥控阀，遥控阀就地操作按钮距抽出泵的间距不应小于15m。

（16）进出装置的可燃气体、液化烃和可燃液体的管道，在装置的边界处应设隔断阀和8字盲板，在隔断阀处应设平台，长度大于或等于8m的平台应在两个方向设梯子。

### （八）含可燃液体的生产污水管道

（1）含可燃液体的污水及被严重污染的雨水应排入生产污水管道，但可燃气体的凝结液和下列水不得直接排入生产污水管道：

① 与排水点管道中的污水混合后，温度超过40℃的水。

② 混合时产生化学反应可能引起火灾或爆炸的污水。

（2）生产污水排放应采用暗管或覆土厚度不小于200mm的暗沟。设施内部若必须采用明沟排水时，应分段设置，每段长度不宜超过30m，相邻两段之间的距离不宜小于2m。

（3）生产污水管道的下列部位应设水封，水封高度不得小于250mm：

① 工艺装置内的塔、加热炉、泵、冷换设备等区围堰的排水出口。

② 工艺装置、罐组或其他设施及建筑物、构筑物、管沟等的排水出口。

③ 全厂性的支干管与干管交汇处的支干管上。

④ 全厂性的支干管、干管的管段长度超过300m时，应用水封井隔开。

（4）重力流循环回水管道在工艺装置总出口处应设水封。

（5）当建筑物用防火墙分隔成多个防火分区时，每个防火分区的生产污水管道应有独立的排出口并设水封。工艺装置内生产污水系统的隔油池应符合《石油化工企业设计防火规范》（GB 50160—2008）的规定。

（6）罐组内的生产污水管道应有独立的排出口，且应在防火堤外设置水封，并应在防火堤与水封之间的管道上设置易开关的隔断阀。

（7）甲、乙类工艺装置内生产污水管道的支干管、干管的最高处检查井宜设排气管。排气管的设置应符合下列规定：

① 管径不宜小于100mm。

② 排气管的出口应高出地面2.5m以上，并应高出距排气管3m范围内的操作平台、空气冷却器2.5m以上。

③ 距明火、散发火花地点15m半径范围内不应设排气管。

（8）甲、乙类工艺装置内，生产污水管道的下水井井盖与盖座接缝处应密封，且井盖不得有孔洞。

（9）接纳消防废水的排水系统应按最大消防水量校核排水系统能力，并应设有防止受污染的消防水排出厂外的措施。

## （九）其他要求

（1）甲、乙、丙类设备或有爆炸危险性粉尘、可燃纤维的封闭式厂房和控制室等其他建筑物的耐火等级、内部装修及空调系统等设计均应按《建筑设计防火规范》（GB 50016）、《建筑内部装修设计防火规范》（GB 50222）和《采暖通风与空气调节设计规范》（GB 50019）中的有关规定执行。

（2）散发爆炸危险性粉尘或可燃纤维的场所，其火灾危险性类别和爆炸危险区范围的划分应按《建筑设计防火规范》（GB 50016）和《爆炸和火灾危险环境电力装置设计规范》（GB 50058）的规定执行。

（3）散发爆炸危险性粉尘或可燃纤维的场所应采取防止粉尘、纤维扩散、飞扬和积聚的措施。

（4）散发比空气重的甲类气体、有爆炸危险性粉尘或可燃纤维的封闭厂房应采用不产生火花的地面。

（5）有可燃液体设备的多层建筑物或构筑物的楼板应采取防止可燃液体泄漏至下层的措施。

（6）生产或储存不稳定的烯烃、二烯烃等物质时应采取防止生成过氧化物、自聚物的措施。

（7）可燃气体压缩机、液化烃、可燃液体泵不得使用皮带传动；在爆炸危险区范围内的其他转动设备若必须使用皮带传动时，应采用防静电皮带。

（8）烧燃料气的加热炉应设长明灯，并宜设置火焰监测器。

（9）除加热炉以外的有隔热衬里设备，其外壁应涂刷超温显示剂或设置测温点。

（10）可燃气体的电除尘、电除雾等电滤器系统，应有防止产生负压和控制含氧量超过规定指标的设施。

（11）正压通风设施的取风口宜位于可燃气体、液化烃和甲B、乙A类设备的全年最小频率风向的下风侧，且取风口高度应高出地面9m以上或爆炸危险区1.5m以上，两者中取较大值。取风质量应按《采暖通风与空气调节设计规范》（GB 50019）中的有关规定执行。

## 四、储运设施的一般规定

### (一)通用规定

（1）可燃气体、助燃气体、液化烃和可燃液体的储罐基础、防火堤、隔堤及管架（墩）等，均应采用不燃烧材料。防火堤的耐火极限不得小于3h。

（2）液化烃、可燃液体储罐的保温层应采用不燃烧材料。当保冷层采用阻燃型泡沫塑料制品时，其氧指数不应小于30。

（3）桶装、瓶装甲类液体不应露天存放。

### (二)可燃液体的地上储罐

（1）储罐应采用钢罐。

（2）储存甲B、乙A类的液体应选用金属浮舱式的浮顶或内浮顶罐。对于有特殊要求的物料，可选用其他型式的储罐。

（3）储存沸点低于45℃的甲B类液体宜选用压力储罐或低压储罐。

（4）甲B类液体固定顶罐或低压储罐应采取减少日晒升温的措施。

（5）储罐应成组布置，并应符合下列规定：

① 在同一罐组内，宜布置火灾危险性类别相同或相近的储罐；当单罐容积小于或等于1000m³时，火灾危险性类别不同的储罐也可同组布置。

② 沸溢性液体的储罐不应与非沸溢性液体储罐同组布置。

③ 可燃液体的压力储罐可与液化烃的全压力储罐同组布置。

④ 可燃液体的低压储罐可与常压储罐同组布置。

（6）罐组的总容积应符合下列规定：

① 固定顶罐组的总容积不应大于120000m³。

② 浮顶、内浮顶罐组的总容积不应大于600000m³。

③ 固定顶罐和浮顶、内浮顶罐的混合罐组的总容积不应大于120000m³；其中浮顶、内浮顶罐的容积可折半计算。

（7）罐组内单罐容积大于或等于10000m³的储罐个数不应多于12个；单罐容积小于10000m³的储罐个数不应多于16个；但单罐容积均小于1000m³储罐及丙B类液体储罐的个数不受此限制。

（8）罐组内相邻可燃液体地上储罐的防火间距不应小于表4-9中的规定。

表4-9 罐组内相邻可燃液体地上储罐的防火间距

| 类别 | 储罐型式 | | | |
|---|---|---|---|---|
| | 固定顶罐 | | 浮顶、内浮顶罐 | 卧罐 |
| | ≤1000m³ | >1000m³ | | |
| 甲B、乙类 | 0.75$D$ | 0.6$D$ | 0.4$D$ | 0.8m |
| 丙A类 | 0.4$D$ | | | |
| 丙B类 | 2m | 5m | | |

注：① 表中$D$为相邻较大罐的直径，单罐容积大于1000m³的储罐取直径或高度的较大值。
② 储存不同类别液体的或不同型式的相邻储罐的防火间距应采用本表规定的较大值。
③ 现有浅盘式内浮顶罐的防火间距同固定顶罐。
④ 可燃液体的低压储罐，其防火间距按固定顶罐考虑。
⑤ 储存丙B类可燃液体的浮顶、内浮顶罐，其防火间距大于15m时，可取15m。

（9）罐组内的储罐不应超过两排；但单罐容积小于或等于1000m³的丙B类的储罐不应超过4排，其中润滑油罐的单罐容积和排数不限。

（10）两排立式储罐的间距应符合表4-9的规定，且不应小于5m；两排直径小于5m的立式储罐及卧式储罐的间距不应小于3m。

（11）罐组应设防火堤。

（12）防火堤及隔堤内的有效容积应符合下列规定：

① 防火堤内的有效容积不应小于罐组内1个最大储罐的容积，当浮顶、内浮顶罐组不能满足此要求时，应设置事故存液池储存剩余部分，但罐组防火堤内的有效容积不应小于罐组内一个最大储罐容积的一半。

② 隔堤内有效容积不应小于隔堤内一个最大储罐容积的10%。

（13）立式储罐至防火堤内堤脚线的距离不应小于罐壁高度的一半，卧式储罐至防火堤内堤脚线的距离不应小于3m。

（14）相邻罐组防火堤的外堤脚线之间应留有宽度不小于7m的消防空地。

（15）设有防火堤的罐组内应按下列要求设置隔堤：

① 单罐容积小于或等于5000m³时，隔堤所分隔的储罐容积之和不应大于20000m³。

② 单罐容积为5000~20000m³时，隔堤内的储罐不应超过四个。

③ 单罐容积为 20000~50000m³ 时，隔堤内的储罐不应超过两个。

④ 单罐容积大于 50000m³ 时，应每一个一隔。

⑤ 隔堤所分隔的沸溢性液体储罐不应超过两个。

（16）多品种的液体罐组内应按下列要求设置隔堤：

① 甲 B、乙 A 类液体与其他类可燃液体储罐之间。

② 水溶性可燃液体与非水溶性可燃液体储罐之间。

③ 相互接触能引起化学反应的可燃液体储罐之间。

④ 助燃剂、强氧化剂及具有腐蚀性液体储罐与可燃液体储罐之间。

（17）防火堤及隔堤应符合下列规定：

① 防火堤及隔堤应能承受所容纳液体的静压，且不应渗漏。

② 立式储罐防火堤的高度应为计算高度加 0.2m，但不应低于 1.0m（以堤内设计地坪标高为准），且不宜高于 2.2m（以堤外 3m 范围内设计地坪标高为准）；卧式储罐防火堤的高度不应低于 0.5m（以堤内设计地坪标高为准）。

③ 立式储罐组内隔堤的高度不应低于 0.5m；卧式储罐组内隔堤的高度不应低于 0.3m。

④ 管道穿堤处应采用不燃烧材料严密封闭。

⑤ 在防火堤内雨水沟穿堤处应采取防止可燃液体流出堤外的措施。

⑥ 在防火堤的不同方位上应设置人行台阶或坡道，同一方位上两个相邻的人行台阶或坡道之间距离不宜大于 60m；隔堤应设置人行台阶。

（18）事故存液池的设置应符合下列规定：

① 设有事故存液池的罐组应设导液管（沟），使溢漏液体能顺利地流出罐组并自流入存液池内。

② 事故存液池距防火堤的距离不应小于 7m。

③ 事故存液池和导液沟距明火地点不应小于 30m。

④ 事故存液池应有排水设施。

（19）甲 B、乙类液体的固定顶罐应设阻火器和呼吸阀；对于采用氮气或其他气体气封的甲 B、乙类液体的储罐还应设置事故泄压设备。

（20）常压固定顶罐顶板与包边角钢之间的连接应采用弱顶结构。

（21）储存温度高于 100℃ 的丙 B 类液体储罐应设专用扫线罐。

（22）设有蒸汽加热器的储罐应采取防止液体超温的措施。

（23）可燃液体的储罐宜设自动脱水器，并应设液位计和高液位报警器，必要时可设自动联锁切断进料设施。

（24）储罐的进料管应从罐体下部接入；若必须从上部接入，宜延伸至距罐底 200mm 处。

(25)储罐的进出口管道应采用柔性连接。

### (三)液化烃、可燃气体、助燃气体的地上储罐

(1)液化烃储罐、可燃气体储罐和助燃气体储罐应分别成组布置。

(2)液化烃储罐成组布置时应符合下列规定:

① 液化烃罐组内的储罐不应超过两排。

② 每组全压力式或半冷冻式储罐的个数不应多于 12 个。

③ 全冷冻式储罐的个数不宜多于两个。

④ 全冷冻式储罐应单独成组布置。

⑤ 储罐材质不能适应该罐组介质最低温度时不应布置在同一罐组内。

(3)液化石油气储罐组或储罐区的四周应设置高度不小于 1m 的不燃性实体防护墙。

(4)两排卧罐的间距不应小于 3m。

(5)防火堤及隔堤的设置应符合下列规定:

① 液化烃全压力式或半冷冻式储罐组宜设不高于 0.6m 的防火堤,防火堤内堤脚线距储罐不应小于 3m,堤内应采用现浇混凝土地面,并应坡向外侧,防火堤内的隔堤不宜高于 0.3m。

② 全压力式储罐组的总容积大于 8000m³ 时,罐组内应设隔堤,隔堤内各储罐容积之和不宜大于 8000m³。单罐容积等于或大于 5000m³ 时,应每一个一隔。

③ 全冷冻式储罐组的总容积不应大于 200000m³,单防罐应每一个一隔,隔堤应低于防火堤 0.2m。

④ 沸点低于 45℃的甲 B 类液体压力储罐组的总容积不宜大于 60000m³;隔堤内各储罐容积之和不宜大于 8000m³,单罐容积大于或等于 5000m³ 时应每一个一隔。

⑤ 沸点低于 45℃的甲 B 类液体的压力储罐,防火堤内有效容积不应小于一个最大储罐的容积。当其与液化烃压力储罐同组布置时,防火堤及隔堤的高度尚应满足液化烃压力储罐组的要求,且二者之间应设隔堤;当其独立成组时,防火堤距储罐不应小于 3m,防火堤及隔堤的高度设置应符合要求。

⑥ 全压力式、半冷冻式液氨储罐的防火堤和隔堤的设置同液化烃储罐的要求。

(6)液化烃全冷冻式单防罐罐组应设防火堤,并应符合下列规定:

① 防火堤内的有效容积不应小于一个最大储罐的容积。

② 单防罐至防火堤内顶角线的距离 $X$ 不应小于最高液位与防火堤堤顶的高度之差 $Y$ 加上液面上气相当量压头的和(图 4-7);当防火堤的高度大于或等于最高液位时,单防罐至防火堤内顶角线的距离不限。

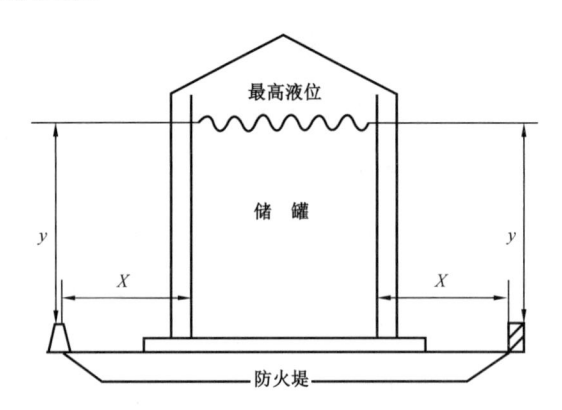

图 4-7　单防罐至防火堤内顶角线的距离

③应在防火堤的不同方位上应设置不少于两个人行台阶或梯子。

④防火堤及隔堤应为不燃烧实体防护结构,能承受所容纳液体的静压及温度变化的影响,且不渗漏。

（7）液化烃全冷冻式双防或全防罐罐组可不设防火堤。

（8）全冷冻式液氨储罐应设防火堤,堤内有效容积应不小于一个最大储罐容积的 60%。

（9）液化烃、液氨等储罐的储存系数不应大于 0.9。

（10）液氨的储罐,应设液位计、压力表和安全阀;低温液氨储罐上应设温度指示仪。

（11）液化烃的储罐应设液位计、温度计、压力表、安全阀及高液位报警和高液位自动联锁切断进料措施。对于全冷冻式液化烃储罐还应设真空泄放设施和高、低温度检测,并应与自动控制系统相连。

（12）气柜应设上、下限位报警装置,并宜设进出管道自动联锁切断装置。

（13）液化烃储罐的安全阀出口管应接至火炬系统。确有困难时,可就地放空,但其排气管口应高出 8m 范围内储罐罐顶平台 3m 以上。

（14）全压力式液化烃储罐宜采用有防冻措施的二次脱水系统,储罐根部宜设紧急切断阀。

（15）液化石油气蒸发器的气相部分应设压力表和安全阀。

（16）液化烃储罐开口接管的阀门及管件的管道等级不应低于 2.0MPa,其垫片应采用缠绕式垫片。阀门压盖的密封填料应采用难燃烧材料。全压力式储罐应采取防止液化烃泄漏的注水措施。

（17）全冷冻卧式液化烃储罐不应多层布置。

（四）可燃液体、液化烃的装卸设施

（1）可燃液体的铁路装卸设施应符合下列规定:

①装卸栈台两端和沿栈台每隔 60m 左右应设梯子。

② 甲 B、乙、丙 A 类的液体严禁采用沟槽卸车系统。

③ 顶部敞口装车的甲 B、乙、丙 A 类的液体应采用液下装车鹤管。

④ 在距装车栈台边缘 10m 以外的可燃液体（润滑油除外）输入管道上应设便于操作的紧急切断阀。

⑤ 丙 B 类液体装卸栈台宜单独设置。

⑥ 零位罐至罐车装卸线不应小于 6m。

⑦ 甲 B、乙 A 类液体装卸鹤管与集中布置的泵的距离不应小于 8m。

⑧ 同一铁路装卸线一侧两个装卸栈台相邻鹤位之间的距离不应小于 24m。

（2）可燃液体的汽车装卸站应符合下列规定：

① 装卸站的进、出口宜分开设置；当进口、出口合用时，站内应设回车场。

② 装卸车场应采用现浇混凝土地面。

③ 装卸车鹤位与缓冲罐之间的距离不应小于 5m，高架罐之间的距离不应小于 0.6m。

④ 甲 B、乙 A 类液体装卸车鹤位与集中布置的泵的距离不应小于 8m。

⑤ 站内无缓冲罐时，在距装卸车鹤位 10m 以外的装卸管道上应设便于操作的紧急切断阀。

⑥ 甲 B、乙、丙 A 类液体的装卸车应采用液下装卸车鹤管。

⑦ 甲 B、乙、丙 A 类液体与其他类液体的两个装卸车栈台相邻鹤位之间的距离不应小于 8m。

⑧ 装卸车鹤位之间的距离不应小于 4m；双侧装卸车栈台相邻鹤位之间或同一鹤位相邻鹤管之间的距离应满足鹤管正常操作和检修的要求。

（3）液化烃铁路和汽车的装卸设施应符合下列规定：

① 液化烃严禁就地排放。

② 低温液化烃装卸鹤位应单独设置。

③ 铁路装卸栈台宜单独设置，当不同时作业时，可与可燃液体铁路装卸共台设置。

④ 同一铁路装卸线一侧的两个装卸栈台相邻鹤位之间的距离不应小于 24m。

⑤ 铁路装卸栈台两端和沿栈台每隔 60m 左右应设梯子。

⑥ 汽车装卸车鹤位之间的距离不应小于 4m；双侧装卸车栈台相邻鹤位之间或同一鹤位相邻鹤管之间的距离应满足鹤管正常操作和检修的要求，液化烃汽车装卸栈台与可燃液体汽车装卸栈台相邻鹤位之间的距离不应小于 8m。

⑦ 在距装卸车鹤位 10m 以外的装卸管道上应设便于操作的紧急切断阀。

⑧ 汽车装卸车场应采用现浇混凝土地面。

⑨ 装卸车鹤位与集中布置的泵的距离不应小于 10 m。

（4）可燃液体码头、液化烃码头应符合下列规定：

① 除船舶在码头泊位内外档停靠外，码头相邻泊位的船舶间的防火间距不应小于相关标准的规定。

② 液化烃泊位宜单独设置，当不同时作业时，可与其他可燃液体共用一个泊位。

③ 可燃液体和液化烃的码头与其他码头或建筑物、构筑物的安全距离应按有关规定执行。

④ 在距泊位 20m 以外或岸边处的装卸船管道上应设便于操作的紧急切断阀。

⑤ 液化烃的装卸应采用装卸臂或金属软管，并应采取安全放空措施。

## （五）灌装站

（1）液化石油气的灌装站应符合下列规定：

① 液化石油气的灌瓶间和储瓶库宜为敞开式或半敞开式建筑物，半敞开式建筑物下部应采取防止油气积聚的措施。

② 液化石油气的残液应密闭回收，严禁就地排放。

③ 灌装站应设不燃烧材料隔离墙。如采用实体围墙，其下部应设通风口。

④ 灌瓶间和储瓶库的室内应采用不发生火花的地面，室内地面应高于室外地坪，其高差不应小于 0.6m。

⑤ 液化石油气缓冲罐与灌瓶间的距离不应小于 10m。

⑥ 灌装站内应设有宽度不小于 4m 的环形消防车道，车道内缘转弯半径不宜小于 6m。

（2）氢气灌瓶间的顶部应采取通风措施。

（3）液氨和液氯等的灌装间宜为敞开式建筑物。

（4）实瓶（桶）库与灌装间可设在同一建筑物内，但宜用实体墙隔开，并各设出口、入口。

（5）液化石油气、液氨或液氯等的实瓶（桶）不应露天堆放。

## （六）厂内仓库

（1）石油化工企业应设置独立的化学品和危险品库区。甲、乙、丙类物品仓库，并应符合下列规定：

① 甲类物品仓库宜单独设置；当其储量小于 5t 时，可与乙、丙类物品仓库共用一栋建筑物，但应设独立的防火分区。

② 乙、丙类产品的储量宜按装置 2～15d 的产量计算确定。

③ 化学品应按其化学物理特性分类储存，当物料性质不允许同库储存时，应用实体墙隔开，并各设出口、入口。

④ 仓库应通风良好。

⑤ 对于可能产生爆炸性混合气体或在空气中能形成粉尘、纤维等爆炸性混合物的仓库内应采用不产生火花的地面,需要时应设防水层。

⑥ 同一座仓库或仓库的任一防火分区内储存不同火灾危险性物品时,仓库或防火分区的火灾危险性应按火灾危险性最大的物品确定。

⑦ 办公室、休息室等严禁设置在甲、乙类仓库内,也不应贴邻。

(2) 单层仓库跨度不应大于150m。每座合成纤维、合成橡胶、合成树脂及塑料单层仓库的占地面积不应大于24000$m^2$,每个防火分区的建筑面积不应大于6000$m^2$;当企业设有消防站和专职消防队,且仓库设有工业电视监视系统时,每座合成树脂及塑料单层仓库的占地面积可扩大至48000$m^2$。

(3) 合成纤维、合成树脂及塑料等产品的高架仓库应符合下列规定:

① 仓库的耐火等级不应低于二级;

② 货架应采用不燃烧材料。

(4) 占地面积大于1000$m^2$的丙类仓库应设置排烟设施,占地面积大于6000$m^2$的丙类仓库宜采用自然排烟,排烟口净面积宜为仓库建筑面积的5%。

(5) 袋装硝酸铵仓库的耐火等级不应低于二级。仓库内严禁存放其他物品。

(6) 盛装甲、乙类液体的容器存放在室外时应设防晒降温设施。

## 五、电气设施防火防爆的一般规定

### (一) 一般要求

(1) 当仅采用电源作为消防水泵房设备动力源时,应满足《供配电系统设计规范》(GB 50052)所规定的一级负荷供电要求。

(2) 消防水泵房及其配电室应设消防应急照明,照明可采用蓄电池作备用电源,其连续供电时间不应少于30min。

(3) 重要消防低压用电设备的供电应在最末一级配电装置或配电箱处实现自动切换。其配电线路宜采用耐火电缆。

(4) 装置内的电缆沟应有防止可燃气体积聚或含有可燃液体的污水进入沟内的措施。电缆沟通入变配电所、控制室的墙洞处,应填实并密封。

(5) 距散发比空气重的可燃气体设备30m以内的电缆沟、电缆隧道应采取防止可燃气体窜入和积聚的措施。

(6) 在可能散发比空气重的甲类气体装置内的电缆应采用阻燃型材料,并宜架空敷设。

（7）可燃材料仓库内宜使用低温照明灯具，并应对灯具的发热部件采取隔热等防火措施，不应使用卤钨灯等高温照明灯具。配电箱及开关应设置在仓库外。

（8）粉尘环境中安装的插座开口的一面应朝下，且与垂直面的角度不应大于60°。

## （二）防雷

（1）工艺装置内建筑物、构筑物的防雷分类及防雷措施应按《建筑物防雷设计规范》（GB 50057）的有关规定执行。

（2）工艺装置内露天布置的塔、容器等，当顶板厚度大于或等于4mm时，可不设避雷针、线保护，但必须设防雷接地。

（3）可燃气体、液化烃、可燃液体的钢罐必须设防雷接地，并应符合下列规定：

① 甲B、乙类可燃液体地上固定顶罐，当顶板厚度小于4mm时，应装设避雷针、线，其保护范围应包括整个储罐。

② 丙类液体储罐可不设避雷针、线，但应设防感应雷接地。

③ 浮顶罐及内浮顶罐可不设避雷针、线，但应将浮顶与罐体用两根截面不小于25mm$^2$的软铜线做电气连接。

④ 压力储罐不设避雷针、线，但应做接地。

（4）可燃液体储罐的温度、液位等测量装置应采用铠装电缆或钢管配线，电缆外皮或配线钢管与罐体应做电气连接。

（5）防雷接地装置的电阻要求应按《石油库设计规范》（GB 50074）、《建筑物防雷设计规范》（GB 50057）的有关规定执行。

## （三）静电接地

（1）对爆炸、火灾危险场所内可能产生静电危险的设备和管道，均应采取静电接地措施。

（2）在聚烯烃树脂处理系统、输送系统和料仓区应设置静电接地系统，不得出现不接地的孤立导体。

（3）可燃气体、液化烃、可燃液体、可燃固体的管道在下列部位应设静电接地设施：

① 进出装置或设施处。

② 爆炸危险场所的边界。

③ 管道泵及泵入口永久过滤器、缓冲器等。

（4）可燃液体、液化烃的装卸栈台和码头的管道、设备、建筑物、构筑物的金属构件和铁路钢轨等（用作阴极保护者除外），均应做电气连接并接地。

（5）汽车罐车、铁路罐车和装卸栈台应设静电专用接地线。

（6）每组专设的静电接地体的接地电阻值宜小于100Ω。

（7）除第一类防雷系统的独立避雷针装置的接地体外，其他用途的接地体均可用作静电接地。

（8）其他静电接地的设计，本规范中未作规定者，应符合现行的有关标准、规范的规定。

## 六、动火作业的防火防爆要求

### （一）基本要求

（1）动火作业实行作业许可，除在规定的场所外，在任何时间、地点进行动火作业，应办理动火作业许可证。

（2）动火作业前，应辨识危害因素，进行风险评估，采取安全措施，必要时编制安全工作方案。

（3）凡是没有办理动火作业许可证，没有落实安全措施或安全工作方案，未设现场动火监护人及安全工作方案有变动且未经批准的，禁止动火。

（4）在带有可燃、有毒介质的容器、设备和管线上不允许动火。确属生产需要应动火时，应制订可靠的安全工作方案及应急预案后方可动火。

### （二）动火作业前准备

（1）动火施工区域应设置警戒，严禁与动火作业无关人员或车辆进入动火区域，必要时动火现场应配备消防车及医疗救护设备和器材。

（2）与动火点相连的管线应进行可靠的隔离、封堵或拆除处理。动火前应首先切断物料来源并加盲板或断开，经彻底吹扫、清洗、置换后，打开人孔，通风换气。

（3）与动火点直接相连的阀门应上锁挂牌；动火作业区域内的设备、设施须由生产单位人员操作。

（4）储存氧气的容器、管道、设备应与动火点隔绝，动火前置换，保证系统氧含量不大于23.5%。

（5）距离动火点30m内不准有液态烃或低闪点油品泄露；半径15m内不准有其他可燃物泄露和暴露；距动火点15m内所有的漏斗、排水口、各类井口、排气管、管道、地沟等应封严盖实。

（6）动火前气体检测时间距动火时间不应超过30min。安全措施或安全工作方案中应规定动火过程中的气体检测时间和频次。

（7）动火作业前，应对作业区域或动火点可燃气体浓度进行检测，使用便携式可燃气体报警仪或其他类似手段进行分析时，被测的可燃气体或可燃液体蒸汽浓度应小于其与空气混合爆炸下限的10%（LEL）。使用色谱分析等分析手段时，被测的可燃气体或可燃液体蒸汽的爆炸下限大于或等于4%时，其被测浓度应小于0.5%（体积分数）；当被测的可燃气体或可燃液体蒸汽的爆炸下限小于4%时，其被测浓度应小于0.2%（体积分数）。

（8）需要动火的反应器、塔、罐、容器、槽车、釜等设备和管线经清洗、置换和通风后，应检测可燃气体，有毒、有害气体，氧气的浓度，达到许可作业浓度才能进行动火作业。

### （三）实施动火作业

（1）动火作业人员在动火点的上风作业，应位于避开油气流可能喷射和封堵物射出的方位。特殊情况，应采取围隔作业并控制火花飞溅。

（2）用气焊动火作业时，氧气瓶与乙炔气瓶的间隔不小于5m，且乙炔气瓶严禁卧放，两者与动火作业地点的距离不得小于10m，并不准在烈日下暴晒。

（3）高处动火应采取防止火花溅落措施，并应在火花可能溅落到的部位安排监护人。

（4）遇有五级以上（含五级）风不应进行室外高处动火作业，遇有六级以上（含六级）风应停止室外一切动火作业。

（5）进入受限空间的动火作业，应在受限空间内部物料除净后，采取蒸汽吹扫（或蒸煮）、氮气置换或用水冲洗等措施，并打开上、中、下部的人孔，形成空气对流或采用机械强制通风换气。

（6）受限空间的气体检测应包括可燃气体浓度，有毒、有害气体浓度，氧气浓度等，其可燃介质（包括爆炸性粉尘）含量应满足要求，氧含量19.5%～23.5%，有毒有害气体含量应符合国家相关标准的规定。

（7）在埋地管线操作坑内进行动火作业的人员应系阻燃或不燃材料制成的安全绳。

（8）带压不置换动火作业是特殊危险动火作业，应严格控制。严禁在生产不稳定及设备、管道等腐蚀情况下进行带压不置换动火；严禁在含硫原料气管道等可能存在中毒危险环境下进行带压不置换动火。确需动火时，应采取可靠的安全措施、制度及应急预案。

（9）带压不置换动火作业中，由管道内泄露出得到可燃气体遇明火后形成的火焰，如无特殊危险，不宜将其扑灭。

## 第四节　防雷防静电

### 一、防雷防静电

当两种物体相互摩擦时，一种物体中的电子因受原子核的束缚力较弱，"跑"到另一个物体上去,使得到电子的物体由于其中的负电荷多于正电荷,因而显出带负电;失去电子的物体由于其中的正电荷多于负电荷,因而显出带正电,这就是摩擦起电现象(如玻璃棒与绸子摩擦,玻璃棒带正电)由此物体所带的电称为"静电",当其积聚到一定程度时就会发生火花放电现象。这种现象与生活生产密切相连,往往会带来一些不便或危害。静电危害中最严重的静电放电会引起可燃物的起火和爆炸。而雷电具有电流极大、电压极高、冲击性极强等特点,有多方面的破坏作用,且破坏力很大。就其破坏因素来看,雷电具有电性质、热性质和机械性质三方面的破坏作用。可见,雷电和静电对石油化工企业来说都存在着一定的威胁,只有做好防范措施才可能将其带来的风险消除。

## 二、防直击雷

（1）工艺装置内露天布置的塔、容器等,当罐壁厚度大于或等于4mm时,可不设避雷针,但必须设防雷接地。

（2）可燃气(液)体的钢罐,必须有环型防雷接地,并应符合下列规定:

① 避雷针(线)的保护范围,应包括整个储罐。

② 装有阻火器的甲B、乙类可燃液体的固定顶钢罐,当罐壁厚度大于或等于4mm时,可不设避雷针(线)。

③ 丙类液体储罐可不设避雷针(线),但必须设防雷接地。

④ 浮顶金属罐可不装设防直击雷装置,但必须有两根截面积为25mm$^2$的软铜绞线将浮顶与罐体做电气连接,连接点不少于两处。

⑤ 压力储罐可不设避雷针(线),但必须设防雷接地。

（3）金属油罐应设闭合环形接地,接地点应不少于两处,且应沿罐周围均匀布置,沿罐壁周长间距应不大于30m,接地体距罐壁的距离应大于3m。

（4）储罐防雷防接地引下线上应设有断接卡,断接卡应采用具有良好电气连接的防锈材料。暴露在明处,宜竖直安装在距地面高度0.3~0.8m处。断接卡与上下两端采用搭接焊连接,连接处不应有夹渣、气孔、咬边及未焊透现象,搭接长度不低于扁钢宽度的两倍。

（5）采用2个M12的不锈钢螺栓加放松垫片连接并固定断接卡与引下线,确保连接可靠。

## 三、防静电

（1）金属罐、设备、管道应有防静电接地。

（2）可燃气（液）体、可燃固体的管道在下列部位，应有防静电接地：

① 进出装置或设施处。

② 爆炸危险场所的边界。

③ 管道泵及其过滤器、缓冲器等。

（3）可燃气（液）体管道的法兰盘、阀门的连接处，应有金属跨接线。当法兰盘用5根以上螺栓连接时，法兰盘可不用金属线跨接，但必须构成电气通路。

（4）装卸场地应有防静电接地。

（5）在储罐盘梯进口处，应设置本安型人体静电消除设施，浮顶上取样口的两侧1.5m之外应各设一组本安型人体静电消除设施，取样绳索、检尺等工具应与接地设施等电位连接。

## 四、防雷电感应

（1）可燃液体储罐的温度、液位等测量装置的信号线，应用铠装电缆或钢管屏蔽，电缆外皮和钢管应与罐体连接。

（2）电力和通信线路应用铠装电缆或钢管屏蔽埋地，电缆外皮和钢管应接地，宜安装电涌保护器。

（3）接地装置。

① 水平接地体埋设深度不小于0.7m，人行通道附近不小于1.0m，垂直接地体长度为1.5~2.5m，间距为5.0m。当垂直接地体敷设有困难时，可设多根环形水平接地体并互相连通。人工接地体应使用热镀锌钢材。

② 静电接地干线应使用热镀锌钢材，圆钢$\phi \geqslant 10$mm，扁钢$\geqslant -40 \times 4$mm；静电接地支线应使用热镀锌钢材，圆钢$\phi \geqslant 6$mm，扁钢$\geqslant 12 \times 4$mm（表4-10）。

表4-10 接地体材料规格

| 材料规格 | | | |
| --- | --- | --- | --- |
| 圆钢，mm | 扁钢，mm | 角钢，mm | 钢管，mm |
| $\phi \geqslant 10$ | $\geqslant -40 \times 4$ | $\geqslant \angle 40 \times 40 \times 4$ | $\phi \geqslant 50$，壁厚$\geqslant 3.5$ |

## 五、接地电阻的检测

防雷、防静电的电阻的检测应每年检查一次，并应满足下述规定：

（1）防雷接地电阻小于或等于10Ω，防静电接地电阻小于或等于100Ω。

（2）除第一类防雷装置独立避雷针为单独地与其他接地装置的距离不小于3m外，防雷接地、电气设备接地、防静电接地、防感应雷接地宜共用同一接地装置。

# 第五节　常用工具方法

## 一、工作前安全分析

工作前安全分析(简称 JSA )是指事先或定期对某项工作任务进行危害识别、风险评价,并根据评价结果制订和实施相应的控制措施,达到最大限度消除或控制风险的方法。工作前安全分析应用于:新的作业、非常规性(临时)的作业、承包商作业、改变现有的作业、评估现有的作业等作业活动。

工作前安全分析过程本身也是一个培训过程。对于需要办理作业许可证的作业活动,在作业前应获得相应的作业许可。

### (一)工作任务初步审查

(1)现场作业人员均可提出需要进行工作前安全分析的工作任务。工作前安全分析管理流程如图 4-8 所示。

(2)基层单位负责人对工作任务进行初步审查,确定工作任务内容,判断是否需要做工作前安全分析,制订工作前安全分析计划。

(3)若初步审查判断出的工作任务风险无法接受,则应停止该工作任务,或者重新设定工作任务内容。一般情况下,新工作任务(包括以前没做过工作前安全分析的工作任务)在开始前均应进行工作前安全分析,如果该工作任务是低风险活动,并由可胜任的人员完成,可不做工作前安全分析,但应对工作环境进行分析。

(4)以前做过分析或已有操作规程的工作任务可以不再进行工作前安全分析,但应审查以前工作前安全分析或操作规程是否有效,如果存在疑问,应重新进行工作前安全分析。

(5)紧急状态下的工作任务,如抢修、抢险等,执行应急预案。

### (二)工作前安全分析步骤

(1)基层单位负责人指定工作前安全分析小组组长,组长选择熟悉工作前安全分析方法的管理、技术、安全、操作人员组成小组。小组成员应了解工作任务及所在区域环境、设备和相关的操作规程。

(2)工作前安全分析小组审查工作计划安排,分解工作任务,搜集相关信息,实地考察工作现场,核查以下内容:

① 以前此项工作任务中出现的健康、安全、环境问题和事故。

② 工作中是否使用新设备。

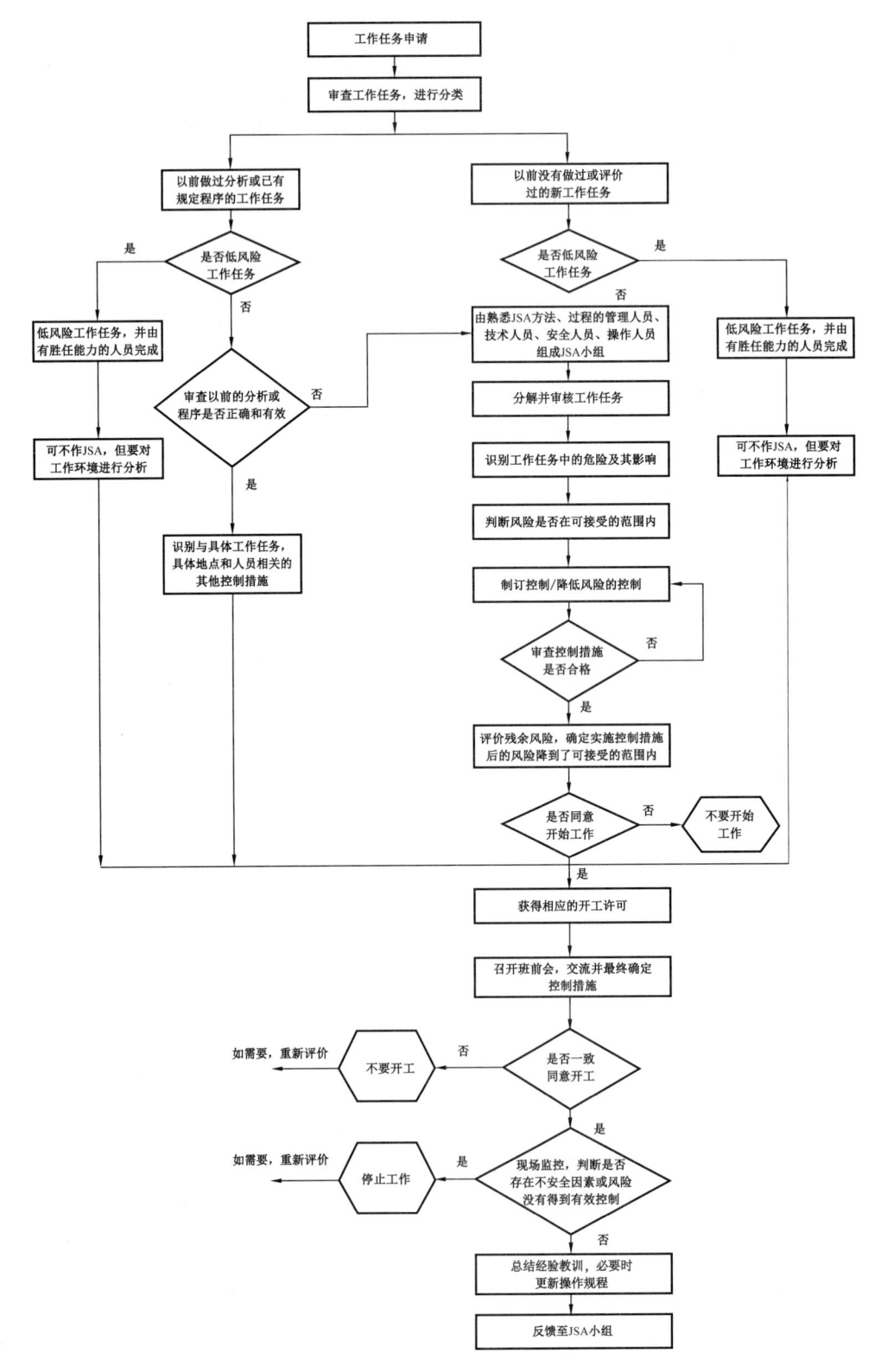

图 4-8 工作前安全分析管理流程图

③工作环境、空间、照明、通风、出口和入口等。

④工作任务的关键环节。

⑤作业人员是否有足够的知识和技能。

⑥是否需要作业许可及作业许可的类型。

⑦是否有严重影响本工作安全的交叉作业。

⑧其他。

（3）工作前安全分析小组识别该工作任务关键环节的危害因素，并填写工作前安全分析表。识别危害因素时应充分考虑人员、设备、材料、环境、方法五个方面和正常、异常、紧急三种状态。

（4）对存在潜在危害的关键活动或重要步骤进行风险评价。根据判别标准确定初始风险等级和风险是否可接受。

（5）工作前安全分析小组应针对识别出的每个风险制订控制措施，将风险降低到可接受范围。在选择风险控制措施时，应考虑控制措施的优先顺序。

（6）制订出所有风险的控制措施后，还应确定以下问题：

①是否全面、有效地制订了所有的控制措施。

②对实施该项工作的人员还需要提出什么要求。

③风险是否能得到有效控制。

（7）在控制措施实施后，如果每个风险在可接受范围之内，并得到工作前安全分析小组成员的一致同意，方可进行作业前准备。

（三）风险沟通

作业前应召开班前会，进行有效的沟通，确保：

（1）让参与此项工作的每个人理解完成该工作任务所涉及的活动细节及相应的风险、控制措施和每个人的职责。

（2）参与此项工作的人员应进一步识别可能遗漏的危害因素。

（3）如果作业人员意见不一致，异议解决、达成一致后，方可作业。

（4）如果在实际工作中条件或者人员发生变化，或原先假设的条件不成立，则应对作业风险进行重新分析。

（四）现场监控

在实际工作中应严格落实控制措施，根据作业许可的要求，指派相应的负责人监视整个工作过程，特别要注意工作人员的变化和工作场所出现的新情况及未识别出的危害因素。任何人都有权利和责任停止他们认为不安全的或者风险未得到有效控制的工作。

## （五）总结与反馈

作业任务完成后,作业人员应进行总结,若发现工作前安全分析过程中的缺陷和不足,及时向工作前安全分析小组反馈。如果作业过程中出现新的隐患或发生未遂事件和事故,小组应审查工作前安全分析,重新进行工作前安全分析。根据作业过程中发生的各种情况,工作前安全分析小组提出完善该作业程序的建议。

## 二、目视化

### （一）安全目视化的意义

《中国石油天然气集团公司安全目视化管理规范》（安全〔2009〕552号）：

第三条 安全目视化管理是指通过安全色、标签、标牌等方式,明确人员的资质和身份、工器具和设备设施的使用状态,以及生产作业区域的危险状态的一种现场安全管理方法。目的是提示危险和方便现场管理。

### （二）安全目视化的要求

《中国石油天然气集团公司安全目视化管理规范》（安全〔2009〕552号）：

第六条 各种安全色、标签、标牌的使用应符合国家和行业有关规定和标准的要求。

第七条 安全色、标签、标牌的使用应考虑夜间环境,以满足需要。

第八条 用于喷涂、粘贴于设备设施上的安全色、标签、标牌等不能含有氯化物等腐蚀性物质。

第九条 安全色、标签、标牌等应定期检查,以保持整洁、清晰、完整,如有变色、褪色、脱落、残缺等情况时,须及时重涂或更换。

### （三）安全目视化具体工作

安全目视化的四个方面：
（1）人员目视化管理。

《中国石油天然气集团公司安全目视化管理规范》（安全〔2009〕552号）：

第十条 企业内部员工进入生产作业场所,应按照有关规定统一着装。外来人员（承包商员工,参观、检查、学习等人员）进入生产作业场所,着装应符合生产作业场所的安全要求,并与内部员工有所区别。

第十一条  所有进入钻井、井下作业、炼化生产区域、油气集输站(场)、油气储存库区、油气净化厂等易燃易爆、有毒有害生产作业区域的人员,应佩戴入厂(场)证件。

第十二条  内部员工和外来人员的入厂(场)证件式样应不同,区别明显,易于辨别。

第十三条  特种作业人员应具有相应的特种作业资质,并经所在单位岗位安全培训合格,佩戴特种作业资格合格目视标签。标签应简单、醒目,不影响正常作业。

（2）工器具目视化管理。

《中国石油天然气集团公司安全目视化管理规范》(安全〔2009〕552号):

第十四条  压缩气瓶的外表面涂色以及有关警示标签应符合国家或行业有关标准的要求。同时,企业还应用标牌标明气瓶的状态(满瓶、空瓶、故障或使用中)。

第十五条  施工单位在安装、使用和拆除脚手架的作业过程中,应使用标牌标明脚手架是否处于完好可用、限制使用或禁用状态,限制使用时应注明限制使用条件。

第十六条  除压缩气瓶、脚手架以外的工器具,使用单位应定期检查,确认其完好,并在其明显位置粘贴检查合格的标签。检查不合格、超期未检及未贴标签的工器具不得使用。

第十七条  所有工器具,包括本规范定义之外的其他工器具,都应做到定置定位。

（3）设备设施目视化管理。

《中国石油天然气集团公司安全目视化管理规范》(安全〔2009〕552号):

第十八条  应在设备设施的明显部位标注名称及编号,对误操作可能造成严重危害的设备设施,应在旁边设置安全操作注意事项标牌。

第十九条  管线、阀门的着色应严格执行国家或行业的有关标准。同时,还应在工艺管线上标明介质名称和流向,在控制阀门上可悬挂含有工位号(编号)等基本信息的标签。

第二十条  应在仪表控制及指示装置上标注控制按钮、开关、显示仪的名称。厂房或控制室内用于照明、通风、报警等的电气按钮、开关都应标注控制对象。

第二十一条  对遥控和远程仪表控制系统,应在现场指示仪表上标识出实际参数控制范围,粘贴校验合格标签。远程仪表在现场应有显示工位号(编号)等基本信息的标签。

第二十二条  盛装危险化学品的器具应分类摆放,并设置标牌,标牌内容应参照危险化学品技术说明书确定,包括化学品名称、主要危害及安全注意事项等基本信息。

（4）生产作业区域目视化管理。

> 《中国石油天然气集团公司安全目视化管理规范》（安全〔2009〕552号）：
>
> 第二十三条 企业应使用红、黄指示线划分固定生产作业区域的不同危险状况。红色指示线警示有危险，未经许可禁止进入；黄色指示线提示有危险，进入时注意。
>
> 第二十四条 应按国家和行业标准的有关要求，对生产作业区域内的消防通道、逃生通道、紧急集合点设置明确的指示标识。
>
> 第二十五条 应根据施工作业现场的危险状况进行安全隔离。隔离分为警告性隔离、保护性隔离。
>
> （一）警告性隔离适用于临时性施工、维修区域、安全隐患区域（如临时物品存放区域等）以及其他禁止人员随意进入的区域。实施警告性隔离时，应采用专用隔离带标识出隔离区域。未经许可不得入内。
>
> （二）保护性隔离适用于容易造成人员坠落、有毒有害物质喷溅、路面施工以及其他防止人员随意进入的区域。实施保护性隔离时，应采用围栏、盖板等隔离措施且有醒目的标识。
>
> 第二十六条 专用隔离带和围栏应在夜间容易识别。隔离区域应尽量减少对外界的影响，对于有喷溅、喷洒的区域，应有足够的隔离空间。所有隔离设施应在危险消除后及时拆除。
>
> 第二十七条 生产作业现场长期使用的机具、车辆（包括厂内机动车、特种车辆）、消防器材、逃生和急救设施等，应根据需要放置在指定的位置，并做出标识（可在周围画线或以文字标识），标识应与其对应的物件相符，并易于辨别。

## 三、上锁挂牌

依据《能量隔离管理规定（试行）》（油炼化〔2011〕11号2018版）。

（一）名词解释

1. 能量

可能造成人员伤害或财产损失的工艺物料或设备所含有的能量。本规定中的能量主要指电能，机械能（移动设备、转动设备），热能（机械或设备、化学反应），势能（压力、弹簧力、重力），化学能（毒性、腐蚀性、可燃性），辐射能等。

2. 隔离

将阀件、电气开关、蓄能配件等设定在合适的位置或借助特定的设施使设备不能运转或能量不能释放。

3. 安全锁

用来锁住能量隔离设施的安全器具。按使用功能分为两类：

（1）个人锁：只供个人专用的安全锁。

（2）集体锁：现场共用的安全锁，并包含有锁箱。集体锁为同花锁，是一把钥匙可以开多把锁的组锁。

4. 锁具

保证能够上锁的辅助设施。如锁扣、阀门锁套、链条等。

5. "危险！禁止操作"标签

标明何人、何时上锁及理由并置于安全锁或隔离点上的标签。

6. 测试

验证系统或设备隔离的有效性。

（二）上锁挂牌管理

（1）安全锁必须和"危险！禁止操作"标签同时使用，电气作业同时执行国家相关电力作业规程。当隔离点不具备上锁条件时，经作业人和属地单位相关负责人同意并在标签上签字，可以只挂标签不上锁。在开始作业前，属地单位与作业单位人员都有责任确认隔离已到位并执行上锁、挂标签。

（2）企业相关职能部门为基层单位提供安全锁、锁具及"危险！禁止操作"标签，并进行管理。

（3）交叉作业涉及同一隔离点时，每项作业都要对此隔离点上锁、挂标签。

（4）清洗滤网作业时不上锁，执行工艺单项操作卡。

（5）1MPa 以下的伴热整改、消漏作业项目不上锁，执行相应检维修作业规程。

（6）装置大检修期间，对系统整体隔离、置换后，局部作业可不用上锁，可执行相应 HSE 作业计划书或检维修作业规程。

（三）安全锁、锁具及标签的管理

（1）个人锁和钥匙使用时归个人保管并标明使用人姓名或编号，个人锁不得相互借用。

（2）在跨班作业时，应做好个人锁的交接。

（3）防爆区域使用的安全锁应符合防爆要求。

（4）集体锁应集中保管，存放于便于取用的场所。

（5）锁具的选择除应适应上锁要求外，还应满足作业现场安全要求。

（6）"危险！禁止操作"标签除了用于能量隔离点外，不得用于任何其他目的。

（7）"危险！禁止操作"标签应填写清楚上锁理由、人员及时间并挂在隔离点或安全锁上。

（8）属地单位发现"危险！禁止操作"标签信息不清晰时，应及时更换和重新填写信息。

（9）"危险！禁止操作"标签不得涂改或重复使用。

### （四）备用钥匙的管理

（1）由锁具所属负责人或指定专人保管。

（2）备用钥匙只能在非正常解锁时使用。

（3）严禁私自配制备用钥匙。

### （五）上锁挂牌的步骤

#### 1. 上锁挂牌

根据能量隔离清单，对已完成隔离的隔离点选择合适的锁具，填写"危险！禁止操作"标签，对所有隔离点上锁、挂标签。上锁分以下两种方式：

（1）单个隔离点的上锁。属地单位监护人和作业单位每个作业人员用个人锁锁住隔离点。

（2）多个隔离点的上锁按下列顺序实施：

① 用集体锁将所有隔离点上锁、挂标签。涉及电气隔离时，属地单位应向电气人员提供所需数量的同组集体锁，由电气专业人员实施上锁、挂标签。

② 将集体锁的钥匙放入锁箱，钥匙号码应与现场安全锁对应。

③ 属地单位监护人和作业单位的每个作业人员用个人锁锁住锁箱。

④ 作业单位现场负责人应确保每个作业人员要在集体锁箱上上锁。

⑤ 属地单位批准人必须亲自到现场检查确认上锁点，才可签发相关作业许可证。

#### 2. 隔离确认

上锁、挂标签后属地单位与作业单位应共同确认能量已隔离或去除。当有一方对上锁、隔离的充分性及完整性有任何疑虑时，均可要求对所有的隔离再做一次检查。确认可采用但不限于以下方式：

（1）在释放或隔离能量前，应先观察压力表或液面计等仪表处于完好工作状态；通过观察压力表、视镜、液面计、低点导淋、高点放空等多种方式，综合确认贮存的能量已被彻底去除或已有效隔离。在确认过程中，应避免产生其他的危害。

(2)目视确认连接件已断开、设备已停止转动。

(3)对存在电气危险的工作任务,应有明显的断开点,并经测试无电压存在。

3. 隔离测试

(1)有条件进行测试时,属地单位应在作业人员在场时对设备进行测试(如按下启动按钮或开关,确认设备不再运转)。测试时,应排除联锁装置或其他会妨碍验证有效性的因素。

(2)如果确认隔离无效,应由属地单位采取相应措施确保作业安全。

(3)在工作进行中临时启动设备的操作(如试运行、试验、试送电等),恢复作业前,属地单位测试人需要再次对能量隔离进行确认、测试,重新填写能量隔离清单,双方确认签字。

(4)工作进行中,若作业单位人员提出再次测试确认的要求时,须经属地单位项目负责人确认、批准后实施再测试。

4. 解锁

(1)解锁依据先解个人锁后解集体锁、先解锁后解标签的原则进行。

(2)作业人员完成作业后,本人解除个人锁。当确认所有作业人员都解除个人锁后,由属地单位监护人本人解除个人锁。

(3)涉及电气、仪表隔离时,属地单位应向电气、仪表专业人员提供集体锁钥匙,由电气、仪表专业人员进行解锁。

(4)属地单位确认设备、系统符合运行要求后,按照能量隔离清单解除现场集体锁。

(5)当作业部位处于应急状态下需解锁时,可以使用备用钥匙解锁;无法取得备用钥匙时,经属地项目负责人同意后,可以采用其他安全的方式解锁。解锁应确保人员和设施的安全。解锁应及时通知上锁、挂标签的相关人员。

(6)解锁后设备或系统试运行不能满足要求时,再次作业前应重新按本规定要求进行能量隔离。

## 四、安全观察与沟通

### (一)安全观察和沟通的主要理论

(1)所有事故都是可以预防的。

(2)安全是每一个人的责任。

安全观察和沟通是一种观察程序,它是由以下四个单词所组成(Safety、Training、Observation、Programme,简称"STOP"即安全、沟通、观察、程序),通过观察人的行为,并且和员工交谈关于如何安全工作的方法,以达到防止不安全行为的再发生和强化安全行为的目的。

因为安全或不安全行为总是由人引起的，而不是机器，所以"STOP"将注意力集中在观察人和人的行为上。

安全观察和沟通是基于对以往事故发生原因的统计分析结果，其中，人的反应（Recation of People）占14%；劳保用品（Personal Protective Equipment，PPE）占12%；人的位置（Position of People）占30%；设备和工具（Tools and Equipments）占28%；程序和整洁（Procedure and Orderliness）占12%。

几乎所有的不安全状态都可以追溯到不安全行为上。一种错误的观点是提高安全管理成绩的唯一方法是纠正不安全行为。但是，肯定、加强安全行为和指出不安全行为一样重要。

安全观察程序是非惩罚性的，必须和组织纪律分开来，或者说它不应当和组织纪律相联系。当员工知道其行为会威胁到他人生命安全时，或明知工作程序或制度规定，却故意违反和不遵守时，就必须立即停止"STOP"观察程序，而采取纪律惩罚手段。

不要当着被观察人填写观察报告（"STOP"卡），不要把被观察人的名字写在报告里，因为观察员的目的是纠正不安全行为、鼓励安全行为进而预防伤害，而不是记录下所观察的人；不要让员工感觉到观察人意味着要找他们的麻烦，在远离他们的地方填写"STOP"卡，不要让他们感觉到他们正在被记录下来，让他们知道卡里不会记录他们的名字，告诉他们可以看全部的报告。记住：观察员的目的是帮助员工安全工作。

安全观察循环周：决定→停止→观察→行动→报告。

树立高的安全标准。对员工安全工作行为的最高期望值决定你所设立和保持的最低标准。

关于观察卡：（"STOP"卡）当你决定要做一次安全观察时，"STOP"观察卡是非常有价值的，在观察员做观察之前，看一下观察卡，会提醒观察员在观察过程中需要注意和寻找什么。做完观察并且和员工谈过话以后，用观察卡对观察做出总结，然后存档。

STOP卡上的类别顺序是根据你应该做的观察顺序来做的，是以人的行为基础来组织的。

关于劳保用品：能够在工作当中正确穿戴劳保用品的人，也会遵守其他的安全规定和安全工作程序。反之亦然，即不能严格穿戴正确劳保用品的人，也不会严格遵守其他安全规定，或在工作当中也会无视安全规定。

（二）基本原则

安全观察与沟通的重点是观察和讨论员工在工作地点的行为及后果，既要识别不安全行为，又要识别安全行为。

作业队长和安全监督员应带头开展安全观察与沟通，并严格按照程序执行。

安全监督员对观察到的所有不安全行为和状态都应立即采取行动进行纠正。

安全监督员安全观察的结果不能作为处罚依据,处罚应根据其收集的证据并结合员工的表现记录执行,但以下两种情况应进行处罚:

(1)不接受纠正,重复出现的不安全行为。

(2)违反安全禁令的行为。

安全监督员在现场发现事故隐患时,应开具事故隐患整改通知单。

安全监督员对现场作业人员进行 HSE 绩效考核提出建议。

安全监督员应制订计划,定期、独立地执行安全观察与沟通,其观察结果应与作业管理者、直线领导的安全观察结果进行比较。

### (三)主要方法

安全观察与沟通应以六步法为基础,六步法的步骤如下:

(1)观察:现场观察作业员工的作业行为,在确保安全的情况下阻止不安全行为。

(2)表扬:对作业员工的安全行为进行表扬。

(3)讨论:与作业员工讨论观察到的不安全行为和危险及可能产生的后果,鼓励员工讨论更为安全的工作方式。

(4)沟通,就如何安全地工作与作业员工取得一致意见,并取得员工的安全承诺,同员工分享安全经验。

(5)启发:引导作业员工讨论其他相关的安全问题。

(6)感谢:对作业员工的配合及安全作业表示感谢。

### (四)主要内容

安全观察应重点关注可能引发伤害的行为,应综合参考以往的伤害调查、未遂事件调查及安全观察的结果。

安全观察内容包括以下 7 个方面:

(1)员工的反应:作业员工在看到他们所在区域内有安全监督时,是否改变自己的行为(从不安全到安全)。

(2)员工的位置:作业员工身体的位置是否有利于减少伤害发生的概率。

(3)个人防护装备:员工使用的个人防护装备是否合适、是否正确使用,个人防护装备是否处于良好状态。

(4)工具和设备:员工使用的工具和设备是否合适、是否正确、是否处于良好状态。

(5)操作规程:是否有可用的操作规程,员工是否理解并遵守这些操作规程。

（6）人机工程：作业环境是否符合人体工程学原则。

（7）环境：作业地点是否整洁、有序。

## （五）工作要点

（1）以高级管理层的承诺为基础。

（2）包括为管理人员计划好的活动。

（3）是一个非惩罚性的计划。

（4）跨越边界的直接责任。

（5）重点关注作业中的人员。

（6）要求一个一致的观察程序。

（7）要求有真诚的、深入的、研究式的访谈。

（8）要求将下列信息反馈给管理层：

① 审核信息的常规分析。

② 观察结果的制表。

## （六）注意事项

在与员工进行沟通和交谈时要注意以下事项：

（1）提出问题并聆听回答。

（2）采取询问的态度。

（3）非责备原则。

（4）双向交流。

（5）赞赏员工的安全行为。

（6）鼓励员工持续的安全行为。

（7）了解员工的想法和安全工作的原因。

（8）评估员工对自身角色和责任的了解程度。

（9）找出影响员工想法的因素。

（10）培养正面与员工进行交谈的工作习惯。

（11）了解工作区各种不同工作所涵盖的各种安全事务。

## （七）记录文件

安全观察与沟通应填写安全观察与沟通报告。

安全观察与沟通后，在报告填写时应回避被观察人员，并且不得记录被观察人员姓名。

安全观察与沟通报告由观察人即安全监督员保存。

## （八）统计分析

安全监督员在现场检查后，应及时将安全观察与沟通结果进行统计（统计表见附表6-2），并将结果通报作业方的管理者。

安全监督员对观察与沟通的结果应通报作业方的管理者，并以周报的形式向安全监督管理机构汇报。

安全监督员定期公布统计分析结果，并为安全监督管理机构决策提供依据和参考。

统计分析包括：

（1）对所有的安全观察与沟通的信息和数据进行分类统计。

（2）分析统计结果的变化趋势。

（3）根据统计结果和变化趋势提出下一步安全工作的改进建议。

（4）利用安全观察统计结果进行对比分析，为作业方的管理者提出安全观察与沟通的改进建议。

# 附 录

## 附录一 安全监督日志

安全监督日志见附表1-1。

附表1-1 安全监督日志

| 日期： 年 月 日 | 星期： | 天气： |
|---|---|---|
| 作业队： 装置： | 作业类型： | 作业人数： |
| 当日主要工作内容： ||||
| 发现的问题和采取的措施： ||||
| 备注： ||||

# 附录二 变更管理

变更管理流程如附图 2-1 所示。

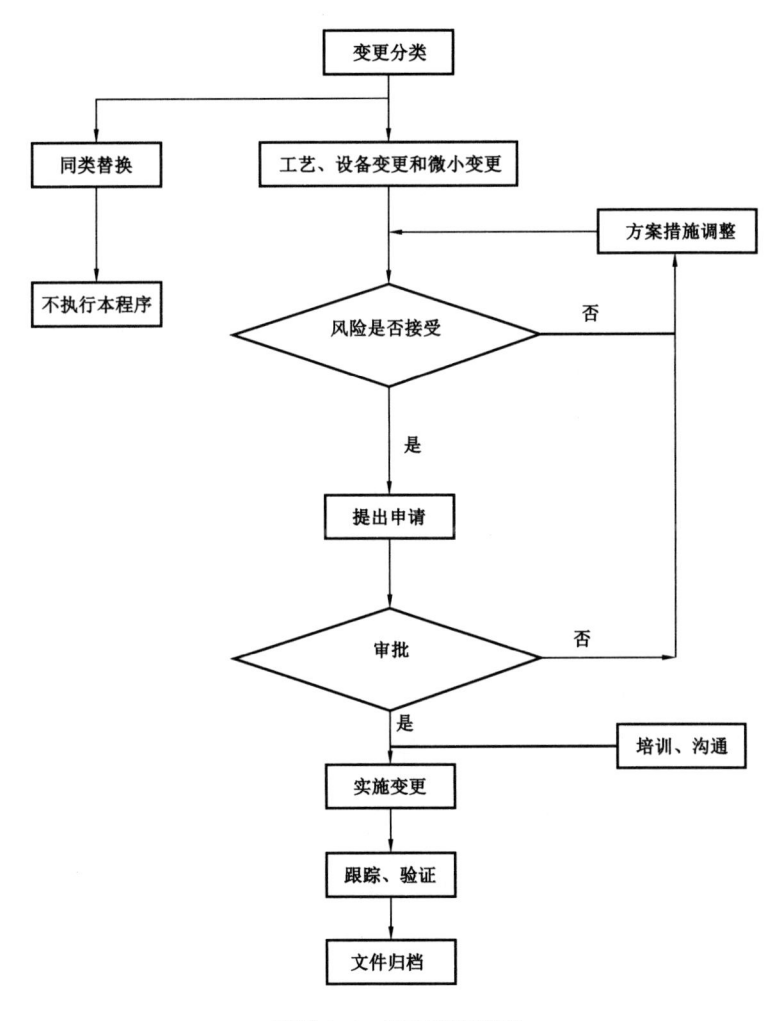

附图 2-1 变更管理流程

同类替换范例见附表2-1。

附表2-1 同类替换范例

| 工艺设备类型 | 同类替换 | 非同类替换（变更） |
|---|---|---|
| 阀门 | • 同类型：闸阀—闸阀，截止阀—截止阀等<br>• 同类材料：同级别碳钢，同级别不锈钢等<br>• 同等压力等级：15—15kg/cm²，30—30kg/cm²，60—60kg/cm²等<br>• 同尺寸：4in—4in，6in—6in，10in—10in等<br>• 同种填料：箔衬—箔衬、石墨—石墨、石棉绳—石棉绳<br>• 批准的供应商 | • 不同类型：闸阀—截止阀、闸阀—球阀等<br>• 不同材料：碳钢—不锈钢、碳钢—铬钢等<br>• 不同压力等级：30—15kg/cm²，30—45kg/cm²，30—60kg/cm²等<br>• 不同尺寸：4in—6in，6in—8in，10in—12in等<br>• 不同填料：石墨—非石墨、绳—衬、衬—绳等 |
| 管道与法兰 | • 同材料：碳钢—碳钢、不锈钢—不锈钢等<br>• 同压力等级：15—15kg/cm²，30—30kg/cm²，60—60kg/cm²等<br>• 同尺寸：4in—4in，6in—6in，10in—10in等<br>• 同类法兰密封面：凸面—凸面、对接—对接等<br>• 同厚度等级：管线厚度相同<br>• 临时管线——只是用在停用的设备上做清洗用途，在设备投运前应将其拆下<br>• 批准的供应商 | • 不同材料：碳钢—不锈钢、碳钢—铬钢等<br>• 不同压力等级：30—15kg/cm²，30—45kg/cm²，30—60kg/cm²等<br>• 不同尺寸：4in—6in，6in—8in，10in—12in等<br>• 不同法兰密封面：凸面—对接、对接—凸面等<br>• 不同厚度等级：管线厚度不同<br>• 临时管线——用于维持运行的、内部有工艺物料的管段，如内部有物料流的临时短管等 |
| 泵/压缩机 | • 相同的材料（包括内部材料）：如碳钢—碳钢，不锈钢—不锈钢等<br>• 相同法兰：压力等级、尺寸、密封面<br>• 相同能力：200—200m³/h，2000—2000m³/h等<br>• 相同密封：允许不同的制造商，但必须是同样的规格，同样的维护程序等<br>• 同样的润滑：允许不同的制造商，但必须是同样的规格<br>• 批准的供应商 | • 不同材料（包括内部材料）：如碳钢—不锈钢、不锈钢—碳钢等<br>• 不同法兰：压力等级、尺寸、密封面<br>• 不同能力：200—300m³/h，200—150m³/h等<br>• 不同密封：不同的实际规格、不同的维护程序等<br>• 不同润滑：不同规格 |
| 物料/催化剂 | • 同样的催化剂：必须是完全相同的，包括制造商，功能表现，以及反应过程；安全技术说明书信息保持不变<br>• 同样的物料：必须是完全相同的，包括制造商，有同样的功能，进行同样的反应 | • 不同的催化剂：不同的制造商，不同的功能表现，或不同的反应过程，安全技术说明书信息有任何改变等<br>• 不同物料：不同制造商，不同功能表现，或不同反应 |
| 仪表/电气 | • 同量程：0~50—0~50，200~250—200~250等<br>• 同样放大倍数：X10—X10，X50—X50等<br>• 同样单位：m³/h—m³/h，L/min—L/min等<br>• 同样的额定值：因进料流量、产品规格等变化，需要经常调整报警的上、下限，但不超过最高和最低限值<br>• 批准的供应商 | • 不同量程：0~50—0~100，250~300—250~500等<br>• 不同放大倍数：X10—X20，X15—X2等<br>• 不同单位：m³/h—L/min，L/min—m³/h等<br>• 不同额定值：改动压力、温度、流量、液位等的最高和最低限值 |

续表

| 工艺设备类型 | 同类替换 | 非同类替换(变更) |
|---|---|---|
| 其他 | • 除应急系统与中央控制室以外的,其他电话号码的改变<br>• 更新工艺区标志牌<br>• 非工艺设备的移位 | • 将原来设计中不应旁通或没有旁通程序的设备旁通<br>• 可能影响工艺操作的,对计算机软件或计算机控制方案的改动<br>• 改变中央控制室或紧急响应电话号码<br>• 移走工艺区内的标志牌<br>• 工艺设备或应急设备的移位<br>• 改变工艺说明,过程说明,或企业标准<br>• 临时维修(如管卡、密封盒(圈)、法兰临时泄漏修补等)<br>• 临时或实验性设备<br>• 设备的拆除<br>• 工艺建筑内的通风设施安装,及旧通风系统的改造<br>• 工艺过程引入新的或改换不同的添加剂<br>• 根据工艺安全评估或其他工艺安全分析建议作的变更<br>• 因工艺或设备上的改变或改造,造成设备卸压变化<br>• 盛装工艺物料、催化剂、添加剂或反应物的容器(包装)的替代,例如临时桶或槽 |

工艺变更申请审批表见附表 2-2。

附表 2-2　工艺设备变更申请审批表

编号：

| 装置 | | 申请日期 | |
|---|---|---|---|
| 申请人 | | 变更起止日期 | |
| 变更主题： ||||
| 变更原因及目的： ||||
| 变更内容： ||||
| 是否需要工艺危害分析？<br>□ 是(请附上分析结果)<br>□ 不是(请注明原因) ||||

续表

| 潜在的影响及控制措施 | |
|---|---|
| 安全与健康 | |
| 环境影响 | |
| 产品收率 | |
| 产能/产量 | |
| 质量 | |
| 成本/效益 | |
| 其他影响(能耗、法律等) | |
| 总结报告交付日期 | 负责人 |

注1：以上内容由工艺变更申请人填写。
注2：未获得授权延期之前不得在变更截止日期后继续实施变更方案。

| |
|---|
| 变更所带来的问题陈述： |
| 变更的技术依据(预期改善的性质、实施此项变更的安全性、评审支持性的实验或工艺数据等) |
| 技术变更详细说明(包括操作程序、试验日志、关键的工艺变量值等) |
| 审查结论： |

续表

| 审查成员签字/日期 | |
|---|---|
| 技术专家： | 日期： |
| 安全环保负责人/专家： | 日期： |
| 维修负责人： | 日期： |
| 工艺负责人： | 日期： |
| 设备负责人： | 日期： |
| 变更批准人： | 日期： |

分发：

注：以上内容由审查组和批准人填写。

变更检查表见附表2-3。

表2-3 变更检查表

| 安全健康 | 是 | 否 | 不适用 |
|---|---|---|---|
| 1. 是否存在任何可能导致安全问题的化学反应？检查化学反应矩阵模型。 | □* | □ | □ |
| 2. 是否存在任何易燃易爆化学物质或灰尘？ | □* | □ | □ |
| 3. 是否存在任何有危险的原材料流速、成分或温度条件变更？ | □* | □ | □ |
| 4. 是否会因加热、冷却或精确的温度控制失控而导致安全问题？ | □* | □ | □ |
| 5. 是否具有为安全操作所必需的仪表、控制、紧急制动、开关或报警？检查操作人员通道所在地并实施监控。 | □* | □ | □ |
| 6. 是否有任何出于安全考虑而必须联锁的设备？ | □* | □ | □ |
| 7. 是否有任何校准与否对安全非常重要的仪表？ | □* | □ | □ |
| 8. 有无会给人员及设备造成危害的腐蚀物？ | □* | □ | □ |
| 9. 是否存在空气排放问题？检查通风要求。 | □* | □ | □ |
| 10. 是否存在有毒或危害性化学物品？如石棉、放射性物质？检查通风要求。 | □* | □ | □ |
| 11. 是否可能因蒸汽、仪表气源、电力或任何其他供应的中断而导致不安全状况？ | □* | □ | □ |
| 12. 阀门位置错误对于安全问题是否重要？ | □* | □ | □ |
| 13. 是否要求吹扫或惰性气体保存？ | □* | □ | □ |
| 14. 是否需要通风孔、安全阀、溢出、排水或冲洗连接？检查其尺寸、位置及供应商。 | □* | □ | □ |
| 15. 是否需要冷冻保护？ | □* | □ | □ |
| 16. 是否存在任何压力容器？泄压需要是否受变更方案的影响？ | □* | □ | □ |

续表

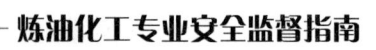

| 安全健康 | 是 | 否 | 不适用 |
|---|---|---|---|
| 17. 不同压力等级的容器之间是否有连接？检查泄压要求？ | ☐* | ☐ | ☐ |
| 18. 温度是否高或低至需要通过隔离来保护人员安全？ | ☐* | ☐ | ☐ |
| 19. 温度是否高或低至可能造成管道或设备的热膨胀？ | ☐* | ☐ | ☐ |
| 20. 是否需要采取筑堤、围栏或其他围护措施以控制泄漏？检查尺寸。 | ☐* | ☐ | ☐ |
| 21. 消防系统是否需要进行变更？ | ☐* | ☐ | ☐ |
| 22. 是否存在任何机械伤害？通常需要添加围栏、扶手、机械防护或其他操作人员保护设施等。 | ☐* | ☐ | ☐ |
| 23. 是否需因安全原因变更照明？考虑高空照明和应急照明。 | ☐* | ☐ | ☐ |
| 24. 是否引入了任何可能改变电气分类的化学物品？ | ☐* | ☐ | ☐ |
| 25. 静电或雷电是否会构成危害？ | ☐* | ☐ | ☐ |
| 26. 拟变更结果是否会导致工作环境架高或造成空间封闭？ | ☐* | ☐ | ☐ |
| 27. 对需要改进的控制器是否明确？经常用到或重要的仪器数值是否易于读取，传输理解不会造成混淆？ | ☐ | ☐* | ☐ |
| 28. 采取控制动作后，是否能显示符合调整要求的画面？ | ☐ | ☐* | ☐ |
| 29. 常用或重要的控制器和阀门是否能无应力正常操控？ | ☐ | ☐* | ☐ |
| 30. 是否能够对误操作进行提示和纠正？ | ☐ | ☐* | ☐ |
| 31. 是否考虑工作环境问题，即噪声、温度、照明等？ | ☐ | ☐* | ☐ |
| 32. 是否考虑了操作和维修作业中的移动、姿势和可及度？人工加载任何新原料时是否考虑了材料对人体的影响？ | ☐ | ☐* | ☐ |
| 33. 工作场所附近的事故应急设备是否满足需要？例如：将易燃物放入非易燃物存放区后，应增加灭火器；或在使用腐蚀性化学物品的情况下，应考虑洗眼站。 | ☐* | ☐ | ☐ |
| 34. 在变更中，是否有可能使用或产生涉及国家法律规定应严格控制的有毒物质？ | ☐* | ☐ | ☐ |
| 环境影响 | 是 | 否 | 不适用 |
| 1. 空气问题 | | | |
| （1）是否建起了新的排放源？ | ☐* | ☐ | ☐ |
| （2）是否更换或重建了现有排放源？ | ☐* | ☐ | ☐ |
| （3）是否修改了现有排放源？ | ☐* | ☐ | ☐ |
| （4）是否改变了排放点的相关参数(高度、速度及横截面)？ | ☐* | ☐ | ☐ |

续表

| 环境影响 | 是 | 否 | 不适用 |
|---|---|---|---|
| （5）现有排放源中是否有新的化学品排出？ | ☐* | ☐ | ☐ |
| （6）是否建造新的控制设备或者改造现有的控制设备？ | ☐* | ☐ | ☐ |
| （7）上下游排放是否因变更引起变化？ | ☐* | ☐ | ☐ |
| （8）排放量评估： | | | |
| ① 排放点源的变化 | ☐* | ☐ | ☐ |
| ② 短时排放的变化 | ☐* | ☐ | ☐ |
| ③ 排放的总变化量 | ☐* | ☐ | ☐ |
| ④ 包含的化学品（仅列出那些增加、减少或者新出现的即可） | ☐* | ☐ | ☐ |
| （9）是否符合国家规定的有关气体排放标准？ | ☐* | ☐ | ☐ |
| （10）是否要求在线监测并定期出具监测数据？ | ☐* | ☐ | ☐ |
| （11）是否要求定期进行排放检测，并出具监测报告？ | ☐* | ☐ | ☐ |
| （12）是否增加工艺设备或者更换现有设备（包括工艺容器、辅助设备等）？ | ☐* | ☐ | ☐ |
| （13）是否对控制方法进行物理或者操作变更，或者是否对现有设备增设控制装置。这些改变是否会导致现有控制水平下降？ | ☐* | ☐ | ☐ |
| （14）是否增加新的槽罐或者容器，或者改变槽罐及其辅助管道的应用（改变其储存的化学品）？ | ☐* | ☐ | ☐ |
| （15）是否提高生产率（按小时计或按年计）？ | ☐* | ☐ | ☐ |
| （16）是否提高了容器的年物料处理能力或者对容器的上料速度？ | ☐* | ☐ | ☐ |
| （17）引入新的化学品，是否改变了排放的化学品的特征？ | ☐* | ☐ | ☐ |
| （18）是否使排放量增至高于实施控制前的*实际水平*（*前两年的平均排放量） | ☐* | ☐ | ☐ |
| （19）排放量是否减少？ | ☐* | ☐ | ☐ |
| （20）是否创造了一个新的可燃气排放源？ | ☐* | ☐ | ☐ |
| （21）在可燃气使用中是否增加合适的零件？ | ☐* | ☐ | ☐ |
| （22）是否产生对可见排放、可见火焰排放的影响？ | ☐ | ☐* | ☐ |
| 2.废水问题 | | | |
| （1）废水流入量是否增加？ | ☐* | ☐ | ☐ |
| （2）是否有新包含的化学品产生？<br>仅列出那些增加、减少或者新出现的： | ☐* | ☐ | ☐ |

·455·

续表

| 环境影响 | 是 | 否 | 不适用 |
|---|---|---|---|
| （3）是否需要测试新建废水处理设施的能力？ | ☐* | ☐ | ☐ |
| （4）排污流量是否增加？ | ☐* | ☐ | ☐ |
| （5）对生物监测结果是否有影响？ | ☐* | ☐ | ☐ |
| （6）是否需要建筑许可或者修正案？ | ☐* | ☐ | ☐ |
| （7）是否需要排放许可或者修正案？ | ☐* | ☐ | ☐ |
| （8）是否要求雨水许可或者修正案？ | ☐* | ☐ | ☐ |
| （9）是否已经通知废水管理人员？ | ☐* | ☐ | ☐ |
| 3.废弃物问题 | | | |
| （1）本项目的建设是否会导致任何废弃物的产生？ | ☐* | ☐ | ☐ |
| （2）是否考虑了废弃物最小化的备选方案？ | ☐* | ☐ | ☐ |
| （3）是否会构建新的废弃物管理工具，或者改进现有的废弃物管理工具？ | ☐* | ☐ | ☐ |
| （4）本项目是否需要土方挖掘？ | ☐* | ☐ | ☐ |
| （5）是否有有害废弃物的产生？ | ☐* | ☐ | ☐ |
| （6）是否有无害废弃物的产生？ | ☐* | ☐ | ☐ |
| （7）新产生或者增加的废弃物是否按合适方式处置？ | ☐ | ☐* | ☐ |
| （8）是否可以提供一份包含本项目涉及的所有化学品清单<br>仅列举那些增加、减少或者新增加的即可： | ☐ | ☐* | ☐ |
| 4.其他问题 | | | |
| （1）此项目是否考虑了地下水保护措施？ | ☐ | ☐* | ☐ |
| （2）是否增加或修改了任何涉及氯氟烃的制冷系统？ | ☐* | ☐ | ☐ |
| （3）是否增加了温室气体（二氧化碳、甲烷等）排放？ | ☐* | ☐ | ☐ |
| （4）此项目是否涉及任何拆除或者翻新项目？ | ☐* | ☐ | ☐ |
| （5）是否需要其他外部许可？请列举： | ☐* | ☐ | ☐ |
| （6）取得所有许可证的时间是否得到估测（如果需要）？ | ☐* | ☐ | ☐ |

注：① 以上检查表由申请人组织确认。
② 若选择结果带星号（*），则应在《工艺设备变更申请审批表》中技术变更详细说明一栏做出说明。
③ 以上问题若涉及对工艺安全的不利影响，应考虑有无必要进行系统的工艺危害分析。

微小变更申请审批表见附表 2-4。

**附表 2-4　微小变更申请审批表**

装置：　　　　　　　　　　编号：

| 申请人 | | | 日期 | |
|---|---|---|---|---|
| 变更原因及内容： | | | | |

| 实施变更前需要的审查项目 ||||
|---|---|---|---|
| 内　容 | 是否有关 | 审查人 | 结论 |
| 新化学材料 MSDS 和相关资料是否可获得 | | | |
| 有承包商参与 | | | |
| 对收率的影响 | | | |
| 产能／产量 | | | |
| 对质量的影响 | | | |
| 工艺危害分析 | | | |
| 需要培训和沟通计划 | | | |
| 其他方面的影响 | | | |

技术负责人：　　　　　　　　日期：

变更批准人：　　　　　　　　日期：

分发：

注1：当 MSDS 没有获得时，不得批准。
注2：当环境影响评估确认变更后对环境有负面影响时，不得批准。
注3：当工艺危害分析的结论认为更改后的工艺的风险等级是 I 或 II 时，不得批准。

人员变更管理流程如附图 2-2 所示。

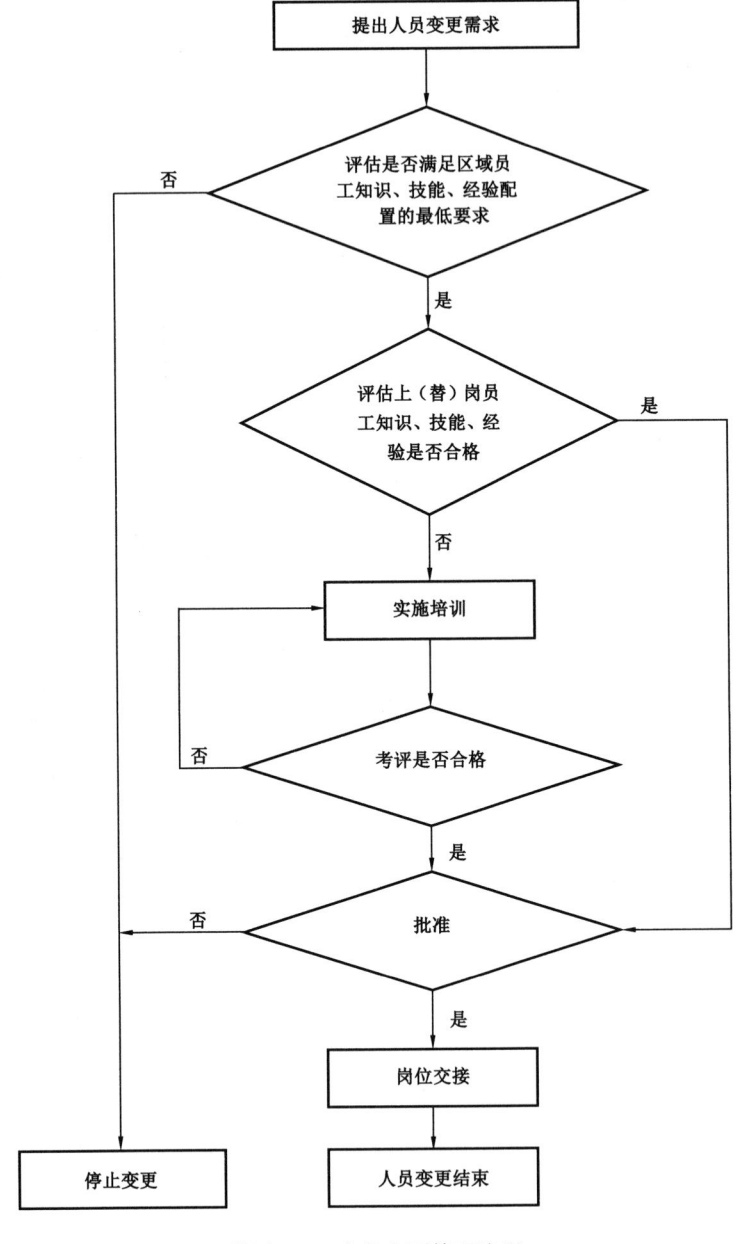

附图 2-2　人员变更管理流程

关键岗位人员变更申请审批表见附表2-5。

### 附表2-5 关键岗位人员变更申请审批表

编号：

| 申请人 | | 申请变更岗位 | |
|---|---|---|---|
| 申请日期 | | 原岗位 | |
| 变更原因： | | | |

| 考评部分 ||||
|---|---|---|---|
| 序号 | 能力要求 | 考评结果 | 说明 |
| 1 | 新岗位职责 | | |
| 2 | 新岗位工艺流程 | | |
| 3 | 新岗位工艺控制指标 | | |
| 4 | 新岗位的危害、风险及控制措施 | | |
| 5 | 新岗位操作规程 | | |
| 6 | 新岗位的设备性能 | | |
| 7 | 与新岗位相关的公用工程流程及设施 | | |
| 8 | 掌握新岗位的个人安全防护设施 | | |
| 9 | 熟悉新岗位的安全环保设施 | | |
| 10 | 熟悉新岗位的消防设施 | | |
| 11 | 新岗位及同类装置以往的事故事件案例 | | |
| 12 | 新岗位应急处置 | | |
| 13 | 其他要求 | | |
| 考评结果 ||||
| 综合考评意见：<br><br>考评人：　　日期： ||||
| 原单位主管领导意见：<br>　　　　　签字：　　日期： || 新单位主管领导意见：<br>　　　　　签字：　　日期： ||
| 人事主管领导意见：<br><br>　　　　　　　　　　　　　　　　　　　　　　签字：　　日期： ||||

注：①岗位变更由本人提出申请。

②由申请人的直线领导按考评项目进行考评，项目通过打"√"，不通打"×"，每项考评过程填入对应"说明"栏中。最后填写综合考评意见。

③由新岗位属地负责人批准。

# 附录三 基层站队 HSE 标准化建设标准内容要求明细

基层站队 HSE 标准化建设标准内容要求明细见附表 3-1。

附表 3-1 基层站队 HSE 标准化建设标准内容要求明细

| 建设内容 | 主题事项 | 具体事项 | 建设目标 |
|---|---|---|---|
| 1.管理要求 | 1.风险管理 | (1)风险辨识 | 工作前安全分析和工艺危害分析等风险管理工具得到有效应用,风险辨识评价全面准确,控制措施有效可行 |
| | | (2)重大危险源管理 | 重大危险源得到辨识,控制措施有效可行 |
| | | (3)隐患管理 | 隐患实行动态管理,及时得到发现、报告并整改 |
| | | (4)员工参与 | 员工参与岗位风险识别,并清楚本岗位的风险和控制措施 |
| | 2.责任落实 | (1)岗位职责 | 按照"一岗双责"和风险管控的要求,所有岗位 HSE 职责清晰明确 |
| | | (2)有感领导 | 基层领导认真落实本岗位 HSE 职责,制订并有效实施个人安全行动计划 |
| | | (3)直线责任 | 管理人员按照"管工作、管安全"的原则,认真履行岗位 HSE 职责 |
| | | (4)属地管理 | 属地划分清晰,责权明确,岗位员工能够严格落实属地责任 |
| | 3.目标指标 | (1)制订分解 | 站队和各岗位都有明确的 HSE 目标指标,包括过程性指标和结果性指标 |
| | | (2)实施方案 | 对关键性的 HSE 目标指标制订方案并实施,方案明确完成目标指标所需要的资源、方法、时间及责任等 |
| | | (3)跟踪考核 | 定期检查 HSE 目标指标的完成情况,依据考核细则进行严格考核,鼓励正向激励 |
| | 4.能力培训 | (1)上岗条件 | 明确各岗位上岗条件和能力要求,培训合格,能岗匹配,并持证上岗 |
| | | (2)培训实施 | 培训矩阵得到运用,根据不同岗位人员能力需求制订有针对性的培训计划并得到有效实施 |
| | | (3)能力评价 | 根据日常工作表现和岗位 HSE 目标指标完成情况,定期对岗位员工的 HSE 意识、知识和技能等进行评价 |
| | 5.沟通协商 | (1)站队安全活动 | 每月组织一次安全专题例会,每周至少组织一次安全活动,传达上级 HSE 要求和文件精神,分析安全生产情况,提出安全要求 |
| | | (2)班组安全活动 | 每周开展班组安全活动,分享安全经验和有关事故事件教训,基层领导参加 |

续表

| 建设内容 | 主题事项 | 具体事项 | 建设目标 |
|---|---|---|---|
| 1.管理要求 | 5.沟通协商 | （3）岗位员工参与 | 员工积极参与各种安全活动,安全经验分享、安全观察与沟通得到广泛应用,合理化建议得到及时反馈和处理,不安全行为得到及时发现和纠正 |
| | | （4）相关方沟通 | 与承包商、社区等相关方保持沟通联络,运用 HSE 信息系统,使用和上报 HSE 信息数据 |
| | 6.设备设施管理 | （1）基础资料 | 所有设备设施基础资料齐全完整,实行动态管理;相关人员熟悉设备设施管理要求 |
| | | （2）检查确认 | 所有设备设施投用前都经过安全检查确认 |
| | | （3）运行保养 | 操作规程完善,员工熟练掌握并严格执行;设备设施保养及时到位,定期检验监测,确保正常运行 |
| | | （4）检修维护 | 备品备件完备,及时检修维护,设备设施不"带病"运行,不超期服役 |
| | 7.生产运行 | （1）基础资料 | 工艺技术资料信息齐全完整,相关人员熟悉生产运行管理要求 |
| | | （2）操作规程 | 所有常规作业活动都编制操作（作业）规程、操作卡片,并实行动态管理,员工熟练掌握本岗位操作规程 |
| | | （3）运行管理 | 员工遵守工艺纪律和操作纪律,执行岗位操作规程,做好操作记录。落实交接班、岗位巡检制度,规范开(停)工等操作变动管理 |
| | 8.承包方管理 | （1）培训交底 | 对承包方员工进行入场教育或培训,并考试合格;作业前进行安全交底,告知现场风险和 HSE 要求 |
| | | （2）属地监管 | 检查承包方人员资质和工器具可靠性,确认风险控制措施落实到位,对承包方现场施工作业的全过程进行监管 |
| | | （3）验收评价 | 对工作内容和施工质量进行验收确认,对承包方作业过程中的 HSE 表现进行评价 |
| | 9.作业许可 | （1）项目识别 | 现场所有非常规作业和高风险作业活动都得到识别,相关人员熟悉、掌握作业许可管理程序 |
| | | （2）风险分析与交底 | 工作前安全分析得到有效应用,能量隔离等控制措施有效可行;作业人员及相关人员清楚作业风险及相应控制措施 |
| | | （3）许可证办理 | 作业前严格按要求办理许可票证,作业批准人到现场核查、确认后批准作业 |
| | | （4）现场监管 | 作业过程安全措施有效落实,安全监护、监管到位,作业风险全面受控 |
| | | （5）分析改进 | 作业许可票证得到有效管理,作业许可活动得到统计分析,并持续优化 |

续表

| 建设内容 | 主题事项 | 具体事项 | 建设目标 |
|---|---|---|---|
| 1. 管理要求 | 10. 职业健康 | (1)危害辨识和监测 | 对工作场所职业危害进行有效辨识,定期监测和公示,监测结果满足标准要求 |
| | | (2)职业健康防护 | 职业健康防护设施齐全完好,员工熟知工作场所的职业健康危害和防范措施,正确使用个人防护装备 |
| | | (3)职业健康体检 | 员工职业健康体检计划得到落实,职业禁忌人员得到妥善安排 |
| | 11. 环保管理 | (1)环境因素辨识 | 环境因素辨识全面,风险评价准确,控制措施有效可行;员工清楚本岗位环境风险和控制措施 |
| | | (2)环境因素监测 | 定期监测环境因素,数据得到有效运用 |
| | | (3)污染治理 | 污染物得到有效控制和治理,主要污染物达标排放,符合国家和地方政府的标准要求 |
| | | (4)环保设施 | 污染物处理、防护、监测等设施完备且运行良好,员工能够正确使用和操作 |
| | | (5)放射源管理 | 放射源管理规范,满足法规标准要求 |
| | 12. 变更管理 | (1)变更程序 | 各类变更得到严格审批,相关人员熟知人员、工艺、设备变更的流程和相关管理要求 |
| | | (2)风险识别 | 变更前进行风险识别与评价,对变更产生的风险采取控制措施 |
| | | (3)人员培训 | 对涉及变更的人员,特别是涉及新材料、新设备、新技术、新工艺使用的有关人员进行培训,清楚变更风险及控制措施 |
| | | (4)信息管理 | 变更实施后,对涉及的工艺安全信息、操作规程、文件记录等有关信息内容及时更新 |
| | 13. 应急管理 | (1)应急预案 | 识别潜在的突发情况和意外事件,建立应急处置预案和岗位应急处置程序并及时更新;预案在内外部得到充分沟通 |
| | | (2)物资装备 | 储备必要的应急物资装备,状态完好并实施动态管理,相关人员能够熟练使用和操作 |
| | | (3)应急演练 | 定期开展应急培训和演练,相关人员熟悉应急预案和处置程序 |
| | | (4)应急响应 | 突发情况下能够及时启动应急程序,正确采取处置措施 |
| | 14. 事故事件 | (1)事故事件报告 | 员工了解事故事件的分级分类,熟悉报告流程;所有事故事件得到及时、准确的报告,及时上报行为可得到奖励 |
| | | (2)事故事件调查 | 所有事故事件得到充分调查,准确分析事故事件原因,并采取有效的纠正预防措施 |

续表

| 建设内容 | 主题事项 | 具体事项 | 建设目标 |
|---|---|---|---|
| 1. 管理要求 | 14. 事故事件 | （3）资源共享 | 内外部事故事件教训得到分享 |
| | 15. 检查改进 | （1）日常检查 | 岗位巡检、日检、周检、专项检查等各类检查有效开展，及时发现各类问题 |
| | | （2）问题整改 | 各类检查发现的问题形成记录，整改销项；针对问题产生的原因，采取预防性措施 |
| | | （3）分析改进 | 对各类检查发现问题进行统计分析，查找系统性缺陷并改进完善 |
| 2. 设备设施 | 1. 健康安全环保设施 | （1）职业健康防护设施 | 洗眼器、淋浴器、呼吸器、防尘降噪设施等按照标准配备齐全，完好投用 |
| | | （2）安全消防设施 | 消防应急设施、防雷防静电设施、安全检测设施、安全报警设施、放空泄压设施等按标准配置齐全，完好投用 |
| | | （3）环境保护设施 | "三废"处理设施、三级防控设施、在线监测设施等按标准配置齐全，完好投用 |
| | 2. 生产作业设备设施 | （1）特种设备 | 锅炉、压力容器、压力管道、起重机械等完好运行 |
| | | （2）关键生产设备 | 机泵、压缩机、机床等完好运行 |
| | 3. 生产作业场地环境 | （1）生产作业场地环境 | 场地布置、安全间距、营地建设、通风照明、安全目视化、物品摆放等符合标准，场地整洁卫生 |

## 附录四　常用化学危险品贮存禁忌物配存

常用化学危险品贮存禁忌物配存见附表 4-1。

## 附表 4-1 常用化学危险品贮存禁忌物配存（GB 15603—1995）

| 化学危险品的种类和名称 | | | 配存顺号 | 1 | 2 | 3 | 4 | 5 | 6 | 7 | 8 | 9 | 10 | 11 | 12 | 13 | 14 | 15 | 16 | 17 | 18 | 19 | 20 | 21 | 22 | 23 | 24 | 25 | 26 | 27 | 28 | 29 |
|---|---|---|---|---|---|---|---|---|---|---|---|---|---|---|---|---|---|---|---|---|---|---|---|---|---|---|---|---|---|---|---|---|
| 爆炸品 | 点火器材 | | 1 | 1 | | | | | | | | | | | | | | | | | | | | | | | | | | | | |
| | 起爆器材 | | 2 | × | 2 | | | | | | | | | | | | | | | | | | | | | | | | | | | | |
| | 炸药和爆炸性物品（不同名的不得在同一库内储存） | | 3 | × | × | 3 | | | | | | | | | | | | | | | | | | | | | | | | | | | |
| | 其他爆炸品 | | 4 | × | × | × | 4 | | | | | | | | | | | | | | | | | | | | | | | | | | |
| 氧化剂 | 有机氧化剂 | | 5 | × | × | × | × | 5 | | | | | | | | | | | | | | | | | | | | | | | | | |
| | 亚硝酸盐、亚氯酸盐、次氯酸盐[2] | | 6 | × | △ | × | △ | × | 6 | | | | | | | | | | | | | | | | | | | | | | | | |
| | 其他无机氧化物[2] | | 7 | × | △ | × | △ | × | × | 7 | | | | | | | | | | | | | | | | | | | | | | | |
| 压缩气体和液化气体 | 剧毒（液氯、氧化氢与液氯不能在同一库内配存） | | 8 | × | × | × | × | △ | △ | △ | 8 | | | | | | | | | | | | | | | | | | | | | | |
| | 易燃（氧及氧气钢瓶不得与油脂同一库内配存） | | 9 | × | × | × | × | △ | × | × | △ | 9 | | | | | | | | | | | | | | | | | | | | | | |
| | 助燃 | | 10 | × | × | × | × | × | △ | △ | △ | × | 10 | | | | | | | | | | | | | | | | | | | | | |
| | 不燃 | | 11 | △ | △ | △ | △ | △ | △ | △ | △ | △ | △ | 11 | | | | | | | | | | | | | | | | | | | | |
| 自燃物品 | 一级 | | 12 | × | × | × | × | × | × | × | × | × | × | △ | 12 | | | | | | | | | | | | | | | | | | | |
| | 二级 | | 13 | × | × | × | × | × | △ | △ | △ | △ | × | △ | △ | 13 | | | | | | | | | | | | | | | | | | |
| 遇水燃烧物品 | | | 14 | × | × | × | × | △ | × | × | × | × | × | △ | × | △ | 14 | | | | | | | | | | | | | | | | | |
| 易燃液体 | | | 15 | × | △ | × | △ | × | △ | △ | △ | △ | × | △ | △ | △ | △ | 15 | | | | | | | | | | | | | | | | |
| 易燃固体（H发孔剂不可与酸性腐蚀物品及有毒易燃酯类危险货物配存） | | | 16 | × | △ | × | △ | × | △ | △ | △ | △ | × | △ | △ | △ | △ | △ | 16 | | | | | | | | | | | | | | | |
| 毒害品 | 氧化物 | | 17 | × | × | × | × | △ | × | × | △ | △ | × | △ | × | △ | × | △ | △ | 17 | | | | | | | | | | | | | | |
| | 其他毒害品 | | 18 | × | △ | × | △ | △ | △ | △ | △ | △ | △ | △ | × | △ | △ | △ | △ | △ | 18 | | | | | | | | | | | | | |
| 腐蚀物品 | 酸性腐蚀品 | 溴 | 19 | × | △ | × | △ | × | × | △ | △ | △ | △ | △ | × | △ | × | △ | △ | × | △ | 19 | | | | | | | | | | | | |
| | | 过氧化物 | 20 | × | △ | × | △ | × | × | △ | × | △ | △ | △ | × | △ | × | △ | △ | × | △ | △ | 20 | | | | | | | | | | | | |
| | | 硝酸、发烟硝酸、硫酸、发烟硫酸、氯磺酸 | 21 | × | △ | × | △ | × | △ | △ | △ | △ | △ | △ | × | △ | × | △ | △ | × | △ | △ | △ | 21 | | | | | | | | | | | |
| | | 其他酸性腐蚀物品 | 22 | × | △ | × | △ | △ | △ | △ | △ | △ | △ | △ | × | △ | × | △ | △ | × | △ | △ | △ | △ | 22 | | | | | | | | | | |
| | 碱性及其他腐蚀物品 | 生石灰、漂白粉 | 23 | × | △ | × | △ | × | × | × | × | × | × | △ | × | × | × | × | × | × | × | × | × | × | × | 23 | | | | | | | | | |
| | | 其他无机肼、水合肼、氨水不得与氧化剂配存[3,4] | 24 | × | △ | × | △ | △ | △ | △ | △ | △ | △ | △ | × | △ | × | △ | △ | △ | △ | △ | △ | △ | △ | × | 24 | | | | | | | | |
| 易燃物品 | | | 25 | × | × | × | × | × | × | × | × | × | × | △ | × | × | × | △ | △ | △ | △ | △ | △ | △ | △ | △ | △ | 25 | | | | | | | |
| 饮食品、粮食、饲料、药材、药品、食用油脂 | | | 26 | × | × | × | × | × | × | × | × | × | × | △ | × | × | × | △ | △ | △ | △ | △ | △ | △ | △ | △ | △ | △ | 26 | | | | | | |
| 非食用油脂 | | | 27 | × | × | × | × | × | × | × | × | × | × | △ | × | × | × | × | × | × | △ | △ | △ | △ | △ | △ | △ | △ | △ | 27 | | | | | |
| 活动油[3] | | | 28 | × | × | × | × | × | × | × | × | × | × | △ | × | × | × | × | × | × | △ | × | × | × | × | × | × | × | × | × | 28 | | | | |
| 其他[3,4] | | | 29 | × | × | × | × | × | × | × | × | × | × | △ | × | × | × | × | × | × | × | × | × | × | × | × | × | × | × | × | × | 29 | | | |
| 配存顺号 | | | | 1 | 2 | 3 | 4 | 5 | 6 | 7 | 8 | 9 | 10 | 11 | 12 | 13 | 14 | 15 | 16 | 17 | 18 | 19 | 20 | 21 | 22 | 23 | 24 | 25 | 26 | 27 | 28 | 29 |

备注：1. 无配存符号表示可以配存。
2. △ 表示可以配存，堆放时至少隔离 2m。
3. × 表示不可以配存。
4. 有注释时按注释规定办理。
  （1）溴有氧化剂（如硝酸钠、硝酸钾、硝酸铵、硝酸等）与硝酸、发烟硝酸可以配存外，其他情况无法不得配存。
  （2）无机氧化剂、粮食、饲料、药品、药材、食品、食品油脂及活动物状的粉状可燃物（如煤粉、焦粉、炭黑、糖、淀粉、锯末等）配存。
  （3）饮食品、骨、蹄、角、鬓等物品配存。
  （4）饮食品、粮食、饲料、药材、药品、食品油脂、食品油脂与普通货物条件贮存的化工原料、化学试剂、非食用药剂、香精、香料应隔离 1m 以上。
禽毛、骨、蹄、角、鬓等可以配存外，其他情况无法不得配存；易变臭及活动物使食品污染的物品以及备产品中的生皮张和生毛皮（包括碎皮）、备禽毛、骨、蹄、角、鬓等。

# 附录五 参考法律法规、标准、制度

参考法律法规、标准、制度见附表 5-1 至附表 5-3。

附表 5-1 法律法规

| 序号 | 文件号 | 法律法规名称 |
| --- | --- | --- |
| 1 | 2014 年 8 月 31 日第二次修正 | 《中华人民共和国安全生产法》 |
| 2 | 中华人民共和国主席令〔2013〕第 4 号 | 《中华人民共和国特种设备安全法》 |
| 3 | 中华人民共和国主席令〔2014〕第 9 号 | 《中华人民共和国环境保护法》 |
| 4 | 中华人民共和国主席令 11 届第 30 号 | 《中华人民共和国石油天然气管道保护法》 |
| 5 | 中华人民共和国国务院令〔2003〕第 393 号 | 《建设工程安全生产管理条例》 |
| 6 | 中华人民共和国国务院令〔2013〕第 645 号 | 《危险化学品安全管理条例》 |
| 7 | 中华人民共和国建设部令〔2008〕第 166 号 | 《建筑起重机械安全监督管理规定》 |
| 8 | 国办发〔2016〕88 号 | 《国务院办公厅关于印发危险化学品安全综合治理方案的通知》 |
| 9 | 国办发〔2017〕3 号 | 《国务院办公厅关于印发安全生产"十三五"规划的通知》 |
| 10 | 国家安全生产监督管理总局令〔2005〕第 1 号 | 《劳动防护用品安全监督管理规定》 |
| 11 | 安监总局令〔2010〕第 80 号(2015 年更新) | 《特种作业人员安全技术培训考核管理规定》 |
| 12 | 国家安全生产监督管理总局令〔2012〕第 40 号 | 《危险化学品重大危险源监督管理暂行规定》 |
| 13 | 国家安全监管总局令〔2012〕第 44 号 | 《安全生产培训管理办法》 |
| 14 | 国家安全监管总局令〔2012〕第 47 号(2016 年修订) | 《工作场所职业卫生监督管理规定》 |
| 15 | 安监总局〔2012〕第 53 号 | 《危险化学品登记管理办法》 |
| 16 | 国家安全监管总局令〔2012〕第 57 号 | 《危险化学品安全使用许可证实施办法》 |
| 17 | 安监总局〔2015〕第 79 号 | 《危险化学品经营许可证管理办法》 |
| 18 | 国家安全生产监督管理总局令〔2017〕第 90 号 | 《建设项目职业病防护设施"三同时"监督管理办法》 |
| 19 | 国家安全监管总局办公厅安监总厅安健〔2013〕171 号 | 《职业卫生档案管理规范》 |
| 20 | 国家安全生产监督管理总局 2012 年 7 月 | 《危险化学品企业事故隐患排查治理实施导则》 |
| 21 | 国家安全生产监督管理总局公告 2013 年第 3 号 | 《危险化学品安全使用许可适用行业目录》 |
| 22 | 安监总培训〔2013〕104 号 | 《安全生产资格考试与证书管理暂行办法》 |

续表

| 序号 | 文件号 | 法律法规名称 |
| --- | --- | --- |
| 23 | 安监总管一〔2016〕60号 | 《关于印发非煤矿山领域遏制重特大事故工作方案的通知》 |
| 24 | 安监总管三〔2009〕116号 | 《国家安全监管总局关于公布首批重点监管的危险化工工艺目录的通知》 |
| 25 | 安监总管三〔2009〕116号（2013版） | 《首批重点监管的危险化工工艺目录》 |
| 26 | 安监总管三〔2009〕116号（2015版） | 《首批重点监管的危险化工工艺安全控制要求、重点监控参数及推荐的控制方案》 |
| 27 | 安监总管三〔2010〕186号 | 《关于危险化学品企业贯彻落实＜国务院关于进一步加强企业安全生产工作的通知＞的实施意见》 |
| 28 | 安监总管三〔2011〕95号 | 《国家安全监管总局关于公布首批重点监管的危险化学品名录的通知》 |
| 29 | 安监总管三〔2013〕3号 | 《关于公布第二批重点监管危险化工工艺目录和调整首批重点监管危险化工工艺中部分典型工艺的通知》 |
| 30 | 安监总管三〔2013〕12号 | 《国家安全监管总局关于公布第二批重点监管危险化学品名录的通知》 |
| 31 | 安监总管三〔2016〕62号 | 《关于印发遏制危险化学品和烟花爆竹重特大事故工作意见的通知》 |
| 32 | 安监管管二字〔2003〕38号 | 《危险化学品经营企业安全评价细则》 |
| 33 | 安委办〔2015〕5号 | 《2014年集团公司风险防控试点工作总结及模板评审交流会会议纪要》 |
| 34 | 安委办〔2016〕3号 | 《国务院安委会办公室关于印发标本兼治遏制重特大事故工作指南的通知》 |
| 35 | 安委办〔2016〕11号 | 《国务院安委会办公室关于实施遏制重特大事故工作指南构建双重预防机制的意见》 |
| 36 | 安委办〔2016〕20号 | 《关于切实做好标本兼治遏制重特大事故的通知》 |
| 37 | 安委办〔2017〕7号 | 《国务院安委会办公室关于实施遏制重特大事故工作指南全面加强安全生产源头管控和安全准入工作的指导意见》 |
| 38 | 建质〔2009〕87号 | 《危险性较大的分部分项工程安全管理办法》 |
| 39 | 质检总局关于修订《特种设备目录》的公告（2014年第114号） | 《特种设备目录》 |
| 40 | （2015版） | 《危险化学品名录》 |
| 41 | （2011年8月5日） | 《危险化学品生产企业安全生产许可证实施办法》 |

附表 5-2　国家及行业标准

| 序号 | 标准号 | 标准名称 |
| --- | --- | --- |
| 1 | GB/T 3723—1999 | 《工业用化学品采样安全通则》 |
| 2 | GB/T 3805—2008 | 《特低电压（ELV）限值》 |
| 3 | GB 6067.1—2010 | 《起重机械安全规程》 |
| 4 | GB/T 11651—2008 | 《劳动防护用品选用规则》 |
| 5 | GB/T 12801—2008 | 《生产过程安全卫生要求总则》 |
| 6 | GB 13690—1992（2015版） | 《常用危险化学品标志》 |
| 7 | GB 13690—2009 | 《化学品分类和危险性公示 通则》 |
| 8 | GB 15258—2009 | 《化学品安全标签编写规定》 |
| 9 | GB 15603—1995 | 《常用化学危险品贮存通则》 |
| 10 | GB 15831—2006 | 《钢管脚手架扣件》 |
| 11 | GB 17915—2013 | 《腐蚀性商品储藏养护技术条件》 |
| 12 | GB 17916—1999 | 《毒害性商品储藏养护技术条件》 |
| 13 | GB 18218—2009 | 《危险化学品重大危险源辨识》 |
| 14 | GB 26148—2010 | 《高压水射流清洗作业安全规范》 |
| 15 | GB 30000.2～30000.29—2013 | 《化学品分类和标签规范》 |
| 16 | GB 30871—2014 | 《化学品生产单位特殊作业安全规范》 |
| 17 | GB 50016—2018 | 《建筑设计防火规范》 |
| 18 | GB 50058—2014 | 《爆炸危险环境电力装置设计规范》 |
| 19 | GB 50074—2014 | 《石油库设计规范》 |
| 20 | GB 50160—2008 | 《石油化工企业设计防火规范》 |
| 21 | GB 50194—2014 | 《建设工程施工现场供用电安全规范》 |
| 22 | GB 50264—2013 | 《工业设备及管道绝热工程设计规范》 |
| 23 | GB 50275—1998 | 《压缩机、风机、泵安装工程施工及验收规范》 |
| 24 | GB 50484—2008 | 《石油化工建设工程施工安全技术规范》 |
| 25 | GB 50493—2009 | 《石油化工可燃气体和有毒气体检测报警设计规范》 |
| 26 | GB 50656—2011 | 《建筑施工企业安全生产管理规范》 |
| 27 | AQ/T 3012—2008 | 《石油化工企业安全管理体系实施导则》 |

续表

| 序号 | 标准号 | 标准名称 |
| --- | --- | --- |
| 28 | AQ 3013—2008 | 《危险化学品从业单位安全生产标准化通用规范》 |
| 29 | AQ 3022—2008 | 《化学品生产单位动火作业安全规范》 |
| 30 | AQ 3023—2008 | 《化学品生产单位动土作业安全规范》 |
| 31 | AQ 3024—2008 | 《化学品生产单位断路作业安全规范》 |
| 32 | AQ 3025—2008 | 《化学品生产单位高处作业安全规范》 |
| 33 | AQ 3028—2008 | 《化学品生产单位受限空间作业安全规范》 |
| 34 | AQ/T 3034—2010 | 《化工企业工艺安全管理实施导则》 |
| 35 | AQ 3035—2010 | 《危险化学品重大危险源安全监控通用技术规范》 |
| 36 | AQ 3036—2010 | 《危险化学品重大危险源 罐区现场安全监控装备设置规范》 |
| 37 | AQ/T 3042—2013 | 《外浮顶原油储罐机械清洗安全作业要求》 |
| 38 | GBZ 158—2003 | 《工作场所职业病危害警示标识》 |
| 39 | GBZ 159—2004 | 《工作场所空气中有害物质监测的采样规范》 |
| 40 | GBZ 188—2014 | 《职业健康监护技术规范》 |
| 41 | GBZ/T 203 | 《高毒物品作业岗位职业病危害告知规范》 |
| 42 | HG 23017—1999 | 《厂区动土作业安全规程》 |
| 43 | HG 30011—2013 | 《生产区域受限空间作业安全规范》 |
| 44 | HG 30015—2013 | 《生产区域断路作业安全规范》 |
| 45 | JGJ 46—2005 | 《施工现场临时用电安全技术规范》 |
| 46 | JGJ 128—2010 | 《建筑施工门式钢管脚手架安全技术规范》 |
| 47 | JGJ 130—2011 | 《建筑施工扣件式钢管脚手架安全技术规范》 |
| 48 | JGJ 166—2016 | 《建筑施工碗扣式钢管脚手架安全技术规范》 |
| 49 | JGJ 184—2009 | 《建筑施工作业劳动防护用品配备及使用标准》 |
| 50 | JGJ 276—2012 | 《建筑施工起重吊装安全技术规范》 |
| 51 | SH 3011—2011 | 《石油化工工艺装置布置设计通则》 |
| 52 | SH/T 3019—2003 | 《石油化工仪表配管、配线设计规范》 |
| 53 | SH 3020—2013 | 《石油化工仪表供气设计规范》 |
| 54 | SH 3047—1993 | 《石油化工企业职业安全卫生设计规范》 |

续表

| 序号 | 标准号 | 标准名称 |
| --- | --- | --- |
| 55 | SH/T 3081—2003 | 《石油化工仪表接地设计规范》 |
| 56 | SH/T 3082—2003 | 《石油化工仪表供电设计规范》 |
| 57 | SH/T 3506—2007 | 《管式炉安装工程施工及验收规范》 |
| 58 | SH/T 3556—2015 | 《石油化工过程临时用电配电箱安全技术规范》 |
| 59 | SHS 01001—2004 | 《石油化工设备完好标准》 |
| 60 | SY/T 6696—2014 | 《储罐机械清洗作业规范》 |
| 61 | Q/SY 165—2006 | 《油罐人工清洗作业安全操作规程》 |
| 62 | Q/SY 178—2009 | 《员工个人劳动防护用品管理及配备规范》 |
| 63 | Q/SY 1002—2013 | 《健康、安全与环境管理体系》 |
| 64 | Q/SY 1719—2014 | 《液化烃储罐应急技术规范》 |
| 65 | Q/SY 1796—2015 | 《成品油储罐机械清洗作业规范》 |
| 66 | Q/SY 1798—2015 | 《石油化工工程钢管脚手架搭设与使用技术规范》 |
| 67 | Q/SY 1805—2015 | 《生产安全风险防控导则》 |
| 68 | 美国化学工程师学会化工工艺控制中心（CCPS） | 《变更工艺管理导则》 |

附表 5-3　集团公司及股份公司制度

| 序号 | 文件号 | 制度名称 |
| --- | --- | --- |
| 1 | 安全〔2009〕552号 | 《中国石油天然气集团公司安全目视化管理规范》 |
| 2 | 安全〔2009〕552号 | 《中国石油天然气集团公司作业许可管理规定》 |
| 3 | 安全〔2014〕86号 | 《中国石油天然气集团公司进入受限空间作业安全管理办法》 |
| 4 | 安全〔2015〕37号 | 《中国石油天然气集团公司高处作业安全管理办法》 |
| 5 | 安全〔2015〕37号 | 《中国石油天然气集团公司临时用电作业安全管理办法》 |
| 6 | 人事〔2018〕68号 | 《中国石油天然气集团有限公司HSE培训管理办法》 |
| 7 | 中油安〔2009〕318号 | 《应急预案编制通则》 |
| 8 | 中油安〔2010〕287号 | 《安全监督管理办法》 |
| 9 | 中油安〔2013〕147号 | 《关于切实抓好安全环保风险防控能力提升工作的通知》 |
| 10 | 中油安〔2013〕459号 | 《中国石油天然气集团公司特种设备安全管理办法》 |
| 11 | 中油安〔2013〕483号 | 《中国石油天然气集团公司承包商安全监督管理办法》 |

续表

| 序号 | 文件号 | 制度名称 |
|---|---|---|
| 12 | 中油安〔2014〕445号 | 《生产安全风险防控管理办法》 |
| 13 | 中油安〔2014〕445号 | 《中国石油天然气集团公司生产安全风险防控管理办法》 |
| 14 | 中油安〔2015〕297号 | 《安全环保事故隐患管理办法》 |
| 15 | 中油安〔2015〕367号 | 《中国石油天然气集团公司消防安全管理办法》 |
| 16 | 中油安〔2016〕192号 | 《中国石油天然气集团公司职业卫生管理办法》 |
| 17 | 质安〔2017〕68号 | 《中国石油天然气集团公司工作场所职业病危害因素检测管理规定》 |
| 18 | 油安〔2014〕86号 | 《中国石油天然气集团公司动火作业安全管理办法》 |
| 19 | 油安〔2014〕66号 | 《中国石油天然气股份有限公司动火作业安全管理办法》 |
| 20 | 油安〔2014〕66号 | 《中国石油天然气股份有限公司进入受限空间作业安全管理办法》 |
| 21 | 油安〔2014〕326号 | 《中国石油天然气股份有限公司员工安全环保履职考评管理办法》 |
| 22 | 油安〔2015〕48号 | 《中国石油天然气股份有限公司高处作业安全管理办法》 |
| 23 | 油安〔2015〕48号 | 《中国石油天然气股份有限公司临时用电作业安全管理办法》 |
| 24 | 油炼化〔2009〕71号 | 《中国石油炼油与化工分公司工艺加热炉管理办法(试行)》 |
| 25 | 油炼化〔2011〕11号(2018修订) | 《吊装作业安全管理规定》 |
| 26 | 油炼化〔2011〕11号(2018修订) | 《动火作业安全管理规定》 |
| 27 | 油炼化〔2011〕11号(2018修订) | 《高处作业安全管理规定》 |
| 28 | 油炼化〔2011〕11号(2018修订) | 《工艺、设备和人员变更管理规定》 |
| 29 | 油炼化〔2011〕11号(2018修订) | 《管线/设备打开安全管理规定》 |
| 30 | 油炼化〔2011〕11号(2018修订) | 《能量隔离管理规定(试行)》 |
| 31 | 油炼化〔2011〕11号(2018修订) | 《培训管理规定》 |
| 32 | 油炼化〔2011〕11号(2018修订) | 《挖掘(动土)作业安全管理规定》 |
| 33 | 油炼化〔2011〕11号(2018修订) | 《中国石油天然气股份有限公司作业许可管理规定》 |
| 34 | 油炼化〔2011〕159号 | 《中国石油天然气股份有限公司炼油化工专业工艺危险与可操作性分析工作管理规定》 |
| 35 | 油炼化〔2015〕158号 | 《中国石油天然气股份有限公司炼油与化工分公司关键机组管理规定》 |
| 36 | 油炼化〔2015〕158号 | 《中国石油天然气股份有限公司炼油与化工分公司仪表及自动控制系统管理规定》 |

续表

| 序号 | 文件号 | 制度名称 |
|---|---|---|
| 37 | 油炼化〔2016〕82号 | 《中国石油天然气股份有限公司炼油与化工分公司液化石油气三十条安全规定》 |
| 38 | 油炼销字〔2006〕280号 | 《中国石油天然气股份有限公司炼化企业操作人员岗位培训管理规定》 |
| 39 | 油炼销字〔2006〕280号 | 《中国石油天然气股份有限公司炼化企业工艺卡片分级管理规定》 |
| 40 | 油炼销字〔2006〕280号 | 《中国石油天然气股份有限公司炼化企业生产装置操作规程管理规定》 |
| 41 | 油炼销字〔2006〕280号 | 《中国石油天然气股份有限公司炼化企业自动化联锁保护管理规定》 |